先进储能科学技术与工业应用丛书
Advanced Energy Storage Science Technology and Industrial Applications Series

丛书主编：李泓

硫化物全固态电池

吴凡　等著

化学工业出版社
·北京·

内容简介

全固态电池因安全性高和能量密度高等优点，已成为下一代储能技术的关键发展方向。

本书共分为9章，三大部分。第一部分详述固态离子导体的离子传输机理和基础理论，并系统性地总结和介绍全球范围内的固态电池研发进展，在此基础上引出本书第二部分，也即主旨内容——硫化物全固态电池体系。第二部分主要从材料（硫化物固态电解质材料、正极材料、负极材料），到界面（正极、负极材料与硫化物固态电解质之间的界面），最后到电芯（硫化物全固态电池的组装制备工艺和性能），介绍硫化物全固态电池，层层提升、循序渐进，力求对硫化物全固态电池领域的基础科学和工艺问题进行全方位的总结和展示。第三部分对硫化物全固态电池发展进行了总结与展望。

本书不仅适合从事动力电池（特别是锂电池、全固态电池）的研发人员、技术人员和管理人员参考，也可供高等学校储能科学与工程、能源与环境系统工程、电力工程、新能源科学与工程、电化学等相关专业的师生参考。

图书在版编目（CIP）数据

硫化物全固态电池 / 吴凡等著. -- 北京 : 化学工业出版社，2025. 10. --（先进储能科学技术与工业应用丛书）. -- ISBN 978-7-122-48524-3

Ⅰ. TM911.3

中国国家版本馆CIP数据核字第2025N8X210号

责任编辑：卢萌萌
文字编辑：李晓畅
责任校对：赵懿桐
装帧设计：史利平

出版发行：化学工业出版社
（北京市东城区青年湖南街13号　邮政编码100011）
印　　装：北京捷迅佳彩印刷有限公司
787mm×1092mm　1/16　印张18　字数416千字
2026年1月北京第1版第1次印刷

购书咨询：010-64518888　　售后服务：010-64518899
网　　址：http://www.cip.com.cn
凡购买本书，如有缺损质量问题，本社销售中心负责调换。

定　　价：168.00元

《先进储能科学技术与工业应用丛书》

丛书主编：李　泓

《硫化物全固态电池》
编 委 会

序言

随着全球能源格局由依赖传统化石能源向追求可再生能源的深刻转变，我国能源结构也正经历前所未有的深刻调整，能源安全和环境保护已经成为全球关注的焦点。全球能源需求呈现不断增长的态势。清洁能源的发展势头尤为迅猛，已成为我国加快能源供给侧结构性改革的重要力量。

在能源领域，发展可再生能源、配套规模储能、发展电动汽车、发展智能电网是优化我国能源结构，保障能源安全，实现能源清洁、低碳、安全和高效发展的国家战略，是目前确定的发展以新能源为主体的新型电力系统的核心战略，也是实现 2030 年碳达峰、2060 年碳中和目标的主要技术路径。在这种情况下，先进储能技术的应用显得尤为重要。

储能技术对于电力和能源系统的“发输配用”各环节具有重要的支撑作用，有助于实现可再生能源发电的大规模接入，改善能源结构，是实现能源革命的支撑技术，对提高我国能源安全具有十分重要的意义。储能技术可提高可再生能源和清洁能源的发电比例，有效改善生态和人居环境，推动环境治理和生态文明的建设。另外，储能技术也是具有发展潜力的战略性新兴产业，可带动上下游产业，开拓电力系统发展的新增长点，对电力行业发展和经济社会发展的全局具有深远的影响。储能产业和储能技术作为新能源发展的核心支撑，覆盖电源侧、电网侧、用户侧、居民侧以及社会化功能性储能设施等多方面需求。储能技术可以帮助我们更有效地利用可再生能源，也可以在能源网络中平衡负载，提高能源利用效率，降低对传统能源的依赖，并减少对环境的负面影响。除了大规模储能，户用储能、户外移动储能、通信基站、数据中心、工商业储能、工业节能、绿色建筑、备用电源等中小规模的储能装备也发展迅速。此外，储能技术也推动着交通电动化的发展，助力能源清洁化与交通电动化不断深化融合、协同发展。

当前，世界主要发达国家纷纷加快发展储能产业，大力规划建设储能项目，储能技术的创新突破将成为带动全球能源格局革命性、颠覆性调整的重要引领技术。储能技术作为重要的战略性新兴领域，需要加强基础性研究，增强成果转化和创新，破解共性问题和瓶颈技术，以推动我国储能产业向高质量方向发展。

2020 年 1 月，教育部、国家发展改革委、国家能源局联合发布《储能技术专业学科发展行动计划（2020—2024 年）》，以增强储能产业关键核心技术攻关能力和自主创新能力，以产教融合发展推动储能产业高质量发展。近年来，多所高等学校纷纷开设“储能科学与工程”专业。这些都说明了加大储能技术的知识普及、宣传传播力度的重要性和必要性。为了更好地推广应用储能技术，需要深入了解储能科学技术与工业应用领域的最新技术进展和发展趋势。为了促进储能产业的发展和交流，培养储能专业人才，特组织策划了“先进储能科学技术与工业应用丛书”。

本丛书系统介绍储能领域的新技术、新理论和新方法，重点分享储能领域的技术难点和关注要点，涉及电化学储能、储能系统集成、储能电站、退役动力电池回收利用、储能产业政策、储能安全、电池先进测试表征与失效分析技术等多个方面，涵盖多种储能技术的工作原理、优缺点、应用范围和未来发展趋势等内容，还介绍了一些实际应用案例，以便读者更好地理解储能技术的实际应用和市场前景。丛书的编写坚持科学性、实用性、系统性、先进性和前瞻性的原则，力求做到全面、准确、专业。本丛书立足于服务国家重大能源战略，加强储能技术的传播和储能行业的交流。本丛书的出版，将为广大的科研工作者、工程师和企业家提供最新的技术资料和实用经验，为高等学校储能科学与工程、新能源等新兴专业提供兼具实用性和指导性的教学参考用书，以期能为推动储能技术的发展奠定坚实的基础，对储能科学技术的发展和应用起到积极的推动作用。同时，本丛书的出版还将促进储能科学技术与其他领域的交叉融合，为人类社会的可持续发展做出更大的贡献。

最后，感谢所有参与本丛书编写的专家学者和出版社的支持。希望本丛书的出版能够得到广大读者的关注和支持，也希望储能科学与技术能够在未来取得更加辉煌的成就！

李泓

中国科学院物理研究所

前言

电动汽车、电动轮船、电动飞机、轨道交通、智能建筑、智能制造、通信基站、数据中心、工业节能、国家安全、智能电网、能源互联网、可再生能源等的发展推动着我国能源革命和能源结构的转变，而支撑这一转变的共性关键技术之一便是储能技术，储能技术关系到我国的能源安全。储能技术是第三次工业革命的关键技术之一，对电力和能源系统的“发、输、变、配、用”等各环节都具有重要支撑作用：可实现常规电力削峰填谷，提高电力系统效率、安全性和经济性，具有平滑输出、调峰调频和提供备用容量的作用，可改善电能质量；有利于实现可再生能源发电大规模接入，改善能源结构，有效解决弃风、弃光问题；还将改变传统电力系统的运行和管理模式，提高能源利用效率，带动上下游产业，开拓电力系统发展的新增长点，对电力行业发展和经济社会全局具有深远影响。另外，储能还可以提高可再生能源等清洁能源发电比率，减少化石燃料消耗及污染物排放，有效推动环境治理，大规模推广应用储能技术有助于解决雾霾治理问题，可有效改善生态及人居环境。因此，储能技术已经发展成为具有强大增长动力的新兴产业，是各国竞相发展的战略性产业。选择先进储能技术作为能源领域的优先方向，对提升我国能源综合利用效率，推动环境治理，带动多个新兴产业发展，具有重大的战略性、基础性和前瞻性意义。

在交通领域储能技术方面，新能源汽车是当前我国优先发展的支柱性产业，担负着保障国家能源安全、降低环境污染和汽车行业快速发展等多重责任。动力电池是新能源汽车的“心脏”，我国高度重视动力电池产业的发展。工业和信息化部组织汽车行业、重点高校、整车和动力电池主要生产企业开展专题研究，会同国家发展改革委、科技部、财政部等有关部门联合印发《促进汽车动力电池产业发展行动方案》，明确提出加强新体系动力电池研究，2025 年单体电池比能量达 500 瓦时每公斤，且产品安全性满足大规模使用需求。然而，目前商用动力电池仍面临两大难题：安全性差和能量密度低。这是由于液态电解质易泄漏、易燃，从而引发电池燃烧起火甚至爆炸，而且现有锂离子电池正、负极以及液态电解质体系已经达到了能量密度的瓶颈。因此，采用不燃的固态电解质替代商用电解液，一方面从根本上保证了锂离子电池的安全性，另一方面简化电池构建步骤、省去大量非活性材料，还使采用锂金属负极成为可能（抑制锂枝晶），极大地提升了电池的能量密度。所以，具有高安全性、高能量密度和高功率密度的全固态锂（离子）电池体系成为世界范围内锂电池研究方向的研究热点和前沿领域，也是车用动力电池和储能电池重要的发展方向。

目前有三条技术路线可以生产全固态电池：聚合物、氧化物、硫化物。聚合物固态电解质接触性良好、加工工艺成熟，与现有生产设备和技术兼容，是目前实现固态电池量产的有效途径，但其热稳定性差、电化学窗口窄、离子电导率低，严重限制了其发展。氧化物固态电解质稳定性良好，能与氧化物正极材料兼容，但氧化物固态电解质室温电化学性能不理想（如室温电导率低）、颗粒硬度大、机械延展性差，颗粒间接触及其与电极材料界面接触不理想。因此，低离子电导率与高界面阻抗使氧化物固态电解质不适合用于高功率器件，目前常用于固液混合体系。硫化物固态电解质在较低温度下即可合成，机械延展性优良（较软），与电极界面物理接触良好，并且室温离子电导率较高，已达到甚至超过商用锂离子电解液电导率的水平。因此，硫化物是未来实现全固态电池生产最有希望的材料体系，具有极强的战略重要性。然而，我国在硫化物全固态电池领域布局相对较晚，在基础科学研究方面相对薄弱。日本、美国、德国、韩国都大力布局硫化物全固态电池领域的基础科研和产业化研发，我国在硫化物固态电解质材料的原始创新研发、硫化物固态电解质材料与正负极材料的兼容匹配以及硫化物全固态电池的制备工艺等关键技术领域都较落后于这些国家。如果不及时布局，硫化物全固态电池的关键技术极有可能发展为“卡脖子”技术，后果十分严重。

为夯实我国在硫化物全固态电池方面的科学基础，加速我国在该领域的整体进展，在国际上占领硫化物全固态电池开发的主动权，迫切需要展开原创性基础科学研究，并需要对硫化物固态电解质及硫化物全固态电池展开全面布局，提高研发效率。基于此，为夯实我国在硫化物全固态电池方面的科学基础，加速我国在该领域中的整体研究进展，在国际上占领硫化物全固态电池开发的主动权，取得新能源汽车领域的优势地位，笔者及其团队对硫化物固态电解质及全固态电池展开了全面布局，积极推进原创性基础科学及产业化研究，并将多年来的科研成果进行系统梳理总结，以供相关人员参考。本书直面我国能源战略重大需求，对固态离子导体的离子传输机理和基础理论进行深入探讨，系统性地总结了全球范围内固态电池的研发进展和不同材料体系，从材料、界面、电芯三个层面，层层提升、循序渐进地介绍了硫化物全固态电池的关键技术，将该领域的基础科学和工艺问题进行全方位的总结和展示，为有志于研发或实际从事硫化物全固态电池应用的科研学者及产业同行提供理论指导和技术支撑。本书的出版将对增强相关科研成果转化和创新，破解共性问题和瓶颈技术具有推动作用，并能全面促进我国硫化物全固态电池的产业化进程，具有极强的战略重要性和经济价值，也有助于推动我国电池行业和新能源汽车行业的高质量发展，助力构建清洁低碳、安全高效的现代能源体系，并推动“双碳”目标的实现。本书内容翔实丰富，涵盖了硫化物全固态电池的主要方面，兼顾关键科学理论与实际工程应用，深入浅出地介绍了硫化物全固态电池及关键材料的工作原理和特性，力争反映该领域的最新研究进展。本书参编者皆为硫化物全固态电池领域一线研究者，在此感谢参与编写的全体同志！

由于编者理论水平和实际经验有限，书中难免存在疏漏之处，敬请广大读者批评指正。

2025 年 3 月 20 日

目录

第1章 1

全固态电池概况及研发现状

第2章 19

固态电解质离子输运机理

第3章 57

硫化物固态电解质材料

第5章 125

硫化物电解质/电池干法制备工艺

第6章 156

硫化物电解质/电池湿法制备工艺

第7章 220

硫化物固态电解质与正极材料的界面问题

第8章 252

硫化物固态电解质与负极材料的界面问题

第9章

硫化物全固态电池的发展趋势与展望

第 1 章

全固态电池概况及研发现状

1.1 全固态电池定义和分类

目前，业内共识是根据电解质溶液含量的不同，将电池分为液态电池（电芯中液体电解质的质量分数为 10% ～ 25%）、半固态电池（电芯中液体电解质的质量分数为 5% ～ 10%）、准固态电池（电芯中液体电解质的质量分数为 0 ～ 5%）和全固态电池（电芯中液体电解质的质量分数为 0）四大类。全固态电池是一种使用固态电极和固态电解质的电池，内部液态电解液含量为零。混合固液电池是液态电池的升级版，具有更高的能量密度和更高的安全性能，目前已经商业化应用。全固态电池是面向下一代的电池，具有颠覆性的性能潜力，目前还没有实现商业化应用。以锂电池为例，液态、混合固液、全固态电解质锂电池的区别见图 1-1。

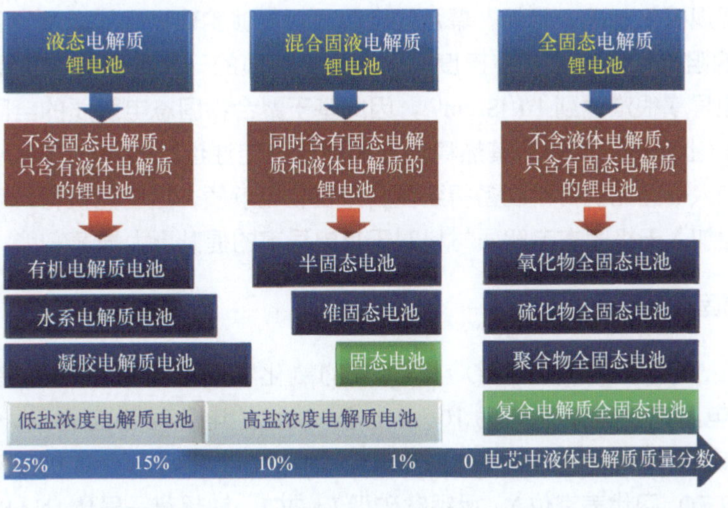

图 1-1 液态电解质锂电池、混合固液电解质锂电池和全固态电解质锂电池的区别

（引自：中国科学院物理所李泓）

全固态电池的核心在于固态电解质材料，目前主流的固态电解质材料一共有四类，分别是聚合物固态电解质、氧化物固态电解质、硫化物固态电解质和卤化物固态电解质材料，这四种材料的优缺点如图 1-2 所示。

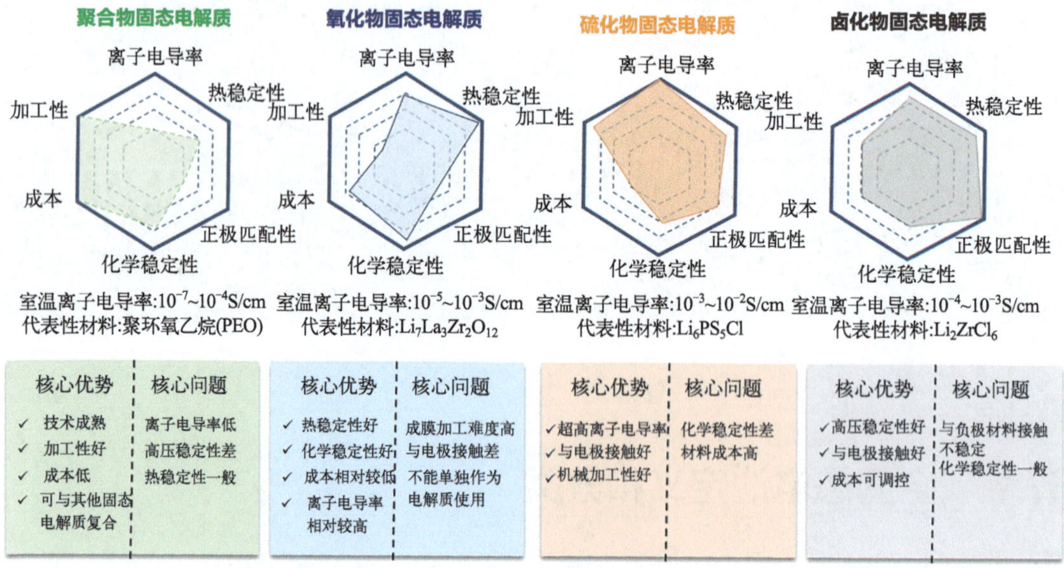

图 1-2　四种主流固态电解质优缺点

（1）聚合物固态电解质

聚合物固态电解质（SPE）由聚合物基体和锂盐构成，是最早被发现和研究的固态电解质材料。聚合物基体主要包括聚环氧乙烷（PEO）、聚丙烯腈（PAN）、聚偏二氟乙烯（PVDF）、聚碳酸亚丙酯（PPC）、聚碳酸亚乙烯酯（PVC）和聚甲基丙烯酸甲酯（PMMA）等 [1]。相比于无机固态电解质，聚合物电解质弹性高、机械加工性能优异、与电极材料接触好，更易于实现规模化制造。另外，聚合物电解质层能够实现极低的厚度，因而组装的固态电池具有更低的阻抗和更高的能量密度。聚合物电解质的一大缺点是其室温离子电导率较低，室温离子电导率很难达到 10^{-4}S/cm[2]，因此基于聚合物固态电解质的全固态电池都需要在 60℃的温度以上运行。此外，其热稳定性和高压稳定性也比较差。对于聚合物电解质的优化，通常会加入一些无机材料制备得到复合聚合物电解质，这些无机材料可以是惰性的非锂离子导体，但加入无机固态电解质材料对于其电导率的提升更为显著 [3]。

（2）氧化物固态电解质

以石榴石型 $Li_7La_3Zr_2O_{12}$（LLZO）为代表的氧化物固态电解质具有诸多优势 [4]，例如较高的离子电导率（室温下约为 10^{-3}S/cm），较宽的电化学稳定窗口，对金属锂具有良好的化学稳定性等。除了石榴石型 LLZO，氧化物电解质还存在钙钛矿型 $Li_{3x}La_{(2/3)-x}\square_{(1/3)-2x}TiO_3$ (LLTO, □代表空位)、反钙钛矿型 Li_3OCl、钠超离子导体 [NASICON，结构如 $Li_{1+x}Al_xTi_{2-x}(PO_4)_3$(LATP) 和 $Li_{1+x}Al_xGe_{2-x}(PO_4)_3$ (LAGP)]、锂超离子导体 [LISICON，结构如

$Li_{16-2x}M_x(TO_4)_4]$ 以及 LiPON 等。尽管大多数氧化物电解质具有较宽的电化学稳定窗口和更好的氧化稳定性，但为了保证刚性氧化物电解质与阴极材料界面的良好接触，往往需要高温烧结，这会导致严重的正极界面化学副反应。另外氧化物电解质颗粒的高硬度导致其加工和成膜性能较差。目前氧化物电解质材料多与聚合物电解质材料复合使用，或者与聚合物隔膜复合应用于半固态电池中。

（3）硫化物固态电解质

具有能够媲美液态电解质的高离子电导率（最高可达 25mS/cm）是最有希望实现高能量密度全固态电池生产的材料之一[5-7]。代表性的硫化物电解质包括 Li_6PS_5Cl(LPSCl)、Li_3PS_4、$Li_7P_3S_{11}$、$Li_{10}GeP_2S_{12}$(LGPS) 等。由于其优异的机械延展性，硫化物电解质材料和正负极的接触优于其他无机固态电解质材料（比如氧化物电解质）。但硫化物电解质极差的空气稳定性问题尤为突出。当其暴露于空气中时，会和水反应产生有毒气体 H_2S[8]，同时伴随着电解质结构被破坏和电化学性能的衰减，导致硫化物电解质的合成、储存、运输和后处理过程都严重依赖惰性气氛或干燥室，大大增加了生产成本。另外，硫化物电解质的合成需要用到昂贵的 Li_2S，导致其价格高于其他固态电解质材料。对硫化物固态电解质进行降本和性能提升是未来的研究方向。

（4）卤化物固态电解质

近年来，金属卤化物电解质 (Li-M-X，M 代表金属，X = F,Cl,Br,I) 由于其与氧化物正极材料的高相容性和良好的离子电导率等优点而受到越来越多的关注[9]。氯化物电解质材料的成本相对可调控，例如有研究者通过球磨法制备了电导率高达 0.81mS/cm 的新型卤化物电解质材料 Li_2ZrCl_6，除了原材料比其他氯化物固态电解质成本低一个数量级外，Li_2ZrCl_6 还保持了与 4V 级正极材料的良好兼容性[10]。卤化物电解质的一个问题是对低电位负极材料不稳定，两者接触后容易被还原分解。因此卤化物电解质目前多与硫化物电解质进行双层复合，分别与正负极材料接触。

1.2 全固态电池技术特点和优势

图 1-3 对比了传统液态锂电池和全固态锂电池的结构，可见两者的结构具有显著不同。对比液态锂电池，全固态锂电池主要具有高安全性、高能量密度、高功率性能、宽工作温度范围以及材料选型范围广五大优势性能潜力。

（1）高安全性

全固态电池使用固态电解质代替了传统锂离子电池中的可燃液态电解质，因此避免了因电解液泄漏导致的内部短路等安全事故。再者，无机固态电解质通常不易燃，因此大幅度降低了电池发生自燃或爆炸的风险。目前多个实验室和公司已验证，硫化物基全固态电芯能够在穿刺挤压等极限测试条件下不燃烧、不爆炸，热箱实验耐 200℃的高温。此外，固态电解质

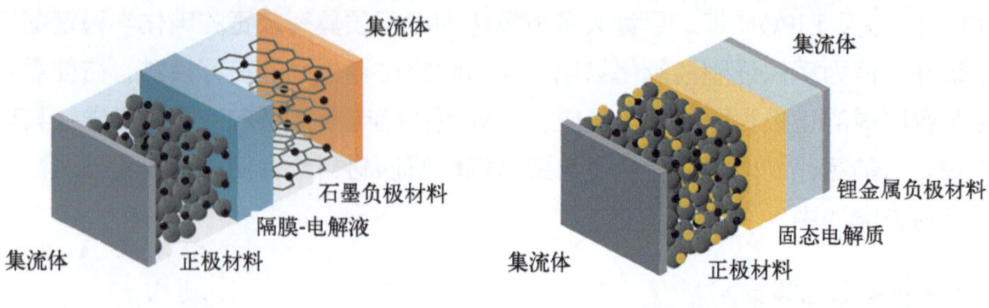

图 1-3 液态锂电池和全固态锂电池结构对比

提供了更好的机械稳定性，能够在电池受到冲击或压力时保持结构完整性，减小了物理损伤导致的安全风险。固态电池的设计更具有灵活性，可以更好地控制电池的形状和结构，有助于整合其安全特性，例如通过结构设计来提高散热效率或通过使用多层结构和改进的电极设计来提高电池的安全性能。综上，固态电解质热稳定性好、不易燃、不易分解，没有液体泄漏的风险，且化学活性较低，受环境温度影响较小，可以做到本征安全，是解决电池安全性问题的根本方法。

（2）高能量密度

固态电解质通常具有较宽的电化学稳定窗口，这意味着它们可以在更宽的电压范围内稳定工作。其允许使用更高电压的正极材料，从而提高电池的能量密度；固态电解质的热稳定性和化学稳定性较好，可以兼容更高能量密度的电极材料（如锂金属负极），而这在液态电解质中由于安全性问题难以实现；固态电解质替代电解液的使用可以减小电池整体体积，从而在相同体积内装入更多的电极材料，增加能量密度；固态电解质的离子传输通道更为有序，可有效减小电池的内阻，从而提高电池的充放电效率，间接提升了电池的能量密度；固态电解质在高温下的性能优于液态电解质，这使得电池可以在更高的温度下工作而不会发生过热问题，有助于提升电池的整体性能。因此相比传统液态锂电池能量密度（200 ～ 300W·h/kg），固态电池的能量密度可以达到更高，目前最高已达到 500W · h/kg。这使得在相同体积或相同质量下，固态电池能提供更多的能量。

（3）高功率性能

硫化物基固态电解质电导率可达 20mS/cm 以上，超过了液态电解质 (10mS/cm)，还可以通过元素替换和元素掺杂等方法，实现更高的电导率，这有助于提高电池的充放电速率。另外，相比于液态电解质中阴阳离子共存时发生浓差极化导致锂离子传输困难，固态电解质中锂离子迁移数为 1，不存在浓差极化，故锂离子迁移更高效迅速。此外，通过对正负极材料的特别设计，可匹配相应的固态电解质，从而提高离子传导效率，如采用金属锂作为负极材料，可以提供更低的电位和更高的比容量，有助于实现快速充电；在固态电池中，通过使用过渡层材料或优化界面处理，可以提高电极和电解质之间的界面相容性，减小界面阻抗，从而提升充放电速度；全固态电池可以设计为“高输入输出型”，优先考虑充放电速度而非能量密度，这使得电池能够承受更大的充放电电流，实现快速充放电；固态电解质不存在液态电解质的泄漏问题，因此在设计时可以采用更薄的电解质层，减小电池内阻。

（4）宽工作温度范围

由于无机固态电解质高温不气化分解，低温不凝固，工作温度范围可达 −40 ～ 100℃，而液态锂电池仅为 −20 ～ 60℃。另外由于无机固态电解质具有温度越高离子电导率越高的特性，因此高温下的全电池功率性能和容量发挥优于室温。另外，对于采用锂金属负极的全固态电池，由于锂金属在高温下的蠕变性能良好，能够更好地实现与固态电解质材料的界面接触，使得锂枝晶问题得到抑制，实现更好的循环。目前认为硫化物基全固态电池在高温下的循环性能超过室温，这一点是传统液态锂电池无法比拟的。

（5）材料选型范围广

到目前为止，没有一种单一的固态电解质能够满足高能量密度全固态电池的所有严苛标准，因此可以设计具有异质结构的非对称多层复合电解质，分别达到对正极和负极的高化学 / 电化学稳定性。例如在已报道的设计中，硫化物和金属卤化物固态电解质的组合具有吸引力。相较于液态锂电池中正负极侧接触的为同一种液态电解质，多层复合电解质通过定制化的设计能够实现对不同正负极材料的兼容稳定。

1.3 全固态电池的国家和地区政策规划

1.3.1 中国

在中国，中国科学院物理研究所早在 20 世纪 70 年代就开始了固态电解质和固态电池的研究。1987 年，科技部将固态锂电池列为“863”计划的第一个重大课题。近年来，我国政府多次通过政策鼓励发展固态锂电池。例如，国务院 2020 年 10 月下发的《新能源汽车产业发展规划 (2021—2035 年)》中指出，加快固态动力电池技术研发及产业化。这意味着固态电池产业化已上升至国家战略层面。由中国汽车工程学会牵头组织编制的《节能与新能源汽车技术路线图 2.0》中也提到“固态电池研发力度加大，并布局全固态锂离子和锂硫电池等新体系电池研发”，电池总体目标为高比能量电池在 2025 年达到 350W · h/kg，2030 年达到 400W · h/kg，2035 年达到 500W · h/kg。在这些政策的指引下，2023 年 1 月，工信部等六部门联合发布的《关于推动能源电子产业发展的指导意见》，进一步提出加强固态电池标准体系研究，奠定了固态电池在现代产业中的重要地位。2024 年 1 月 19 日，在国新办举行的 2023 年工业和信息化发展情况新闻发布会上，工信部再一次释放出明晰信号，加大全固态电池技术攻关，进一步推动智能网联汽车商业化应用。

2023 年 12 月，由中国一汽牵头，国联研究院、有研广东院、东风汽车、长安汽车等 27 家单位联合组建的“固态电池产业创新联合体”在深圳成立。2024 年 1 月 21 日，在国家有关单位支持下，“中国全固态电池产学研协同创新平台”（CASIP）在北京举行揭牌仪式。该平台定位于三个方向：科研服务平台、基础研发平台、产业协作平台。该平台将积极引导和组织整车、动力电池、关键材料企业和有关高校、科研院所开展协同创新，不断推动全固态电池技术突破和产业化应用，为我国全固态电池产业发展做出积极贡献。

2024 年 5 月，由政府相关部委牵头计划投入 60 亿元用于全固态电池研发，包括宁德时代、比亚迪、一汽、上汽、卫蓝新能源和吉利共六家企业或获得政府基础研发支持。该行业内史无前例的项目，鼓励有条件的企业对全固态电池相关技术开展研发。该项目经过严格筛选，最后具体分为七大项目，聚焦聚合物和硫化物等不同技术路线。

1.3.2 美国

美国将固态锂离子电池视为保持和提升美国电池技术领先地位的关键技术之一。2021 年 6 月，美国联邦先进电池联盟（FCAB）发布了《2021—2030 年锂电池国家蓝图》，将发展固态锂离子电池列为五大目标之一。其长期目标（2030 年）是加速研发，实现革命性电池技术的示范和大规模生产，生产比能量达到 500W · h/kg 的先进电池。2021 年 10 月下旬，美国能源部（DOE）宣布为 26 个研究先进电池、电动汽车和网联汽车的新实验室项目提供 2.09 亿美元的资金。其中 17 个项目的主题是固态电池。

1.3.3 欧洲

在欧洲，作为最大的经济体，德国政府在 2018 年 11 月投资 10 亿欧元支持电池研发 (包括固态电池技术)。此外，欧洲电池联盟 (EBA) 250 在 2020 年 3 月公布了《电池 2030+：路线图》计划，其中提到固体聚合物电解质可以实现自修复策略，并基于此开发智能、寿命长的固态电池。2020 年 6 月，欧洲汽车和工业电池制造商协会 (EUROBAT) 发布了《2030 电池创新路线图》，提到欧洲固态电池技术将在 2030 年前完成研发，届时质量能量密度将达到 400W · h/kg。2022 年 5 月，欧洲最大的应用型研究机构 Fraunhofer-Gesellschaft 发布了《固态电池路线图 2035+》[11]。该路线图总结了固态电池在材料、组件、电池和应用层面的当前进展和发展前景，并预测了几条最有希望的固态电池发展路线。这一路线图显示了欧盟和德国政府对固态电池未来发展的乐观和雄心。

1.3.4 日本和韩国

日本在 20 世纪初期就开始大力发展全固态锂电池，是最早重视全固态电池技术开发的国家。日本新能源产业技术综合开发机构 (NEDO) 在先进和创新充电电池的材料评估技术开发项目 (2013—2017 年) 第一阶段制定了标准的全固态锂离子电池模型和材料评估技术。在第二阶段项目中 (SOLiD-EV 项目，2018—2022 年)，日本向固态电池研究和技术投入了 100 亿日元，用于固态电池研究以及片状电解质 / 电极层和活性材料涂层等固态电池批量生产的一些关键技术研发。SOLiD-EV 项目的参与者包括 23 家汽车、电池和材料制造商以及 15 所大学 / 公共研究机构。根据 NEDO 的另一项计划——新一代电池科学创新研究与开发计划 2（RISING Ⅱ，2016—2020 年，项目计划投入 1510 亿日元），新型电池的目标是到 2020 年达到 250W · h/kg 的能量密度，到 2030 年达到 500W · h/kg 的能量密度。NEDO“下一代全固态蓄电池材料基础技术评估和开发”项目，时间周期为 2023—2027 年，2023 年预算金额为 18 亿日元。“2030 年左右实现全固态锂电池的商业化应用”被写进日本《蓄电池产业战略》中。凭借先发优势，日本现在有很多优质的全固态电池公司，比如丰田、松下、日立造船、日产等，硫化物基全固态电池专利保有量居世界第一。日本对全固态电池的发展支持总体呈现两大特点：一是组织模式创新，多个单位合作成立产学研协同创新联盟；二是持续的、有计划的巨额资金支持。

韩国也非常重视固态电池的发展。2021 年 7 月，韩国贸易、工业和能源部宣布了 K 电池发展战略。韩国政府将把电池指定为国家战略技术，还将启动一项 1.5 万亿韩元的计划，提供特别财政支持，全固态电池的目标是到 2027 年实现商业化[6]。

1.4 全固态电池技术文献计量分析

1.4.1 整体发展态势

2024 年 5 月使用 Web of Science 数据库的科学引文索引扩展版 (SCI-E) 检索 2000 年至今有关全固态电池和相关的固态电解质的文献信息，共检索到 6167 篇文献。研究型论文有 5543 篇，综述有 437 篇。

根据图 1-4，全固态电池相关的科学研究进展在过去的二十几年中大致可以分为三个阶段。第一阶段，2000—2010 年，整体年发文量很低，此时日本开始研究全固态电池，我国尚未开始研究，此为全固态电池技术萌芽阶段。第二阶段，2011—2015 年，文献数量整体稳步增长，年发文量突破百篇，表明该领域逐步发展，我国的相关研究仍然匮乏。第三阶

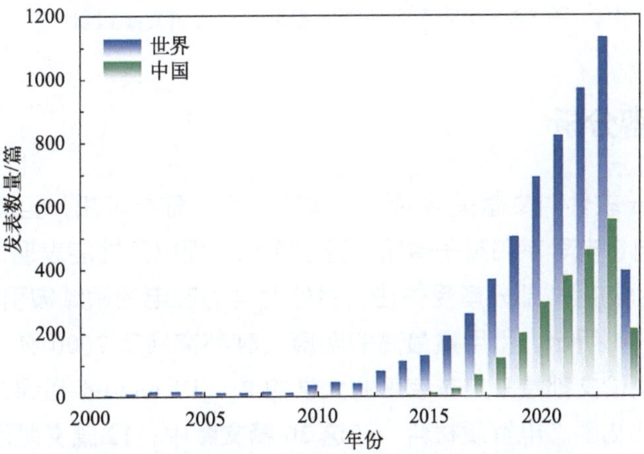

图 1-4　各年度全固态电池领域发表文献数量

段，2015 年之后，全固态电池文章出现了爆发式增长，仅 2023 年全世界发表的全固态电池文章就突破了 1000 篇。我国的相关研究更是呈现井喷式增长，从 2015 年的 21 篇到 2023 年的 562 篇，增长了超过 25 倍，且 2023 年中国发表的全固态电池文章占当年总文章数的 50%。表明全固态锂电池技术成为研发重点，得到世界各国研究人员的广泛关注，我国的相关科研人员也越来越多。

1.4.2 主要国家和地区分析

基于 Web of Science 数据库文献检索结果，图 1-5 显示了当前世界主要国家全固态锂电池技术论文发表数量的对比情况，论文发表量前 10 位的国家分别为中国、日本、美国、韩国、德国、加拿大、法国、印度、英国和澳大利亚。排名第一位的中国在该领域的论文发表量高达 2460 篇，约占全球该领域总论文发表量的 40%，远远高于排名第二位的日本 (1187 篇，19.2%) 和第三位的美国 (1030 篇，16.7%)，说明目前中国在全固态锂电池技术领域基础研究中的热度最高。排名第四位和第五位的分别是韩国和德国，在全固态锂电池技术领域发文量较为接近，分别为 618 篇和 579 篇。其余国家和地区的历年论文发表总数均在 250 篇以下，远远低于上述排名靠前的国家。

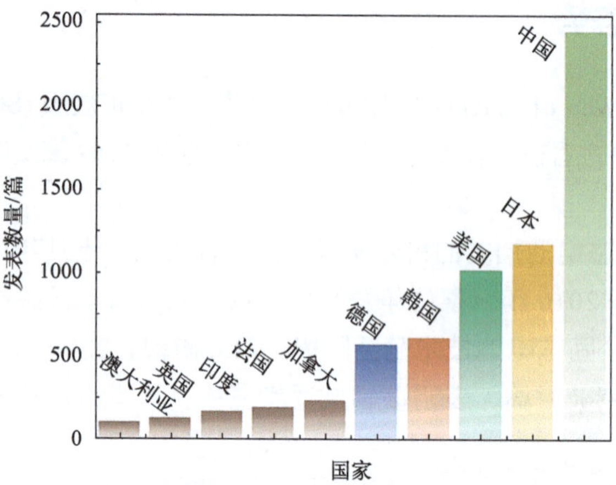

图 1-5　全固态电池领域主要国家发表文献数量

1.4.3 主要内容分析

利用 VOSviewer 软件对文献关键词进行强度分析。分析可知，全固态电池领域关注的重点包括电解质材料、电导率和离子传输、稳定性和界面以及性能表现。固态电解质材料作为全固态电池最核心的组成部分备受关注。另外对全固态电池领域被引用量前 20 名的文献进行了分析，如表 1-1 所示。引用量最高的两篇文献都突破了 2000 次，属于全固态电池领域的奠基文章。两篇论文都是来自东京工业大学的 Ryoji Kanno 教授课题组，分别报道了两种超高电导率的硫化物固态电解质材料。在这 20 篇文献中，12 篇文献涉及固态电解质材料（其中 6 篇涉及硫化物固态电解质、5 篇涉及氧化物 / 聚合物复合电解质、1 篇涉及卤化物固

表1-1 全固态电池领域被引用量排名前20的文献

论文标题	发表时间	被引用次数	通讯作者	所属机构	论文主题
A lithium superionic conductor	2011	3477	Ryoji Kanno	东京工业大学	$Li_{10}GeP_2S_{12}$电解质
High-power all-solid-state batteries using sulfide superionic conductors	2016	2333	Ryoji Kanno	东京工业大学	LiSiPSCl电解质
Origin of Outstanding Stability in the Lithium Solid Electrolyte Materials: Insights from Thermodynamic Analyses Based on First-Principles Calculations	2015	1256	Mo Yifei	美国马里兰大学	固态电解质电化学窗口计算
High electronic conductivity as the origin of lithium dendrite formation within solid electrolytes	2019	1058	Wang Chunsheng	美国马里兰大学	固态电解质中锂枝晶生长机理
Design principles for solid-state lithium superionic conductors	2015	1036	Ceder Gerbrand	加州大学伯克利分校	固态电解质设计原则
High-energy long-cycling all-solid-state lithium-metal batteries enabled by silver - carbon composite anodes	2020	917	Yong Gun Lee	韩国三星公司	全固态电池用银碳负极
Lithium ionic conductor thio-LISICON- : The Li_2S - GeS_2 - P_2S_5 system	2001	862	Ryoji Kanno	东京工业大学	Thio-LISICON固态电解质
Ultrathin, flexible, solid polymer composite electrolyte enabled with aligned nanoporous host for lithium batteries	2019	753	Cui Yi	斯坦福大学	复合聚合物电解质
High Ionic Conductivity of Composite Solid Polymer Electrolyte via In Situ Synthesis of Monodispersed SiO_2 Nanospheres in Poly(ethylene oxide)	2016	753	Cui Yi	斯坦福大学	复合聚合物电解质
Superionic glass-ceramic electrolytes for room-temperature rechargeable sodium batteries	2012	737	Hayashi A	日本大阪公立大学	Na_3PS_4电解质
First principles study on electrochemical and chemical stability of solid electrolyte-electrode interfaces in all-solid-state Li-ion batteries	2016	718	Mo Yifei	美国马里兰大学	固态电解质界面稳定性计算

续表

论文标题	发表时间	被引用次数	通讯作者	所属机构	论文主题
An anion-immobilized composite electrolyte for dendrite-free lithium-metal anodes	2017	681	Zhang Qiang	清华大学	氧化物聚合物复合电解质
Sulfide Solid Electrolyte with Favorable Mechanical Property for All-Solid-State Lithium Battery	2013	668	Tatsumisago M	日本大阪公立大学	固态电解质机械性能
Synergistic Coupling between $Li_{6.75}La_3Zr_{1.75}Ta_{0.25}O_{12}$ and Poly(vinylidene fluoride) Induces High Ionic Conductivity, Mechanical Strength, and Thermal Stability of Solid Composite Electrolytes	2017	661	Nan Cewen	清华大学	氧化物聚合物复合电解质
Capacity Fade in Solid-State Batteries: Interphase Formation and Chemomechanical Processes in Nickel-Rich Layered Oxide Cathodes and Lithium Thiophosphate Solid Electrolytes	2017	644	Zeier W G; Janek J	德国吉森大学	NCM/硫化物界面失效
$LiNbO_3$-coated $LiCoO_2$ as cathode material for all solid-state lithium secondary batteries	2007	601	Asano T	日本国立材料研究所	$LiNbO_3$包覆$LiCoO_2$用于固态电池
Plating a Dendrite-Free Lithium Anode with a Polymer/Ceramic/Polymer Sandwich Electrolyte	2016	600	Goodenough J B	得克萨斯大学	氧化物/聚合物电解质多层结构
Direct Observation of the Interfacial Instability of the Fast Ionic Conductor $Li_{10}GeP_2S_{12}$ at the Lithium Metal Anode	2016	590	Zeier W G; Janek J	德国吉森大学	$Li_{10}GeP_2S_{12}$/Li界面失效
Solid Halide Electrolytes with High Lithium-Ion Conductivity for Application in 4 V Class Bulk-Type All-Solid-State Batteries	2018	549	Asano T	松下电器	耐高压卤化物电解质
Transition from Superlithiophobicity to Superlithiophilicity of Garnet Solid-State Electrolyte	2016	527	Wachsman E D; Hu L B	美国马里兰大学	氧化物电解质/Li界面

态电解质），2 篇涉及固态电解质的电化学稳定性，4 篇涉及负极材料及其界面，2 篇涉及正极材料及其界面。由此可见固态电解质材料研发的重要性，且预示着硫化物固态电解质和氧化物 / 聚合物复合电解质是未来发展全固态电池的两种主流电解质路线。

1.5 全球企业动态与商业化进程

全固态电池产业化研究在世界各个国家和地区呈现出不同的特征。在日本和韩国，由于其起步较早，研究基础扎实，目前小型全固态电池已经开始进行示范性应用。在中国，半固态电池在 2024 年已批量上车，全固态电池研发也取得了一定进展。在美国，全固态电池研发以创业公司为主，技术路线多样。在欧洲，主要的车企投资押宝固态电池公司，自研节奏较慢。

1.5.1 中国

国内企业的全固态电池技术路线以硫系固态电解质为主。早在 2016 年，宁德时代正式宣布在硫化物全固态电池上进行研发，后来蜂巢能源在 2022 年推出了 20A・h 级别的全固态电芯。2023 年开始，国内企业的全固态电池研发进展提速，开始出现大量报道。主要研发企业既有上市电池厂商（宁德时代、比亚迪和国轩高科），也有大批初创公司，传统车企纷纷下场亲自研发（广汽、一汽和长安）或者寻求合作（上汽与清陶、东风与赣锋锂业）。

（1）国轩高科（硫化物）

2024 年 5 月，该公司发布了第一代全固态电池。国轩高科团队通过微纳化固态电解质、超薄膜包覆单晶正极和三维介孔硅负极，实现全固态电池材料端的技术突破。目前国轩高科研发的 30A・h 全固态电芯可实现 350W・h/kg 的质量能量密度，800W・h/L 的体积能量密度，且电芯循环次数可达 3000 次，具有高功率（6min 快充补能 60%）、宽温域（−40 ～ 100℃）等特征。金石电池已一次性通过了 200kW・h 热箱测试，安全性达到国标要求。另外，基于金石电池打造的电池系统拥有 80% 的质量成组率，280W・h/kg 的系统能量密度。国轩高科在微纳化电解质分散技术、电解质膜转印技术、创新层叠技术和电芯致密化技术等制造工艺方面具有突破性进展，已完成从模具电池到车规级电芯制造的突破，预计将在 2027 年实现小批量生产。

（2）宁德时代（硫化物）

2016 年，宁德时代正式宣布在硫化物固态电池上的研发路径。目前宁德时代在硫化物基全固态电池上有四大技术要点。

① 单晶正极进行双层包覆，实现比容量达到 230mA・h/g，复合正极在高压力下实现 6000 次长循环稳定性。

② 变相自填充技术增强了电解质结构，抑制了锂枝晶，使得临界电流密度提升至 $20mA/cm^2$。

③ 将硫化物固态电解质进行疏水层包覆，在电芯封口前再去除疏水层，来提高空气稳

定性。开发新型合成路线，降低 Li_2S 材料成本。

④ 制造工艺上采用干法电极制备和等静压一体化成型工艺，建立 10A・h 级全固态电池验证平台。

2024 年 4 月，宁德时代首席科学家吴凯表示，如果用 1 ～ 9 表示全固态电池的成熟度，宁德时代目前的成熟度在 4 的水平，目标是 2027 年达到 7 ～ 8 的水平，即 2027 年小批量生产全固态电池。

（3）比亚迪（硫化物）

2013 年开始启动全固态电池的研发，2016 年启动了技术可行性的验证，2023 年开始启动产业化可行性验证。预计在 2027 年会启动一些批量的示范装车应用，在 2030 年之后大规模应用。目前电芯容量达到了 60A・h，能量密度达到了 400W・h/kg (800W・h/L)。比亚迪负极采用的是高容量的硅碳负极，为了保证固固界面，开发了几乎零膨胀的硅碳负极，正极活性物质的占比达到了 85% 以上。

（4）广汽埃安（复合电解质）

2024 年 4 月，广汽埃安发布全固态电池。该全固态电池采用的是 100% 固态电解质材料，根据其申请专利猜测，可能是聚合物和无机固态电解质复合的材料。负极则采用了第三代海绵硅负极技术（比容量 1500mA・h/g），正极比容量 220mA・h/g，厚度 250μm，面容量 5mA・h/cm^2。电池应用了等静压技术。该电池容量为 30A・h，能量密度达到 400W・h/kg（910W・h/L），可通过 200℃热箱测试，针刺剪切不失效。公司将于 2026 年实现全固态电池量产搭载，昊铂车型将率先采用。

（5）上汽集团（复合电解质）

2024 年 5 月，上汽集团在上汽集团新能源技术发布会上表示，上汽全固态电池基于聚合物 - 无机物复合电解质技术路线，将于 2026 年实现量产。该全固态电池的质量能量密度超过 400W・h/kg，体积能量密度超过 820W・h/L，电池容量能超过 75A・h。2027 年，搭载全固态电池的智己新车将实现量产，并正式交付用户，后续全固态电池能量密度有望进一步提升至 500W・h/kg。

（6）高能时代（硫化物）

该公司成立于 2021 年，是一家研发制造全固态电池的创新型高科技企业，与日本高校和企业有密切合作。目前公布 1.46A・h 的硫化物基全固态电池，能量密度超过 330W・h/kg，循环 300 次后电池容量保持率超过 84%。其 20A・h 硫化物全固态电池电芯单体能量密度大于 420W・h/kg，预计 2024 年底可以实现 5A・h 以内小电芯量产。

（7）中科固能（硫化物）

该公司为初创公司，基于中国科学院物理研究所全固态电池研发平台。目前具有行业领先的硫化物电解质材料。该材料具有高电导率，最高可达 18mS/cm，粒径可调，D_{50}（中位粒径）最低可控为 350nm。

（8）马车动力（硫化物）

该公司为初创公司，于 2023 年 5 月发布了 25A · h 级硫化物全固态电芯，该电芯采用碳阳极和高镍三元阴极，能量密度可达 250W · h/kg，工作电压为 3.5 ～ 4.3V，稳定工作温度范围为 −20 ～ 120℃，在穿刺挤压等测试条件下不燃烧、不爆炸。2023 年 2 月该公司发布了采用硅基阳极的第二代全固态电池，可达到 300W · h/kg 的能量密度。该硅基全固态体系在 0.1C（C 为电池容量）室温条件下首效可达 85%，面容量＞ 5mA · h/cm²，同时 1C 室温循环＞ 1000 圈，容量保持率＞ 70%。

（9）蜂巢能源（硫化物）

在 2022 年 7 月，利用合金阳极和高镍三元阴极，该公司制造出了 20A · h 级 ASSLB（全固态锂金属电池），其能量密度可达 350W · h/kg。2024 年已实现第二代电芯能量密度 380W · h/kg，循环 100 圈有 90% 保持率。

（10）恩力动力（硫化物）

2023 年 8 月，恩力动力和软银公司成功开发出使用硫化物固态电解质及锂金属负极的全固态锂金属电池，成功制作了安时级（1 ～ 10A · h）ASSB（全固态电池）电芯，其实测能量密度达到 300W · h/kg。

（11）中汽创智（硫化物）

该公司成立于 2020 年 6 月，由一汽、东风和长安汽车等企业联合创立。2022 年 12 月，成功完成了 10A·h 级全固态电芯样品的试生产，实测能量密度达到 340W·h/kg 和 800W·h/L。其 1A · h 全固态软包可稳定循环 50 多圈。采用比容量为 195mA · h/g 的高镍正极，可实现面容量＞ 5mA · h/cm²。采用比容量为 620mA · h/g 的硅碳负极，可实现面容量＞ 5mA · h/cm²。

（12）屹锂新能源（硫化物）

该公司成立于 2021 年 5 月，核心技术来源于上海交通大学。公司核心技术已申请发明专利 70 项，国际 PCT 专利 3 项。据报道，已成功研发并制备出 2A · h 及 5A · h 的全固态电池软包电芯，能量密度可达 410W · h/kg，充放电循环寿命达到 2000 次，技术指标满足 GB/T 31486—2015（已作废，现行 GB/T 31486—2024）的要求。

（13）四川新能源汽车创新中心（硫化物）

依托于清华大学的科研团队，四川新能源汽车创新中心提出了硫化物复合电极制备新方法，正极容量 235mA · h/g，硅负极容量 2400mA · h/g，采用卷对卷干法电极技术实现面容量＞ 6mA · h/cm²，致密度＞ 90%。研发了 15A · h 级硫化物全固态电池样品，能量密度达到 350W · h/kg，热箱耐受温度为 200℃，可以在 −40 ～ 120℃区间内工作。

（14）有研（广东）新材料技术研究院（硫化物 + 卤化物）

有研 (广东) 新材料技术研究院应用干法电极成膜技术，实现了面容量＞ 5mA · h/cm²，活性占比＞ 93%，可逆比容量＞ 200mA · h/g 的干法正极极卷输出，与超薄卤化物电解质相结合，其安时级软包电芯可实现能量密度＞ 350W · h/kg，正在筹建 60A · h 全固态电池软包线。已经完成了 0.1GW · h 干法中试线的设计与建设。

（15）太蓝新能源（超薄致密复合氧化物固态电解质）

2024 年 4 月，太蓝新能源发布了其旗下的全固态电池。该电池采用超薄致密复合氧化物固态电解质，正极采用高比容量、长循环富锂锰基材料，负极采用了超宽、超薄且兼具高循环稳定性和高倍率的复合锂金属基材料。实现了 120A · h 大容量电芯，能量密度高达 720W · h/kg。

（16）清陶能源

该公司目前的主要产品为氧化物半固态电池，其规划的第三代产品为全固态电池。正极采用无锂缺锂材料，负极选用金属锂或含锂合金，固态电解质沿用 IPC (离子液体 - 聚合物复合) 电解质体系。预期能量密度超过 500W · h/kg，2027 年投入量产。

（17）亿纬锂能

该公司的全固态电池研发处于起步阶段，据公开信息披露，其全固态薄膜软包电池基于硫化物 + 卤化物复合的技术路线，可实现在弯折条件下正常充放电，也可在高镍体系中实现 150℃稳定放电。亿纬锂能的全固态电池规划分两步走：一是在 2026 年实现生产工艺的突破，推出高功率、高环境耐受性及绝对安全的全固态电池，用于混合动力领域；二是 2028 年逐步推出 480W · h/kg 高能量密度全固态电池。

（18）奇瑞汽车

该公司当前正在研发全固态电池，目标是 2026 年全固态电池上车 (定向运营)，2027 年批量上市，能量密度超 600W · h/kg，纯电续航里程有望突破 1500km。

（19）一汽集团

该企业 2014 年开始研发固态电池，目前已开发出 10mS/cm 硫化物电解质，电芯能量密度 375W · h/kg，容量 22A · h。采用干法高镍三元正极，硅基负极，硫化物体系。2027 年小规模示范性量产。

1.5.2 美国

美国研究全固态电池的企业主要有如下几个。

（1）Solid Power（硫化物）

电芯层面，该公司有两种阳极路线：锂金属阳极和复合硅阳极。复合硅阳极路线较为成熟，2A · h 硅阳极全固态电芯已通过兆瓦时生产线生产出来，Pre-A 样产品已经成功交付（20A · h），能量密度高达 340W · h/kg。正在开发 B 样（百安时，930W · h/L，390W · h/kg）。2023 年 11 月，Solid Power 公司成功制造了首批全固态电池 A 样品，并已将其提供给宝马汽车。0.2A · h 锂金属阳极全固态电芯已成功组装，正在进行评估。

（2）Quantum Scape(氧化物)

采用无锂负极路线，能量密度较高。陆续实现了 1 层、4 层、10 层、16 层和 24 层软包电芯的验证，单体电芯容量达到 3.6A · h，C/3 倍率下达到了室温循环 1000 圈，容量保持率为 95% 的优秀数据，电池加外压 3.4atm(1atm=101325Pa)。近期还开发出了 0.2A · h 的全固态电池，近乎无外压下，其循环次数大于 800 次（1C，室温），能量保持率达到 90%。该公司预计 2025 年实现大规模量产。现有计划为 2025 年实现 0.75GW · h 电池产能，2028 年实现 91GW · h。

（3）Ionic Materials（聚合物）

该公司研发了一种新型的在室温下传导离子的固体聚合物电解质材料，其聚合物的关键特性包括：a. 室温下离子电导率高达 1.3mS/cm；b. 锂离子迁移数为 0.7；c. 可承受高电压（5V）；d. 可适应电池阴极的高负载；e. 弹性模量高；f. 对锂稳定；g. 可传导多种离子。2019 年 7 月，万向一二三和 Ionic Materials 正式对外宣布，其合作的全固态电池研发取得里程碑式进展。自成立以来，Ionic Materials 已吸引了超过 6500 万美元的战略投资，例如汽车制造商雷诺、日产、三菱和现代。

（4）Ampcera（硫化物）

该公司于 2017 年成立，主营固态电解质材料和全固态电池。2024 年 2 月宣布其硫化物全固态电池技术在 4C 的峰值充放电倍率下，能够在 15min 内将电量从 0 提升至 80%。采用高容量 NMC（镍锰钴三元材料）阴极和硅基阳极，实现了 400W · h/kg 的高能量密度，其实验室软包电池在室温 300 次重复快速充电（4C 充电）后，容量保持率在 95% 以上。

（5）Johnson Energy Storage

该公司为初创公司，专注于新型氧硫玻璃电解质。该公司在 2023 年 11 月推出一款采用 5μm 玻璃隔膜的新型固态电池。该电池以其超薄隔膜显著降低了电阻并提升了性能，尤其是在低温环境下的表现超越了传统锂离子电池。近期该公司收到了美国南方电力公司的投资。

1.5.3 欧洲

Bolloré（聚合物）公司于 2011 年制造了用于电动汽车的第一代聚合物锂电池，该电池基于锂金属聚合物技术，需要在 50 ～ 80℃下运行，能量密度超过 250W · h/kg，循环寿命超过 4000 次。其旗下子公司 Blue Solutions 专注于固态锂金属聚合物电池（LMP®）技术。LMP® 电池是全固态设计，不含液体或凝胶，无钴无镍，安全稳定，使用寿命长达 15 年。但工作温度范围的限制以及加热器的存在，导致了能耗增加以及安全性等问题，该体系目前的应用也比较有限。公司计划 2028 年推出乘用车全固态电池，目前正努力缩短充电时间。LMP® 电池在法国和加拿大工厂生产，年产能为 1.5GW · h。

欧洲传统车企纷纷选择与固态电池厂商进行合作，致力于布局下一代固态电池技术。奔驰公司选择了半固态电池路线的两家企业：台湾的辉能科技和美国的 Factorial Energy。奔驰的目标是在未来 5 年内将半固态电池技术引入批量生产。宝马公司则选择与全固态电池公司 Solid Power 进行合作，2023 年 11 月，宝马收到了来自 Solid Power 的首批 A 样固态电池。大众集团选择与美国的 QuantumScape 公司合作，2024 年 1 月，大众对 QuantumScape 的 A 样电芯进行了测试，基于理论模型验证该电芯装车后能够实现 50 万公里的全生命里程。

1.5.4 日本和韩国

日本和韩国研究全固态电池的企业有如下几个。

（1）丰田 TOYOTA（硫化物）

该公司最早布局全固态电池研究，目前固态电池相关专利保有量居世界第一。2019 年 5 月，展示试制阶段的全固态电池样品。2020 年 6 月，全球首款全固态电池原型车建成并获得行驶数据。2023 年 7 月，公司宣布已经简化固态电池原材料的生产过程，并且开发出让固态电池更耐用的方法。这些突破将使固态电池重量、体积和成本均减半，并且充电最多只需要 10min，同时续航可以达到 1200km。预计 2030 年前推出全固态电池电动车型，实现持续、稳定的固态电池生产。

（2）日产 NISSAN（硫化物）

2021 年，日产宣布参与电动汽车固态电池研发。2022 年，位于日本神奈川县的日产研究中心正式启动原型电池的开发工程。在《日产雄心 2030》公告中，位于横滨的试验工厂于 2024 年完工，到 2026 年将向全固态电池投资 1400 亿日元。目标是 2025 年开始试生产，2028 年生产一款由固态电池驱动的全新电动汽车，并实现全固态电池的量产，并计划将电池组的成本降至 75 美元每千瓦时。日产的目标是实现 1000W·h/L 的高能量密度全固态电池，它的全固态电池方案是硫化物固态电解质 + 负极锂金属 + 正极高镍三元 NCM（镍钴锰三元材料）。

（3）麦克赛尔 Maxell（硫化物）

2024 年 1 月麦克赛尔（Maxell）宣布，他们已经成功开发出一种圆柱形硫化物基全固态电池（PSB23280），这款圆柱形全固态电池的直径约为 23mm，高度约为 27mm，容量为 0.2A · h，温度范围宽（−50 ～ 125℃）。Maxell 在 2024 年夏天开始生产用于工厂机器人的大容量全固态电池，并在其京都事业所内投资 20 亿日元建立生产线。

（4）日立造船 Hitachi Zosen（硫化物）

2021 年 3 月，该公司宣布已开发出容量为 1A·h、可在严酷温度（−40 ～ 120℃）下工作的全固态电芯，并与日本宇宙航空研究开发机构达成协议，将测试其在太空中的实际应用。2023 年 3 月，推出了第三款全固态电池 AS-LiB，容量可以达到 5A·h。由于该电池具备较宽的工作温度范围且具有使用环境多样性等特征，适用于在太空中使用的产品、半导体设备或是无法使用现有电池的设备。2024 年 2 月 27 日，日立造船宣布，公司制造的全固态锂电池被芯片设备制造商采用，已从芯片设备制造商处接获全固态电池订单。

（5）松下（硫化物）

2023 年 9 月松下首次向媒体公开了正在开发的全固态电池，从 10% 充到 80% 只需 3min。此外，其充放电循环寿命很长，松下控股介绍为“在室温下，或达 1 万～ 10 万次”。预计 21 世纪 20 年代后半期可实现技术实用化。目前，松下控股正在利用 iRobotics 的小型无人机进行全固态电池的实验，将积极推进与其他无人机制造商的联合开发。

（6）TDK（氧化物）

2017 年，TDK 以在积层电子元件制造等过程中积累的陶瓷材料技术、积层技术、烧成技术等为基础，实现了全固态锂离子二次电池“CeraCharge™”的产品化。该产品只有芯片大小，非常耐高温，电解质采用独有的锂基氧化物（陶瓷）。目前广泛应用于物联网产品中，其中一个应用是 2020 年 12 月推出的烹饪温度计产品。

（7）三星 SDI（硫化物）

该公司早在 2013 年就引入了固态电池技术，率先布局硫化物电解质体系。2020 年 3 月，三星 SDI 推出采用基于 Ag-C 阳极和硫化物电解质的软包 ASSLB 原型，实现了高能量密度（＞ 900W·h/L）和长循环寿命（1000 次循环）。2022 年，该公司开始建设一条全固态电池测试线——“S-Line”，为固态电池大规模生产做准备。2023 年 12 月，三星 SDI 成立了一个专门小组，负责推动全固态业务的商业化。大型全固态电池生产设备计划于 2025 年前完成开发，2027 年开始量产。

（8）SK Innovation（硫化物）

使用 NCM 阴极和 Si/ 石墨阳极的全固态电池计划于 2025 年推出，采用锂金属负极的全固态电池将于 2030 年实现。目前 SK Innovation 选择 Solid Power 作为合作伙伴，投资 3000 万美元开发能量密度为 930W·h/L 的固态电池。由 Solid Power 提供研发许可、产线安装和电解质供应三项新的合作协议。

（9）LG 化学（硫化物 / 聚合物）

该公司预计 2028 年将推出 750W·h/L 的聚合物固态电池并完成硫化物全固态电池开发，2030 年将推出超过 900W·h/L 的硫化物全固态电池。目前 LG 新能源正与韩国科学技术院

（KAIST）、首尔大学等进行全固态电池产学研合作。2024 年 4 月 LG 化学与 Factorial 签署谅解备忘录，共同开发固态电池材料。

参考文献

[1] Ding P，Lin Z，Guo X，et al. Polymer electrolytes and interfaces in solid-state lithium metal batteries [J]. Materials Today，2021，51：449-474.

[2] Fan L Z，He H，Nan C W. Tailoring inorganic–polymer composites for the mass production of solid-state batteries [J]. Nature Reviews Materials，2021，6：1003-1019.

[3] Zhao C Z，Zhang X Q，Cheng X B，et al. An anion-immobilized composite electrolyte for dendrite-free lithium metal anodes [J]. Proceedings of the National Academy of Sciences，2017，114（42）：11069-11074.

[4] Wang C，Fu K，Kammampata S P，et al. Garnet-type solid-state electrolytes：Materials，interfaces，and batteries [J]. Chemical Reviews，2020，120（10）：4257-4300.

[5] Wu Y，Zhang Z，Zhang Q，et al. Industrialization challenges for sulfide-based all solid state battery [J]. eTransportation，2024，22：100371.

[6] Wu D，Chen L，Li H，et al. Solid-state lithium batteries-from fundamental research to industrial progress [J]. Progress in Materials Science，2023，139：101182.

[7] Wu F，Liu L，Wang S，et al. Solid state ionics–selected topics and new directions [J]. Progress in Materials Science，2022，126：100921.

[8] Lu P，Wu D，Chen L，et al. Air stability of solid-state sulfide batteries and electrolytes [J]. Electrochemical Energy Reviews，2022，5（3）：3.

[9] Wang C，Liang J，Kim J T，et al. Prospects of halide-based all-solid-state batteries：From material design to practical application [J]. Science Advances，2022，8（36）：9516.

[10] Wang K，Ren Q，Gu Z，et al. A cost-effective and humidity-tolerant chloride solid electrolyte for lithium batteries [J]. Nature Communications，2021，12（1）：4410.

[11] Wu D，Wu F. Toward better batteries：Solid-state battery roadmap 2035+ [J]. eTransportation，2023，16：100224.

第2章 固态电解质离子输运机理

固态电解质发挥着离子运输的作用，以锂电池为例，在充放电过程中锂离子经由电解质往来于正负极之间，完成电路的闭合。因此，了解锂离子如何在固态电解质中运输对于电池的动力学过程研究至关重要。离子的输运是基于离子的扩散进行的，第 2.1 节，从宏观到微观，从浓度（化学势）驱动到外场驱动，给出了定性或定量描述离子扩散现象的方法，并总结了在描述中引入的各种具有扩散系数量纲的物理量以及它们之间的关系。第 2.2 节则聚焦于固态离子导体，给出了在这类材料中离子输运的物理图像。从基于单原子跃迁的模型到多原子参与的集体输运，特别介绍了奠定固态电解质技术的快离子导体中一些特征性的离子输运现象。上述模型主要针对纯体相的离子输运，针对的是多晶和复合材料，第 2.2 节中还介绍了在晶粒与晶界共同参与下描绘电导率的模型和方法。在固态电解质中最为关心的问题就是离子输运特性在离子电导率上的体现，第 2.3 节介绍了在固态电解质中影响离子电导率的一些因素，以及它们的作用规律和机理。第 2.4 节简要地介绍了一些表征测试离子输运的实验方法。

2.1 离子扩散规律

固态电解质的离子输运是基于离子扩散进行的，在本节中将介绍有关离子扩散的基本概念。从最早由 Fick 定律揭开人类对扩散现象的探索，那时还仅是唯象地去描述扩散的宏观现象，到随机扩散模型的提出，人们开始从微观原子尺度去考虑粒子扩散时的跃迁机制。基于前人的理念，不断修正模型，使其更普适地描述更广泛的体系。同时人们也尝试探索外场作用下如何引导离子的输运，将扩散的概念同更多宏观物理性质相联系。在针对扩散现象的理论和实验中，提出了各种具有扩散系数量纲的物理量，在本节的最后对这些扩散系数的物理含义进行了梳理，并介绍了不同扩散系数间的关系。

2.1.1 Fick定律——扩散现象的描述

最早对扩散现象进行描述的是德国科学家 Adolf Fick，他基于盐在水中的扩散实验，发现在稳态扩散条件下，盐扩散量与盐浓度成正比，由此建立用于描述扩散的理论模型：

$$J_i = -D_i \nabla c_i \tag{2-1}$$

式中 J_i——扩散流量；

c_i——浓度；

D_i——引入的扩散系数，用以联系浓度梯度与扩散流量间的比例关系。

这一方程又被称为 Fick 第一定律。

但实际上，粒子的扩散是一个随时间 t 变化的过程，为了描述扩散的动态过程，引入了 Fick 第二定律：

$$\frac{\partial c_i}{\partial t} = \nabla\left(D_i \nabla c_i\right) \tag{2-2}$$

对于稳态扩散，即$\frac{\partial c_i}{\partial t}=0$，可以将实际问题简化成不同的几何模型，如一维、圆柱等进行求解。而对于非稳态过程，扩散物种的浓度不仅随位置发生变化，还会随时间发生变化，方程的求解将十分复杂，详细的推导可以参照相关文献[1]。

事实上，Fick 定律只给出了对扩散现象的一个宏观描述，并不涉及扩散物种的性质，一方面这样得到的结论会更加普适，但同时也限制了对扩散机制的深入研究，因此 Fick 定律对于扩散驱动力的认识存在一定的局限性，后面的内容将介绍粒子的扩散是建立在其布朗运动基础上的，只是对于趋于混合的扩散过程，例如 Fick 研究的盐水体系，往往伴随着浓度梯度的现象。在固态电解质中，离子的浓度梯度为零，离子在电化学势的驱动下进行迁移，完成阳离子在电解质内的传质，但这一迁移仍然是基于离子在固态电解质内的扩散运动进行的。

2.1.2 Einstein-Smoluchowski等式——热运动扩散的描述

微观粒子的无规则运动也被称为布朗运动（Brownian motion），最早由苏格兰植物学家 Brown 观察到水中花粉的这种无规则运动行为，后来发现自然界中的微观粒子普遍存在这种现象。布朗运动与物质的扩散过程息息相关，如果知道每个粒子的跃迁频率以及跃迁距离，那么就能通过统计学方法预测宏观上物质的扩散。1905 年，Smoluchowski 和 Einstein 进一步研究了这类问题，并由此建立了用于描述这一运动的数学模型——“随机行走模型”。随机行走模型中粒子间独立地进行跳跃尝试，要求粒子间无相互作用，因此该模型通常用于稀粒子浓度体系。下面考虑粒子从晶格中的一个平面 1 跃迁到平面 2 的情况，n_1、n_2分别为平面 1、2 上参与扩散的粒子浓度，平面间的间距为 a，每个粒子的跃迁频率为ν。考虑到各向同性，n_1、n_2中并不是所有粒子都朝假设方向运动，因此根据几何模型的不同还要加上一个描述各向异性的参数 g，对于一维、二维、三维情况，g 分别为 1/2、1/4、1/6。如果略去 g 参量，则有效单方向跃迁频率Γ直接代表总跃迁频率，即$\Gamma=\nu$。

$$J = g\nu a\left(n_1 - n_2\right) \tag{2-3}$$

式中 J——扩散流量。

n_1-n_2可以和浓度建立起关系：$\frac{n_1}{a}=c_1,\frac{n_2}{a}=c_2$。另外当 c 变化的足够小时，c_1-c_2又可以表示为$c_1-c_2=-a\frac{\partial c}{\partial x}$，代入式（2-3）：

$$J=ga^2\nu\nabla c \tag{2-4}$$

对比 Fick 第一定律，则可以得到扩散系数 D_r 的表达式：

$$D_r=ga^2\nu \tag{2-5}$$

由随机行走模型推导的扩散系数被称为随机扩散系数或自扩散系数。这一模型将宏观观察的扩散系数同微观扩散原子的跃迁频率和跃迁距离联系了起来，使得我们有机会从原子尺度去理解宏观表征的扩散过程。

考虑到离子的布朗运动是由热激发产生的，跃迁频率可以描述为：

$$\nu=\nu_0\exp\left(-\frac{\Delta G}{k_BT}\right)=\nu_0\exp\left(-\frac{\Delta S}{k_B}\right)\exp\left(-\frac{\Delta H}{k_BT}\right) \tag{2-6}$$

式中 ν_0——尝试频率，表示单位时间内尝试跳跃的次数，包括可以导致宏观扩散的成功跳跃和不成功的跳跃；

ΔG——活化的吉布斯自由能；

k_B——玻尔兹曼常数；

T——绝对温度，K；

ΔS——活化熵；

ΔH——活化焓。

代入随机扩散系数：

$$D_r=ga^2\nu_0\exp\left(-\frac{\Delta S}{k_B}\right)\exp\left(-\frac{\Delta H}{k_BT}\right) \tag{2-7}$$

对于晶态材料，ΔH涉及缺陷的形成能和迁移能。若缺陷主要由外来杂质引入，且移动离子和掺杂原子或其他缺陷之间没有俘获，那么离子扩散所要跨越的能垒可近似看成由迁移能决定。但复杂的缺陷结构中，离子与缺陷间有较强的相互作用，因此还要考虑缺陷形成能对离子扩散的影响。

2.1.3 Nernst-Einstein关系——离子在外场下的运动

Einstein 和 Hartley 认为扩散真正的驱动力是化学势而非 Fick 定律中所宣称的浓度梯度[2-3]。下面将基于用化学势梯度修正的扩散模型来描述离子在外电场下的扩散，并将扩散系数与宏观的电导率参量建立联系。为了方便推导，仍然选择了理想体系下，不考虑离子间相互作用的模型，在本节的末尾将推广至适用于非理想体系的广义描述。

假定在外场作用下离子沿一定方向漂移，漂移速度为 v_i，则：

$$v_i=u_iF \tag{2-8}$$

式中 u_i——单位力场下的运动速度，称为淌度；

F——外加力场，对于外电场，可以表示为$q\nabla\phi$，q 为载流子所带电荷量，$\nabla\phi$为电势差。

因此在外电场下，载流子的流量 J_i 为：

$$J_i = -u_i c_i \left(\nabla \mu_i + q_i \nabla \phi\right) \tag{2-9}$$

式中　μ_i——化学势。

现假设外电场为零，推导扩散系数与淌度的关系。根据稀溶液中化学势μ_i的定义：

$$\nabla \mu_i = \frac{k_B T}{c_i} \nabla c_i \tag{2-10}$$

对比式（2-9）和式（2-1），可以得到：

$$D_i = u_i k_B T \tag{2-11}$$

式（2-11）被称为 Nernst-Einstein 关系式。下面将利用这个关系式进一步将扩散系数与电导率建立联系。在固态电解质中，离子和缺陷均匀分布，在离子传质过程中虽然有整体的定向移动，但在某一极消耗的阳离子又会在另一极上得到补充，浓度梯度可以认为等于零，也即式（2-9）中的$\nabla \mu_i = 0$，这里为了方便推导，考虑单一载流子的情况，将 Nernst-Einstein 关系代入式（2-9）：

$$J = -\frac{qcD}{k_B T} \nabla \phi \tag{2-12}$$

注意这里的 J 代表的是载流子流量，而由此带来的电流密度 J_e 应该再乘上一个所带电荷 q：

$$J_e = qJ = -\frac{q^2 cD}{k_B T} \nabla \phi \tag{2-13}$$

根据欧姆定律$J_e = \sigma E$，σ表示电导率，电场强度$E = -\nabla \phi$，可以得到：

$$D_\sigma = \frac{\sigma k_B T}{c q^2} \tag{2-14}$$

由式（2-14）定义的扩散系数称为电导扩散系数，它也具有扩散系数的量纲。D_σ描述的是宏观上长程扩散的参量。另外为了方便推导，假设了单一载流子的情况，实际固体中若存在多种载流子，则固体中所传输的电流为各个载流子迁移的总和，这里可以引入离子迁移数t_i来区分不同载流子对电导率的贡献：

$$t_i = \frac{\sigma_i}{\sigma} = \frac{I_i}{I} \tag{2-15}$$

式中　σ_i——第i种载流子的分电导率；

I_i——第 i 种载流子贡献的电流；

I——总电流。

以锂电池为例，电解质中阴阳离子总是同时发生迁移。实际上在液态电解质中，阴离子的扩散更可能占主导地位，阳离子的迁移数仅为 0.2 ～ 0.4。但对锂电池性能更为关键的是锂离子在其中的扩散和迁移，因此努力提高锂离子的迁移数也是优化电解质性能的一个方向。

Nernst-Einstein 模型也能描述涉及离子 - 离子相互作用的体系，只要这种相互作用可以用化学势 μ 来描述即可。有文献也给出了更广义的 Nernst-Einstein 方程，可适用于非理想扩散体系。原 Fick 定律中的浓度梯度将由化学势梯度替换，相应的浓度也变为物质的活度。由热力学知识可以得到化学势 μ_i 的表示：

$$\mu_i = \mu_0 + RT\ln a_i = \mu_0 + RT\ln\gamma_i + RT\ln c_i \tag{2-16}$$

式中 a_i——物质i的活度；

γ_i——物质 i 的活性系数；

R——理想气体常数。

化学势梯度则变为：

$$\frac{d\mu}{dx} = RT\left(1+\frac{d\ln\gamma_i}{d\ln c_i}\right)\frac{1}{c_i}\times\frac{dc_i}{dx} \tag{2-17}$$

由此导出的D'被称为组分扩散系数，与原扩散系数的关系为：

$$D' = D\left(1+\frac{d\ln\gamma_i}{d\ln c_i}\right) \tag{2-18}$$

当活度为 1 时，该方程导出的即为理想体系的结果。

2.1.4 扩散系数及扩散系数间的关系

在前文介绍中已经出现了几种具有不同含义的扩散系数。本节将对他们进行总结，并再介绍几种在固体输运中可能会出现的其他扩散系数。由于具有相同的量纲，他们彼此间可以通过一个无量纲的因子相互联系，某些特定扩散系数间的关联因子可以用来度量离子的输运机制。在本书后文中也特别介绍了几个重要的关联因子以及一些输运机理如何反映到关联因子上。不同扩散系数间的关系见图 2-1。

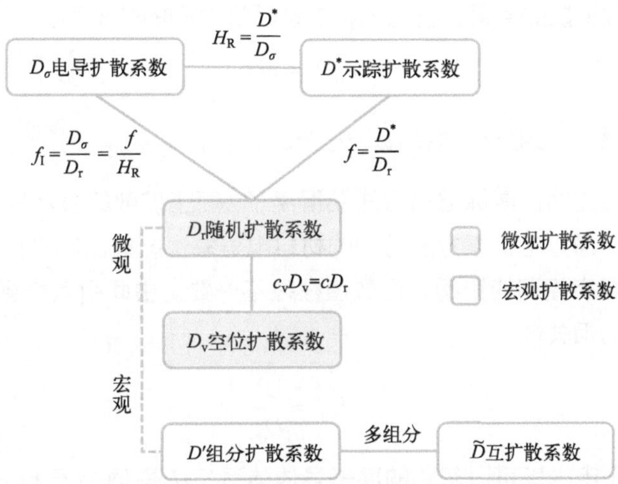

图 2-1 不同扩散系数间的关系

（f_I 表示集体相关因子；f 表示相关因子；H_R 表示 Haven 比；c_v 表示缺陷浓度；c 表示格点浓度）

（1）D_r随机扩散系数

基于随机行走模型，描述原子或离子以热运动为推动力的无规则运动（布朗运动）的度量。

（2）D_σ电导扩散系数

由 Nernst-Einstein 关系推导，与电导率相关具有扩散系数量纲的度量。

(3) $\boldsymbol{D}^*$示踪扩散系数

实验上通常采用同位素原子或放射剂标记等方法来直接探测扩散物质浓度作为渗透深度的函数，由此得到的扩散系数称为示踪扩散系数或同位素扩散系数。它描述了在相对较大的长度尺度上的离子传输，也是宏观扩散系数之一。

(4) $\boldsymbol{D}'$组分扩散系数

化学势为推动力下，描述离子扩散的度量。

(5) $\tilde{\boldsymbol{D}}$互扩散系数

当体系中有多重组分时，每种组分都有相应的扩散系数，它们各自对扩散系数的贡献加成可以用加权平均来描述。这里以二元理想系统为例：

$$\tilde{D} = N_1 D_1 + N_2 D_2 \tag{2-19}$$

式（2-19）为 Darken 研究 Kirkendall 的互扩散效应实验时提出的，N_1、N_2分别为两种组分的质量分数或摩尔分数。这里的扩散系数同样可以用活性系数修正。但式（2-19）只能描述简单耦合体系的互扩散。注意一般的固态电解质材料可以认为是单离子导体，内部仅进行载流阳离子的传输，因此在固态电解质的研究中并不多见[4]。

(6) $\boldsymbol{D}_{\mathrm{v}}$空位（缺陷）扩散系数

描述固体内空位扩散的度量。它与随机扩散系数之间的关系为：

$$c_{\mathrm{v}} D_{\mathrm{v}} = c D_{\mathrm{r}} \tag{2-20}$$

2.1.4.1 示踪扩散系数与电导扩散系数——Haven比

一方面，可以通过同位素标记的方法获得离子 / 原子扩散的直观信息，并得到示踪扩散系数D^*。另一方面，通过电化学方法得到的材料电导率也能推出电导扩散系数D_σ。这两个由实验测得的量虽然具有相同的量纲，但数值往往不一致。由此引入产量 Haven 比 H_{R} 来描述两个扩散系数之间的相关性：

$$H_{\mathrm{R}} = \frac{D^*}{D_\sigma} \tag{2-21}$$

对于大多数电子电导率可以忽略的离子导体体系，H_{R}取值小于 1。但若体系中离子间或离子、缺陷相互作用对离子输运有影响，但不体现在电导率上，H_{R}也可以大于 1[5]。Haven 比来源于离子扩散过程中的位移效应。在外加电场下，缺陷的连续跳跃方向彼此不相关[6]，但无外加电场时，情况则有所不同。一个离子不仅可以跳跃到最近的邻近空位，还可以跳跃到一个被占用的位置。后者的运动相当于向同一方向跳跃。这种连续跳跃的协同位移将持续出现，直到离子跳入空位。当考虑载流子间的协同效应时，情况更为复杂[7]。在固态电解质材料中，例如玻璃态、聚合物态等高度无序结构，Haven 比对于理解和确定其离子输运机理具有重要意义。

2.1.4.2　示踪扩散系数与随机扩散系数——相关因子f

相关因子f定义为示踪扩散系数与随机扩散系数的比值：

$$f = \frac{D^*}{D_r} \tag{2-22}$$

相关因子f通常是一个0～1的值，它与离子浓度、几何结构和扩散机制等都有关系[8-9]。

离子在实际跃迁时，受晶格的排斥作用或晶格缓慢弛豫作用等，更倾向于回到原来的状态而非向下一个状态跃迁，这导致固体中的相关因子通常小于1。晶格弛豫作用描述了移动离子之间以及移动离子与固定离子之间的相互作用[10]。如图2-2所示，移动离子间由于库伦相互作用会发生排斥，可以将其他移动离子近似成一团离子云，离子云会对每个移动离子产生局部电位最小值，使离子与其他移动离子保持足够距离，从而在空间中产生一组平衡位置，这种效应又称为“库伦笼效应”。除此之外，晶格的周期性势场也会对离子的移动产生影响。库伦笼效应产生的局部最小值势场和晶格产生的周期性势场叠加形成了移动离子所处的整体势场。当离子从位置A跃迁到位置B，库伦笼效应产生的势场也会随之移动，离子所处的势能环境发生改变，从而驱使系统远离平衡，并产生弛豫回平衡状态的趋势。这时对于离子来说，它既可以继续向前移动到C位置，需要克服$\delta(t)B \to C$的能垒；也可以向后跳回位置A，克服$\delta(t)B \to A$的能垒。从能量上看，向后跃迁的能量对离子来说更有利，因而离子更倾向于向后跃迁，此时没有可检测的离子电流。这种晶格弛豫作用显示，离子的每一次跃迁并不是相互独立的，后一次跃迁方向受到上一次跃迁的影响，揭示了离子输运中的相关效应，并非所有跃迁都有助于宏观的长程迁移。

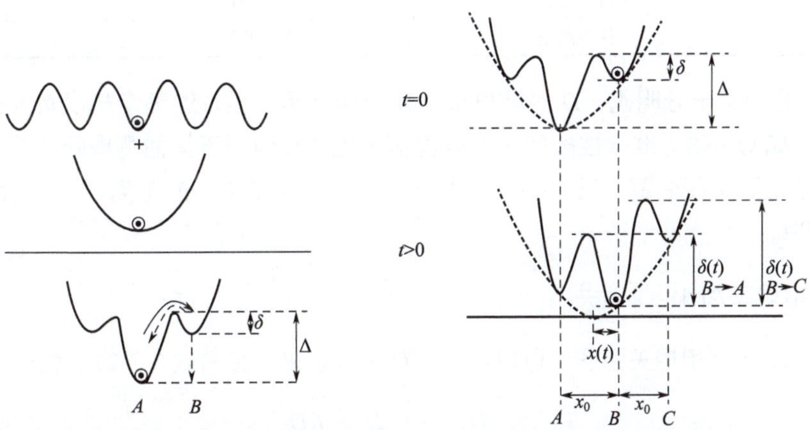

(a) 由库伦笼效应和晶格周期势叠加形成的离子势阱　　(b) 离子向前跃迁后局部势阱的演化

图2-2　库伦相互作用图（t为特征时间）[10]

相关因子同样还描述了晶格结构对离子输运各向异性的影响。随机扩散系数描述的物质无规则运动是各向同性的，但实际物质的扩散会受晶格堆砌结构（晶体对称性）的影响，这种影响通常是各向异性的。相关因子受维度、晶格体系和扩散机制的影响，可以通过计算模拟的方法获得，表2-1给出了不同维度不同晶格体系中原子自扩散的相关因子[11-12]。通常已知某一物质在特定温度下，在某一典型晶格条件下的随机扩散系数，就可以预估其在其他晶格体系中的随机扩散系数。总体来说，结构越紧密，空位扩散间的相互作用就越大，越不利于物质的扩散，相关因子越小。例如，密堆积条件下，如面心立方、六方密堆结构，相关因子较小；而松散堆积结构条件下，如体心立方，相关因子较大。对于一维链，示踪原子向空位跃迁后在原位点产生了新空位，使得示踪原子可以再进行反向跳跃，最终宏观上示踪原子的扩散相互抵消，相关因子为零。

表2-1　不同维度不同晶格体系中原子自扩散的相关因子

维度	晶格体系	输运机制	相关因子
1D	一维链	空位	0
2D	六方蜂窝结构	空位	0.78146
	正方形	空位	0.46705
	六边形	空位	0.56006
3D	简单立方	空位	0.65549
	面心立方	空位	0.78146
	面心立方	双空位	0.4579
	面心立方	沿＜100＞哑铃状间隙	0.4395
	体心立方	空位	0.72149
	体心立方	双空位	0.335～0.469
	金刚石结构	空位	0.5
	金刚石结构	共线填隙	0.727
	石榴石结构	空位	0.25
	CaF_2（F）	非共线填隙	0.9855
	CaF_2（Ca）	共线填隙	0.8
	CaF_2（Ca）	非共线填隙	1
	任意晶格	直接填隙	1

尽管f的定义十分明确，D^*也能直接从实验中测得，但D_r的确定却没有那么明晰。某些实验方法，如 QENS（准弹性散射）可以直接确定D_r，但对于其他测量跃迁频率的计数，则需要对跃迁距离进行估算，通常假设其为晶格中两个原子之间的距离，这会给f的评估带来一定挑战[12]。

2.1.4.3　电导率Arrhenius关系

通过 Haven 比和相关因子，可以把D_σ与D_r联系起来，结合式（2-21）和式（2-22）:

$$D_\sigma = \frac{f}{H_R} D_r = f_I D_r \tag{2-23}$$

这里引入了一个新相关因子f_I，称为集体相关因子（colletive correlation factor），它可用于衡量不同离子相关效应的强度[13-14]。这样的变换意味着宏观离子电导率可用与原子尺度的跃迁相关的参数来表示，将D_σ与D_r的表达式（2-14）和式（2-7）代入，可以得到:

$$\sigma = \frac{f}{H_R} \times \frac{cq^2}{k_B T} g a^2 \nu_0 \exp\left(-\frac{\Delta S}{k_B}\right) \exp\left(-\frac{\Delta H}{k_B T}\right) \tag{2-24}$$

f和H_R都与固体内部的输运机理有关，对于电解质来说，其相关离子的传输是一种多离子扩散现象，单个跃迁不再独立，离子 - 离子、离子 - 晶格等存在相互作用，因此该式也包含了离子传输过程中的相关效应。

将指数项中各个部分简化成一个活化能E_a，同时用σ_0/T替代指数项前面的系数部分，则可以得到符合 Arrhenius 关系的电导率表达式：

$$\sigma = \frac{\sigma_0}{T}\exp\left(-\frac{E_a}{k_B T}\right) \tag{2-25}$$

注意在这一关系的推导过程中，涉及的 Nernst-Einstein 关系、原子随机行走模型都不涉及材料的晶体结构，而引入的相关因子 f 和 H_R 也都是从实验出发定义的比例系数，因此式（2-25）给出的电导率对温度的关系对晶态和非晶态材料都是适用的。但对于晶态和非晶态的活化能理解会有所不同。在晶体材料中，前文已经介绍了活化能主要来源于缺陷形成能和离子迁移能。在玻璃材料中，利用热激活解离碱金属离子，使其从一个非桥接结构跳跃到另一个非桥接结构。在这个过程中，离子主要克服两个能量势垒：一是由于阴阳离子间的库伦相互作用，阳离子跃迁必须要摆脱阴离子的库伦吸引势而产生的库伦结合能ΔE_C，通常也被称为产生能量势垒；二是由于碱金属离子在空间上占据一定的体积，在偏离平衡位置时还需要考虑体积应变能ΔE_S，这一能量势垒只在离子偏离平衡位置的配位层中才起作用，属于短程能量势垒，又被称为迁移能量势垒。

2.2 离子输运的机理

人们在构建一个物理原理的基本图像、描述物理过程的基本规律时，总是倾向从最简单的模型出发。忽略粒子间的作用力，将每个参与输运的粒子作为独立的个体研究它们的运动规律，能极大地简化数学过程，快速、简洁地获得离子输运中最基本的运动规律。上述提到的“随机行走模型”就是典型的基于单离子跃迁的模型，它能普适地应用于符合一定条件的粒子扩散中，如气相、溶液、金属等。对于具体的材料，根据其不同的结构和特性，固体内的输运机制也被描绘出了更加清晰具体的图像。在固体离子导体中，离子通过在固体晶格的“格点”或不同占据位之间的跳跃进行输运。晶体材料中，这种“格点”主要是晶体内部的空位或间隙位，可以说晶态材料中的离子输运是依赖于缺陷进行的。非晶体材料中，原子的排布缺乏长程有序性，碱金属阳离子的输运则是在与非桥阴离子的结合位点间跃迁。所有的这些跃迁，都需要移动离子克服一定的能量势垒再达到下一个平衡位点，因此离子输运的研究常常和跃迁的能量图景相关联，能量最低的路径往往是离子最“青睐”的跃迁途径。

然而单离子模型往往只在稀溶液，也就是移动离子浓度较低的体系中成立。当粒子间的相互作用不可忽略时，为了更加准确地描述在这类材料中的离子输运，还必须弄清楚这种相互作用是如何影响离子移动的。例如，在相关因子的介绍中，“晶格弛豫作用”就是离子间相互作用对于离子跃迁的影响。对于固态电解质，由于其内部的电子电导率可以忽略不计，因此主要考虑的是离子与离子间的协同运输。特别是在快离子导体中，往往会富集高浓度的离子，研究发现离子间的协同输运是使得材料获得超高离子电导率的重要原因。

人们对离子输运的机制认识是个不断迭代的过程，本节将围绕固态离子导体，从最基本的离子跃迁到离子间的相互作用对离子跃迁的影响展开阐述，以便读者对其中离子输运的物理图像有更好的掌握。

2.2.1 基于单原子跃迁的输运机制

在晶态材料中，离子输运主要基于晶体缺陷进行。固体中典型的本征缺陷主要包括 Frenkel 缺陷和 Schottky 缺陷。Frenkel 缺陷指由于正常格点中的原子扩散到间隙位，留下一个空位而形成的缺陷；Schottky 缺陷则是格点原子由于热振动等因素扩散到晶格表面，从而在内部留下空位而形成的缺陷。

在 Schottky 缺陷占主导的离子导体中，离子（输运）更倾向于空位型跃迁（vacanncy mechanism）。如图 2-3 所示，晶格中存在一些未被占据的位点，邻近的原子 / 离子通过跃迁到这些空位上而发生扩散。空位机制一般可以划分为单空位和双空位，通过空位机制扩散的能垒与缺陷浓度、晶体结构、原子 / 离子半径等密切相关，实际常通过掺杂来提高缺陷浓度，从而提升材料的离子电导率。在原子尺寸相当或空位浓度较高时，倾向于采取这种机制。例如 Li_xMO_2 材料，当 x 显著小于 1 时，层状结构中空位数量显著增多，Li^+ 倾向于采用这种扩散机制 [15]。

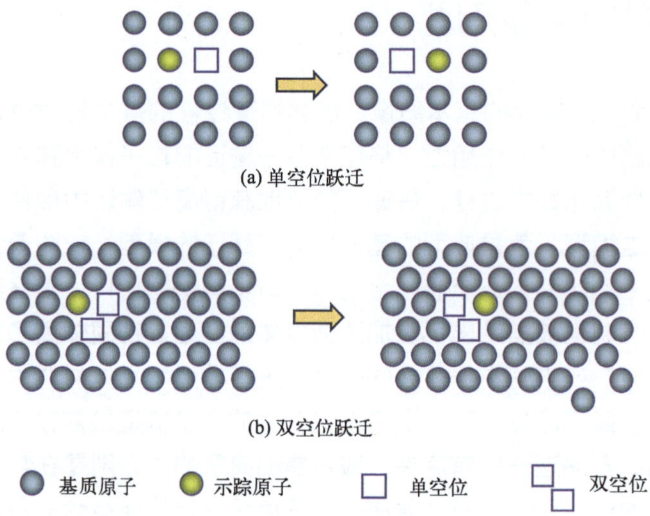

图 2-3　单空位与双空位跃迁机制示意图 [12]

在 Frenkel 缺陷主导的离子导体中，离子（输运）则更有可能发生间隙型跃迁（interstitial mechanism）。如图 2-4 所示，原子 / 离子从一个间隙位置传递到与其最近的相邻间隙位置之一而没有永久置换任何基质原子。通常基质原子需要发生一定的偏离和扭曲，以给间隙的移动原子 / 离子足够的空间来进行迁移。事实上，正是这种晶格的局部扩张或扭曲诱导了间隙原子 / 离子改变位点。因此，跃迁频率的问题就转化为计算（系统）跨越该势垒的频率 [1]。显然，结构越松散，间隙的自由空间越大，越有利于间隙原子 / 离子的传输。这种机制常见于 H、Li、C、N、O 元素在金属或其他材料中的扩散，Li^+ 导体中的扩散也常采用这种模式。

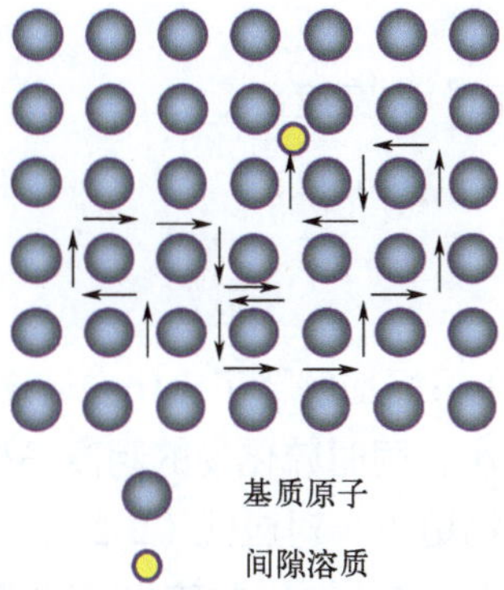

图 2-4 间隙型跃迁机制示意图 [12]

根据随机行走模型中推导的随机扩散系数的表达［式（2-7）］，对于 Frenkel 类型的传输机制，注意到，间隙离子在传播的过程中，并不需要等待周围形成特定缺陷才能进行，因此扩散只需考虑迁移过程的活化能，则扩散系数可以表示为：

$$D = \gamma a_1^2 \nu_0 \exp\left(\frac{\Delta S_{\mathrm{M}}}{k_{\mathrm{B}}}\right) \exp\left(-\frac{\Delta H_{\mathrm{M}}}{k_{\mathrm{B}} T}\right) \tag{2-26}$$

式中 ΔS_{M}——迁移熵；

ΔH_{M}——迁移焓 [16]。

对于 Schottky 缺陷的空位传输机制，离子的扩散必须考虑相邻位点成为空位的概率，空位概率由空位浓度$[V_{\mathrm{k}}']$决定，空位浓度可以由 Schottky 生成能ΔG_{F}给出，$[V_{\mathrm{k}}'] = \exp(-\Delta G_{\mathrm{F}} / 2k_{\mathrm{B}} T)$，由此可以得到 Schottky 型扩散系数表达式：

$$D = \gamma a_1^2 \nu_0 \exp\left(\frac{\dfrac{\Delta S_{\mathrm{F}}}{2} + \Delta S_{\mathrm{N}}}{k_{\mathrm{B}}}\right) \exp\left(-\frac{\dfrac{\Delta H_{\mathrm{T}}}{2} + \Delta H_{\mathrm{M}}}{k_{\mathrm{B}} T}\right) \tag{2-27}$$

式中 ΔS_{F}——生成熵；

ΔH_{F}——生成焓。

非晶态中，离子的输运不是基于缺陷进行的。在玻璃材料中，载离子就像通过一道“门禁”，从一个非桥接结构跳跃到另一个非桥接结构，这一模型被称为 Anderson-Stuart 模型 [17-18]。在这个过程中，离子主要克服两个能量势垒：一是由于阴阳离子间的库伦相互作用，阳离子跃迁必须要摆脱阴离子的库伦吸引势而产生的库伦结合能ΔE_{C}，通常也被称为产生能量势垒；二是由于碱金属离子在空间上占据一定的体积，在偏离平衡位置时还需要考虑体积应变能ΔE_{S}，这一能量势垒只在离子偏离平衡位置的配位层中才起作用，属于短程能量势垒，又被称为迁移能量势垒。可以简要地写为：

$$\Delta E_{\mathrm{A}}(\sigma) = \Delta E_{\mathrm{C}} + \Delta E_{\mathrm{S}} = \frac{\beta z z_0 e^2}{\gamma (r + r_0)} + 4\pi G r_{\mathrm{D}} (r - r_{\mathrm{D}})^2 \tag{2-28}$$

式中 $\Delta E_{\mathrm{A}}(\sigma)$——跃迁的活化能；

z，z_0——移动离子和固定离子所带电荷；

r，r_0——移动离子和固定离子的离子半径；

e——电子电荷；

r_D——未打开时“门口”的宽度；

β——马德隆常数；

γ——共价参数；

G——弹性模量。

Anderson-Stuart 模型（图 2-5）很好地解释了硫化物玻璃材料在离子电导率上的优势[6,19]。硫离子比阳离子半径大，$1/r$ 项变小，同时硫化物的阴离子极化率更高，导致介电常数增大，所以硫化物的库伦结合能较氧化物更小，对应式（2-28）中γ参数的减小。另外，由于硫化物的化学键较氧化物弱，弹性模量 G 减小，因此硫化物玻璃材料具有更小的体积应变能。离子迁移过程需要跨越的能量势垒较小，这使得硫化物电解质在离子电导率上具有优异的表现。

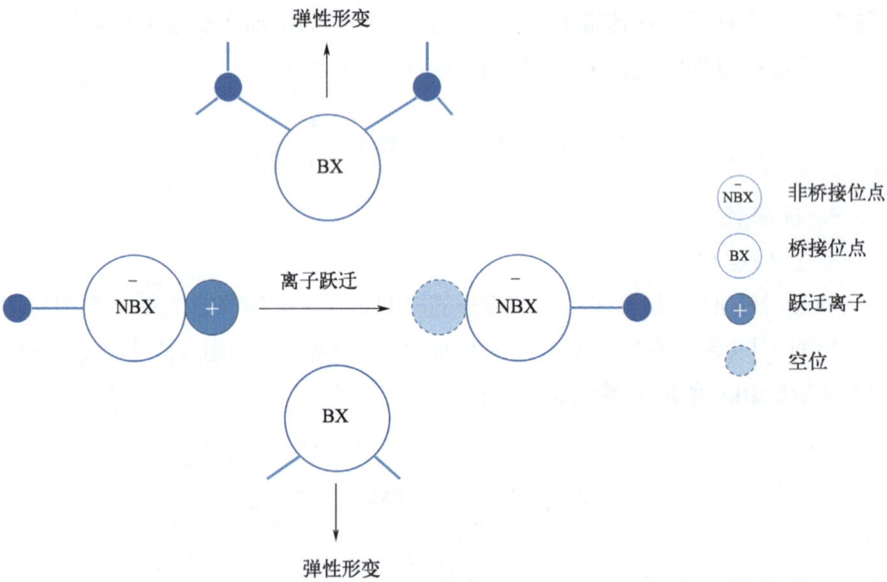

图 2-5 Anderson-Stuart 模型示意图

为了进一步解释玻璃网络结构对离子电导率的影响，Chryssikos 等[20]最早提出动态结构模型（dynamic structure model），它可以用来描述单一和混合阳离子玻璃行为。它的基本思想是，移动载流子自己可为跃迁创造“良好环境”。假设玻璃网络结构中存在可移动的 A^+、B^+，C 位点是结构中本来存在的一些阳离子位点。只有当 C 被 A^+ 或 B^+ 占据一段时间 τ 后，才会演化为 A、B 位点。而当 A^+、B^+ 离开原本位点后，留下的空位会成为其他阳离子跃迁的“绊脚石”，只有 τ 时间的玻璃网络结构弛豫后才会恢复成原本的 C 位点。由于跃迁空位的阻碍效应，跃迁后的阳离子并不能跳回原来的位点，直到有其他相同离子从另一个方向来改变空位的环境。因此离子跃迁的路径似乎是“动态确定”的，可跳跃的空位由网络结构中离子的跃迁决定。这种平衡位置的重建机制可以在低于玻璃转化温度 T_g 的温度下进行，这时玻璃中含有较多自由体积，这些自由体积一部分在创建 A、B 位点时被消耗，另一部分则保留用于打开 Anderson-Stuart 模型中的“门禁”。当玻璃冷却后，自由体积被冻结，限制了离子的移动。该模型将移动离子作为玻璃网络结构组成的一部分来考虑，成功解释了一些玻璃材料中的实验现象，并能指导设计玻璃材料的改性。例如，在 $xNa_2O:(1-x)Li_2O:3SiO_2$ 中两个机械损失峰（mechanical loss peak）的增减，是有限的自由体积相互竞争的结构，硼酸钠中电导率随离子浓度的变化也可以用该模型解释[21-23]。

对于玻璃态材料，还有一种随机位点模型（random site model）[16]，该模型中假设所有的离子都存在无差别的移动潜力，然而移动位点却存在差异分布的自由能。根据该模型，位点的分布对离子移动的影响要高于离子浓度，该模型可以很好地预测活化能随阳离子改性剂（cation modifier）的线性变化，这是由于改性剂对位点的分布有显著影响。

2.2.2 多原子参与的输运机制

当移动原子/离子较大时，按照间隙跃迁时产生的晶格畸变会较大，在能量上是不利的，这时间隙原子可能采取的一个策略是，将邻近原子推入间隙位置并占据被置换前原子的晶格位点，如图 2-6（a）所示。这种输运机制被称为推填子型跃迁（interstitialcy mechanisam）。这种机制也是基于 Frenkel 缺陷进行的，这种迁移涉及的晶格畸变较小，原子/离子的扩散相对容易。这种扩散至少涉及两个原子的运动，因此可以认为是一种集体输运机制（collective mechanisam）[24]。典型代表是 AgBr 中 Ag 的扩散。在固态电解质 Li_3N 以及一些无定形合金中也观察到一种集体输运的现象[14-15]，材料中的多个原子以类似于链状或履带状的方式运动，如图 2-6（b）所示。

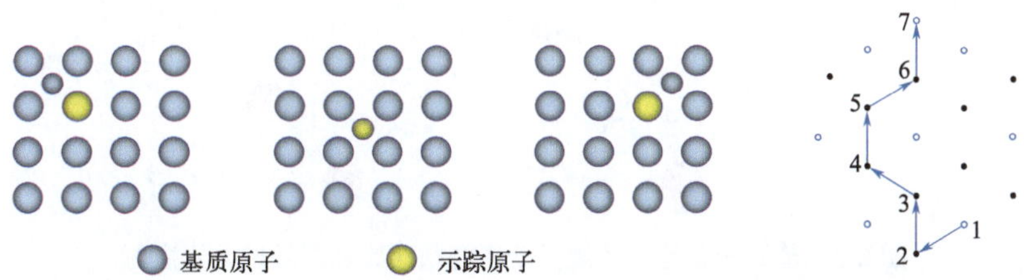

(a) 推填子型跃迁　　(b) 履带状跃迁

图 2-6　推填子型跃迁和履带状跃迁示意图

在实际的离子输运中，也可能是多种机制同时进行的，例如间隙-取代机制或间隙-空位机制等。

早在 19 世纪，Michael Faraday 就发现了 Ag_2S 以及一些高温相二元化合物对离子具有极高的电导率。进入 20 世纪，越来越多的快离子导体被发现，快离子导体的发展促进了固态电解质的诞生。通常将离子电导率大于 10^{-3}S/cm 的固态离子导体称为快离子导体，但该数值并不绝对[25-26]。快离子导体通常具有两大特点: a. 移动离子较小并且形式电荷较低（如 Li^+、Na^+、Ag^+ 等）; b. 晶体通常具有开放式结构，能够允许离子的快速移动。快离子导体中的协同运输（concerted mechanisam）是实现超高离子电导率的一个关键因素。He 等[27]运用第一性分子动力学模拟对 LAGP、LLZO、LATP 的离子输运过程进行观察，发现在这几个具有典型代表的快离子导体中，锂离子的迁移通常伴随着多个锂离子的同时跳动，这种现象又称为协同迁移（concerted migration）。如图 2-7 所示，这种协同迁移在能量上是有利的。这是因为在快离子导体中，锂离子浓度较高，部分占据高能位点，其余占据低能位点，在协同迁移中高能位点和低能位点的跃迁是同步发生的，高能位点向低能位点“下坡”时释放的能量能部分抵消低能位点“爬坡”时的能量，因此整体的能垒更低。这一机理也能用于指导新型快离子导体的设计，通过引入锂离子占据高能位点能有效激发这种协同运输的现象。

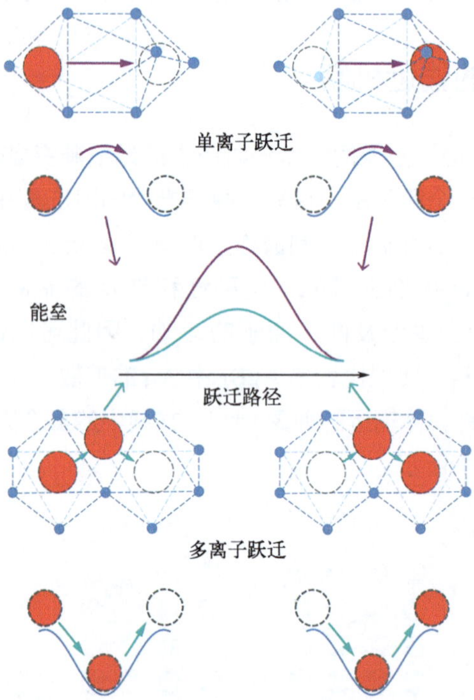

图 2-7　单离子跃迁与多离子跃迁的跃迁路径以及能量示意图

在一些传统理论中，晶格中的非移动载流子被认为在晶格中固定不动，但这些不具有平移自由度的离子仍然具有转动自由度[28]。在某些非晶态材料中，配位多面体的转动也对离子的运动有贡献，依靠阴离子的旋转特性协助离子扩散也是协同运输的一种。这一现象最早由 Kvist 等[29]在 Li_2SO_4 和 Na_3PO_4 中发现，被称为“桨轮效应”（paddle wheel effect）。Börjesson 和 Torell 测得的 α-Li_2SO_4 中，阴离子旋转和锂扩散的活化能非常相似，分别为 0.40eV 和 0.34eV。这表明 SO_4^{2-} 的旋转运动与 Li^+ 的扩散之间存在强动态耦合[30]。在一些高温相快离子导体中，高温相变导致的电导率增强也被归因于阴离子的旋转特性[31-33]。Smith 等[34]发现室温下 75Li_2S-25P_2S_5 就具有这种“桨轮效应”，模拟的结果见图 2-8。由于玻璃态的不完全堆积，材料密度较低，为 PS_4^{3-} 复合阴离子的旋转提供了额外的自由体积。而 75Li_2S-25P_2S_5 还具有一个显著特点，就是相对不存在包含 P_xS_y 阴离子的长程共价网络，这种网络的存在会阻碍 PS_4^{3-} 的旋转并减慢 Li^+ 的迁移。75Li_2S-25P_2S_5 的这些特性都有助于“桨轮效应”的动力学过程。除此之外，硫化物固态电解质中 $Li_{10}GeP_2S_{12}$、$Na_{11}Sn_2PS_{12}$ 等体系中均有发现[35-36]这种基于阴离子旋转特性对锂离子的协同输运。

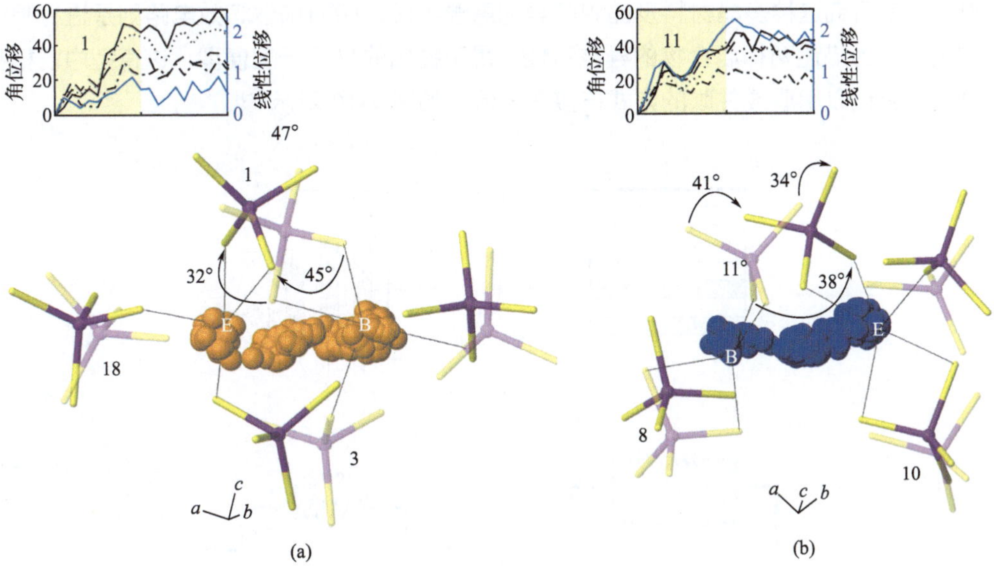

图 2-8　分子动力学模拟的“桨轮效应”[34]

［B 和 E 表示的位点分别为锂离子起始和最终的位置，黑色箭头标识出了阴离子基团的旋转位移，内插图给出了图中对应标记为“1”和“11”的 PS_4^{3-} 四面体的角位移（黑色线）和线性位移（蓝色线）随模拟时间的变化，黄色窗口内为发生协同作用的时间］

2.2.3　界面体系的离子扩散

上述扩散输运机理主要针对单一的晶相或非晶相，然而实际的材料中往往不仅包含单一的晶相，还有不同晶粒相互接触形成的晶界。可以通过复合纳米晶体材料模型来描述多晶材料或合金体系的组成[37-38]。如图 2-9 所示，第一列展示的是单相纳米多晶材料；第二列展示的是含非晶相的纳米晶复合材料，其组分既可以是离子导体，也可以是绝缘体；第三列是含纳米晶粒的非晶相（玻璃）材料。第一行和第二行分别给出了晶粒在两个维度和一个维度空间限域至纳米尺度的情况。

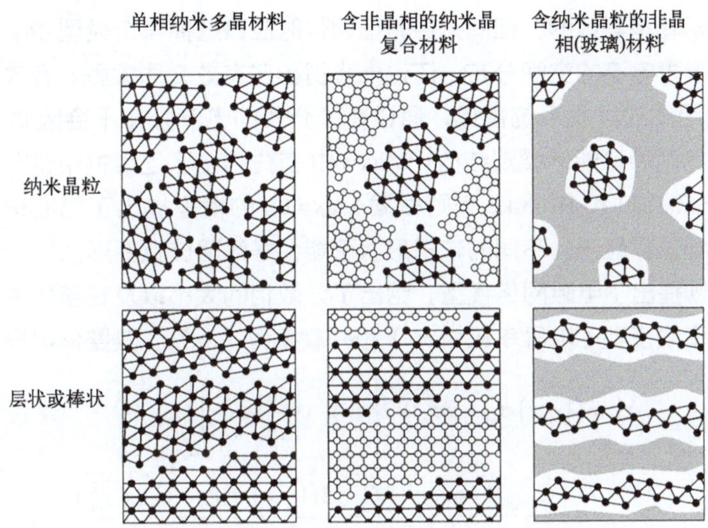

图 2-9　复合纳米晶体材料模型[37]

阻抗谱是研究这种多晶材料及晶界电导的重要手段，如何构建等效电路则是进行阻抗谱分析的关键。为描述两相混合物的导电特性，最早提出的是平行层模型，该模型中各相都是不连续的，它们以串联或并联的方式连接在一起，如图 2-10 所示[39]。

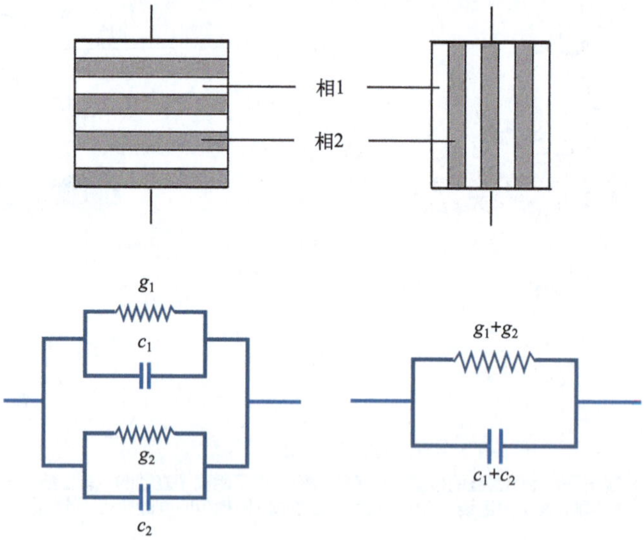

图 2-10　平行层模型及其等效电路示意图

（g 为晶粒内部的电导率；c 为晶界的电容）

然而该模型可能与实际的微结构相差甚远。Beekmans 和 Heyne 对该模型稍作改进，提出了砖层模型。砖层模型由立方晶粒堆砌而成，晶粒间被晶界分隔开来，晶界相是连续的。因而，假定电流是一维的，电流在砖层模型中将有两条可行的途径：一是间隔穿越晶粒 - 晶界；二是沿着连续的晶界相传导。Maier 等提出了空间电荷对电导率的影响，空间电荷主要分布在靠近晶界的区域，与晶粒内部、晶核共同组成多晶的电导。但实际情况下，晶粒间可能存在一些“良好的接触”，这种区域称为“捷径区域”，电流在流经捷径区域时不需要再穿越晶界，这种情况又被称为捷径模型。图 2-11 给出了两个砖层模型的等效电路，两种模型对于活化能的解释是等效的，但尚无经验证明何时应该选择哪个模型[39]。

此外，为了考虑电流的空间分布，还进一步提出了有效介质模型。有效介质中，一部分被由两相或多相组成的异质系统替代，通过有效介质的电流分布不会因此而改变，图 2-12 是有效介质模型的两种可能的微观结构。Maxwell 首先给出了连续相中分布球状粒子模型的电导率计算，Brailsford 和 Hohnke 等则根据 Maxwell 的模型提出了同心球模型。Fricke 等则进一步扩展到椭球状粒子。不同的粒子形状可能会导致阻抗弧变形[39]。

Dudney 等[40]提出了电阻网络模型，给出了分散相的大小以及在整体中所占比例对电导率的影响。对于串联模型（电导率记为σ_A）和并联模型（σ_B），其整体电导率分别表示为：

$$\sigma_A=(1-x)\sigma_m+x\sigma_p+2\left[\frac{1}{r_m}+x\left(\frac{1}{r_p}-\frac{1}{r_m}\right)\right]\times\left\{\frac{C_{m/m}(1-x)^2r_p^2+C_{m/p}2(1-x)xr_pr_m+C_{p/p}x^2r_m^2}{\left[(1-x)r_p+xr_m\right]^2}\right\} \quad (2\text{-}29)$$

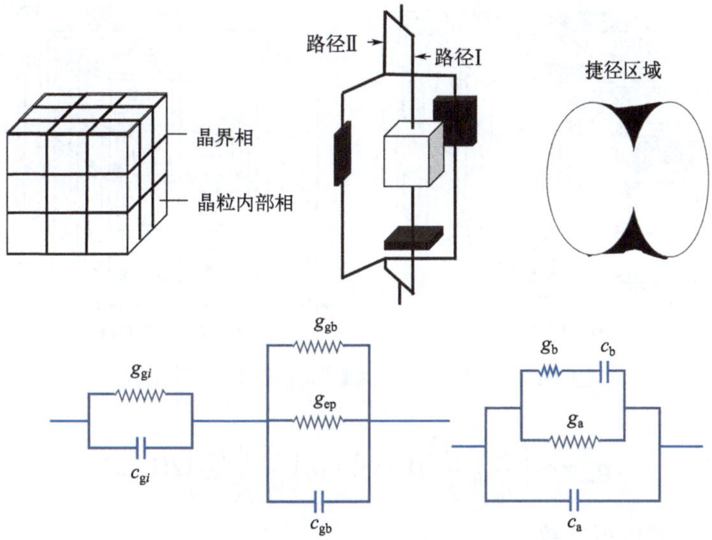

图 2-11　砖层模型及其等效电路示意图

（g_{gi} 为第 i 个晶粒的电导率；c_{gi} 为第 i 个晶粒的电容；g_{gb} 为晶界电导率；g_{ep} 为孔隙电导率；c_{gb} 为晶界电容；g_a 和 g_b 为捷径区域的电导率；c_a 和 c_b 为捷径区域的电容）

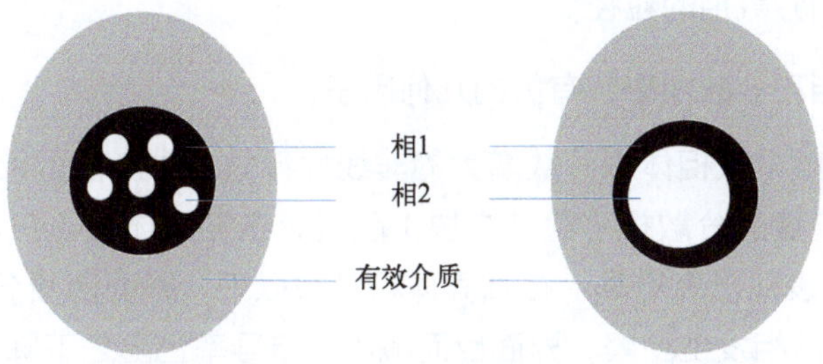

图 2-12　有效介质模型

$$\sigma_B = \frac{\sigma_m \sigma_p}{(1-x)\sigma_p + x\sigma_m} + 2\left[\frac{1}{r_m} + x\left(\frac{1}{r_p} - \frac{1}{r_m}\right)\right] \times \left\{\frac{\left[(1-x)r_p + xr_m\right]^2}{(1-x)^2 r_p^2 C_{m/m}^{-1} + x^2 r_m^2 C_{p/p}^{-1} + 2(1-x)xr_m r_p C_{m/p}^{-1}}\right\} \tag{2-30}$$

式中　x——分散相的体积分数；

σ_m，σ_p——主体相和分散相的电导率；

r_m，r_p——主体相和分散相的晶粒半径；

$C_{m/m}$，$C_{m/p}$，$C_{p/p}$——有效介质中相应界面电导率。

在实际情况下，分散相并不一定总能均匀地分散在主体相中，形态学模型团聚情况和均匀分散情况见图 2-13。

为了进一步刻画分散相在主体相中的分布情况，Uvarov 等 [41] 提出了形态学模型，并给出了分散体 A 在主体基质 MX 中团聚(σ_1)或均匀分散(σ_2)时的电导率：

$$\sigma_1 = \sigma_s\left(\frac{\lambda}{r_b}\right)\left(\frac{\beta}{\gamma}\right)(1-x)^2 + \sigma_s'\left(\frac{\lambda'}{r_b}\right)\left(\frac{\beta}{\gamma}\right)x(1-x) \tag{2-31}$$

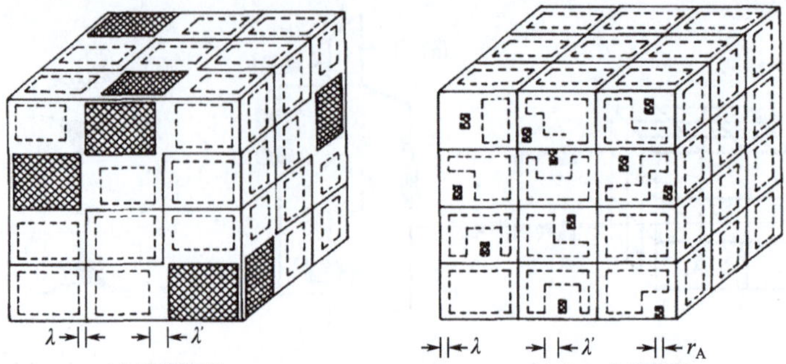

图 2-13　形态学模型团聚情况和均匀分散情况

$$\sigma_2 = \sigma_s\left(\frac{\lambda}{r_b}\right)\left(\frac{\beta}{\gamma}\right)(1-x)^2 + \sigma_s'\left(\frac{\lambda'}{r_A}\right)\left(\frac{\beta'}{\gamma'}\right)x(1-x) \tag{2-32}$$

式中　x——分散相的体积分数；

σ_s，σ_s'——主体相-主体相和主体相-分散相的界面电导率；

λ，λ'——主体相-主体相和主体相-分散相的界面厚度；

r_b，r_A——主体相和分散相的粒径；

$\frac{\beta}{\gamma}$，$\frac{\beta'}{\gamma'}$——与主体相和分散相形状有关的几何因子。

为了理解电导率随分散相体积分数增大的非线性行为，渗流模型给出了唯象的解释[42]。如图 2-14 所示，当绝缘的分散相（黄色方块）随机分布在主体相（白色方块）中时，界面相（黑色加粗线条）表现出高电导。在临界体积分数以下，界面随着分散相的增多而增大；当超过临界值后，分散相发生团聚，界面反而减小，电导率也随之下降。

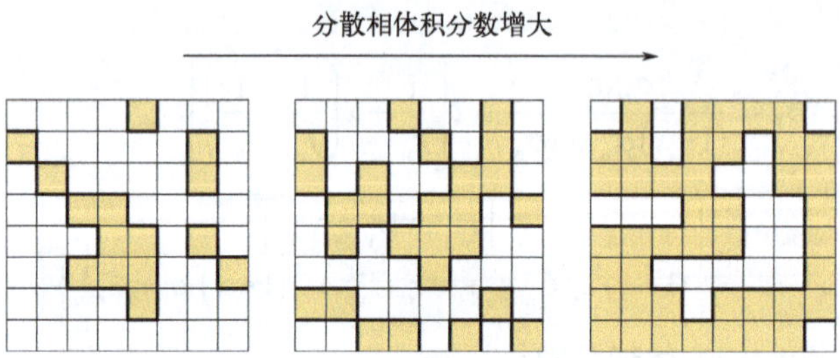

图 2-14　渗透模型示意图

空间电荷效应通常用于解释界面处的电导率行为[43-44]。主体相与分散相之间存在空间电荷的分布，空间电荷层会影响载流子在该区域的浓度分布，这一区域通常原子排列不规律，晶格畸变严重，能产生过量的缺陷浓度，从而对电导率产生影响。根据示踪原子实验观察到晶格内和晶界处的等浓度分布曲线，如图 2-15 所示，晶界处的原子拥有更长的扩散距离，在这一离子输运中，晶界表现出了电导率增强的行为，但杂质还有缺陷的偏析也可能不利于离子传输。尽管空间电荷层模型给出了一些可靠的解释，但也有一定的局限性，例如没有考虑晶体结构、局部应力等因素对离子空间分布和迁移率的影响，也不能体现体积分数对电导率的影响，但仍然为思考界面电导行为提供了一个思路[16]。

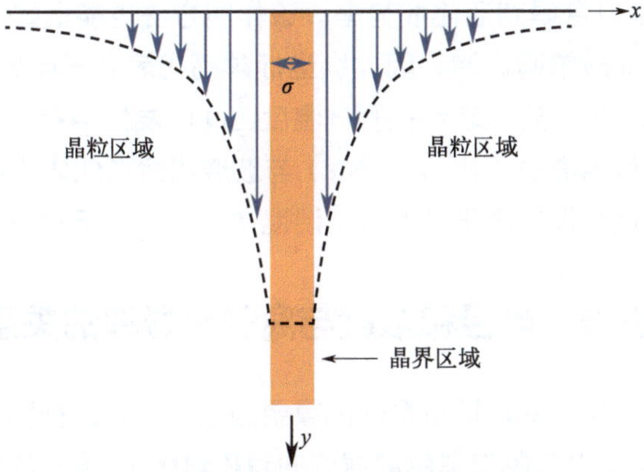

图 2-15 晶界附近区域扩散示意图

2.3 离子电导率的影响因素

前述章节中介绍了描述扩散的基本方法以及固态离子导体中的离子输运机理，目的是理解固态离子导体中离子电导率产生的本质物理过程。在本节中，将介绍一些影响离子电导率的因素。对于固态电解质材料，我们最关心的是由离子输运产生的离子电导率的表象，因此在本节中使用离子电导率作为影响实验的因变量。需要说明的是，离子电导率由离子输运机制决定，一些影响离子电导率的因素本质上是通过影响离子输运特性来实现的。但影响离子电导率的因素并不完全等同于影响离子输运机制的因素。一方面，离子电导率只能体现离子输运中对电荷传导起作用的部分；另一方面，在离子输运机制本身保持不变的情况下也能达到提高离子电导率的效果，如在一定范围内提高载流子浓度。总而言之，本节提供了离子电导率受一些因素影响的变化规律，为掌握离子输运机理以及材料设计提供了一定帮助。

2.3.1 温度与离子电导率的关系

利用随机行走模型，能够给出电导率 σ 与温度 T 的直观规律。在一定温度下，原子从一个平衡位置跃迁到另一个平衡位置，需要跨过一个高能的中间位，温度越高，原子的热运动越剧烈，跨过这个势垒的机会也就越大，相应地，离子电导率也就越高。由式（2-25）得到的 Arrhenius 关系式给出了电导率与温度的具体关系，这一关系式在晶体材料以及无机离子导体中普遍适用[45]。在无定形聚合物的离子输运中，通常需要考虑离子与晶格的长程关联作用，则通常使用基于准热力学模型的 Vogel-Fulcher-Tammann（VFT）关系：

$$\sigma = \frac{\sigma_0}{T}\exp\left[-\frac{E_a}{k_0(T-T_0)}\right] \tag{2-33}$$

式中 k_0，σ_0——指前因子；

T_0——理想玻璃化转变温度。

以 $1/T$ 为横坐标，$\log\sigma$为纵坐标对实验点根据相应关系式进行拟合，可以得到线性的

Arrhenius 曲线，并从中拟合得到活化能势垒。该作图方法也能很好地比较不同电解质材料的离子输运能力，由于logσ单调递增，因此纵坐标越高代表离子电导率σ越高。若温度曲线中出现拐点，形成折线，则一般是表示在测试温度区间内发生相变。

对于玻璃材料，二价阴离子（如 O^{2-}、S^{2-}）与玻璃网络形成体（如 Si^{4+}、Ge^{4+}、B^{3+}、P^{5+} 等）结合得较为紧密，使其仅在高于玻璃转化温度 T_g 下才可移动。

2.3.2 移动离子价态、半径和浓度与离子电导率的关系

移动离子的价态和半径是影响扩散系数的重要因素，并且这种影响在晶体材料中比在水溶液中更为显著（图 2-16 中蓝色与黑色数据点的趋势对比）。离子的价态越高，晶体内阴阳离子的静电相互作用越强，越易使框架极化 [46-47]，相应地，活化能也就越大，因此离子电导率也随着化合价的升高而降低。在同一种晶体中，由于移动离子的价态差异而引起的电导率变化是非常显著的，如图 2-16 所示，在 550℃下测得的 Li_2SO_4 中各种不同离子的迁移率可以相差数个数量级 [48]。相应地，室温下测得的活化能也从一价到三价不断升高 [49]。

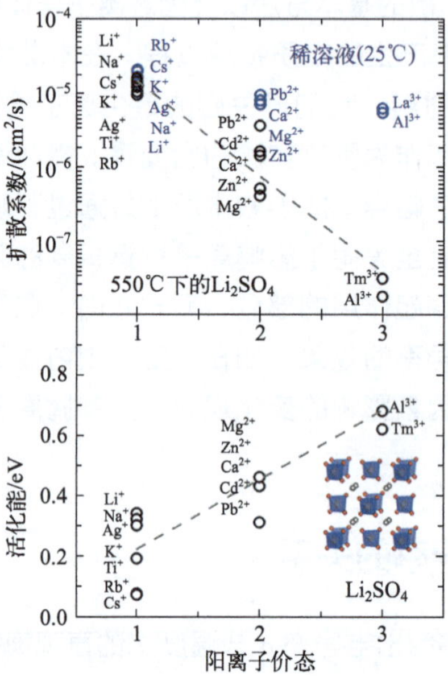

图 2-16 扩散系数与活化能随价态的变化规律 [50]

（黑色点为相应离子在 Li_2SO_4 中的数据；蓝色点为相应离子在水溶液中的数据）

恒定电荷下，离子半径越大越不利于输运。例如单价的 Rb^+、Cs^+，其为离子半径较大的碱金属阳离子，虽然也是一价的，但其离子电导率却不高，与二价碱金属阳离子相近。对于阴离子也一样，半径较大的单价阴离子并不一定比二价阴离子更有利于输运。对于同电荷量的载流子，离子半径的影响也不一定是单调的，常常需要考虑移动离子与晶体结构的适配性。例如图 2-17 中给出的 β-Al_2O_3 中不同单价离子的扩散系数和活化能 [51-53]，其呈现出一个“穹顶”状的趋势，扩散最快的是半径第二大的钠离子。对于移动离子的尺寸，如果过小则可能陷入一个由附近反离子构筑的较大的静电阱中，迁移能升高；而尺寸过大则可能会受到晶体骨架结构的尺寸制约，从而影响离子的扩散。

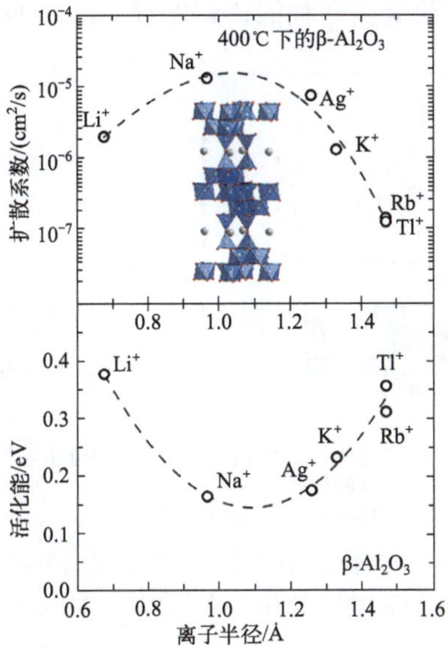

图 2-17　不同移动离子在 β-Al_2O_3 中的扩散系数及活化能 [53]

（1Å=10^{-10}m）

载流子的浓度也需要具体分析。直观地理解，载流子浓度 n 越高，就能有越多的离子参与到输运过程中，对应的离子电导率应该越大。例如在 $Li_{5+x}La_3Zr_xNb_{2-x}O_{12}$ 中，锂离子电导率会随 x 的变化达到原来的 7.5 倍 [52]。在这一案例中，随机扩散系数D_r几乎与 x 无关，这说明离子电导率的提高主要是通过调控载流子浓度来实现的，而没有改变离子输运特性。然而，载流子浓度提高也会伴随着离子间或离子与结构间相互作用的改变，这可能会带来新的离子输运机制的变化或改变骨架的结构。对于晶体结构，通过异价取代产生间隙子或空位，能够增加移动锂离子浓度，但异价取代可能会引起局部的结构畸变，当取代浓度高于临界值时，晶格畸变对迁移能的增加影响变得更加显著，在多种材料中都能观察到，随着移动离子浓度的增加，出现了离子电导率的极大值，例如 $Li_{1+x}La_xTi_{2-x}(PO_4)_3$、$Li_{3x}La_{(2/3)-x}\square_{(1/3)-2x}TiO_3$ 等 [53]。对于玻璃结构，常见的调控载流子浓度的方案有引入载流子的碱金属盐，但某些盐类会与玻璃网络键合并破坏玻璃网络结构，因此，必须考虑载流子浓度与玻璃网络结构的平衡，碱金属盐的掺杂浓度通常在 10% ～ 40%（摩尔分数）[23]。

2.3.3　晶体结构与离子电导率的关系

晶体的类型可以决定锂离子的配位环境，不同的配位环境影响着锂离子迁移的活化能势垒。例如，锂离子在尖晶石中的离子迁移能比在橄榄石和层状结构中的大，因为锂在尖晶石中占据四面体位置（Li^+ 的优先配位），而其他两种结构中的锂离子是六配位的 [11]。

通常 Li^+、Zn^+ 倾向于四配位，Mg^{2+} 倾向于六配位，Ca^{2+} 倾向于八配位，越稳定的插入位点对应的迁移活化势垒越高。因此，Zn^{2+} 在尖晶石结构中具有非常高的迁移势垒。类似地，Mg^{2+} 在层状和橄榄石结构中扩散需要跨越更高的能垒。同样，也可以解释 Ca^{2+} 在层状 NiO_2、橄榄石型 $FePO_4$ 中的高迁移能垒。这些多面体的堆叠还会影响离子的扩散路径，离子在等效点间的直接迁移往往伴随着较高的活化能势垒，然而借助于穿过密堆积结构中八面体和四面体的共享面，则可能获得更有利的传输路径（图 2-18）。

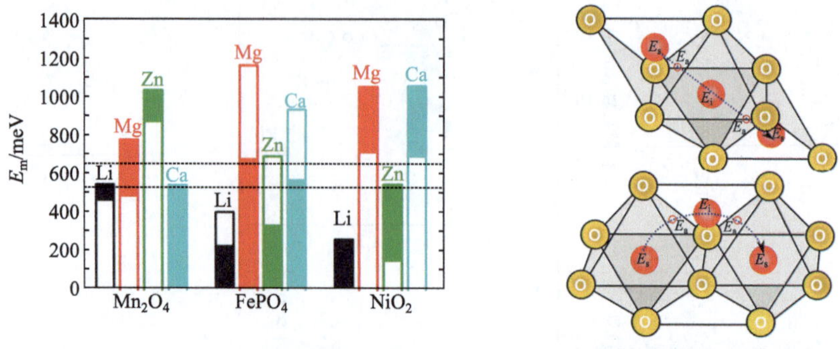

(a) Li、Mg、Zn、Ca在尖晶石、橄榄石及层状结构中的迁移能垒对比（实色部分为充电态；空白部分为放电态）

(b) 密堆积氧化物中基于共享氧面的低能离子迁移路径示意图

图 2-18　不同结构中的离子迁移能垒与路径机制 [54]

（E_s、E_a 和 E_i 分别为插入位点、三配位的氧面和中间站点的活化能）

然而，想要通过晶体结构预测快离子导体材料，还需要对离子传输机制进行更深入而准确的研究。例如，根据计算体心立方（BCC）阴离子密堆积能产生最平坦的能量图景，也就是说具有最低的阳离子迁移势垒[55]。然而快离子导体并不总是 BCC 结构，例如石榴石型和 NASICON 型，虽然不具备 BCC 阴离子密堆，但室温下的锂离子电导率仍可高达 1mS/cm[27]。直到离子的协同作用被发现，这一现象才得以解释。有研究者从计算模拟中发现[56]，超快锂离子导体具有无序的锂离子亚晶格，如图 2-19 所示，这种亚晶格具有近距离分离的特性，而部分占据的锂离子位点本质上对应大的椭球状锂离子分布，这对于实现快离子运输至关重要。这种位置无序经常发生在“大的 Li 位点”上，这些位点上具有足以让 Li^+ 占据多个位置的较大局部空间。这些“大的”锂占位会导致锂离子亚晶格的几何阻挫，从而出现无序的锂离子亚晶格。这些特征可以被用于高通量筛选预测快离子导体材料。

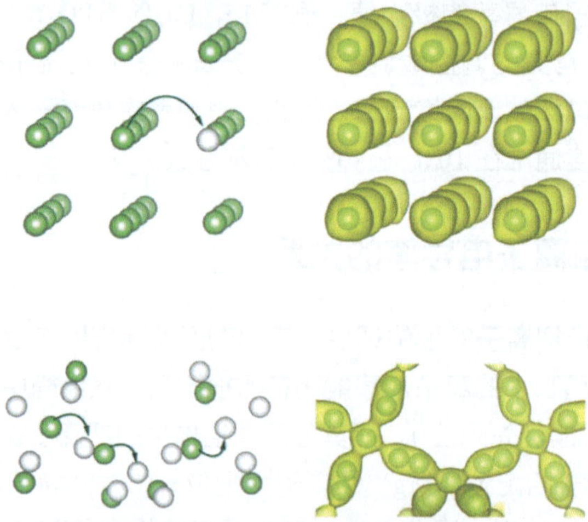

图 2-19　锂离子亚晶格示意图 [56]

[第一行代表单个离子跃迁的扩散机制以及 Li^+ 概率密度分布；第二行代表典型快离子导体中协同迁移下的扩散机制以及相应的 Li^+ 概率密度分布；概率密度分布由分子动力学模拟（AIMD）给出]

相同的晶格结构下，晶格体积不同也会影响离子的迁移率。原则上，更大的晶格体积意味着有更多的自由空间，离子输运也将更加畅通。但实际晶格体积还可以更复杂的方式影响离子的位能。机械应变和化学取代是常用的调控晶格体积的方式，其中化学取代带来的化学环境变化，如局部缺陷以及配位、位点无序等将与晶格体积变化共同作用于离子的输运过程。结构的瓶颈尺寸对离子输运的影响原理类似于晶体体积。例如，对于 $Li_{10}MP_2S_{12}$ (M = Ge, Sn)，当 Ge^{4+} 变为 Sn^{4+} 时，由于 Sn^{4+} 的离子半径较大，其晶格体积增加，但由于 Sn^{4+} 和 S^{2-} 之间的弱相互作用，沿 c 轴的瓶颈被收紧，从而阻碍了锂离子的传输[57]。

2.3.4 缺陷与离子电导率的关系

在前文中提到，不同的缺陷类型会影响离子输运的机制，缺陷的激发可以分为本征缺陷（intrinsic defects）和外来缺陷（extrinsic defects）[26]。本征缺陷通常由材料内的热运动激发；外来缺陷则是伴随着取代原子生成的。掺杂也是调控离子电导率的常见手段，掺杂引发的连锁反应，例如缺陷浓度的变化、晶格常数的变化、局部畸变等都会影响离子的输运性能。引入空位对 Na_3PS_4 的离子电导率有极大的影响，例如 Klerk 等[58] 的计算表明，将空位浓度从 0 提升至 2%（$Na_{2.94}PS_4$），离子电导率可以增大一个数量级。在 Na_3PS_4 中，Na 以 Na1—Na2 位点的跃迁为主导，Na1—Na1 的跃迁概率非常低，然而空位的引入显著地提高了 Na1—Na1 的跃迁概率，而后者正是对宏观扩散起作用的跃迁。但是在 Yu 等[59] 的研究中，当引入空位使化学计量比偏离到 $Na_{2.5}PS_4$ 时，电导率出现了下滑的趋势。在 $Li_{3x}La_{(2/3)-x}\square_{(1/3)-2x}TiO_3$ 材料中，当 $x≈0.12$（空位浓度约为 10%）时，离子电导率达到最大。化合物的最大离子电导率是阳离子排布、空位分布、TiO_6 八面体的局部形变共同作用的结果[60]。

2.3.5 晶界与离子电导率的关系

晶粒的边界区域通常展现出与体相不同的离子导通特性。如图 2-20 所示，在这样的区域内，离子可选择的运输路径，可以是不断穿过晶粒边界，沿晶界—体相—晶界的路径进行扩散；也可以是沿着晶界进行传输。晶粒对于电导率的影响主要体现在两个方面：a. 减小了晶粒在体相中输运的比例；b. 对缺陷有富集作用，影响缺陷的分布[61]。Wang 等[62] 分别计算了 Na_3PS_4 的钠离子穿过晶界和沿着晶界传播的活化能势垒，发现穿过晶界所需跨越的能垒是沿着晶界跃迁的 5 倍，这证明电解质中运输时更倾向于沿着晶界跃迁，因此晶界电阻对整体的离子电导率有重要影响。图 2-20（c）是 Shen 等[61] 通过分子动力学和第一性原理计算得到的晶界的偏聚作用（segregation effect），可以看到空位倾向于聚集在晶界边界处，尤其是在连接三条边界的节点上，通常伴随着较高的空位浓度。这对于依赖空位跃迁的离子输运具有非常重要的影响。Shen 等[61] 认为这种偏聚作用会阻碍锂离子利用空位的传输。不同的晶粒尺寸和偏聚能都会影响晶界电阻。

晶界电阻被认为是氧化物固态电解质中限制离子电导率的一个重要因素[63]，然而对于其在硫化物固态电解质中的影响却还没有达成共识。Kuhn 等[64] 认为晶界电阻只在低温下起作用，室温下可以忽略。Bron 等[65] 通过电化学交流阻抗谱（EIS）分析，提取其中的晶界贡献部分，认为对于某些电解质材料（如 $Li_{10}Si_{0.3}Sn_{0.7}P_2S_{12}$、$Li_{10}SnP_2S_{12}$），晶界阻抗可忽略不计。得益于硫化物的力学性能，通过高温烧结的方法能有效去除晶界电阻的影响[64,66]。然而，在 Dawson 等[63]的研究中[63]，通过分子动力学模拟，发现硫化物多晶材料的电导率要高于纯体相，并且随着颗粒尺寸的减小电导率增加，与此同时，氧化物多晶材料在纯体相中的电导率更高。Dawson 等[63]将这个现象归结于硫化物晶界对钠离子分布的影响要显著小于氧化物，另外钠离子更易穿过硫化物晶界，渗透到不同的晶粒中，使得晶界对于硫化物和氧化物展现出截然不同的影响。然而，在 Wang 等[62]的计算中，则给出了相反的结论。晶界电导率明显要小于体相，并且随着晶粒尺寸的减小电导率逐渐下降。

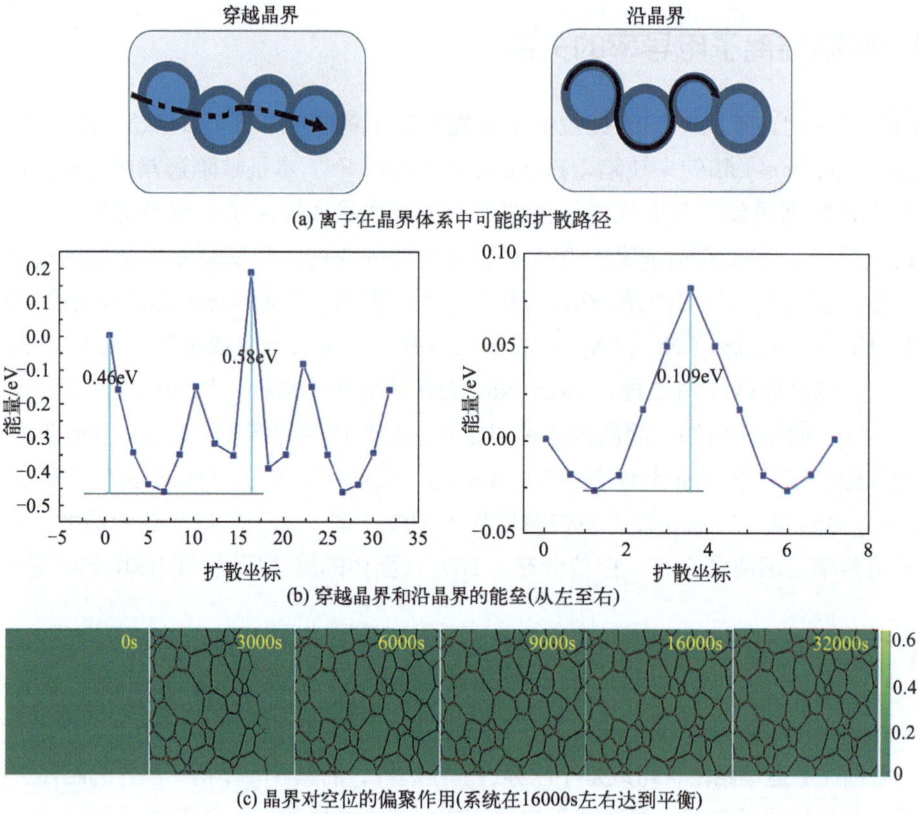

图 2-20　晶界结构对固态电解质离子传输的影响及机制[61]

2.3.6　玻璃网络结构与离子电导率的关系

玻璃材料的玻璃网络结构对于离子电导率有非常重要的影响，在载流子浓度的影响分析中也提到，当为了提高载流子浓度而引入的碱金属盐达到一个临界值时，会迅速破坏玻璃形成能力，材料的离子电导率反而开始下降。另一个常见的改善材料离子电导率的方法是利用混合玻璃形成体效应（mixed glass former effect，MGFE）来提高电导率[6]。混合玻璃形成体效应是指玻璃中的玻璃网络形成体被另一种玻璃网络形成体部分取代后，引起的各种物理化学性质、光谱性质等的变化。混合玻璃形成体既可以是阳离子替代（如 Si^{4+}、Ge^{4+}、B^{3+}、P^{5+} 等），也可以是阴离子替代（如 O^{2-}、S^{2-} 等）。例如在 Na_2O 和 NaPO 二元玻璃中掺入 B，电导率较原本的单个组元可以提升 1 ～ 3 个数量级。这是由于 B_2O_3 与碱金属氧化物相互作用生成 $BO_{4/2}^-$ 阴离子单元，该单元与钠离子的结合能较低，导致了整体活化能降低，从而提高了钠离子的电导率。反应式可表达为：

$$BO_{3/2}+(NaO)^{-}+P(O)O_{2/2}\longrightarrow Na^{+}BO_{4/2}^{-}+P(O)O_{3/2}$$

但 MGFE 并不总是表现出离子电导率的升高，例如三元玻璃体系 $50Na_2S\cdot50[xGeS_2\cdot(1-x)PS_{5/2}]$，随着 $PS_{5/2}$ 替代量的增加，材料中发生如下转换：

$$P(NaS)_2^{-}GeS_{2/2}+(NaS)^{-}P(S)S_{2/2}\longrightarrow(NaS)^{-}GeS_{3/2}+(NaS)^{-}P(S)S_{1/2}$$

由于 P^{5+} 路易斯酸性比 Ge^{4+} 强，负电荷向 P^{5+} 转移，但由于 P 短程有序结构已经配位饱和，无法再使这些电荷离域，因此产生更多电荷限域结构，导致载流子的生成能变大，离子电导率降低。通常将利用混合玻璃形成阳离子来改变玻璃中的电荷密度和补偿短程有序阴离子的电荷密度，从而降低阳离子的库伦结合能ΔE_C、提高离子电导率的现象称为正 MGFE 现象[67]，而混合玻璃形成阳离子后反而增加了载流子库伦结合能并导致离子电导率下降的现象称为负 MGFE 现象[68-69]。

混合玻璃形成体效应还能通过改变阴离子来提高离子电导率，一个典型的代表就是部分氧掺杂的硫化物玻璃材料。爱荷华州立大学的研究人员基于 $50Li_2S\cdot50GeS_2$ 这一玻璃材料的氧掺杂对电导率的提升机理进行了探究[70]。研究人员通过拉曼光谱确定了氧掺杂的玻璃网络中的短程有序结构。如图 2-21 所示，他们推测掺杂的氧通过与 Ge^{4+} 键合，替代桥接位置的硫，中子和 X 射线衍射谱显示这种结构的有效间隙通路半径增大，从而降低了离子运输的活化能，提高了电导率。但当掺杂氧浓度超过桥接硫的可用浓度时，氧离子就开始占据非桥接位置，处于这种位置的氧会与锂离子发生强烈的相互作用，电导率反而会下降。但需要说明的是，这一理论的普适性较低[6]。

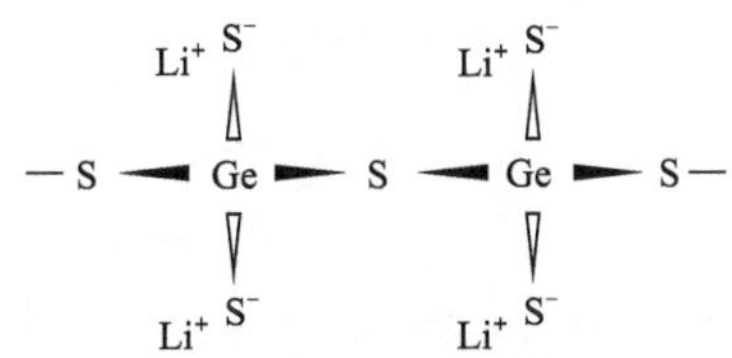

(a) 纯Li_2GeS_3的短程结构

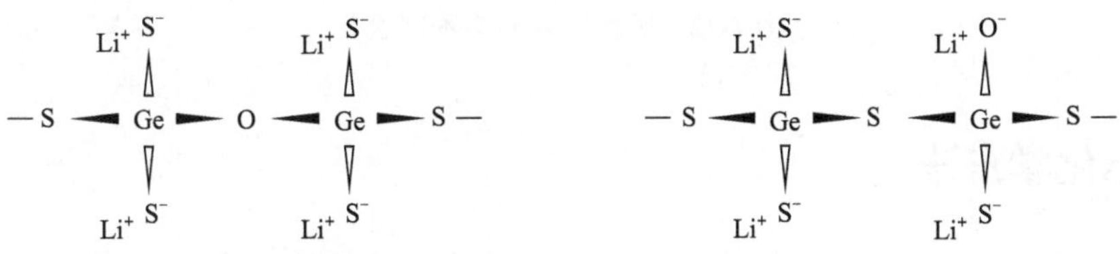

(b) O掺杂后,O原子可能的取代位点(左图是占据桥接硫的位置；右图是占据非桥接硫的位置）

图 2-21 氧掺杂的玻璃网络中的短程有序结构[70]

（当 O 占据桥接硫位点时，能扩大有效间隙通路半径；当 O 过量，没有剩余可用桥接硫位置后，则可能开始占据非桥接硫位点，此时的氧离子可能会与移动离子发生强烈相互作用，从而产生离子输运）

2.4 离子输运的测试方法

在本节中将介绍离子输运中的一些重要参量，如扩散系数、扩散能垒、跃迁频率等的测定方法。测定方法可以按照测量对象划分为直接法和间接法。直接法将质量或浓度作为距离和时间的函数，直接测量物质在扩散过程中的浓度分布和变化，从而得到扩散系数等参量。放射性同位素示踪法、质谱法、梯度场核磁共振法、电化学方法（计时电位法、计时电流法等）都属于直接法测量。间接法则是通过测量跃迁频率、弛豫时间等物理量来评估扩散特性，例如核磁共振弛豫法、自准直法、电导率法等。测试方法还可以通过物理尺度（时间尺度）分为微观和宏观测量方法。通常宏观的测试方法属于直接测量，而微观的测试方法则属于间接测量。下面将具体介绍几种常见的测试方法。

2.4.1 示踪原子法

该方法适用于多晶或单晶片状样品，样品的制备过程如图 2-22 所示[12]，首先通过力学方法、刻蚀法或电沉积法获得一个非常平整的表面。接下来要在平整表面上引入示踪原子层，常采用的手段有蒸发、浸没和电沉积，将示踪原子覆盖在垂直于扩散系数测量的表面上。随后对样品进行退火处理，待样品热平衡后再对样品进行切片，再用相应的检测仪器，如二次离子质谱仪（SIMS），对各切片中的示踪原子浓度进行检测。对于示踪原子法中所用样品，通常可以用薄膜扩散模型[1]对浓度和时间、距离的函数进行拟合，即可得到示踪扩散系数。这种方法重复性好，但对于锂电池的研究，通常会面临锂的同位素反射性低的问题，因此其使用受到限制。

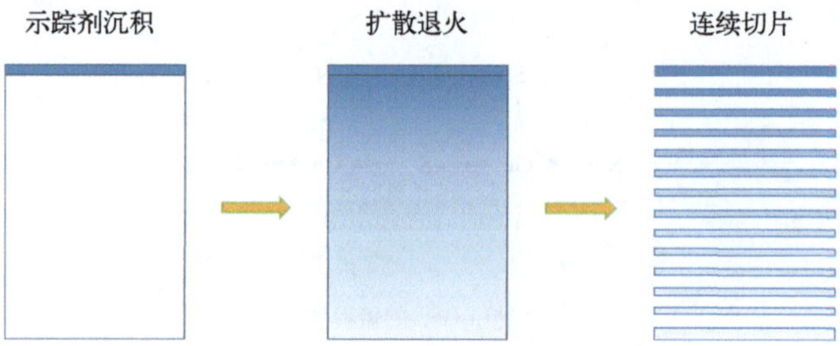

图 2-22　示踪法样品制备过程

2.4.2 电化学方法

通过阶跃电位、阶跃电流或输入交流正弦波电压 / 电流信号对带电粒子的浓度梯度进行扰动，并测量相应过程对浓度梯度和扩散响应时间依赖的电化学参量，从而得到电化学扩散系数。常用的有恒电流间歇滴定法（galvanostatic intermittent titration technique，GITT）、恒电位间歇滴定法（potentiostatic intermittent titration tehnique，PITT）、电化学交流阻抗谱法（electrochemical impedance spectroscopy，EIS）、电流脉冲弛豫法（current pulse relaxation technique，CPRT）等[71]。

在 GITT 中，使电流从零阶跃至 I_0，并维持一段时间的电流恒定，电势也随之缓慢上升。GITT 测量的是在恒定电流过程中电极电势随时间的变化。在撤销电流激励后，待测系统进入弛豫状态，随着扩散组分趋于均匀，电势缓慢降低直至达到平衡。注意，这一过程通常是非稳态过程，相关公式需要借助 Fick 第二定律推导，这里只给出最后的结论，扩散系数可以描述为：

$$D_{\mathrm{GITT}}=\frac{4}{\pi}\left(\frac{I_0V_{\mathrm{m}}}{Z_{\mathrm{A}}FS}\right)^2\left[\frac{\dfrac{\mathrm{d}E(x)}{\mathrm{d}x}}{\dfrac{\mathrm{d}E(t)}{\mathrm{d}\sqrt{t}}}\right]^2\left(t\ll\frac{L^2}{D_{\mathrm{GITT}}}\right) \tag{2-34}$$

$$D_{\mathrm{GITT}}=\frac{I_0V_{\mathrm{m}}}{Z_{\mathrm{A}}FS}\times\frac{y}{3(E-E_0)}\times\frac{\mathrm{d}E(x)}{\mathrm{d}x}\left(t\gg\frac{L^2}{D_{\mathrm{GITT}}}\right) \tag{2-35}$$

式中　L——电极材料特征长度，cm；

F——法拉第常数，C/mol；

Z_{A}——扩散离子所带电荷数；

S——电极与电解质接触面积，cm^2；

I_0——设定电流值，A；

V_{m}——电极材料的摩尔体积，$\mathrm{m}^3/\mathrm{mol}$；

y——离子扩散特征距离参数，cm；

$E(x)$——平衡电位随电极组成的函数，V，这里$\frac{\mathrm{d}E(x)}{\mathrm{d}x}$需要充放电到不同锂含量并测量稳定的开路电压，并取开路电压对锂含量曲线的斜率；

$E(t)$——施加阶跃电流后测得的电位，V；

E_0——t=0时的电位。

当测量时间较短时，扩散系数可以简化为：

$$D_{\mathrm{GITT}}=\left[\frac{4x^2}{\pi t}\right]\left[\frac{\Delta E_{\mathrm{s}}}{\Delta E_{\mathrm{t}}}\right]^2 \tag{2-36}$$

式中　ΔE_{s}——脉冲引起的总电压变化；

ΔE_{t}——恒电流充电 / 放电的电压变化。

在 PITT 中，给予待测系统一段时间的平台电压激励，物质的浓度梯度和扩散会产生时间依赖性电流，测量在恒定电压下电流的变化曲线，扩散系数与电流的关系可以描述为：

$$D_{\mathrm{PITT}}=\frac{4Z_{\mathrm{A}}FSQ}{IV_{\mathrm{m}}t^2}\left(t\ll\frac{L^2}{D_{\mathrm{PITT}}}\right) \tag{2-37}$$

$$D_{\mathrm{PITT}}=\frac{\mathrm{d}\ln I}{\mathrm{d}t}\times\frac{4L^2}{\pi^2}\left(t\gg\frac{L^2}{D_{\mathrm{PITT}}}\right) \tag{2-38}$$

式中　L——电极材料特征厚度，cm；

Q——施加平台电压期间通过的总电荷量，C；

I——电流，A。

其他参量的含义与 GITT 中定义的相同。注意在 PITT 中，若测试时间足够长，表达式中不再含 S、V_{m} 项，只需考虑电极的厚度，避免了电极接触面积以及摩尔体积的复杂测量，这是该方法的一个优势[72]。

这一类方法通常是对电池体系进行测量，实际体系中影响弛豫电流、电压的因素有很多，如欧姆极化、电荷传质、脱锂过程的相变、电极表面等，将这些因素纳入 Fick 定律的推导将更为复杂[73-75]。由于这些体系的复杂性，因此用这类方法测量的扩散系数仅能用于相对比较。

CPRT 同样也是给系统提供了一个阶跃电位激励脉冲，记录的是电位激励撤销后弛豫过程电流的变化。其扩散系数可以表示为：

$$D_{\mathrm{CPRT}}=\frac{Q^2V_{\mathrm{m}}^2}{\pi Z_{\mathrm{A}}^2F^2S^2}\left[\frac{\dfrac{\mathrm{d}E(x)}{\mathrm{d}x}}{\dfrac{\mathrm{d}E(t)}{\mathrm{d}\sqrt{t}}}\right]^2\left(t\ll\frac{L^2}{D_{\mathrm{CPRT}}}\right) \tag{2-39}$$

PITT、GITT、CPRT 施加的电信号和响应信号总结在图 2-23 中。

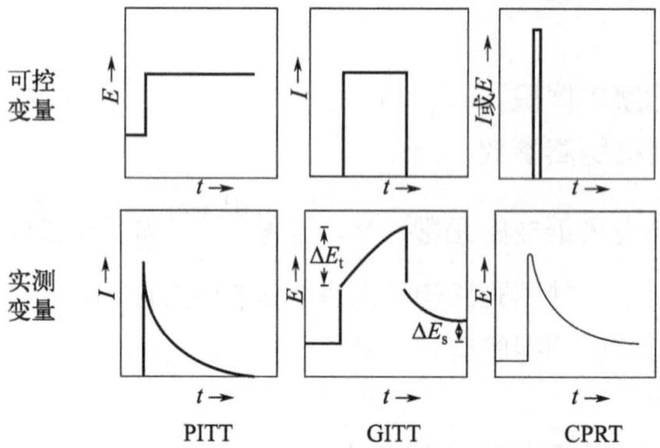

图 2-23　PITT、GITT、CPRT 测量扩散系数的输入信号和响应信号示意图

EIS 施加的交流信号幅值较小，不易引起成分的变化，经常用于固态电解质的电导率测量，亦可用于扩散系数的测量。有文献指出，通过对 EIS、PITT、GITT 电信号的傅里叶变换可以证明他们相互之间的联系[76]。通过选择合适的阻塞电极与电解质组成待测系统，向电极两端施加一个小幅度的正弦变化电位$E=\sin(\omega t)$。电解质的阻抗会给相应电流附加一个相位差$I=\sin(\omega t+\phi)$，由此可以得到体系的阻抗 Z 和相位信息ϕ。体系的等效电路中包含电容部分，因此阻抗 Z 应当是包含实部 R 和虚部 X 的复平面上的点。

当频率足够低时，就会产生浓度梯度，根据待测体系的厚度可做厚层和薄层两种模型的处理，对于厚层模型（$x^2\gg D/\omega$）：

$$|Z|=\left|\frac{V_{\mathrm{m}}}{Z_{\mathrm{A}}FSD^{\frac{1}{2}}}\times\frac{\mathrm{d}E}{\mathrm{d}y}\left(\omega^{-\frac{1}{2}}\right)\right| \tag{2-40}$$

对于薄层模型（$x^2\ll D/\omega$）：

$$R=\frac{|Z|\omega x^2}{3DS} \tag{2-41}$$

$$X=\left|\frac{V_{\mathrm{m}}}{Z_{\mathrm{A}}F\omega xS}\times\frac{\mathrm{d}E}{\mathrm{d}y}\right| \tag{2-42}$$

根据不同的等效电路模型，实部和虚部可以表达为由电阻和电容决定的参量。

2.4.3 核磁共振法

核磁共振法（NMR）极大地丰富了锂电池的测试表征，可以用于测量跃迁频率、跃迁距离、扩散系数、扩散路径、活化能以及离子迁移过程中的相关效应等，已成为研究离子动力学的一个重要工具。NMR 可以覆盖的时间尺度非常广泛（10^{-10} ～ 10^{2}s），图 2-24 所示是不同 NMR 技术检测动力学的时间尺度。

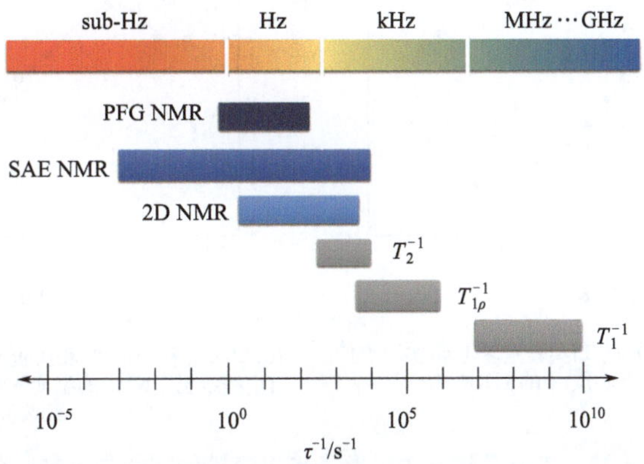

图 2-24　NMR 中不同技术测试动力学的时间尺度 [77]

（sub-Hz 表示亚赫兹）

自旋 - 晶格弛豫（SLR，T_1）能探测极快的动力学过程，对于慢一点的扩散过程则可以使用自旋锁定技术（$T_{1\rho}$）、自旋 - 自旋弛豫（T_2）、2D 交换 NMR 等进行探测。自旋排列回波技术（SAE）也是可供选择的技术之一。梯度场（FG）和脉冲梯度场（PFG）则常用于宏观长程扩散的探测。

2.4.3.1　核磁共振弛豫

非零原子核自旋量子数 I 的原子核在均匀磁场 H_0 中会发生能级劈裂（塞曼分裂），此时原子核能够吸收射频场的能量并发生在分裂能级间的跃迁，这种吸收现象即为核磁共振。由于原子核与周围环境的相互作用，共振谱会展宽或分裂，因此 NMR 也能反映原子核结构和环境信息。原子扩散引起原子磁矩的相互作用，引发共振谱的窄化。为了得到原子扩散的相关信息，研究了原子核将能量释放到周围环境从而恢复到原来状态的弛豫过程。

利用 NMR 弛豫过程测量微观粒子传输过程是一种较为准确的探测方法，弛豫过程主要有两种：自旋 - 晶格弛豫（SLR），又叫纵向弛豫；自旋 - 自旋弛豫（SSR），又叫横向弛豫。两种过程对不同时间尺度的离子输运较为敏感[78]。

对于 SLR，存在两种不同的 SLR 速率：一种是在实验室参考系下的 SLR 速率，$R_1=1/T_1$，T_1 对接近拉莫尔频率（ω_0）的目标原子核的离子运动敏感，该频率可由$\omega_0=\gamma B_0$（γ 是磁回旋比）得出，它主要揭示了跃迁频率在 10^7 ～ 10^9s^{-1} 范围内的局部快速运动；另一种是在旋转参考系下的$R_{1\rho}=1/T_{1\rho}$，$T_{1\rho}$可用于在选定的锁定场 B_1（$\omega_1=\gamma B_1$）中探测千赫兹量级的运动，又称为自旋锁定技术。T_1、$T_{1\rho}$都是温度的函数，以$\log(1/T_1)$［或$\log(1/T_{1\rho})$］为纵坐标，$1/T_1$（或$1/T_{1\rho}$）为横坐标，曲线通常在临界温度（T_{max}）下达到最大值，如图 2-25（a）所示。达到临界值的离子跃迁频率$\omega_0\tau \approx 1$（或$\omega_1\tau \approx 0.5$）。

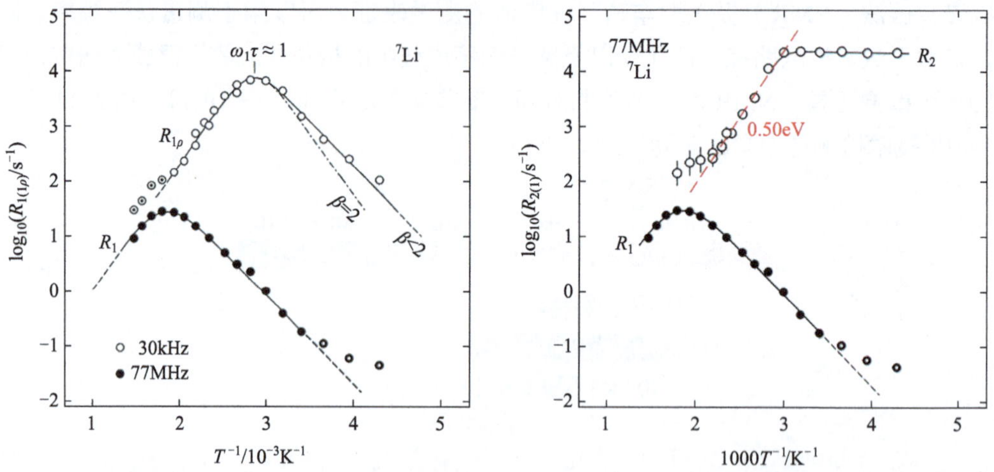

(a) 石榴石型$Li_7La_3Zr_2O_{12}$的^7Li实验室参考系(实心点)和旋转参考系(空心点)中的SLR速率

(b) SSR速率(空心点)和实验室参考系(实心点)的SLR速率(虚线给出了NMR的温度依赖性，并以此计算出活化能约为0.50eV)

图 2-25　晶格弛豫法测量离子输运特性的实验数据展示 [78]

在实验室参考系中，SLR 速率可以描述为：

$$R_{1(\varOmega)} \propto \begin{cases} \exp\left(\dfrac{E_{a,\,low}}{k_B T}\right)(T \leqslant T_{max}) \\ \exp\left(-\dfrac{E_{a,high}}{k_B T}\right)(T \geqslant T_{max}) \end{cases} \tag{2-43}$$

以临界温度为界可将曲线分为高温区和低温区，在这两个区域，曲线具有不对称性。曲线的低温区域受相关效应影响，包含局部离子传输的信息；高温区域包含长程离子扩散信息，只有在扩散系数较小时才会受相关效应影响。高温区的活化能（$E_{a,\,high}$）和低温区的活化能（$E_{a,\,low}$）可以通过参数β联系：

$$E_{a,\,low} = (\beta - 1)E_{a,high}\,(1 < \beta \leqslant 2) \tag{2-44}$$

β揭示了离子传输过程的相关效应[79-82]。

SSR 速率 R_2=1/T_2，对小于 10^{-3}s 的运动敏感，如图 2-25（b）所示，对于 SSR 速率：

$$R_2 \propto \exp\left(-\frac{E_{a,high}}{k_B T}\right) \tag{2-45}$$

尽管它也能用于活化能等扩散特性参数的确定，但 T_2 的分析非常复杂，例如还需要考虑低频运动和其他各种因素对结果的影响，因此实验中更常用 T_1、$T_{1\rho}$分析 NMR 弛豫[11]。

2.4.3.2　二维交换核磁共振技术（2D NMR）

2D NMR 是 1D NMR 的自然推广，在传统的 NMR 图谱中，共振峰分布在一条频率轴上。

而二维谱则是在以两个独立频率为变量的平面上，不仅减少了谱线的拥挤和重叠，还能提供更多原子核之间关系的信息，这些信息可以包含在自由感应衰减信号（FID）中[83-84]。某个离子在时间t'的共振频率$\omega(t')$与经过混合时间τ后的共振频率$\omega(t'')(t''=t'+\tau)$有关。如果混合时间内没有离子跃迁，则$\omega(t')=\omega(t'')$，只能观察到沿对角线强度的信号；如果在混合时间内离子跃迁到另一个位点，则$\omega(t')\neq\omega(t'')$，此时会出现非对角线强度的信号。非对角线信号强度是混合时间的函数：

$$\frac{I_{ij}}{I_0}=\left[1-\exp\left(-\frac{\tau_{ij}}{\tau_{\mathrm{m}}}\right)\right] \tag{2-46}$$

式中 I_{ij}——混合后的非对角线信号强度；

I_0——混合前的对角线信号强度；

τ_{ij}——从位置i跳到j的时间；

τ_{m}——混合时间。

2D NMR 通常适用于时间尺度在 10^{-4} ～ 1s 内的离子跃迁。

2.4.3.3 自旋排列回波核磁共振技术（SAE NMR）

四极矩与内部梯度电场相互作用，会导致自旋排列回波的衰减（图 2-26）。利用 Jeener-Broekaert 脉冲序列可以得到 SAE 的衰减率[85]，脉冲序列为：$(90°)_x \rightarrow t_{\mathrm{p}} \rightarrow (45°)_y \rightarrow t_{\mathrm{m}} \rightarrow (45°)_\varphi$。

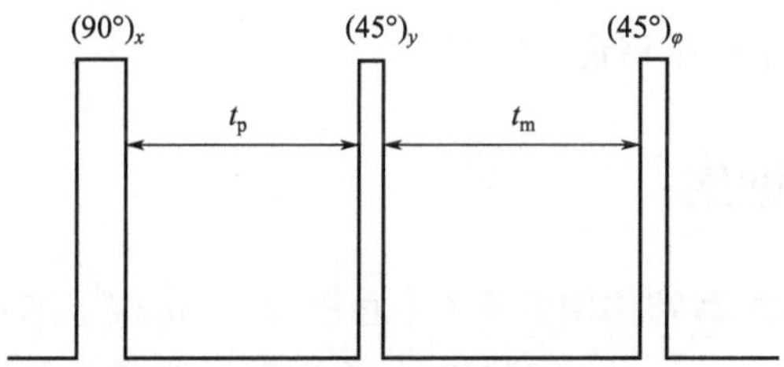

图 2-26 SAE NMR 中的脉冲序列[85]

SAE NMR 的振幅 S_2 遵循指数函数：

$$S_2\left(t_{\mathrm{p}} = \mathrm{const}, t_{\mathrm{m}}\right) \propto \exp\left[-\left(\frac{t_{\mathrm{m}}}{\tau_{\mathrm{SAE}}}\right)^{\gamma}\right](0<\gamma\leqslant 1) \tag{2-47}$$

SAE NMR 可以直接探测原子的跃迁速率$\left(\tau^{-1}=\tau_{\mathrm{SAE}}^{-1}\right)$，以及一些离子扩散的路径信息。探测动力学过程的时间尺度由 t_{m} 决定。

2.4.3.4 脉冲梯度场核磁共振技术（PFG NMR）

核自旋在梯度磁场 G 中具有不可逆相移，导致横向磁化率降低，利用自旋回波技术可以消除由梯度磁场引起的谱线不均匀展宽，因此可以用于磁化衰减的测量。自旋回波振幅 $M_{\mathrm{G}}\left(t_{\mathrm{echo}}\right)$为：

$$M_G(t_{echo}) = M_0(t_{echo})\exp\left[-\gamma^2 D\int_0^{t_{echo}}\left(\int_0^{t'} G(t'')\mathrm{d}t''\right)^2 \mathrm{d}t'\right]$$
$$M_0(t_{echo}) = M_0(0)\exp\left(-\frac{t_{echo}}{T_2}\right) \tag{2-48}$$

自旋回波脉冲序列设置成 90°→τ→ 180°→τ时，$t_{echo}=2\tau$。可以利用脉冲梯度场（PFG）来探测离子扩散系数，PFG NMR 中常用的脉冲序列如图 2-27 所示，两个持续时间为δ，间隔为Δ，强度为 g 的梯度脉冲（沿 z 方向施加梯度磁化）被添加到 90° 射频脉冲和 180° 射频脉冲之后。

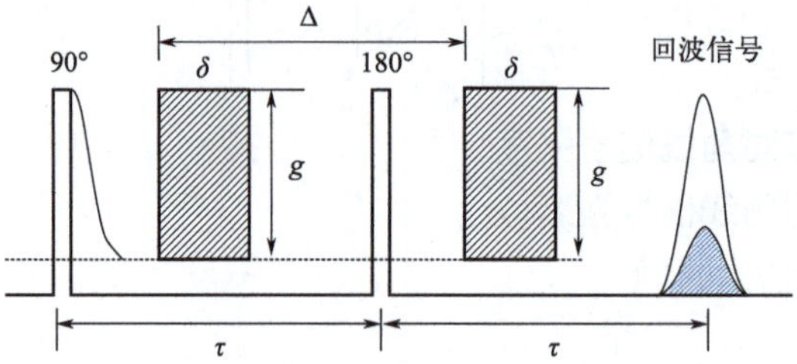

图 2-27　PFG NMR 中常用的脉冲序列 [11]

利用 Stejskal-Tanner 方程 [86]，回波振幅可以写为：

$$M_G(2\tau) = M_0(2\tau)\exp\left[-\gamma^2 g^2 \delta^2 D\left(\Delta - \frac{\delta}{3}\right)\right] \tag{2-49}$$

通过改变δ、Δ、g，作$M_G(2\tau)/M_0(2\tau)$ - $-\gamma^2 g^2 \delta^2\left(\Delta - \frac{\delta}{3}\right)$图像，通过拟合可以测量扩散系数。只有长程扩散下的回波信号幅度才会不同，PFG NMR 通常对 10^{-2} ～ 1s 的时间尺度和大约 10μm 的长度尺度上的平移运动敏感。

2.4.4　准弹性中子散射

中子与原子散射时的能量转移接近于 0（通常为 ±2meV）的状态被称为准弹性中子散射（quasi-elastic neutron scattering，QENS）。将散射强度作为动量传递 Q 和能量传递ω的函数，记为散射相函数 $S(Q, \omega)$。函数在零点附近的展宽部分被认为是准弹性中子散射，它表明了材料中的离子扩散，如图 2-28 所示。

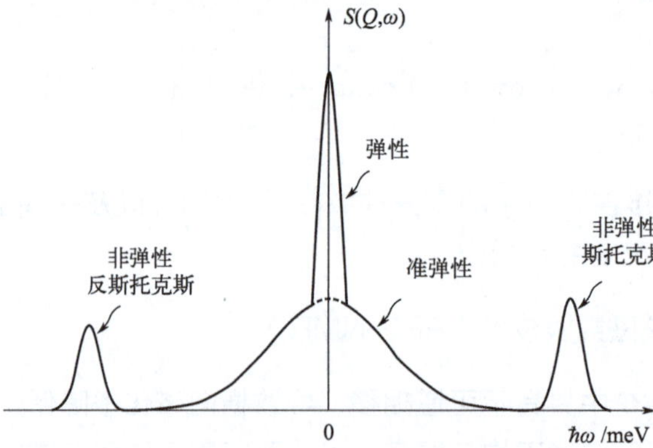

图 2-28　中子散射谱示意图 [87]

（$\hbar\omega$ 为中子能量转移）

基于 Singwi–Sjöander 模型[88]，假设离子跳跃在振荡运动和定向运动之间交替发生，跃迁距离呈指数分布（也可以用其他模型，会推导出不同的依赖关系），谱线的半高全宽 Γ 可以表示为：

$$\Gamma = \frac{D_r Q^2}{1 + DQ^2 \tau_0} \tag{2-50}$$

式中 τ_0——平均跃迁时间。

QENS 中涉及原子跃迁频率和平均跃迁距离，因此直接得到的是随机扩散系数。中子散射可以是相干的也可以是非相干的，非相干散射中子间没有干扰，因此可以用于研究单原子运动。这种方法常被用于探测含氢化合物，然而由于锂散射截面较小，通常需要制备高 ^7Li 富集样品或期望通过改进探测技术来实现更精确的测量。QENS 技术还能通过弹性非相干散射因子研究几埃以内的局部离子运动[89-90]。

2.4.5 μ子自旋弛豫

μ 子自旋弛豫（muon spin relaxation，μ^+SR）用于分析注入的自旋极化 μ 子对材料的影响，注入的正 μ 子 (μ^+) 对局部磁性和自旋极化的时间演变具有敏感性，因此该技术能够探测固体中的离子扩散，目前已经成功应用于 Li 和 Na 的离子传输[11,91-92]，相较于 QENS，μ^+SR 样品量小、采集时间较短。介子自旋弛豫是由极化粒子衰变产生的正电子空间分布不对称引起的。离子扩散会影响局部核磁场和正电子产生的介子衰变行为。通过测量衰变产生的正电子的不对称性和时域谱，可以探索样品的离子输运特性。基于场波动率等于离子跃迁频率的假设，可以得到随机扩散系数的表达式[93]：

$$D_r = \sum_{i=1}^{n} \frac{1}{N_i} Z_{v,i} a_i^2 v \tag{2-51}$$

式中 N_i——第i个粒子跃迁路径中可访问的晶格位点数；

$Z_{v,i}$——目标位点的空位率；

v——场波动率；

a_i——晶格位点间的跃迁距离。

晶体中可能存在多种迁移路径，因此N_i、$Z_{v,i}$、a_i有不同的取值，从而可以得到同一种晶体内不同迁移路径上的扩散系数。用这种方法可获得与离子输运相关的参量，如活化能势垒，通常表示的是晶粒内的特性，不包括沿晶界或跨晶界的部分。

参考文献

[1] Shewmon P. Diffusion in solids [M]. Springer，2016.

[2] Rice M J，Roth W L. Ionic transport in super ionic conductors：a theoretical model [J]. Journal of solid state chemistry，1972，4（2）：294-310.

[3] Druger S D，Ratner M A，Nitzan A. Polymeric solid electrolytes：Dynamic bond percolation and free volume models for diffusion [J]. Solid State Ionics，1983，9-10（2）：1115-1120.

[4] Gao J, Zhao Y S, Shi S Q, et al. Lithium-ion transport in inorganic solid state electrolyte [J]. Chinese Physics B, 2016, 25 (1): 018211.

[5] Heitjans P, Indris S. Diffusion and ionic conduction in nanocrystalline ceramics [J]. Journal of Physics: Condensed Matter, 2003, 15 (30): 1257-1289.

[6] Dudney N J, West W C, Nanda J. Handbook of solid state batteries (second edition) [M]. World Scientific Publishing Company, 2015.

[7] Murch G E. The haven ratio in fast ionic conductors [J]. Solid State Ionics, 1982, 7 (3): 177-198.

[8] Morgan B J. Lattice-geometry effects in garnet solid electrolytes: A lattice-gas Monte Carlo simulation study [J]. Royal Society Open Science, 2017, 4 (11): 170824.

[9] Friauf R J. Correlation effects for diffusion in ionic crystals [J]. Journal of Applied Physics, 1962, 33 (1): 494-505.

[10] Funke K. Jump relaxation in solid electrolytes [J]. Progress in Solid State Chemistry, 1993, 22 (2): 111-195.

[11] Gao Y, Nolan A M, Du P, et al. Classical and emerging characterization techniques for investigation of ion transport mechanisms in crystalline fast ionic conductors [J]. Chemical Reviews, 2020, 120 (13): 5954-6008.

[12] 杨勇. 固态电化学 [M]. 北京: 化学工业出版社, 2020.

[13] Vargas-barbosa N M, Roling B. Dynamic ion correlations in solid and liquid electrolytes: How do they affect charge and mass transport? [J]. ChemElectroChem, 2020, 7 (2): 367-385.

[14] Murch G E. The exact nernst-einstein equations and the interpretation of cross phenomenological coefficients in unary, binary, and ambipolar systems [J]. Radiation Effects, 1983, 73 (1-4): 299-305.

[15] Van Der Ven A, Ceder G. Lithium diffusion in layered Li_xCoO_2 [J]. Electrochemical and Solid State Letters, 2000, 3 (7): 301.

[16] 郑浩, 高健, 王少飞, 等. 锂电池基础科学问题 (Ⅵ) —离子在固体中的输运 [J]. 储能科学与技术, 2013, 2 (6): 620-635.

[17] Anderson O L, Stuart D A. Calculation of activation energy of ionic conductivity in silica glasses by classical methods [J]. Journal of the American Ceramic Society, 1954, 37 (12): 573-580.

[18] Martin S W, Angell C A. Dc and ac conductivity in wide composition range Li_2O P_2O_5 glasses [J]. Journal of Non-Crystalline Solids, 1986, 83 (1): 185-207.

[19] Ingram M D, Jean Robertson A H. Ion transport in glassy electrolytes [J]. Solid State Ionics, 1997, 94 (1): 49-54.

[20] Chryssikos G D, Duffy J A, Hutchinson J M, et al. Lithium borate glasses: A quantitative study of strength and fragility [J]. Journal of Non-Crystalline Solids, 1994, 172-174 (1): 378-383.

[21] Shelby Jr J E, Day D E. Mechanical relaxations in mixed-alkali silicate glasses: I, results [J]. Journal of the American Ceramic Society, 1969, 52 (4): 169-173.

[22] Ingram M D. Towards a theory of ion transport in glass [J]. Physica A: Statistical mechanics and its applications, 1999, 266 (1): 390-399.

[23] Tuller H L, Balkanski M. Science and technology of fast ion conductors [M]. New York: Springer Science & Business Media, 2012.

[24] Ihara S, Suzuki K. Molecular dynamics study of Li_3N [J]. Physics Letters A, 1985, 110 (5): 265-268.

[25] Wolf M L. Observation of solitary-wave conduction in a molecular dynamics simulation of the superionic conductor Li_3N [J]. Journal of Physics C: Solid State Physics, 1984, 17 (10): 285-288.

[26] Mehrer H. Diffusion in solids: fundamentals, methods, materials, diffusion-controlled processes [M]. New York: Springer Science & Business Media, 2007.

[27] He X, Zhu Y, Mo Y. Origin of fast ion diffusion in super-ionic conductors [J]. Nature Communications, 2017, 8 (1) : 15893.

[28] Forland T, Krogh-moe J, Moutschen-dahmen M, et al. The structure of the high temperature modification of lithium sulfate [J]. Acta Chem Scand, 1957, 11 (3) : 565-567.

[29] Kvist A. Notizen: The electrical conductivity of solid and molten $6Li_2SO_4$ and $7Li_2SO_4$ [J]. Zeitschrift für Naturforschung A, 1966, 21 (4) : 487-487.

[30] Börjesson L. Contrasting behavior of the SO_4^{2-}symmetric raman mode in high and low conducting sulfates [J]. ECS Proceedings Volumes, 1986, 1 (1) : 21-28.

[31] Lundén A. Enhancement of cation mobility in some sulphate phases due to a paddle-wheel mechanism [J]. Solid State Ionics, 1988, 28 (1) : 163-167.

[32] Jansen M. Volume effect or paddle - wheel mechanism—fast alkali - metal ionic conduction in solids with rotationally disordered complex anions [J]. Angewandte Chemie International Edition in English, 1991, 30 (12) : 1547-1558.

[33] Witschas M, Eckert H, Wilmer D, et al. Anion rotation and cation transport in the rotor phase α-sodium orthophosphate: Paddle-Wheel mechanism redefined in view of new experimental results [J]. 2000, 214 (5) : 643-673.

[34] Smith J G, Siegel D J. Low-temperature paddlewheel effect in glassy solid electrolytes [J]. Nat Commun, 2020, 11 (1) : 1483.

[35] Adams S, Prasada Rao R. Structural requirements for fast lithium ion migration in $Li_{10}GeP_2S_{12}$ [J]. Journal of Materials Chemistry, 2012, 22 (16) : 7687-7691.

[36] Zhang Z, Roy P N, Li H, et al. Coupled cation–anion dynamics enhances cation mobility in room-temperature superionic solid-state electrolytes [J]. Journal of the American Chemical Society, 2019, 141 (49) : 19360-19372.

[37] Heitjans P, Indris S. Diffusion and ionic conduction in nanocrystalline ceramics [J]. Journal of Physics: Condensed Matter, 2003, 15 (30) : R1257.

[38] Heitjans P, Tobschall E, Wilkening M. Ion transport and diffusion in nanocrystalline and glassy ceramics [J]. The European Physical Journal Special Topics, 2008, 161 (1) : 97-108.

[39] Macdonald J R, Barsoukov E. Impedance spectroscopy: Theory, experiment, and applications [J]. History, 2005, 1 (8) : 1-13.

[40] Dudney N J. Effect of interfacial space - charge polarization on the ionic conductivity of composite electrolytes [J]. Journal of the American Ceramic Society, 1985, 68 (10) : 538-545.

[41] Uvarov N F, Isupov V P, Sharma V, et al. Effect of morphology and particle size on the ionic conductivities of composite solid electrolytes [J]. Solid State Ionics, 1992, 51 (1-2) : 41-52.

[42] Bunde A, Dieterich W, Roman E. Dispersed ionic conductors and percolation theory [J]. Physical review letters, 1985, 55 (1) : 5.

[43] Agrawal R C, Gupta R K. Superionic solid: Composite electrolyte phase–an overview [J]. Journal of Materials Science, 1999, 34 (6) : 1131-1162.

[44] Park M, Zhang X, Chung M, et al. A review of conduction phenomena in Li-ion batteries [J]. Journal of power sources, 2010, 195 (24) : 7904-7929.

[45] Zhao Q，Stalin S，Zhao C Z，et al. Designing solid-state electrolytes for safe，energy-dense batteries [J]. Nature Reviews Materials，2020，5 (3) : 229-252.

[46] Carrasco J. Role of van der waals forces in thermodynamics and kinetics of layered transition metal oxide electrodes: Alkali and alkaline-earth ion insertion into V_2O_5 [J]. The Journal of Physical Chemistry C，2014，118 (34) : 19599-19607.

[47] Zhou B，Shi H，Cao R，et al. Theoretical study on the initial stage of a magnesium battery based on a V_2O_5 cathode [J]. Physical Chemistry Chemical Physics，2014，16 (34) : 18578-18585.

[48] Tärneberg R，Lundn A. Ion diffusion in the high-temperature phases Li_2SO_4，$LiNaSO_4$，$LiAgSO_4$ and $Li_4Zn(SO_4)_3$ [J]. Solid State Ionics，1996，90 (1) : 209-220.

[49] Lide D R. CRC handbook of chemistry and physics [M]. CRC press，2004.

[50] Bachman J C，Muy S，Grimaud A，et al. Inorganic solid-state electrolytes for lithium batteries: Mechanisms and properties governing ion conduction [J]. Chemical Reviews，2016，116 (1) : 140-150.

[51] Kummer J T. β-Alumina electrolytes [J]. Progress in Solid State Chemistry，1972，7: 141-175.

[52] Nozaki H，Harada M，Ohta S，et al. Li diffusive behavior of garnet-type oxides studied by muon-spin relaxation and QENS [J]. Solid State Ionics，2014，262 (1) : 585-588.

[53] Bachman J C，Muy S，Grimaud A，et al. Inorganic solid-state electrolytes for lithium batteries: Mechanisms and properties governing ion conduction [J]. Chemical Reviews，2015，116 (1) : 151-162.

[54] Rong Z，Malik R，Canepa P，et al. Materials design rules for multivalent ion mobility in intercalation structures [J]. Chemistry of Materials，2015，27 (17) : 6016-6021.

[55] Wang Y，Richards W D，Ong S P，et al. Design principles for solid-state lithium superionic conductors [J]. Nature materials，2015，14 (10) : 1026-1031.

[56] He X，Bai Q，Liu Y，et al. Crystal structural framework of lithium super-ionic conductors [J]. Advanced Energy Materials，2019，9 (43) : 1902078.

[57] Krauskopf T，Culver S P，Zeier W G. Bottleneck of diffusion and inductive effects in $Li_{10}Ge_{1-x}Sn_xP_2S_{12}$ [J]. Chemistry of Materials，2018，30 (5) : 1791-1798.

[58] De Klerk N J J，Wagemaker M. Diffusion mechanism of the sodium-ion solid electrolyte Na_3PS_4 and potential improvements of halogen doping [J]. Chemistry of Materials，2016，28 (9) : 3122-3130.

[59] Yu C，Ganapathy S，De Klerk N J J，et al. Na-ion dynamics in tetragonal and cubic Na_3PS_4，a Na-ion conductor for solid state Na-ion batteries [J]. Journal of Materials Chemistry A，2016，4 (39) : 15095-15105.

[60] Stramare S，Thangadurai V，Weppner W. Lithium lanthanum titanates: A review [J]. Chemistry of Materials，2003，15 (21) : 3974-3990.

[61] Shen K，Wang Y，Zhang J，et al. Revealing the effect of grain boundary segregation on Li ion transport in polycrystalline anti-perovskite Li_3ClO: A phase field study [J]. Physical Chemistry Chemical Physics，2020，22 (5) : 3030-3036.

[62] Wang Y，Li G，Shen K，et al. The effect of grain boundary on Na ion transport in polycrystalline solid-state electrolyte cubic Na_3PS_4 [J]. Materials Research Express，2021，8 (2) : 025508.

[63] Dawson J A，Canepa P，Clarke M J，et al. Toward understanding the different influences of grain boundaries on ion transport in sulfide and oxide solid electrolytes [J]. Chemistry of Materials，2019，31 (14) : 5296-5304.

[64] Kuhn A, Duppel V, Lotsch B V. Tetragonal $Li_{10}GeP_2S_{12}$ and Li_7GePS_8–exploring the Li ion dynamics in LGPS Li electrolytes [J]. Energy & Environmental Science, 2013, 6 (12) : 3548-3552.

[65] Bron P, Dehnen S, Roling B. $Li_{10}Si_{0.3}Sn_{0.7}P_2S_{12}$—A low-cost and low-grain-boundary-resistance lithium superionic conductor [J]. Journal of Power Sources, 2016, 329 (15) : 530-535.

[66] Duchardt M, Ruschewitz U, Adams S, et al. Vacancy-controlled Na^+ superion conduction in $Na_{11}Sn_2PS_{12}$ [J]. Angewandte Chemie International Edition, 2018, 57 (5) : 1351-1355.

[67] Pradel A, Rau C, Bittencourt D, et al. Mixed glass former effect in the system $0.3Li_2S$-0.7 [($1-x$) SiS_2-$xGeS_2$] : A structural explanation [J]. Chemistry of Materials, 1998, 10 (8) : 2162-2166.

[68] Bischoff C, Schuller K, Dunlap N, et al. IR, Raman, and NMR studies of the short-range structures of $0.5Na_2S + 0.5$ [$xGeS_2$ + ($1-x$) $PS_{5/2}$] mixed glass-former glasses [J]. The Journal of Physical Chemistry B, 2014, 118 (7) : 1943-1953.

[69] Bischoff C, Schuller K, Martin S W. Short range structural models of the glass transition temperatures and densities of $0.5Na_2S + 0.5$ [$xGeS_2$ + ($1-x$) $PS_{5/2}$] mixed glass former glasses [J]. The Journal of Physical Chemistry B, 2014, 118 (13) : 3710-3719.

[70] Kim Y, Saienga J, Martin S W. Anomalous ionic conductivity increase in $Li_2S + GeS_2 + GeO_2$ glasses [J]. The Journal of Physical Chemistry B, 2006, 110 (33) : 16318-16325.

[71] Huggins R. Advanced batteries: Materials science aspects [M]. New York: Springer Science & Business Media, 2008.

[72] Rho Y H, Kanamura K. Li^+ ion diffusion in $Li_4Ti_5O_{12}$ thin film electrode prepared by PVP sol-gel method [J]. Journal of Solid State Chemistry, 2004, 177 (6) : 2094-2100.

[73] Montell A C. Discussion of the potential step method for the determination of the diffusion coefficients of guest species in host materials: Part Ⅰ. Influence of charge transfer kinetics and ohmic potential drop [J]. Journal of Electroanalytical Chemistry, 2002, 518 (2) : 61-83.

[74] Zhu Y, Wang C. Galvanostatic intermittent titration technique for phase-transformation electrodes [J]. The Journal of Physical Chemistry C, 2010, 114 (6) : 2830-2841.

[75] Zhu Y, Wang C. Novel CV for phase transformation electrodes [J]. The Journal of Physical Chemistry C, 2011, 115 (3) : 823-832.

[76] Baker D R, Li C, Verbrugge M W. Similarities and differences between potential-step and impedance methods for determining diffusion coefficients of lithium in active electrode materials [J]. Journal of The Electrochemical Society, 2013, 160 (10) : 1794-1805.

[77] Wilkening M, Heitjans P. From micro to macro: Access to long-range Li^+ diffusion parameters in solids via microscopic $^{6,7}Li$ spin-alignment echo NMR spectroscopy [J]. 2012, 13 (1) : 53-65.

[78] Kuhn A, Narayanan S, Spencer L, et al. Li self-diffusion in garnet-type $Li_7La_3Zr_2O_{12}$ as probed directly by diffusion-induced ^7Li spin-lattice relaxation NMR spectroscopy [J]. Physical Review B, 2011, 83 (9) : 094302.

[79] Epp V, Gün Ö, Deiseroth H J, et al. Highly mobile ions: Low-temperature NMR directly probes extremely fast Li^+ hopping in argyrodite-type Li_6PS_5Br [J]. The Journal of Physical Chemistry Letters, 2013, 4 (13) : 2118-2123.

[80] Rivera A, Sanz J. Lithium dynamics in the fast ionic conductor $Li_{0.18}La_{0.61}TiO_3$ probed by ^7Li NMR spectroscopy [J]. Physical Review B, 2004, 70 (9) : 094301.

[81] Bohnke O. The fast lithium-ion conducting oxides $Li_{3x}La_{2/3-x}TiO_3$ from fundamentals to application [J]. Solid State Ionics，2008，179 (1) : 9-15.

[82] Rivera A，León C，Santamaría J，et al. $Li_{3x}La_{(2/3)-x}TiO_3$ fast ionic conductors.: Correlation between lithium mobility and structure [J]. Journal of Non-Crystalline Solids，2002，307-310: 992-998.

[83] Van Wüllen L，Echelmeyer T，Meyer H W，et al. The mechanism of Li-ion transport in the garnet $Li_5La_3Nb_2O_{12}$ [J]. Physical Chemistry Chemical Physics，2007，9 (25) : 3298-3303.

[84] Bottke P，Freude D，Wilkening M. Ultraslow Li exchange processes in diamagnetic Li_2ZrO_3 As monitored by EXSY NMR [J]. The Journal of Physical Chemistry C，2013，117 (16) : 8114-8119.

[85] Charpentier T，Sakellariou D，Virlet J，et al. Nuclear spin dynamics using time-dependent projection operators: Application to the saturation of dipolar order in slowly rotating samples [J]. 2007，127 (22) : 224506.

[86] Tanner J E. Use of the stimulated echo in NMR diffusion studies [J]. 1970，52 (5) : 2523-2526.

[87] Karlsson M. Proton dynamics in oxides: insight into the mechanics of proton conduction from quasielastic neutron scattering [J]. 2015，17 (1) : 26-38.

[88] Mori K，Enjuji K，Murata S，et al. Direct observation of fast lithium-ion diffusion in a superionic conductor: $Li_7P_3S_{11}$ metastable crystal [J]. Physical Review Applied，2015，4 (5) : 54008.

[89] Hempelmann R. Hydrogen diffusion mechanism in proton conducting oxides [J]. Physica B: Condensed Matter，1996，226 (1) : 72-77.

[90] Gro B，Beck C，Meyer F，et al. $BaZr_{0.85}Me_{0.15}O_{2.925}$ (Me= Y，In and Ga) : Crystal growth，high-resolution transmission electron microscopy，high-temperature X-ray diffraction and neutron scattering experiments [J]. 2001，145 (1-4) : 325-331.

[91] Sugiyama J，Mukai K，Ikedo Y，et al. Li diffusion in Li_xCoO_2 probed by muon-spin spectroscopy [J]. Physical Review Letters，2009，103 (14) : 147601.

[92] Amores M，Baker P J，Cussen E J，et al. $Na_{1.5}La_{1.5}TeO_6$: Na^+ conduction in a novel Na-rich double perovskite [J]. Chemical Communications，2018，54 (72) : 10040-10043.

[93] Borg R J，Dienes G J. An introduction to solid state diffusion [M]. Elsevier，2012.

第3章 硫化物固态电解质材料

在本章中，首先对硫化物固态电解质的重要性和目前面临的挑战进行了概述。其次，对硫化物电解质的发展历史进行了简单回顾。硫化物固态电解质按照结构的差异，可分为玻璃态、玻璃陶瓷态和晶态三大类。围绕这三大类硫化物固态电解质材料，对其结构、离子传导、改性以及合成进行介绍，以期对未来硫化物电解质材料的设计和开发提供指导。最后进行了简要总结。

3.1 概述

传统锂离子电池的电解质一般是由锂盐（例如 $LiPF_6$、$LiClO_4$、$LiBF_4$）混合溶解在有机溶剂（例如碳酸乙烯酯、碳酸甲乙酯、碳酸二甲酯）中组成的液态电解质。理想的电解质应具有以下特性：低挥发性、安全性（不可燃性）、高离子电导率、迁移数（t_{Li^+}）接近 1、电化学窗口宽、热稳定性好、电极与电解质之间电荷转移电阻低、成本低、易于加工。液态电解质虽然具有很高的离子电导率（$10^{-2} \sim 10^{-1}$S/cm），但迁移数（t_{Li^+}）< 0.5，电化学稳定性和热稳定性有限。对电池能量密度和安全性的高要求推动了固态电解质的发展。固态电解质具有不可燃、不挥发、在高温下稳定的优点。与液态电解质相比，它具有高弹性模量和更好的电化学稳定性、热稳定性，不存在泄漏问题。目前最具前景的固态电解质有三类，分别是聚合物、氧化物和硫化物固态电解质。聚合物固态电解质具有良好的加工性，可与现有的锂电池工艺兼容，但其室温离子电导率低、抗氧化性差。氧化物固态电解质化学稳定性好、电化学窗口宽，但离子电导率低，此外陶瓷材料硬且脆的特性导致其加工难度大。硫化物固态电解质由于具有较高的离子电导率、较好的机械延展性以及与电极良好的界面接触等优点（图 3-1），成了研究的热点之一[1]。

硫离子与锂离子之间的结合强度比氧离子与锂离子的结合强度低，这就导致了更多的

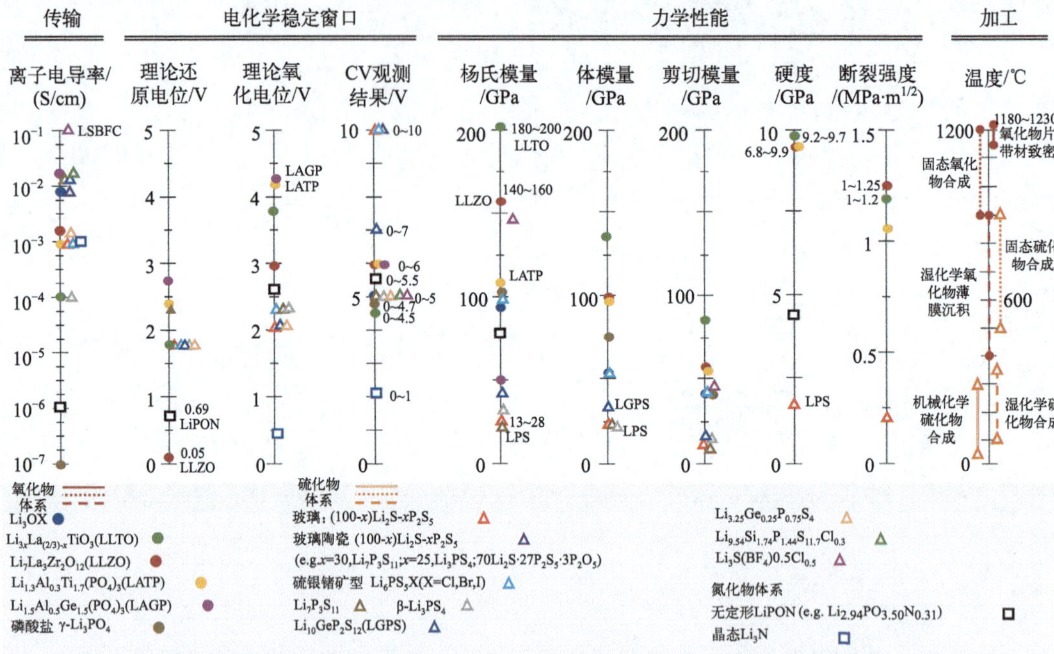

图 3-1　氧化物和硫化物固态电解质的传输、电化学稳定窗口、机械稳定性和加工温度对照 [2]

锂离子可以自由移动。此外，相比于氧离子，硫离子具有更大的离子半径、更强的极化作用，因此拓宽了锂离子的迁移通道，弱化了阴离子骨架对锂离子的束缚，从而有利于锂离子迁移。实验结果表明，硫化物固态电解质在室温下普遍表现出 10^{-4} ～ 10^{-3}S/cm 的高离子电导率。然而，硫化物固态电解质的稳定性较差（包括化学稳定性和电化学稳定性），与氧化物正极、锂金属负极的界面问题也需要优化。硫化物固态电解质极易与空气中的水反应，产生有害气体 H_2S[3]。另外，硫化物固态电解质的电化学窗口也是有限的，过去对硫化物固态电解质的电化学窗口测量存在夸大（达到 5V）的情况，这主要是因为硫化物固态电解质电子电导率较低以及与 Pt 电极的电接触有限，导致其电化学分解的电流信号被锂沉积和熔解的强峰所掩盖。例如，理论计算表明 $Li_{10}GeP_2S_{12}$ 的电化学窗口在 1.71 ～ 2.14V（相对于 Li/Li^+）[4]，随后实验上使用“导电碳信号放大法”（将一定比例的导电碳混入硫化物电解质中以改善电子传输和电荷转移）进行 CV 测试也得到了相似的结果，即 $Li_{10}GeP_2S_{12}$ 的电化学窗口在 1.7 ～ 2.1V（相对于 Li/Li^+）。在正极界面处，硫化物固态电解质和氧化物正极材料会发生反应，以及碳活性物质会引起硫化物固态电解质的分解。在负极界面处，锂金属负极会导致硫化物固态电解质被还原。这都是硫化物固态电解质需要解决的问题。

根据结构，硫化物固态电解质可以分成玻璃态、玻璃陶瓷态和晶态。如图 3-2 所示，最早是对玻璃态硫化物固态电解质材料的研究，始于 20 世纪 80 年代，如 $Li_2S-P_2S_5-LiI$[5]、$Li_2S-B_2S_3-LiI$[6]，主要集中在 LiX（X=Cl,Br,I）的掺杂上。它们的离子电导率在 1 ～ 2mS/cm。1993 年，Tatsumisago 等 [7] 在 Li_2S-SiS_2 玻璃中掺杂 Li_3PO_4，开始了在玻璃态电解质中掺杂磷酸盐和硅酸盐的研究。对于玻璃陶瓷态硫化物固态电解质材料的研究从 2005 年开始，Mizuno 等 [8] 通过对玻璃态 $Li_2S-P_2S_5$ 电解质进行热处理，合成了 $70Li_2S-30P_2S_5$ 玻璃陶瓷态硫化物固态电解质，室温下离子电导率达到 3.2mS/cm，活化能最低为 12kJ/mol。晶态硫化物电解

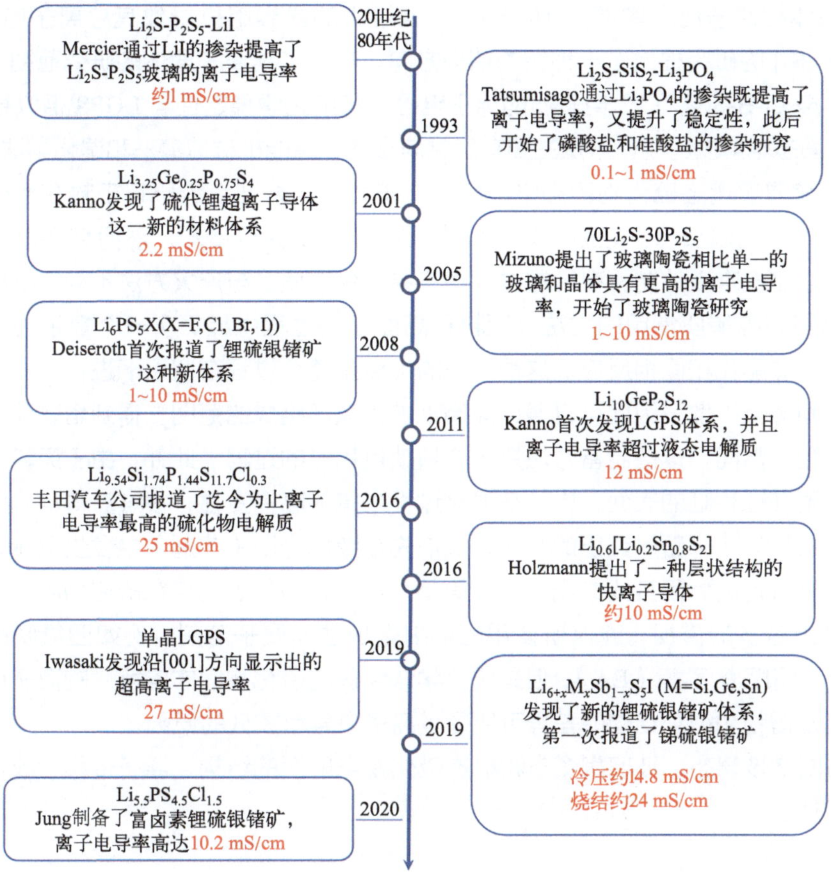

图 3-2　硫化物固态电解质的发展历史

质材料是目前研究的热门，最早研究的体系是用硫取代氧化物固态电解质材料中的氧所形成的硫代锂超离子导体（Thio-LISICON）。2001 年，Kanno 等[9]首次报道了离子电导率达到 2.2mS/cm 的硫代锂超离子导体 $Li_{3.25}Ge_{0.25}P_{0.75}S_4$。之后又有其他体系被逐渐报道。在 2008 年，Deiseroth 等[10]首次报道的锂硫银锗矿 [Li_6PS_5X(X=F,Cl,Br,I)] 也是一种离子电导率高达 1 ～ 10mS/cm 的晶态硫化物固态电解质。此后，通过调整化学计量比和引入 As、Se、Sb、Ge、Sn 等掺杂元素，锂硫银锗矿的离子电导率和空气稳定性逐渐得到改善。Zhou 等[11]在 2019 年报道了一种新的锂硫银锗矿家族材料 $Li_{6+x}M_xSb_{1-x}S_5I$ (M=Si,Ge,Sn)，其冷压电解质片的室温离子电导率高达 14.8mS/cm，烧结电解质片的室温离子电导率高达 24mS/cm。2020 年，Jung 等[12]合成了 $Li_{5.5}PS_{4.5}Cl_{1.5}$，其具有 10.2mS/cm 的高离子电导率。此外，还有许多其他被报道的锂硫银锗矿型电解质，如 $Li_{5.35}Ca_{0.1}PS_{4.5}Cl_{1.55}$ (10.2mS/cm)[13]、$Li_{6.75}Sb_{0.25}Si_{0.75}S_5I$ (13.1mS/cm)[14]，它们的离子电导率都超过了 10mS/cm。Kamaya 等[15]在 2011 年报道的快离子导体 $Li_{10}GeP_2S_{12}$（LGPS）是另一种晶体结构类型的电解质材料，具有 12mS/cm 的高离子电导率，超过了传统的液态电解质（约 10mS/cm）。之后在 2016 年，丰田汽车公司报道了 $Li_{9.54}Si_{1.74}P_{1.44}S_{11.7}Cl_{0.3}$，显示出迄今为止所有报道的硫化物固态电解质中最高的离子电导率（25mS/cm）[16]。2019 年，又报道了单晶 LGPS 沿 [001] 方向具有 27mS/cm 的超高离子电导率[17]。除此之外，在 2016 年报道了一种层状结构的快离子导体 $Li_{0.6}[Li_{0.2}Sn_{0.8}S_2]$[18]，其室温下的体相离子电导率高达 $10^{-2}S/cm$，但过大的晶界阻抗导致其总离子电导率较低。$Li_{0.6}[Li_{0.2}Sn_{0.8}S_2]$ 的研究提出了一种新的结构方向，扩大了锂离子导体的研究范围。同时，有报道预测晶态 Li-B-S 体系[19]电解质的离子电导率和电化学稳定性与 LGPS 相似甚至更好。

硫化物固态电解质的制备方法主要有熔融淬火法、高能机械球磨法和湿化学法三大类[20]。熔融淬火是获得玻璃态硫化物固态电解质的传统方法。将混合的原料密封在涂碳的石英管中，然后在炉中高温加热。之后将熔融的样品在冰水中快速冷却。然而熔融淬火法制备条件苛刻，成分比例难以控制，在冷却过程中容易产生杂质。与淬火方法不同，机械球磨法是合成硫化物固态电解质常用的方法。原料在高能球磨过程中经历了一个复杂的过程，包括混合、粉化、非晶化和固相反应。这种方法的优点是整个过程在室温下进行，并且球磨的非晶化是一种固态互扩散，因此可以通过球磨来扩大玻璃组成的范围，得到熔融淬火法无法得到的组成范围。然而，球磨制备方法是一个烦琐且耗时的过程。此外，由于原料在研磨过程中很容易黏附在球和缸的表面，以及在退火过程中硫的高挥发性，很难获得精确的化学计量比。湿化学法是近年来新研究出的方法，试剂先在液体介质（溶剂）中发生反应，之后对所需的化合物进行提纯。因其成本低、工艺简单、省时、均匀等优点在硫化物固态电解质的合成中受到越来越多的重视。通常所使用的溶剂是极性非质子溶剂，例如四氢呋喃（THF）、乙腈（ACN）和乙酸乙酯（EA）。但是湿化学法制备的硫化物固态电解质的离子电导率通常较低。有机残留物和微观结构的差异可能是其离子电导率较低的原因。

下面将围绕玻璃态、玻璃陶瓷态和晶态硫化物电解质的结构、离子传导、改性以及合成进行详细阐述。

3.2 玻璃态硫化物电解质

玻璃态硫化物电解质具有以下优点：a. 导电通道是各向同性的；b. 由于材料没有结晶度和晶粒，所以不存在晶界电阻[21-22]；c. 玻璃态硫化物电解质具有良好的可塑性和化学组成上的灵活性[23]。早在 1981 年就有了关于玻璃体系的研究，目前研究较多的玻璃态硫化物电解质有 Li_2S-P_2S_5[24]，Li_2S-SiS_2[25]，Li_2S-GeS_2[26]，Li_2S-B_2S_3[27] 体系。它们在室温下的离子电导率为 $10^{-6} \sim 10^{-4}S/cm$。之后的研究发现卤化物 LiI 的添加可使玻璃态硫化物电解质的离子电导率提高到 $10^{-3}S/cm$，但热稳定性和电化学稳定性有所下降[28]。而添加含氧酸盐（Li_3PO_4 和 Li_4SiO_4），如在 Li_2S-SiS_2 体系中加入 5%（摩尔分数）的 Li_4SiO_4，不仅会提高离子电导率，而且热稳定性和电化学稳定性还会同步提高[29]。此外，掺杂第二种玻璃形成剂（如 GeS_2、B_2S_3）也可以提高离子电导率。这种效应被称为“混合玻璃形成体效应”。本节将主要介绍这些玻璃体系的结构、离子传导和改性。

3.2.1 Li_2S-P_2S_5体系

3.2.1.1 结构

玻璃态硫化物电解质研究最多的是 Li_2S-P_2S_5 体系。通过对不同成分的玻璃进行 X 射线衍射表征，发现 Li_2S 含量为 75%（摩尔分数）的 $70Li_2S\text{-}30P_2S_5$ 未出现布拉格衍射（Bragg diffraction）现象，因此没有晶畴。而 Li_2S 含量在 75%（摩尔分数）以上时，出现了晶态 Li_2S 的布拉格衍射峰，即使经过长时间的球磨，这些衍射峰也不会消失。晶态 Li_2S 的存在表明，玻璃改性剂（Li_2S）不能过量加入 [超过 75%（摩尔分数）]。通常，$Li_2S\text{-}P_2S_5$ 玻璃体系 $[(100-x)Li_2S\text{-}xP_2S_5]$ 在 $60 \leqslant x \leqslant 80$ 范围内。当然，只是没有布拉格衍射并不能证明完全是玻璃态，因为样品可能含有纳米晶体，其相干长度太低，无法发生衍射。

由于玻璃固有的非晶态特性，要从微观上了解 $Li_2S\text{-}P_2S_5$ 玻璃体系的局域结构是很困难的。在早期的研究中，Tachez 等 [30] 和 Eckert 等 [31] 使用拉曼光谱和核磁共振光谱对晶态和玻璃态进行了比较。之后，Tatsumisago 等 [32-33] 使用了阻抗谱和拉曼光谱相结合的测量方法。虽然通过 ^{31}P 核磁共振谱可以确定 $Li_2S\text{-}P_2S_5$ 玻璃体系中不同的阴离子种类，但目前还无法得到定量的信息 [34-35]。因此，$Li_2S\text{-}P_2S_5$ 玻璃体系的局域结构对锂离子传导的影响尚不清楚。特别是在热处理过程中，不同的化学结构单元和局部结合环境的演变引起了人们的浓厚兴趣。在前驱体 P_2S_5 中，$[PS_4]$ 四面体通过 P-S-P 桥连接到另外三个四面体上。但随着 Li_2S 的加入，更多的 S 原子被引入，破坏了 P-S-P 桥，形成了末端 S 原子。一般来说，只要共振中心彼此对应，玻璃结构就可以用已知晶体的结构和化学位移来阐明，因此通过拉曼光谱和 ^{31}P 核磁共振谱研究玻璃的局部结构是可行的。在 $Li_2S\text{-}P_2S_5$ 玻璃中，已知的相对应的晶体化合物为 $Li_2P_2S_6$（1∶1）[35]、Li_3PS_4（3∶1）[36]、$Li_7P_3S_{11}$（7∶3）[37]、Li_7PS_6（7∶1）[38] 和 $Li_4P_2S_6$（2∶1，减 S）[39]，括号中为 Li_2S 和 P_2S_5 之比。利用拉曼光谱和核磁共振谱就可以确定不同的配位多面体，即正硫代磷酸（*ortho*-thiophosphate，PS_4^{3-}，单体）、焦硫代磷酸（*pyro*-thiophosphate，$P_2S_7^{4-}$，二聚体）、偏硫代二磷酸（*meta*-thiodiphosphate，$P_2S_6^{2-}$，二聚体）和次硫代二磷酸（*hypo*-thiodiphosphate，$P_2S_6^{4-}$，P-P 二聚体）。

图 3-3 显示了 $(100-x)Li_2S\text{-}xP_2S_5$ 玻璃在 $60 \leqslant x \leqslant 80$ 范围内去卷积的拉曼光谱和 ^{31}P 核磁共振谱。实验数据（黑实线）去卷积（红实线）后基本拟合。在 Li_2S 含量高的情况下（75% ～ 80%），主要是 PS_4^{3-} 单体（绿色），在 Li_2S 含量较低的情况下，主要是 $P_2S_7^{4-}$ 二聚体（橙色）。在整个组成范围内，$P_2S_6^{4-}$ 二聚体（紫色）的含量为 10% ～ 15%（以 P 原子计），似乎与 Li_2S 的含量无关。当 Li_2S 含量较低 [60%（摩尔分数）] 时，观察到 PS_3^- 链（红色）。这四种不同的阴离子物种，其中三个峰中心与已报道的晶相数据能够很好地

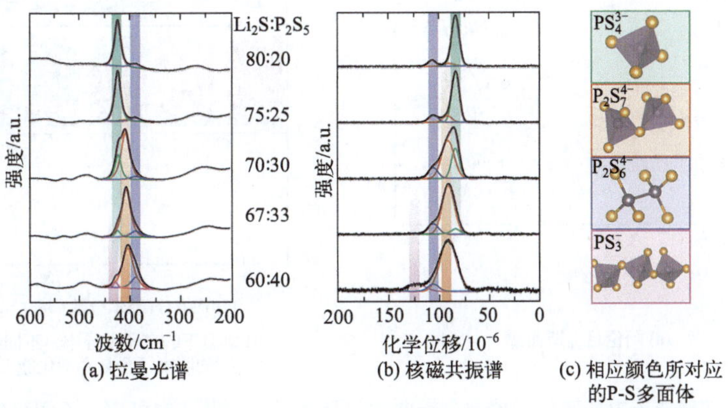

图 3-3　不同含量的 $Li_2S\text{-}P_2S_5$ 玻璃的拉曼光谱和核磁共振谱以及相应颜色所对应的 P-S 多面体 [24]

吻合。只有 x=60 的玻璃中，拉曼光谱在波数 v=426.2cm^{-1} 处的附加信号和核磁共振光谱中的化学位移 δ_{iso}=121.7×10^{-6} 不能和已知的晶体化合物对应，而前驱体 P_2S_5 的 δ_{iso} 大约在 49.7×10^{-6} ～ 51.6×10^{-6}，所以有可能是两种“偏位物种”[具有两个桥硫原子，结构上代表 P_2S_5 和次硫代磷酸（*hypo*-thiophosphate）之间的一个结构单元]，即偏硫代磷酸（*meta*-thiophosphate，PS_3^-，无限链）和偏硫代二磷酸（*meta*-thiodiphosphate，$P_2S_6^{2-}$，两个边共享四面体）。随着对晶体 $Li_2P_2S_6$ 的结构进行研究，得出了 $P_2S_6^{2-}$ 的 δ_{iso}=54.9×10^{-6}，因此推测峰对应于偏硫代磷酸（*meta*-thiophosphate，PS_3^-，无限链）。

总体来说[24]，在玻璃改性剂（Li_2S）浓度较低的情况下（如 x=60），存在少量的次硫代磷酸（*hypo*-thiophosphate），而大部分是焦硫代磷酸（*pyro*-thiophosphate，$P_2S_7^{4-}$），其中 PS_4 单元的一个 S 原子是桥连的，三个 S 原子是末端的，如图 3-3（c）所示。随着 Li_2S 含量的增加，剩余的桥接硫转变为末端硫，表现为正硫代磷酸（*ortho*-thiophosphate，PS_4^{3-}）含量的逐步增加。而含量几乎保持不变的 $P_2S_6^{4-}$ 在桥接硫向末端硫的转化（内部的氧化还原）中发挥着重要作用。

3.2.1.2 离子传导

在不同温度下对 Li_2S-P_2S_5 玻璃进行了离子电导率的测量，如图 3-4 所示，用阿伦尼乌斯（Arrhenius）定律表示的温度倒数与离子电导率之间的指数关系很好地符合了实验数据。随着 Li_2S 的增加，室温下的离子电导率普遍增加。75Li_2S-25P_2S_5 玻璃的室温离子电导率最大，为 2.8×10^{-4}S/cm [图 3-4（b）绿色箭头所显示的趋势][40]，然而 Tatsumisago 等发现 80Li_2S-20P_2S_5 的离子电导率更高 [图 3-4（b）紫色箭头所显示的趋势][41-42]，推测其离子电导率高的原因可能是形成了晶体“Thio-LISICON Ⅱ”类似物。与 x=60 的玻璃相比，x=75 的玻璃的锂离子电导率几乎提高了 100 倍。随着玻璃改性剂（Li_2S）的增加，离子电导率增加，原因可能是锂离子浓度的增加以及玻璃中阴离子种类及占比发生变化。此外，所选择的合成路线（如熔融淬火、球磨和湿化学法）不同也可能会导致阴离子种类及占比的变化，从

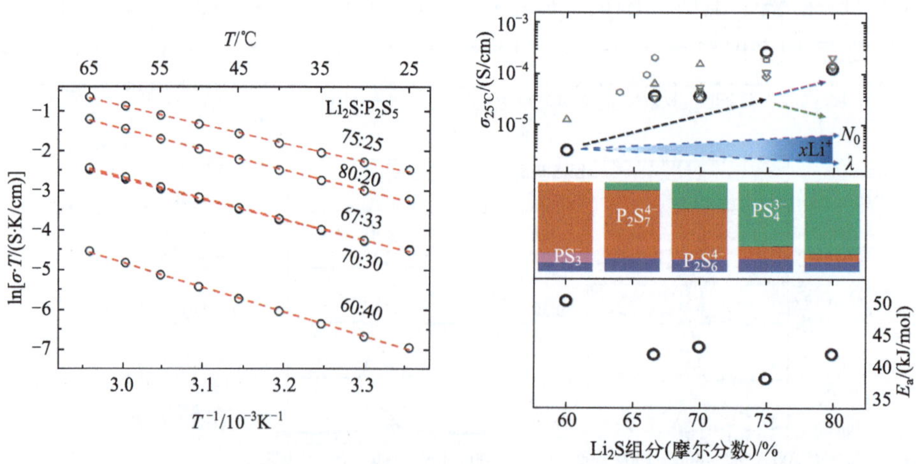

(a) 阿伦尼乌斯曲线

(b) 室温下的离子电导率、不同组分的阴离子含量和活化能

图 3-4　Li_2S-P_2S_5 玻璃离子电导率的阿伦尼乌斯曲线以及室温下的离子电导率、不同组分的阴离子含量和活化能[24]

而影响离子电导率[43]。当 $x > 75$ 时，阴离子种类及占比对玻璃 $/Li_2S$ 复合材料的影响很小，主要是用作非离子导电的晶态 Li_2S 阻碍了锂离子传输，导致了活化能增加。

3.2.1.3 改性

为改善 $Li_2S-P_2S_5$ 玻璃的性能，特别是离子电导率和化学稳定性，对 $Li_2S-P_2S_5$ 玻璃进行多种取代或掺杂。

（1）$Li_2S-P_2S_5-LiI$

Ujiie 等[44]用机械球磨法制备了 $(100-x)(70Li_2S-30P_2S_5)-xLiI$ $(x=0, 1, 3, 5, 9, 20)$ 玻璃。离子电导率随 LiI 含量的增加而增加。当 $x=20$ 时，离子电导率最高，为 $5.6\times10^{-4}S/cm$。差热分析（DTA）显示，随着 LiI 含量的增加，玻璃化转变温度（T_g）和结晶温度（T_c）会向低温方向移动。拉曼光谱分析发现，玻璃中主要是 $P_2S_7^{4-}$，但随着 LiI 的过量加入，有结晶析出 PS_4^{3-} 的趋势。此外，Kato 等[45]发现玻璃电解质的杨氏模量随卤化锂的加入而降低，加入了 LiI 的 $75Li_2S-25P_2S_5$ 玻璃，杨氏模量降低得最多。

（2）$Li_2S-P_2S_5-Li_2O$、$Li_2S-P_2S_5-Li_2O-LiI$ 和 $Li_2S-P_2S_5-P_2O_5-ZnO$

由于硫化物具有吸湿性，易产生 H_2S 气体，因此对其化学稳定性的研究非常重要。研究表明在 $Li_2S-P_2S_5$ 玻璃体系中，H_2S 气体的产生量取决于玻璃的组成和结构，其中 $70Li_2S-30P_2S_5$ 玻璃产生的 H_2S 最少[46]。Ohtomo 等[47]采用两步球磨法制备了 $Li_2S-P_2S_5-Li_2O$ 玻璃态电解质。两步球磨即先球磨制备玻璃态 $Li_2S-P_2S_5$，然后再加入 Li_2O 球磨制备 $Li_2S-P_2S_5-Li_2O$。通过核磁共振观察到所制备的玻璃都是由大量的 PS_4 和 POS_3 单元以及少量的 P_2S_6 单元组成的。与 $75Li_2S-25P_2S_5$ 玻璃相比，掺杂了 Li_2O 的 $70Li_2S-30P_2S_5$ 玻璃的 H_2S 气体产生量较低。当 Li_2S 和 Li_2O 含量总和达到 76%（摩尔分数）时，离子电导率可达 $10^{-4}S/cm$ 以上。玻璃态硫化物和金属氧化物（如 Fe_2O_3、ZnO 或 Bi_2O_3）的球磨混合物有效地抑制了 H_2S 气体的产生[48]。为兼顾化学稳定性和离子电导率，Ohtomo 等[49]在空气稳定性改善的 $68Li_2S-25P_2S_5-7Li_2O$ 玻璃中添加 LiI 来提高其离子电导率。研究发现 $70(68Li_2S-25P_2S_5-7Li_2O)-30LiI$ 的离子电导率最高为 $1.3\times10^{-3}S/cm$，并且其产生的 H_2S 气体量明显小于 $75Li_2S-25P_2S_5$ 玻璃。Hayashi 等[50]在后续的研究中发现，在 $75Li_2S-25P_2S_5$ 玻璃中，用 P_2O_5 部分取代 P_2S_5，可降低该玻璃态电解质暴露在空气中时的 H_2S 生成速率。但离子电导率会随着 P_2O_5 含量的增加而降低，含非桥氧的氧化物单元 $PS_{4-x}O_x$ 和 PO_4 单元的形成是导致离子电导率下降的主要原因。进一步在 $Li_2S-P_2S_5-P_2O_5$ 中加入 ZnO 作为 H_2S 吸收剂，减少了 H_2S 气体的释放。与 $75Li_2S-15P_2S_5-10P_2O_5$ 的离子电导率相比，加入 10%（摩尔分数）ZnO 后的 $90(75Li_2S-15P_2S_5-10P_2O_5)-10ZnO$ 离子电导率变化不大。

（3）$Li_2S-P_2S_5-Li_3N$

Fukushima 等[51]用机械球磨法制备了 $(75-1.5x)Li_2S-25P_2S_5-xLi_3N$ $(0 \leqslant x \leqslant 20)$ 玻璃态电解质。离子电导率随 Li_3N 含量的增加而增加，当 Li_3N 含量为 20%（摩尔分数）时，室温离子电导率最高为 $5.8\times10^{-4}S/cm$。此外，Li_3N 的加入还减少了 H_2S 气体的产生。差热分析

（DTA）表明，用 Li_3N 取代 Li_2S，结晶温度（T_c）会向高温区移动。用拉曼光谱观察到玻璃中主要是 PS_4^{3-} 和 $P_2S_6^{4-}$，且 $P_2S_6^{4-}$ 的峰强度随 Li_3N 含量的增加而增加。

（4）其他

除此之外，还有一些性能变化不大的掺杂。如 Li_2S-P_2S_5-Sb_2S_3 玻璃 [52-53] 中掺杂 Li_3PO_4，离子电导率变化不大，其中 $50Li_2S$-$50(40P_2S_5$-$60Sb_2S_3)$ 为 $(4.2\pm0.1)\times10^{-7}$S/cm、$5Li_3PO_4$-$95(50Li_2S$-$20P_2S_5$-$30Sb_2S_3)$ 为 $(3.7\pm0.2)\times10^{-7}$S/cm。掺杂碱土金属硫化物 [Li_2S-P_2S_5-MS（M=Ca, Sr, Ba）][54]，其离子电导率低于原来的 Li_2S-P_2S_5 玻璃。另外，Li_2S-P_2S_5-GeS_2 和 Li_2S-P_2S_5-$LiBH_4$ 玻璃态电解质，离子电导率分别为 4×10^{-4}S/cm、1.6×10^{-3}S/cm[55-56]。

3.2.2 Li_2S-SiS_2体系

以 Li_2S 和 SiS_2 为主要成分的玻璃态电解质 xLi_2S-$(100-x)SiS_2$，一般在 $30 < x < 60$ 范围内，离子电导率一般在 1×10^{-4}S/cm 左右。与其他玻璃形成剂（如 P_2S_5、GeS_2 和 B_2S_3）相比，以 SiS_2 为形成剂的锂离子导电玻璃不仅离子电导率高，而且热稳定性更好 [57]。

3.2.2.1 结构

SiS_2 是典型的共价键化合物，其中 Si 和 S 以共价键的形式结合，没有可移动的离子，因此，SiS_2 不导电，但很容易将它制备成玻璃态。SiS_2 大分子结构的基本单元为 [SiS_4] 四面体，阳离子 Si 被 4 个 S 所包围，而每个 S 又归两个 [SiS_4] 四面体所有。SiS_2 玻璃网络是这些 [SiS_4] 四面体以共顶点 [$E(0)$]、共边 [$E(2)$] 或既共顶点又共边 [$E(1)$] 的形式结合成链状结构的结果（图 3-5）[58-59]。

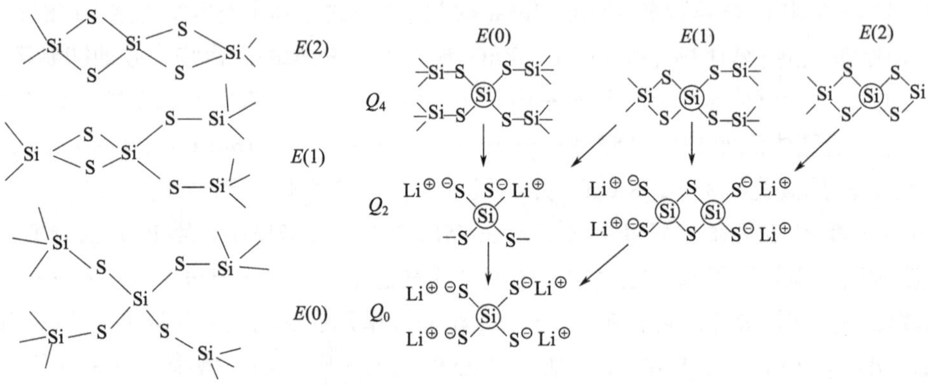

图 3-5　SiS_2 玻璃及 Li_2S–SiS_2 玻璃的结构 [65]

Li_2S 是离子键化合物，它本身不能形成玻璃，但是与 SiS_2 相遇时，两者会发生如下反应：

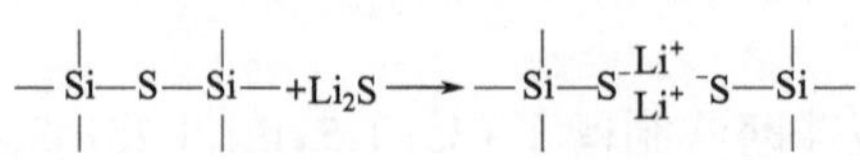

化学反应使 [SiS_4] 四面体链状结构断开，用两个非桥硫替代了一个桥硫 [60]，结果增加了许多以离子键形式与非桥硫结合的锂离子，形成如图 3-5 所示的网络结构 [61-63]。由于非桥硫

对锂离子的束缚作用不强，锂离子更容易移动，材料的离子电导率提高。随着 Li_2S 浓度的增加，玻璃中共边连接的 $[SiS_4]$ 四面体逐渐被破坏，而共顶点的 $[SiS_4]$ 四面体数量增加。当 $x(Li_2S) \geqslant 66.7\%$ 时，材料中 $[SiS_4]$ 四面体链状结构会断开，变成一个个孤立的 $[SiS_4]$ 四面体，从而破坏了玻璃网络结构。到目前为止，无论材料的制备方式如何，Li_2S-SiS_2 玻璃中 Li_2S 的含量最高为 60%[57,64]。

$[SiS_4]$ 四面体的微结构单元以 Q_n 表示，n 为桥硫数目（n=0，1，2，3，4）。在网络结构变化的同时，相对于每一个 $[SiS_4]$ 四面体，S 的键合方式也在改变，n 逐渐由 4 减为 0。有研究表明锂离子导电玻璃中 SiS_4 四面体只存在图 3-5（b）中所示的 Q_4、Q_2 和 Q_0 这 3 种桥硫方式[61-63]。

3.2.2.2 离子传导

锂离子的运动离不开空位和间隙，$[SiS_4]$ 四面体堆积方式不同，在玻璃中产生的可供锂离子移动的间隙数量就会不同，形成的离子迁移通道大小也不同。当 $[SiS_4]$ 四面体以共边的堆积方式为主时，在玻璃中产生的间隙数量较少，形成的离子迁移通道窄小，不适合锂离子的移动。当 $[SiS_4]$ 四面体以共顶点的堆积方式为主时，产生的可供锂离子移动的间隙数量多，离子移动通道变大，宏观上表现为材料离子电导率大幅度增加。但是，共边 $[SiS_4]$ 四面体堆积方式的破坏以及共顶点 $[SiS_4]$ 四面体数量的增加会导致玻璃网络的刚度变差，材料的热稳定性下降。另外，当材料中存在太多非桥硫时，这些非桥硫就成了捕获可移动锂离子的中心，反而阻碍了锂离子的迁移，使材料的电导率下降。Li_2S-SiS_2 玻璃态电解质的离子电导率如表 3-1 所示。

表3-1 Li_2S-SiS_2玻璃态电解质的离子电导率

摩尔组成	制备方法	离子电导率 $\sigma_{25^\circ C}$/(S/cm)	参考文献
$50Li_2S-50SiS_2$	双辊淬火	1.0×10^{-4}	[66]
$60Li_2S-40SiS_2$	双辊淬火	5.0×10^{-4}	[66]
$60Li_2S-40SiS_2$	高能球磨	1.5×10^{-4}	[67]

3.2.2.3 改性

（1）卤化物

卤化物（尤其是 LiI）虽然能够显著提高 Li_2S-SiS_2 玻璃的离子电导率，但由于卤化物的引入不能形成新的玻璃网络结构，仅会使图 3-5（b）中 $[SiS_4]$ 四面体的链长度大大缩短，网络结构软化[28]，由此带来的一个不利影响是材料的热稳定性和电化学稳定性显著下降。因此，以卤化物掺杂处理的 Li_2S-SiS_2 玻璃很难在工业上得到广泛的应用。

（2）含氧酸盐

Morimoto 等[29]对 Li_2S-SiS_2 玻璃进行 Li_4SiO_4 掺杂处理后，发现在 $60Li_2S-40SiS_2$ 中加入摩尔分数为 5% 的 Li_4SiO_4 形成的氧硫化物玻璃不仅离子电导率在原有基础上有所增加（室温离子电导率达到 10^{-3}S/cm），而且材料的热稳定性（以 T_c-T_g 差值表示，其中 T_c 为玻璃的结晶化温度，T_g 为材料的玻璃化转变温度）和电化学稳定性还同步提高。Li_4SiO_4 的结构单元为 $[SiO_4]$ 四面体，其中 O 是以非桥氧形式与锂离子相互结合的。当 Li_4SiO_4 逐渐加入 Li_2S-SiS_2 玻璃中时，由于氧的电负性大，它与 Si 的化学亲和力大于 S，从而导致部分位于 Li_4SiO_4 中 $[SiO_4]$ 四面体的非桥氧将 $60Li_2S-40SiS_2$ 玻璃中 $[SiS_4]$ 四面体的桥硫置换出来，形成 Si 同时与 O 原子和 S 原子配合的复合四面体结构单元，增加了材料中非桥硫和桥氧数量，减少了其中桥硫和非桥氧数量。在 Li_4SiO_4 加入量不太高（5%）的情况下，由于非桥硫数量较多，它们对锂离子的束缚能力较小，致使锂离子的移动能力增强、材料的离子电导率提高。同时，由于 $[SiS_4]$ 四面体中桥氧的介入，增加了玻璃网络的稳定性，使材料的热稳定性和电化学稳定性同步提高。但当 Li_4SiO_4 摩尔分数超过 15% 时，$[SiO_4]$ 四面体和 $[SiS_4]$ 四面体相互作用加剧，导致材料中非桥硫、桥硫以及桥氧的数量急剧减少，非桥氧和游离态的硫离子浓度大幅增加，对可移动锂离子的束缚作用增强，致使材料离子电导率显著下降。将少量 Li_3PO_4[7,68]、Li_4GeO_4[69]、Li_3BO_3[69-70]、Li_3AlO_3[70] 等含氧酸盐加入 $60Li_2S-40SiS_2$ 玻璃中，也得到了同样的效果。

（3）第二种玻璃形成剂

虽然 Li_2S-SiS_2 玻璃的离子电导率比 $Li_2S-P_2S_5$ 玻璃的离子电导率要高，但其化学稳定性和电化学稳定性却不如 $Li_2S-P_2S_5$ 玻璃。因此，为解决 $60Li_2S-40SiS_2$ 玻璃化学稳定性差的问题，在其中加入一定量的 P_2S_5 进行改性处理。掺有 20%（摩尔分数）P_2S_5 的 Li_2S-SiS_2 玻璃在基本不影响材料离子电导率的情况下，电化学稳定性和化学稳定性都得到了显著提高 [71]。向 Li_2S-SiS_2 玻璃中加入其他玻璃形成剂，如 Al_2S_3 和 B_2S_3，也能使 Li_2S-SiS_2 玻璃的化学稳定性显著提高，但效果不如加入 P_2S_5[72]。

3.2.3 Li_2S-GeS_2体系

在过去的几十年里，Li_2S-GeS_2 玻璃的性质被广泛研究 [73]。$60Li_2S-40GeS_2$ 玻璃在室温下的离子电导率约为 $10^{-4}S/cm$。机械球磨与熔融淬火法所制得的 Li_2S-GeS_2 玻璃的离子电导率相近。与其他玻璃态硫化物电解质相比，Li_2S-GeS_2 玻璃的吸湿性较弱，离子电导率较低。

3.2.3.1 结构

Li_2S-GeS_2 玻璃可以认为是以 $[GeS_4]$ 四面体为基本骨架组成的，其中存在共边和共角的 $[GeS_4]$ 四面体 [26]。随着 Li_2S 含量的增加，共角的 $[GeS_4]$ 四面体中 Ge-S 连接会断裂，可能会破坏 $[GeS_4]$ 四面体的网络连接，增加了非桥硫原子的数目。与 Li_2S-SiS_2 玻璃类似，假设每个 S 原子至少与一个 Ge 原子成键，则在 $[GeS_4]$ 四面体网络中添加一个 Li_2S 就形成了两个非桥硫原子。因此，在 Li_2S-GeS_2 玻璃的结构中，非桥硫原子的共角 $[GeS_4]$ 四面体占大部分。

3.2.3.2 改性

（1）$Li_2S-GeS_2-GeO_2$

在 $60GeS_2-40GeO_2$ 玻璃中，Li_2S 的加入会优先破坏桥硫原子，形成非桥硫，当所有的桥硫都被破坏后，桥氧才会被破坏，形成非桥氧。表明三元 Li_2S-GeS_2-GeO_2 玻璃中，锂离子更倾向于硫位而不是氧位。在离子电导率方面，$50Li_2S$-$45GeS_2$-$5GeO_2$ 玻璃由于 GeO_2 的含量较少，锂离子仍保持高的移动性，所以离子电导率与 $50Li_2S$-$50GeS_2$ 玻璃相比，基本不变[74]。

（2）Li_2S-GeS_2-Ga_2S_3

Yamanaka 等[75]用射频溅射的方法制备了 Li_2S-GeS_2-Ga_2S_3 玻璃态薄膜。由于溅射比熔融淬火的淬火速率更快、更有效，可以获得更宽的玻璃态组成范围，且 Ga_2S_3 的引入减少了原本玻璃中的非桥硫，增加了玻璃结构的随机性。比较块状和薄膜玻璃的离子电导率，基本没有差别。随着 Li_2S 含量的增加，离子电导率增加，活化能降低。$72.7Li_2S$-$18.2GeS_2$-$9.1Ga_2S_3$ 玻璃态薄膜在 25℃时的离子电导率最高，为 1.4×10^{-4}S/cm，符合“混合玻璃形成体效应”。

（3）LiI-Li_2S-GeS_2-La_2S_3 和 LiI-Li_2S-GeS_2-Ga_2S_3

Saienga 等[76]通过在 LiI-Li_2S-GeS_2 玻璃中加入 La_2S_3 和 Ga_2S_3，使得离子电导率得到提高。La_2S_3 的加入使 LiI-Li_2S-GeS_2 玻璃产生了大量的非桥硫原子，而 Ga_2S_3 的加入减少了非桥硫数量，所以 Ga_2S_3 玻璃的形成范围大于 La_2S_3 玻璃的形成范围。Ga_2S_3 的加入减少了非桥硫，形成了 $[GaS_{4/2}]^-$ 与 Li^+ 的弱离子键，提高了离子电导率，而 La_2S_3 的加入使得离子电导率提升的原因则完全不同，推测其可能是由于 La_2S_3 的含量较低 [5%(摩尔分数)]，La^{3+} 在玻璃中均匀分布，但是 La^{3+} 周围有六个硫原子（3 个桥硫，3 个非桥硫），并且 La^{3+} 周围的密度高，而玻璃中其他区域的密度可能较低，有利于锂离子的迁移，从而提高了离子电导率。

3.2.4 Li_2S-B_2S_3体系

3.2.4.1 离子传导

Li_2S-B_2S_3 玻璃虽然很早就有报道过，但受到的关注比较少。Zhang 等[22]在 1990 年合成出了 Li_2S 含量较高的 $(1-x)B_2S_3$-xLi_2S $(0.5 \leqslant x \leqslant 0.75)$ 玻璃。通过差示扫描量热法 [DSC，图 3-6（a）] 进行测试，显示出在二元体系的玻璃形成区，玻璃转变温度（T_g）随 Li_2S 的增加而降低。在 $0.7 < x < 0.75$ 的组成范围内，观察到单一的玻璃化转变。在 x=0.67 时，观察到两个玻璃转变温度，表明存在两个玻璃相，这可能是两种不相容液体快速淬冷的结果。Li_2S 含量进一步降低，当 $x < 0.6$ 时，玻璃在玻璃化转变上方出现一个放热峰，在放热峰温度下退火不同时间后，该峰逐渐转变为第二个玻璃化转变 [图 3-6（b）]。这表明在退火温度下，原始的均匀玻璃转变为两个玻璃相。放热峰的出现可以归因于玻璃的结构重排。

一般说来，如表 3-2 所示，离子电导率随 Li_2S 含量的增加而增加，而活化能 E_a 逐渐减小，这与以往的研究结果一致。然而，最高的电导率和最低的活化能均出现在 0.75 以下，这与其他玻璃体系相似，在玻璃形成区的极限附近，可能是因为微晶化的开始，离子电导率有所下降。在对 ^{11}B MAS-NMR 的研究中发现[77]，随着 Li_2S 含量的增加，四配位硼（B4）转变为三配位硼（B3），类似于硼酸锂玻璃。其结果是，在四配位网络形成剂中加入改性剂（Li_2S）会产生更多的非桥硫。硼原子的配位环境随改性剂含量的变化影响着离子电导率和活化能 E_a。

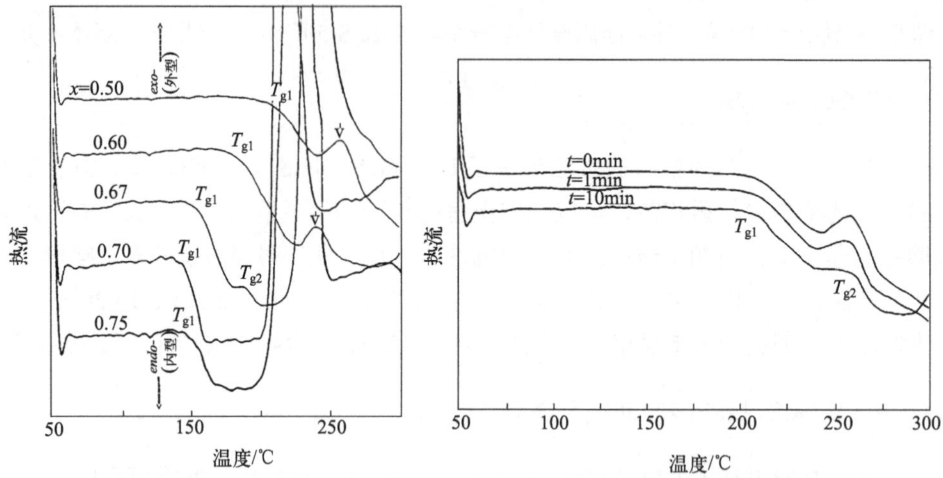

(a) 玻璃$(1-x)B_2S_3$-xLi_2S的DSC曲线

(b) 玻璃转变峰温度(260℃)的退火对$0.5B_2S_3$-$0.5Li_2S$玻璃DSC曲线的影响

图 3-6 玻璃的 DSC 曲线及玻璃转变峰温度的退火对其 DSC 曲线的影响 [22]

表3-2 Li_2S-B_2S_3玻璃（非晶相）的离子电导率和活化能[22]

摩尔组成	离子电导率 $\sigma_{25℃}$/(S/cm)	活化能E_a/eV
$50Li_2S$-$50B_2S_3$	6.0×10^{-6}	0.46
$60Li_2S$-$40B_2S_3$	1.6×10^{-5}	0.44
$67Li_2S$-$33B_2S_3$	8.6×10^{-5}	0.42
$70Li_2S$-$30B_2S_3$	9.5×10^{-5}	0.43
$75Li_2S$-$25B_2S_3$	3.1×10^{-5}	0.42

3.2.4.2 改性

Menetrier 等 [6] 制备了 Li_2S-B_2S_3-LiI 玻璃体系，$30Li_2S$-$26B_2S_3$-44LiI 玻璃在 25℃时的离子电导率为 1.7×10^{-5}S/cm，活化能为 0.30eV。Kaup 等 [78] 报道了四元 Li_2S-B_2S_3-SiO_2-LiI 玻璃，二氧化硅的加入重新构建了玻璃网络，形成了 [SiS_4] 四面体，起到了“玻璃膨胀剂”的作用，使 LiI 在玻璃基质中有更强的熔解性，从而增加了锂离子的浓度和迁移率，并且氧的加入提高了空气稳定性。如图 3-7 所示，即使是加入少量的 SiO_2，离子电导率也会从 0.5mS/cm（x=0）增加到 1.6mS/cm（x=0.125）。当 SiO_2 含量 x=0.25 时，离子电导率最高，达到 2.1mS/cm，随着 SiO_2 含量进一步增加到 $x > 0.25$，离子电导率有所下降。

值得注意的是，$0.50 \leqslant x \leqslant 0.75$ 的玻璃成分包含非常高的氧硫比值（大于 1∶1），通常硫被氧取代会显著降低离子电导率，但其离子电导率仍保持在 1mS/cm 左右。大多数关于硫化物玻璃、玻璃陶瓷和晶体材料中的氧取代都是较低的氧硫比（O∶S≈1∶5），以保持较高的离子电导率。由于两个阴离子之间的大小差异（O^{2-} 的离子半径为 1.4Å，S^{2-} 的离子半径为 1.8Å）以及晶格的刚性结构要求，玻璃态硫化物电解质相比晶态硫化物电解质可以加入更多的氧。已报道的晶态硫化物电解质中氧含量最高的是 $Li_{9.42}Si_{1.02}P_{2.1}S_{9.96}O_{2.04}$，其离子电导率为 0.32mS/cm[79]。$Li_2S$-$B_2S_3$-$SiO_2$-LiI 玻璃虽然受到氧化物溶解度的限制，但限制较小。

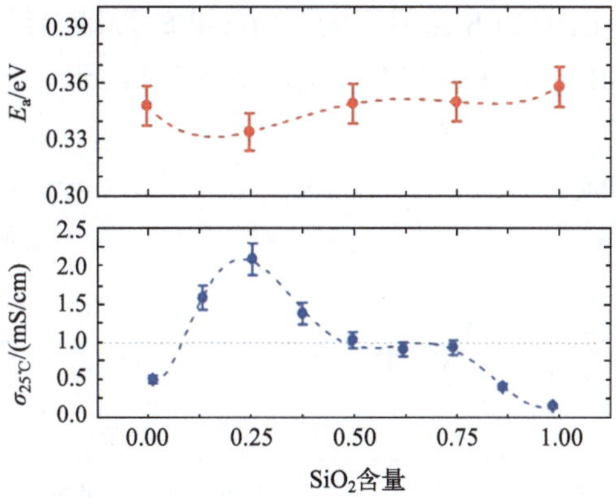

图 3-7　$Li_{1.05}B_{0.5}Si_xO_{2x}S_{1.05}I_{0.45}$ 在 25℃时的离子电导率、活化能 ($0 \leqslant x \leqslant 1$)[78]

3.2.5　玻璃态电解质小结

玻璃态硫化物电解质由于具有各向同性、无晶界电阻、组成范围广等诸多优点而受到广泛关注。总体来说，提高玻璃态硫化物电解质的离子电导率一般有两个途径：一是提高锂离子浓度，例如上述电解质中各种锂盐的掺杂；二是提高锂离子迁移速率，拓宽锂离子通道，减小对锂离子的束缚作用。其中掺杂了 LiI 的 Li_2S-P_2S_5 和 Li_2S-SiS_2 玻璃都表现出较高的离子电导率，但是这种改性往往伴随着卤化物分解而导致的电化学窗口变窄。虽然最初认为不具有晶界的玻璃态比同组分的晶态具有更高的离子电导率，但研究发现，某些结构的晶态快离子导体的离子电导率远高于玻璃态。因此，为提高玻璃态电解质的离子电导率，其锂离子传输机制还需要进一步研究。

3.3　玻璃陶瓷态硫化物电解质

由玻璃态电解质部分结晶而形成的电解质被称为玻璃陶瓷态电解质。一般情况下，玻璃态电解质结晶会形成离子电导率较低的单晶，导致离子电导率下降。例如 60Li_2S-40SiS_2 玻璃的析晶温度（T_c）约为 450℃，在 550℃会析出 Li_4SiS_4 相[80]，使离子电导率降低三个数量级。但某些玻璃结晶出的快离子导体却表现出更高的离子电导率。例如 Li_2S-P_2S_5 玻璃在加热后析出的微晶提高了离子电导率[8]。这些对离子电导率有提升作用的快离子导体微晶，通常以亚稳相的形式出现，一般不能通过传统的固相反应直接合成，并且亚稳相的形成取决于母体玻璃的成分和热处理条件[81]。玻璃陶瓷可以通过对母体玻璃的热处理结晶获得，利用高能球磨也可以合成玻璃陶瓷，其研磨介质与玻璃材料碰撞所产生的热量足以使玻璃材料熔化和重结晶[41]。目前，液相合成法也已被成功应用于合成玻璃陶瓷[82]。本节主要介绍不同组成的 Li_2S-P_2S_5 玻璃中形成的微晶，包括其结构和离子传导。

3.3.1　结构和离子传导

有关玻璃陶瓷态硫化物电解质的大部分工作都是在 Li_2S-P_2S_5 玻璃体系的基础上进行的。

在 Li_2S-P_2S_5 玻璃体系中，由于 Li_2S 含量不同，Li_2S-P_2S_5 玻璃会结晶出不同的微晶相，主要有 $Li_2P_2S_6$、$Li_4P_2S_6$、$Li_7P_3S_{11}$、Li_3PS_4 和 Li_7PS_6，如图 3-8 所示。

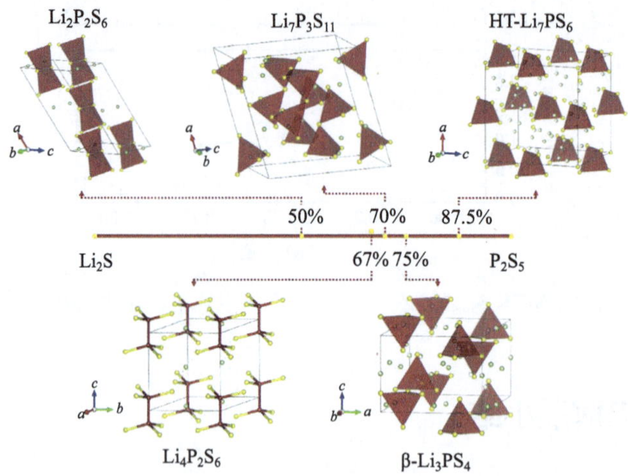

图 3-8 $Li_2P_2S_6$、$Li_4P_2S_6$、$Li_7P_3S_{11}$、Li_3PS_4 和 Li_7PS_6 的晶体结构 [20]

（HT 表示高温）

$Li_2P_2S_6$ 对应于 50Li_2S-50P_2S_5 玻璃，晶体结构为单斜晶系，空间群 $C2/m$，其局部结构由 $P_2S_6^{2-}$ 组成。但是在含有 50%（摩尔分数）Li_2S 的玻璃态材料中没有观察到聚合的 PS^{3-} 链 [35]。从这些结果可以推断，PS^{3-} 链断裂，并形成孤立的 $P_2S_6^{2-}$ 二聚体。在离子电导率方面，结构和最大熵法（EME）分析表明，$Li_2P_2S_6$ 只在一维方向上导电，所以其室温下离子电导率较低（7.8×10^{-11}S/cm），活化能较高（约 0.48eV）。

$Li_4P_2S_6$ 晶体结构的空间群为$P\bar{3}1m$，其中 $P_2S_6^{4-}$ 单元以层的形式堆积 [83]。密度泛函理论计算表明，离子导电的主要机制是 $P_2S_6^{4-}$ 晶面之间 Li 位的空位导电。低空位数导致了较低的离子电导率（2.9×10^{-11}S/cm）[84]。Dietrich 等 [84] 研究表明，$Li_4P_2S_6$ 只能在玻璃陶瓷态中形成，其中非晶态部分主要由 PS_4^{3-} 单元组成。生成 $Li_4P_2S_6$ 晶体的反应是独特的，因为它的成分并不完全位于 Li_2S 和 P_2S_5 之间的连接线上。它可以从 67%（摩尔分数）Li_2S 组成中获得，该组成加起来相当于 $Li_4P_2S_7$ 的化学计量比，整个反应如下：

$$2Li_2S+P_2S_5 = Li_4P_2S_6+S$$

或

$$Li_4P_2S_7 = Li_4P_2S_6+S$$

需要注意的是，$Li_4P_2S_7$ 和晶态 $Li_4P_2S_6$ 的局域结构明显不同。$Li_4P_2S_7$ 主要是 $P_2S_7^{4-}$ 单元 [24]，而 $Li_4P_2S_6$ 主要由 $P_2S_6^{4-}$[84] 组成。$Li_4P_2S_6$ 经常被观察到是 Li_2S-P_2S_5 玻璃体系中其他晶体合成的副产物。如 $Li_7P_3S_{11}$ 亚稳相在高温下分解会生成 $Li_4P_2S_6$[34,85]。这些反应可以归因于硫的蒸发和 $Li_4P_2S_6$ 相的高度稳定性。事实上，$Li_4P_2S_6$ 在氩气中的热稳定性温度可达 950℃，在空气中的热稳定性温度可达 280℃（未指定湿度）[86]。

$Li_7P_3S_{11}$ 是在 70Li_2S-30P_2S_5 玻璃中形成的晶体，具有非常高的离子电导率［在 RT（室温）时高达 1.7×10^{-2}S/cm］[87]。$Li_7P_3S_{11}$ 属于三斜晶系，空间群为 $P\bar{1}$，由 PS_4^{3-} 和 $P_2S_7^{4-}$ 以 1∶1 的比例组成。与 Li_2S-P_2S_5 玻璃态体系的其他离子导体不同，有人认为 $Li_7P_3S_{11}$ 的离子

传导不是通过孤立缺陷（即 Li^+ 空位）的缓慢扩散进行的，而是由多个缺陷的协同运动进行的 [88]。所有的锂都是四面体配位的（LiS_4），并与更多空的四面体中心（□ S_4）相互连接，提供了一个能量分布相对平坦的三维扩散路径 [37]。$Li_7P_3S_{11}$ 中的硫离子亚晶格接近立方密堆积结构，仅通过四面体到四面体的跃迁就可以实现三维扩散，从而为密排结构间的导电提供了最低的活化能 [89]。由于 $Li_7P_3S_{11}$ 的热稳定性差，要获得完全晶态的 $Li_7P_3S_{11}$ 很困难，通常是在 200 ～ 300℃之间将玻璃退火 1 ～ 3h 形成玻璃陶瓷态材料来获得 [90]。当退火温度高于 300℃时，$Li_7P_3S_{11}$ 会发生从部分到完全的分解，生成 Li_3PS_4、$Li_4P_2S_6$ 和 S[85,91]，导致较低的离子电导率（2.6×10^{-8}S/cm）[92]。然而，这并不能表明 $Li_7P_3S_{11}$ 在 300℃以下就是稳定的。据报道，在 300℃下退火 10d 也会引起类似的分解 [34]。$Li_7P_3S_{11}$ 的高离子电导率使含有它的玻璃陶瓷态电解质也具有很高的离子电导率。然而，需要注意的是，要获得晶态 $Li_7P_3S_{11}$，需要非常精确地控制合成和退火参数。

Li_3PS_4 是在 $75Li_2S$-$25P_2S_5$ 玻璃态中形成的晶体，有四种不同的晶型：α-Li_3PS_4、β-Li_3PS_4、γ-Li_3PS_4 和 δ-Li_3PS_4。α-Li_3PS_4 属于正交晶系，空间群为 *Pbcn*，在相对较高的温度（485℃）下获得，并至少到 633℃稳定 [93-94]。δ-Li_3PS_4 是在 300℃和 5GPa 压力下得到的 [95]，为四方晶系，空间群为 $P42_1c$。γ-Li_3PS_4 的形成温度尚未明确报道，它属于正交晶系，空间群为 $Pnm2_1$ [94]。β-Li_3PS_4 是 Homma 等 [94] 将 γ-Li_3PS_4 加热到 300℃后发现并命名的，属于正交晶系，空间群为 *Pnma*。但 β-Li_3PS_4 在冷却到室温时又变回 γ-Li_3PS_4 晶型。然而，据 Mercier 等 [39] 的报道，相同晶体结构（*Pnma*）的 Li_3PS_4 在室温下是稳定的。虽然造成差异的确切原因尚不清楚，但一个可能的解释是：由于试剂在高温（> 500℃）下蒸发，造成样品之间化学计量比的差异。据报道，$Li_{3+5x}P_{1-x}S_4$（x=0.03）的化学计量比的微小变化，可以使类似于β晶型的晶体结构在室温时稳定下来 [96]。β晶型由硫离子呈六方紧密堆积而成 [94]。磷占据了 1/8 的四面体位置，形成了孤立的 [PS_4] 四面体。锂占据剩下的四面体和八面体位置。部分锂在 *b* 轴上形成一个面共享的八面体 - 四面体链，这可能是锂离子在晶体中迁移的路径。据报道，锂的八面体和四面体占有率可能取决于合成方法和温度 [97]。Li 和 P 的大小和成键性质的不同导致紧密堆积排列的畸变，实际上偏离了完美的六方结构。每一层中 P 周围的硫离子，由于强共价键 P—S 的作用，[PS_4] 四面体体积 V_{PS_4} 变为 4.4Å^3，非常接近在 $Li_7P_3S_{11}$ 和 Li_7PS_6 中观察到的 PS_4。相反，离子键 Li—S，具有较大的四面体配位，8*d* 和 4*c* 的 LiS_4 四面体体积 V_{LiS_4} 分别为 7.0Å^3 和 7.62Å^3。有人认为，这种扭曲对三维 Li^+ 的迁移有促进作用。最初，β-Li_3PS_4 由于其较低的体相离子电导率（2.61×10^{-7}S/cm）而没有受到太多的关注 [30]。而湿化学法合成的纳米多孔 β-Li_3PS_4（1.6×10^{-4}S/cm，活化能为 0.36eV）[98] 的离子电导率有较大幅度的提高，并认为这种高离子电导率是由表面导电机制引起的。还需要注意的是，球磨合成的玻璃陶瓷 Li_3PS_4 的离子电导率（1.8×10^{-4}S/cm，活化能为 0.35eV）与纳米多孔 β-Li_3PS_4 非常相似，高离子电导率可能是玻璃陶瓷 β-Li_3PS_4 的特性，而不是其晶体的特性 [99]。目前还不清楚玻璃陶瓷 Li_3PS_4 的高离子电导率是来自材料的晶态部分还是非晶态部分。

Li_7PS_6 是在 $87.5Li_2S$-$12.5P_2S_5$ 玻璃中形成的晶体 [31]。Li_7PS_6 有两种晶相 [38,100]：一种是低温（LT ＜ 210℃）正交晶系，空间群为 $Pna2_1$；另一种是高温（HT ＞ 210℃）立方晶系。LT 和 HT 相的离子电导率分别为 1.6×10^{-6}S/cm（40℃）和 3×10^{-5}S/cm（300℃）[100]，活化

能分别为 0.16eV 和 0.35eV。可能是因为很难合成高纯度的 Li_7PS_6，而且它具有较低的体相离子电导率，因此对 Li_7PS_6 的研究报道很少。

除了以上讨论的晶体结构外，还有一些研究提到了“Thio-LISICON 类似物Ⅱ和Ⅲ”结构，这种结构在 Li_2S 含量为 75%、78% 和 80%（摩尔分数）的玻璃陶瓷材料中被观察到[32,86,101-103]。它们的 X 射线衍射图谱与 Kanno 等[9]报道的 $Li_{4-x}Ge_{1-x}P_xS_4$ 相似（其中类似物Ⅱ和Ⅲ分别在 $0.6 < x < 0.8$ 和 $0.8 < x < 1.0$ 范围内）。类似物Ⅱ和Ⅲ的化学计量比虽然被记作 $Li_{3.25}P_{0.95}S_4$ 和 $Li_{3.2}P_{0.96}S_4$，但并未得到证实。

3.3.2 玻璃陶瓷态电解质小结

总体来说，玻璃陶瓷中存在的晶体类型取决于玻璃的成分和热处理条件。$67Li_2S\text{-}33P_2S_5$ 玻璃的离子电导率由于 $Li_4P_2S_6$ 的形成而显著降低。在 $x \geqslant 70$ 的 $xLi_2S\text{-}(100-x)P_2S_5$ 玻璃中析出晶体后，使其离子电导率比原始玻璃更高。其中，在 258 ～ 360℃下加热 $70Li_2S\text{-}30P_2S_5$ 玻璃获得的玻璃陶瓷（$Li_7P_3S_{11}$）具有较高的离子电导率（约 10^{-3}S/cm）。随着 Li_2S 含量的增加，Li_3PS_4 相在 $75Li_2S\text{-}25P_2S_5$ 玻璃中析出。在 $78Li_2S\text{-}22P_2S_5$ 玻璃中形成的 Thio-LISICON 类似物Ⅲ，室温离子电导率可优化至 8.5×10^{-4}S/cm。随着 Li_2S 含量进一步增加，另一种快离子导体 Thio-LISICON 类似物Ⅱ在 $80Li_2S\text{-}20P_2S_5$ 处析出，室温离子电导率可提高到 1.3×10^{-3}S/cm。

3.4 晶态硫化物电解质

与非晶态材料相比，具有明确的锂离子传导路径的晶态材料普遍具有更高的离子电导率。目前研究的晶态硫化物电解质有硫代锂超离子导体（Thio-LISICON）、硫银锗矿型电解质、$Li_{10}GeP_2S_{12}$（LGPS）体系等。它们的离子电导率都能达到 10^{-3}S/cm 以上。到目前为止，发现的离子电导率最高的硫化物电解质是晶态 $Li_{9.54}Si_{1.74}P_{1.44}S_{11.7}Cl_{0.3}$，它在室温下的离子电导率为 2.5×10^{-2}S/cm。关于晶态电解质的晶体结构和配位环境，Wang 等[89]发现，体心立方（BCC）阴离子骨架（主要是四面体位置）是锂离子导电最理想的结构。这种晶体结构允许 Li 在相邻的四面体位置之间跳跃，并且他们发现锂离子在硫化物导体中的四面体位置更稳定。此外，锂离子在体心立方结构中的两个面共享四面体位置之间进行迁移明显较容易。相比之下，面心立方（FCC）和六方密排（HCP）晶格中两个四面体位置之间的 Li 迁移必须经过一个中间的八面体位置，这意味着有更高的能垒。LGPS 快离子导体很好地符合了体心立方阴离子骨架，而 Li_6PS_5X 虽然没有体心立方晶格，但它们完全由四面体组成，这使得锂离子可以通过面共享的四面体位点传导。一般地，对快离子传导的理解是基于单个离子的扩散，这种扩散是通过在晶格内跳跃和热振动引入无序结构而发生的[104]。如肖特基和弗伦克尔这样的点缺陷，在晶体的离子导电中起着关键作用。与这些点缺陷相关的空位和间隙原子是离子传导的主要扩散载体。He 等[105]通过从头算分子动力学计算得出，快离子导体的导电机制是多个离子在低能垒下协同迁移的结果，而不是孤立的离子跃迁。多离子扩散的低能垒是占据高能位置的可移动离子构型的结果。在协同扩散过程中，可移动离子的能量降低，这解释了扩散过程保持低能垒的原因。因此，他们认为在高能位置插入离子，可以激活具有低能垒的协同扩散，是制造快离子导体的一个好思路。本节主要介绍了硫代锂超离子导体、硫银锗矿型硫化物电解质、LGPS 体系等材料的结构、改性以及离子传导。

3.4.1 硫代锂超离子导体

Thio-LISICON 是由 LISICON 型 γ-Li_3PO_4 固态电解质通过硫取代氧得到的。因为 S 的电负性低、离子半径大，从而导致较小的 Li^+ 结合能和较大的离子迁移通道，促进了 Li^+ 的迁移，所以 Thio-LISICON 电解质的离子电导率高于大多数氧化物电解质，其在室温下的离子电导率为 10^{-4} ～ 10^{-3}S/cm。Thio-LISICON 的通式可以写作 $Li_xM_{1-x}N_yS_4$（M=Ge，Si，Sn；N=P，Ga，Al，Zn）。对 Thio-LISICON 体系的研究最早可以追溯到 2000 年，Kanno 等[106] 在 Li_2S-GeS_2、Li_2S-GeS_2-ZnS 和 Li_2S-GeS_2-Ga_2S_3 体系中发现了 Li_2GeS_3、Li_4GeS_4、Li_2ZnGeS_4、$Li_{4-2x}Zn_xGeS_4$、Li_5GaS_4 晶体后，引起了人们对硫代锂超离子导体的研究，如 Li_4SiS_4、Li_3PS_4、Li_4SnS_4。在这些化合物中，S 原子呈六方紧密堆积，与阳离子形成四面体，Li 原子则无序地分布在八面体位置上。由于这些 Thio-LISICON 母相（Li_4GeS_4、Li_4SnS_4、Li_4SiS_4、Li_3PS_4）材料在室温下的离子电导率较低，约为 10^{-7}S/cm，所以对它们的固溶体进行了深入的研究，以获得更高的离子电导率。

3.4.1.1 Li_4GeS_4

（1）结构

Li_4GeS_4 为正交晶系，空间群为 *Pnma*。图 3-9 显示了 Li_4GeS_4 的结构，硫离子按六方密排形成骨架，锂离子和锗离子分布在四面体和八面体位置上。[$Li3S_6$] 八面体通过边共享而相互连接，并沿着 *b* 轴形成 [LiS_6] 链。[GeS_4] 四面体彼此隔离，并通过边共享连接到 [LiS_6] 链上。[$Li1S_4$] 四面体与 [$Li3S_6$] 八面体通过边共享连接，而 [$Li2S_4$] 四面体通过共享面与八面体连接。虽然 [LiS_6] 链和 [$Li1S_4$] 四面体之间存在间隙，但通过结构分析没有发现锂在间隙上的明显占位[107]。尽管，[$Li3S_6$] 八面体链与相邻的 [LiS_4] 四面体相连形成的结构被认为促进了锂离子的传导，但这方面的实验证据尚未有报道。

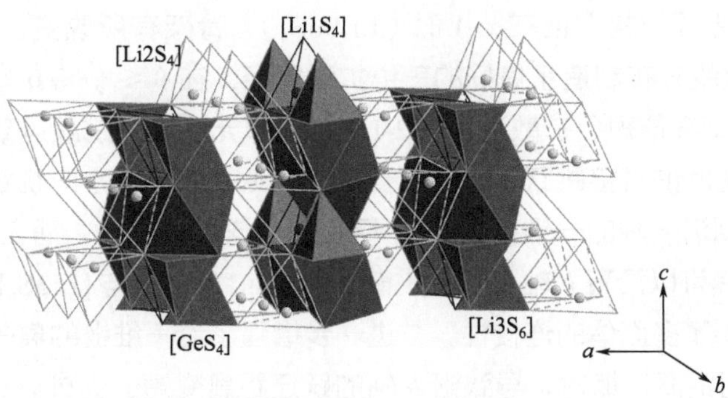

图 3-9　Li_4GeS_4 的结构[107]

（2）改性

Li_4GeS_4 在室温下的离子电导率仅为 2.0×10^{-7}S/cm[106]。基于 Li_4GeS_4 中的 Ge^{4+} 被 P^{5+} 取代，发现了硫代锂超离子导体 $Li_{4-x}Ge_{1-x}P_xS_4$（$0 < x < 1$）。它被认为是 Li_4GeS_4 和 γ-Li_3PS_4 的固溶体。在固溶体中，Ge^{4+} 被不同电荷的其他离子（P^{5+}）取代，引入了锂空位，提高了离子电导率[9]。根据 X 射线衍射谱的结构特征，确定了 $(1-x)Li_4GeS_4$-xLi_3PS_4 固溶体存在的三个区域[9]：正交 Thio-LISICON 为Ⅰ区（$x \leqslant 0.6$），单斜 Thio-LISICON 为Ⅱ区（$0.6 < x < 0.8$），单斜 Thio-LISICON 为Ⅲ区（$x \geqslant 0.8$）。当 x=0.75 时（$Li_{3.25}Ge_{0.25}P_{0.75}S_4$），室温下的离子电导率最高，为 2.2×10^{-3}S/cm，活化能低至 20kJ/mol。后来，Hori 等[108]利用 X 射线衍射（XRD）和差热分析（DTA）绘制了（$1-x$）Li_4GeS_4-xLi_3PS_4 二元体系的详细相图（图 3-10），发现这些固溶体的范围在高温下会扩大，每个相的形成可能与结构中四面体单元的大小和排列有关。

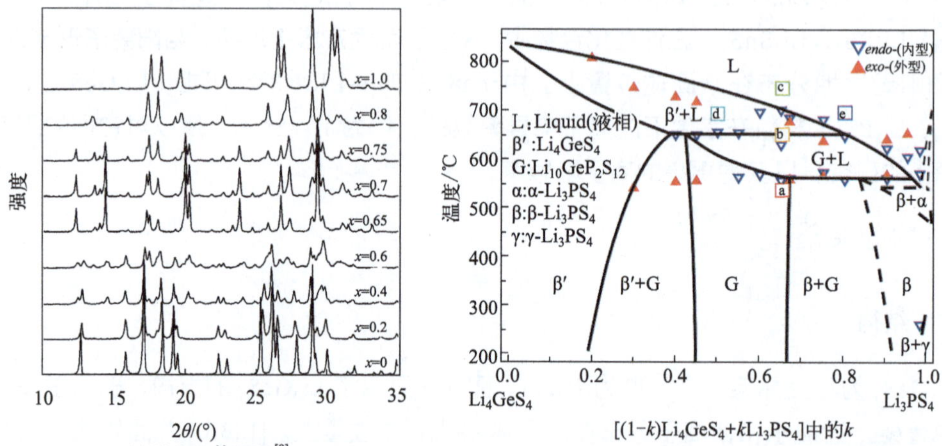

(a) Li_4GeS_4的XRD[9]　　(b) $(1-x)Li_4GeS_4$-xLi_3PS_4二元体系相图[108]

图 3-10　材料的 XRD 和二元体系相图

Minafra 等[109]用 Sn^{4+} 取代 Ge^{4+}，合成了固溶体 $Li_4Ge_{1-x}Sn_xS_4$。由于 Sn 的离子半径比 Ge 大，所以整体的晶胞体积随 Sn 含量的增加而线性增加。在 Li 多面体中，随着 Sn 取代量的增加，晶格膨胀导致 [$Li1S_4$] 和 [$Li3S_6$] 多面体的膨胀。但 [$Li2S_4$] 在 $0 \leqslant x \leqslant 0.75$ 范围的体积变化不大，反而在 x=1 时急剧变小。并且在 $0 \leqslant x \leqslant 0.75$ 的范围内，Sn 取代 Ge 并没有改变锂排列的主要结构，但在 x=1 时（Li_4SnS_4），骨架有所改变。如图 3-11 所示，Li 位在 Li_4SnS_4 中的重新分布制造了良好的三维扩散路径。在 $0 \leqslant x \leqslant 0.75$ 的范围内，Li2 和 Li3 位之间的 Li-Li 距离最短，扩散沿着 Li2-Li3-Li2 单元的局部跳跃运动进行。但长程扩散必须包括与 Li1 位之间的直接跳跃，或者沿着八面体 Li3 链沿 b 方向跳跃，过渡位由 Li1 四面体连接，因此表明沿 b 轴的一维扩散在 ac 平面没有连续的路径。而在 x=1 时（Li_4SnS_4），相对压缩的晶胞使其可以沿着 b 轴更快地扩散。此外，[$Li1S_4$] 与 [$Li3S_6$] 八面体从边共享变为面共享构型，改善了多面体的连接性，并进一步增强了沿一维链的离子扩散，并且 Li1 和 Li3 这两个位置之间距离的缩短，导致沿 b 轴的跃迁距离变短。另外，Li4 位与 b 轴的连接促进了扩散，使得三维传导成为可能。

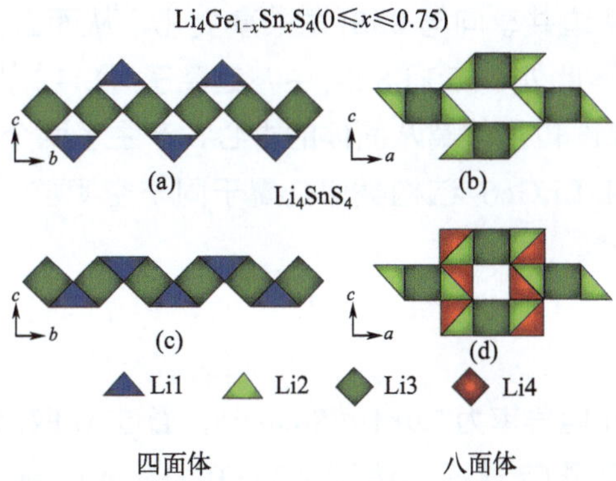

图 3-11 $Li_4Ge_{1-x}Sn_xS_4$ 分别投影在 *bc* 面［（a）、（c）］和 *ac* 面［（b）、（d）］上构成扩散网络的结构示意图 [109]

［为清楚起见，（a）、（c）中省略了 Li2，而（b）、（d）中省略了 Li1］

$Li_4Ge_{1-x}Sn_xS_4$ 固溶体的室温离子电导率如图 3-12 所示。随着 Sn 含量的增加，在 $0 \leqslant x \leqslant 0.75$ 的范围内，离子电导率没有显著变化，但当 $x=1$ 时，离子电导率显著增加。由于锂的亚结构变化相对较小，$0 \leqslant x \leqslant 0.75$ 的活化能没有明显的变化。然而，对于 Li_4SnS_4，活化能明显降低，与观察到的室温离子电导率的增加相对应。

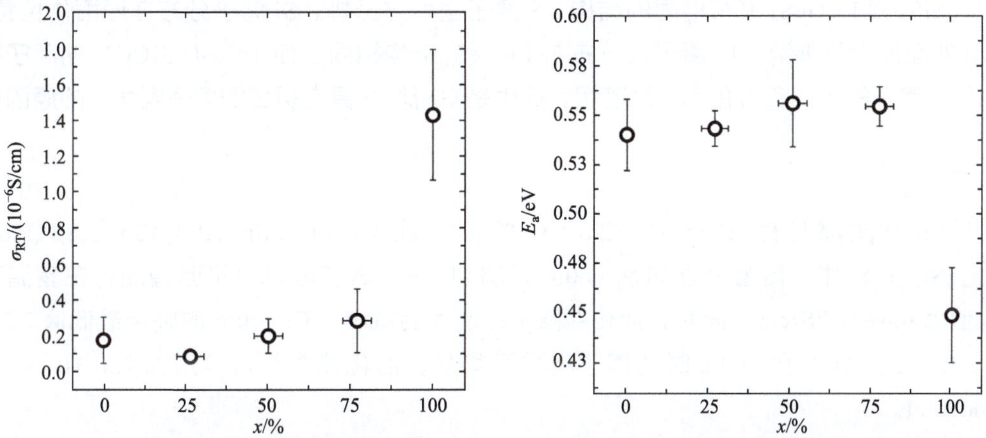

(a) $Li_4Ge_{1-x}Sn_xS_4$的室温离子电导率与Sn含量的关系　(b) $Li_4Ge_{1-x}Sn_xS_4$的活化能E_a与Sn含量的关系

图 3-12 $Li_4Ge_{1-x}Sn_xS_4$ 固溶体的室温离子电导率和活化能与 Sn 含量的关系 [109]

除了以上的取代，还有 Ga 的取代形成的 $Li_{4+x}Ge_{1-x}Ga_xS_4$[106] 和 Zn 的掺杂形成的 $Li_{4-2x}Zn_xGeS_4$[106]，两者的最大离子电导率分别为 6.5×10^{-5}S/cm 和 3.0×10^{-7}S/cm。

3.4.1.2 Li_4SnS_4

（1）结构

母相 Li_4SnS_4 是 2012 年新发现的一种 Thio-LISICON[110]。已有研究者在 100K 和室温下，利用单晶 X 射线衍射对其晶体结构进行了研究。从室温到 100K 时，晶胞沿 *a* 轴发生了明显的压缩。研究表明，低温相和室温相之间的差异可能是由 Li^+ 亚结构的变化导致的 [110-111]。

在低温修正中，Li1 位置从边共享向与 SnS_4 角共享变化，从而占据沿 b 轴形成链的 $[Li3S_6]$ 八面体之间的四面体间隙。此外，在 Li_4SnS_4 中，锂离子（Li4）占据了另一个八面体位置，导致 Li3 的占有率降低。Li3 位置偏离八面体的中心，产生了两个不同的位置，其配位数接近于 5[109]。尽管 Li_4SnS_4 和 Li_4GeS_4 结构类似，属于同一空间群，但 Li_4SnS_4 具有更高的离子电导率，其原因尚不清楚。

（2）改性

Li_4SnS_4 在室温下的离子电导率为 7.0×10^{-5}S/cm[110]，通过 As 取代（$Li_{4-x}Sn_{1-x}As_xS_4$，$0\leqslant x\leqslant 0.25$）可以显著提高其离子电导率，达到 1.39×10^{-3}S/cm（x=0.166），并且活化能低至 0.21eV[112]。As^{5+} 的离子半径为 60pm（1pm=10^{-12}m），远小于 Sn^{4+} 的离子半径 83pm。$[SnS_4]^{4+}$ 四面体单元中心的 Sn 原子被 As 原子取代，产生间隙或空位，这是固溶体离子电导率增加的原因。此外，实验还证实了取代后电解质的空气稳定性有所提高。

3.4.1.3 Li_4SiS_4

（1）结构

Li_4SiS_4 和 Li_4GeS_4 具有相同的结构。S 离子呈六方密排，Si 离子分布在四面体位置上，$[SiS_4]$ 四面体相互隔离。Li 离子的分布与 Li_4GeS_4 结构相同。但 Thio-LISICON 的离子电导率与组成离子的大小和极化率关系密切，这也是 Ge 比 Si 具有更高的离子电导率的原因[80]。

（2）改性

对 Li_4SiS_4 的改性有 $Si^{4+}\leftrightarrow Al^{3+}$ 和 $Si^{4+}\leftrightarrow P^{5+}$，形成固溶体 $Li_{4+x}Si_{1-x}Al_xS_4$ 和 $Li_{4-x}Si_{1-x}P_xS_4$[80]。在 $Li_{4-x}Si_{1-x}P_xS_4$ 中，随着 P 含量从 x=0.0 增加到 0.6，离子电导率不断增加，在室温下的最大值为 6.4×10^{-4}S/cm，同时，活化能随 x 的增大而减小，在 x=0.6 时降至最低值 27.6kJ/mol。$Li_{4+x}Si_{1-x}Al_xS_4$ 在 x=0.8 时的离子电导率最高、活化能最低，分别为 2.3×10^{-7}S/cm 和 50.3kJ/mol。

3.4.1.4 硫代锂超离子导体小结

自母相 Li_4GeS_4 发现以来，由于锗成本高，所以同族取代的 Li_4SnS_4 和 Li_4SiS_4 逐渐发展起来。它们都具有相同的晶体结构（*Pnma*）。该结构由六方密排硫离子阵列组成，Li 和 M（Ge、Sn、Si）离子分布在四面体和八面体位置。根据空间对称性，Li 离子占据了三个位置，分别表示为 Li1、Li2 和 Li3。$[Li1S_6]$ 八面体通过边共享沿 b 轴连接形成链。$[Li2S_4]$ 四面体与 $[Li1S_6]$ 八面体通过边共享连接，$[Li3S_4]$ 四面体通过面共享连接到八面体，$[Li2S_4]$ 四面体和 $[Li3S_4]$ 四面体通过共顶点连接在一起。$[MS_4]$ 四面体相互隔离，并通过边共享连接到 $[Li1S_6]$ 链上。在三种材料中，Li_4SiS_4 表现出最高的电化学稳定性，而 Li_4SnS_4 具有最高的锂离子电导率。在对它们的改性研究中，通过取代，引入锂空位或间隙，来提高离子电导率。其中 $Li_{3.25}Ge_{0.25}P_{0.75}S_4$ 在室温下的离子电导率最高，为 2.2×10^{-3}S/cm。其次，$Li_{4-x}Sn_{1-x}As_xS_4$ 也表现出较高的离子电导率和优异的空气稳定性。

3.4.2 硫银锗矿型硫化物电解质

硫化物电解质的一个重要体系是硫银锗矿型 Li_6PS_5X（X=Cl，Br）。低成本和室温下高离子电导率（10^{-3}S/cm 以上）使硫银锗矿成为硫化物固态电解质的研究热点之一。第一个报道的硫银锗矿型离子导体是 Ag_8GeS_6，它具有很高的 Ag^+ 电导率和迁移率。Ag^+ 可以被其他阳离子（如 Cu^+）取代，而 Ge 和 S 可以被 P 和卤素取代，且结构保持不变，得到快 Ag^+ 或 Cu^+ 导体，如 A_7PS_5X（$A=Ag^+$，Cu^+；X=Cl，Br）[113]。Cu^+ 半径和 Li^+ 半径相似，为 Li^+ 部分或全部取代 Cu^+ 提供了可能性。之后，Deiseroth 等 [114] 报道了分子式为 Li_7PS_6 和 Li_6PS_5X（X=Cl，Br，I）的硫银锗矿结构。

3.4.2.1 结构

硫银锗矿是面心立方结构，空间群为 $F\bar{4}3m$，Li_6PS_5X 的晶体结构如图 3-13 所示。在结构中，S^{2-} 和 Cl^-/Br^- 形成面心立方晶格（4*a* 和 4*d* 位），PS_4^{3-} 四面体位于八面体间隙上（P 在 4*b* 位上）。Li_6PS_5X 中的 S^{2-} 和 X^- 可以占据三个不同的位点，其中 16*e* 位点全部被 S^{2-} 占据，4*a* 和 4*b* 位由 S^{2-} 和 X^- 阴离子共同占据。由于 S^{2-}（170pm）和 Cl^-（167pm）/Br^-（182pm）的离子半径相近，在 Li_6PS_5Cl 和 Li_6PS_5Br 中，S^{2-} 和 Cl^-/Br^- 是位置无序的。Li_6PS_5X 结构中的阴离子无序（S/Cl、S/Br）对 Li_6PS_5X 的锂离子扩散和离子电导率都有重要影响。硫银锗矿中一般有三个锂离子中心，Li1（48*h*）是平衡中心，能量最低，Li2（24*g*）是 Li1 之间的间隙中心。三个 Li1 和三个 Li2 形成一个低能六边形，四个这样的六边形由间隙 Li3（16*e*）位连接在一起，形成围绕阴离子中心的通道笼子。

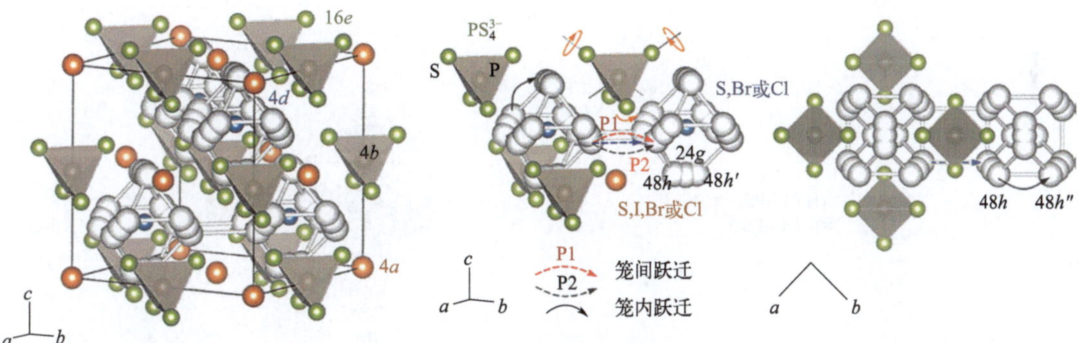

(a) 硫银锗矿Li_6PS_5X(X=Cl, Br, I)的晶体结构　(b) 锂离子跃迁机制1　(c) 锂离子跃迁机制2

图 3-13 Li_6PS_5X 的晶体结构 [115]

3.4.2.2 离子传导

在硫银锗矿中发现了三种不同类型的锂离子跃迁［图 3-13（b）和（c）］，包括短程往返跃迁（48*h*-48*h*）、不同 48*h* 对之间的短程笼内跃迁和每个 Li_6PS_5X 晶胞中四个笼的长程笼间跃迁。宏观离子电导率是三种跃迁共同发生时产生的，跃迁速度受最慢的跃迁类型限制 [116]。图 3-13（b）是 Li_6PS_5X（X=Cl，Br，I）中笼内和笼间的锂扩散路径，锂的跃迁受附近 PS_4^{3-} 四面体中 S^{2-} 的影响，而锂的跃迁距离取决于晶格常数和卤素的取代度。图

3-13（c）是沿 c 轴方向硫银锗矿的结构。PS_4^{3-} 四面体中的两个 S^{2-} 位于 $48h$-$48h$ 交换途径的上方。

晶体 Li_6PS_5Cl、Li_6PS_5Br 和 Li_6PS_5I 的室温离子电导率分别为 1.9×10^{-3}S/cm、6.8×10^{-4}S/cm 和 4.6×10^{-7}S/cm[117]。Li_6PS_5Cl 和 Li_6PS_5Br 中 S^{2-} 和 Cl^-/Br^- 的无序结构可以促进 Li^+ 在结构中的迁移，而较大的 I^- 不能与 S^{2-} 交换，从而形成阴离子有序的 Li_6PS_5I，离子导电性较差[118]。在一定程度上增加 Li^+ 的空位数可以提高 Li^+ 的扩散率。例如，Li_7PS_6 中 $4a$ 和 $4c$ 位点上的 S^{2-} 被 Cl^- 部分取代后，引入 Li^+ 空位，形成 Li_6PS_5Cl，可以提高离子电导率[12]。并且通过进一步提高卤素取代的含量，可以提高 Li_6PS_5Cl 的离子电导率[119]。最佳的组成为 $Li_{5.5}PS_{4.5}Cl_{1.5}$，离子电导率为 9.4mS/cm，活化能为 0.29eV[120]。在 $Li_{5.5}PS_{4.5}Cl_{1.5}$ 结构中，只有 $48h$ 位被 Li 占据，而 S 和 Cl 共享 $4a$ 和 $4c$ 位，剩下的 Cl 均匀分布在这两个位置上。Cl 和 Li 空位含量的增加使锂离子扩散系数增加以及活化势垒降低。Peng 等[121] 成功制备了室温下离子电导率为 17mS/cm 的 $Li_{5.3}PS_{4.3}Cl_{1.7}$ 电解质，发现离子电导率的增加与阴离子无序诱导的离子迁移有关。类似地，通过调节 $Li_{7-x}PS_{6-x}Br_x$（x=1.0 ～ 1.7）中的 Br 含量，$Li_{5.5}PS_{4.5}Br_{1.5}$ 的锂离子电导率（4.17mS/cm）远高于原来的 Li_6PS_5Br（0.8mS/cm）[119]，Wang 等[122] 发现，$Li_{5.3}PS_{4.3}Br_{1.7}$ 在 $Li_{6-x}PS_{5-x}Br_{1+x}$ 中具有最高的离子电导率（11mS/cm）。

3.4.2.3 改性

硫银锗矿的基本组成为 Li_7PS_6，分别以低温相（LT-Li_7PS_6）和高温相（HT-Li_7PS_6）存在[10]。两相的离子电导率极低，LT-Li_7PS_6 的离子电导率为 1.6×10^{-6}S/cm，HT-Li_7PS_6 的离子电导率为 3.0×10^{-5}S/cm。图 3-14 总结了 Li_7PS_6 中三种不同元素取代位的掺杂，包括 Li、P 和 S 位。

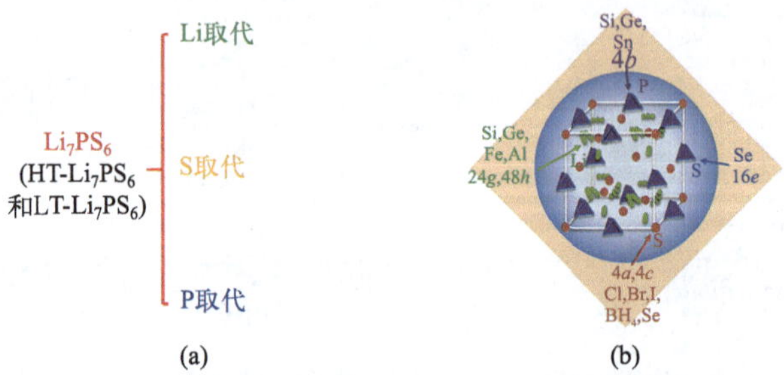

图 3-14　Li_7PS_6 结构中各位点元素取代示意图[115]

用卤素部分取代 S，可得到 Li_6PS_5X（X=Cl, Br）。通过机械化学法和退火法制备的 Li_6PS_5X 电解质在室温下的离子电导率一般在 1.0×10^{-3} ～ 2.0×10^{-3}S/cm 之间[117-118]，而 Li_6PS_5I 的离子电导率较低，仅为 10^{-6}S/cm[123]。在 Li_6PS_5Br 晶格中掺入更大、更易极化的 Se^{2-}（与 S^{2-} 相比）也会提高离子电导率。在 $Li_6PS_{5-x}Se_xBr$（$0\leqslant x\leqslant1$）电解质中，Li_6PS_4SeBr 的室温离子电导率最高，为 3.9mS/cm[124]。

为了稳定 HT-Li_7PS_6 的结构，提高离子电导率，用 Fe^{2+} 部分取代 HT-Li_7PS_6 中的 Li^+，合成了一组新的硫银锗矿电解质，其通式为 $Li_{7-2x}Fe_xPS_6$[125]。最佳组成为 $Li_6Fe_{0.5}PS_6$，其离子电

导率为 1.4×10^{-4}S/cm，远高于 HT-Li_7PS_6（3.0×10^{-5}S/cm）。将不同量的 Al^{3+} 掺杂到 Li_6PS_5Br 结构中，可形成 $Li_{6-3x}Al_xPS_5Br$（x=0, 0.1, 0.15, 0.20, 0.25, 0.3）[126]，其中 $Li_{5.4}Al_{0.2}PS_5Br$ 室温下离子电导率最高，达到 2.4×10^{-3}S/cm，远高于纯 Li_6PS_5Br 的离子电导率（0.9mS/cm）。用 Na^+ 取代 Li_6PS_5Br 中的 Li^+，也可以使 Li^+ 的电导率在室温下提高到 1.54×10^{-3}S/cm。

除了 Li_7PS_6 结构中的 Li 和 S 位取代外，P 位的元素取代也是可行的。理论计算预测了 $Li_{7+x}M_xP_{1-x}S_6$（M=Si, Ge）是热力学稳定存在的 [127]，实验结果也证实了这一点。Li_7PS_6 结构中 4*b* 位的 P 被 Si 和 Ge 取代后有助于形成稳定的立方高温相，并将离子电导率提高到 10^{-3}S/cm 以上。如前所述，Li_6PS_5I 由于其结构有序的阴离子，在含卤素的 Li_6PS_5X（X=Cl, Br, I）硫银锗矿电解质中表现出最低的离子电导率。通过取代破坏阴离子的结构有序性是提高离子电导率的一种方法。P^{5+} 被 Ge^{4+} 取代后调节了 $Li_{6+x}P_{1-x}Ge_xS_5I$（$0 \leqslant x \leqslant 0.80$）的晶格参数、Li 占有率和 I^-/S^{2-} 位无序性。实验结果表明，$Li_{6.6}P_{0.4}Ge_{0.6}S_5I$ 电解质在冷压状态下的离子电导率为（5.4±0.8）mS/cm，烧结后达到（18.4±2.7）mS/cm[128]。之后又提出了 Si 和 Sn 两种元素取代：$Li_{6+x}P_{1-x}$-M_xS_5I（M=Si, Sn）。Si 或 Sn 取代可以显著提高离子电导率，从未取代的 Li_6PS_5I 的 10^{-3}mS/cm 提高到 $Li_{6.7}P_{0.3}Si_{0.7}S_5I$ 和 $Li_{6.3}P_{0.7}Sn_{0.3}S_5I$ 的（2.0±0.3）mS/cm 和（0.1±0.015）mS/cm[129]。此外，用 Sb 完全取代 P 形成了一个无磷的硫银锗矿系列 $Li_{6+x}Sb_{1-x}M_xS_5I$（M=Si, Ge，Sn）。$Li_{6.4}Si_{0.6}Sb_{0.4}S_5I$ 冷压后的室温离子电导率为 14.8mS/cm，烧结后的室温离子电导率高达 24mS/cm[11]。

3.4.2.4 硫银锗矿型硫化物电解质小结

总体来说，硫银锗矿型硫化物电解质具有成本低、离子导电性高、力学性能好等优点，是一类很有前途的固态电池候选材料。在室温下，硫银锗矿电解质的离子电导率一般在 10^{-4} ～ 10^{-3}S/cm。通过取代组成元素，引入 Li 空位可以进一步提高离子电导率。例如，$Li_{5.5}PS_{4.5}Cl_{1.5}$ 的离子电导率为 9.4mS/cm，$Li_{6.4}Si_{0.6}Sb_{0.4}S_5I$ 烧结后的室温离子电导率高达 24mS/cm。然而，硫银锗矿电解质在实际应用中也存在一些困难。由于机械球磨耗能费时，湿化学法合成过程中使用的有毒有机溶剂和离子电导率较差，改进现有的合成路线或开发一条高质量、低成本的合成路线仍很重要。

3.4.3 LGPS体系

2011 年，$Li_{10}GeP_2S_{12}$（LGPS）第一个被报道为与液态电解质（1.2×10^{-2}S/cm）相当的快锂离子导体 [15]。2016 年，其改性后的 $Li_{9.54}Si_{1.74}P_{1.44}S_{11.7}Cl_{0.3}$ 具有更高的离子电导率（2.5×10^{-2}S/cm）[16]。这种异常高的离子电导率归因于 LGPS 独特的晶体结构，它与之前报道的任何其他结构类型都完全不同。然而，昂贵而稀有的锗和较窄的电化学稳定窗口限制了其在高功率和高能量密度方面的应用。为了解决这些问题，通式为 $Li_{11-x}M_{2-x}P_{1+x}S_{12}$（M=Si, Ge, Sn）的 LGPS 体系材料成为了研究热点之一。

3.4.3.1 结构以及离子传导

LGPS 属于四方晶系，空间群为 $P4_2/nmc$。LGPS 的晶体结构可以用由四面体单元组成的骨架和骨架中分布的锂离子两部分来描述，如图 3-15 所示。

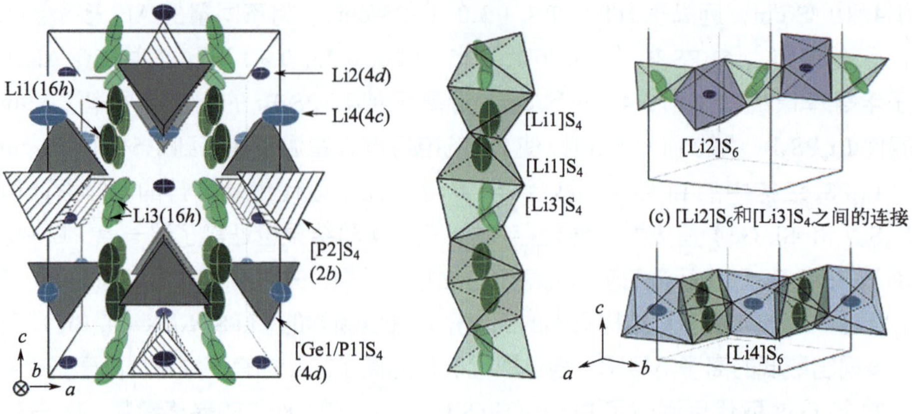

(a) 四面体骨架透视图和Li位点　　(b) $[Li1]S_4$和$[Li3]S_4$之间的连接　　(d) $[Li1]S_4$和$[Li4]S_6$之间的连接

图 3-15　LGPS 的晶体结构 [130]

在四方晶格中，锗和一些磷原子共享 Ge1/P1 位置，其余的磷原子位于 P2 位置，形成了 $[Ge1/P1]S_4$ 和 $[P2]S_4$ 四面体单元。图 3-15（a）所示的四个 Li 位点中，Li1 和 Li3 由四个相邻的硫原子配位，沿 *c* 轴形成了一个共边的四面体链 -$[Li1]S_4$-$[Li1]S_4$-$[Li3]S_4$-，如图 3-15（b）所示。相反，Li2 和 Li4 位点相对远离周围的硫原子。这些 Li2 和 Li4 位点被认为是六配位 [131]，分别由 $[Li2]S_6$ 和 $[Li4]S_6$ 八面体单元组成，每个单元通过与 $[Li3]S_4$ 或 $[Li1]S_4$ 共享一个边来相互连接，从而在 *ab* 平面上形成链，如图 3-15（c）和（d）所示。最早的研究认为沿 *c* 轴的路径是 Li 传导的主要路径，因为 Li1 和 Li3 位点显示出比 Li2 位点更大的原子位移参数，较大的原子位移参数表明位于 Li1 和 Li3 位点的 Li 离子具有显著的热振动或是广泛分布在这些位点周围，这两者都被认为是促进 Li 迁移的因素。但之后，Mo 等 [132] 预测 LGPS 是三维导体，因为其在 *ab* 面有着明显的 Li 跳跃，只是在室温下，Li 沿 *ab* 面扩散速度较慢，*ab* 面离子电导率为 9.0×10^{-4}S/cm。而 Kwon 等 [131] 观察到了 Li4 的位置，根据原子密度分布，又推测了一条通过 Li4 位点迁移的路径。

然而，LGPS 材料的一个主要缺点是由于使用锗金属而导致成本较高，这使得用成本较低的 Sn、Si 等元素部分或完全取代 Ge 的研究逐渐增多。

3.4.3.2　改性

2013 年，Bron 等 [133] 报道了 LGPS 型材料的 Sn 类似物（$Li_{10}SnP_2S_{12}$）。2014 年，通过高压合成路线合成了 LGPS 型材料的 Si 类似物（$Li_{11}Si_2PS_{12}$）[134]。在同一时期，Hori 等 [135] 通过 LGPS 型材料的传统合成路线合成了一系列 Sn 和 Si 衍生物的固溶体。这些固溶体体系可记为 $Li_{10+x}M_{1+x}P_{2-x}S_{12}$（M=Si, Sn, Ge）。*x* 表示固溶体的范围，随组成元素（M）的不同而不同: $0.20 < x < 0.43$（Si），$0 < x < 0.35$（Ge），$-0.25 < x < 0$（Sn）。这些差异与 $[M]S_4$ 和 $[Li]S_6$ 等结构单元的大小有关。当 LGPS 晶格的尺寸超出合适的范围时，就无法维持 LGPS 晶格。骨架（$[M]S_4$）也可以包括两个或多个 M 元素，迄今已报道的有 M=Ge/Si、Ge/Sn 和 Si/Sn，特别是 Si/Sn，证明了选择合适的 M 元素，可以使离子电导率倍增（$> 1\times10^{-2}$S/cm），从而能够用更便宜的元素完全替代昂贵的锗，而不会影响性能。

类金属元素如 Si、Ge 和 Sn 在电化学稳定性方面并不理想，它们可能会在 0V（相对

于 Li/Li^+）附近的低电化学电位下被还原，而 LPS 体系则更稳定[136]。在这一点上，以 P（$Li_{9.6}P_3S_{12}$）取代组成元素 M 的 LGPS 型材料受到了特别关注[16]。该化合物的合成基于 P 的价态从五价变为四价，结构分析证实了该材料与 LGPS 具有相同的结构类型。$Li_{9.6}P_3S_{12}$ 相可被认为与 Hayashi 等[86] 报道的 Thio-LISICON 类似物Ⅱ相同，它们具有相似的 XRD 图谱和离子电导率。这两种材料都是经过 10h 以上的球磨，然后在 240 ～ 260℃的温度下进行热处理，较低的加热温度 [＜ 300℃（低于 Si、Ge 和 Sn 系的合成温度] 会导致低结晶度和大量的非晶相，使得详细地分析结构变得困难。

卤素元素用于掺杂时有助于 LGPS 型结构的形成。Si 系电解质材料中，合成的 $Li_{9.54}Si_{1.74}P_{1.44}S_{11.7}Cl_{0.3}$ 具有最高的室温离子电导率（2.5×10^{-2}S/cm）[131]。该材料是在 475℃的加热温度下合成的，是晶化程度较高的 LGPS 型结构的电解质，有少量的硫银锗矿型结构作为第二相。在卤素掺杂的 LPS 体系中，碘掺杂体系的 X 射线衍射图谱与 $Li_{9.6}P_3S_{12}$ 的 X 射线衍射图谱相似，溴化物掺杂体系的化合物目前也在研究中[137]。然而，这两个系统的详细结构尚未阐明。

与卤素掺杂体系相比，氧原子在晶体结构上明显可以取代硫原子，并且利用同步辐射 X 射线衍射数据进行结构分析，证实了这种固溶体的存在。之前的研究提出了 LGPS 结构中的氧取代，可以在低电位下表现出更好的电化学稳定性，其离子电导率的降低也在可接受的范围内。Sun 等[138] 利用 Li_2O 作为氧源，在 $Li_{10}GeP_2S_{12}$ 中进行了氧取代的研究。通过观察连续晶格参数的变化，确定 $Li_{10}GeP_2S_{12-x}O_x$ 的取代范围（$0 \leqslant x \leqslant 0.6$）。当将氧取代的 LGPS 用于 Li-In 为阳极和 $LiCoO_2$ 为阴极的固态电池中时，与未掺杂的电池相比，该电池表现出更好的循环性能，且离子电导率（约 10^{-2}S/cm）不受影响。Kim 等[139] 报道了 $Li_{10}SiP_2S_{12-x}O_x$ 中氧取代硫的结构演变，分析观察了结构中的氧硫化物 $PS_{4-z}O_z$ 单元。在他们的研究之前，Takada 等[140] 在 2005 年发现了一个由 $75Li_3PS_4$-$25Li_3PO_4$ 组成，具有四方结构的亚稳态相（$Li_9P_3S_9O_3$）。2016 年，Suzuki 等[141] 证实了 Li-P-S-O 中存在 LGPS 型结构的固溶体。Li-P-S-O 的 LGPS 型相需要通过高于 700℃的熔融混合物淬火来稳定。但在缓慢冷却的样品中不能获得四方 LGPS 结构，这表明 LGPS 结构在 Li-P-S-O 中可能是亚稳态的。

此外，Al^{3+} 和 Sb^{5+} 可以占据 LGPS 的 4d 位[142-143]。$M^{4+} \rightarrow Al^{3+}$ 的异价取代可以控制 LGPS 结构中的锂含量，这可能会影响材料 Li-Li 之间的相互作用，从而影响材料的离子电导率。Liang 等[143] 以 Sb_2S_5 作为锑源，成功地将 Sb^{5+} 引入 4d 位。少量的 Sb 取代 [$Li_{10}Ge(P_{1-x}Sb_x)_2S_{12}$，$x$=0.075] 可以显著减少硫化氢气体的生成，并且离子电导率也得到了提升。

3.4.3.3 LGPS体系小结

2011 年 $Li_{10}GeP_2S_{12}$ 的首次报道，引起了一系列关于 LGPS 型硫化物电解质材料的研究。然而，掺杂元素（尤其是卤素）的作用仍不清楚。各种研究表明，LGPS 的高离子电导率是由于晶格振动和 Li-Li 相互作用等复杂现象的共同作用以及独特的晶体结构所导致的。一般来说，异价阳离子取代（如 P^{5+} 或 Al^{3+} 取代 Ge^{4+} 形成 $Li_9P_3S_{12}$ 或 $Li_{11}AlP_2S_{12}$）对离子电导率的影响大于等价阳离子取代（如 Sn^{4+} 或 Si^{4+} 取代 Ge^{4+} 形成 $Li_{10}SnP_2S_{12}$ 或 $Li_{10}SiP_2S_{12}$）。然而，这些异价取代化合物很难得到四方的 LGPS 结构。等价取代虽然对 LGPS 结构中的离子导电性影响较小，但是锗元素被替代后可以降低成本，从经济的角度来说更具有吸引力。氧部分取代硫的方式，也已被证明能通过形成更强的化学键来提高 LGPS 的热力学稳定性。用氧取代硫来稳定 LPS、LGPS 相的改性策略也可以拓展到 LAlPS 体系。

3.4.4 层状硫化物电解质

开发新型的、快速导锂的结构是锂离子导体研究的突破点之一，而层状结构的 $Li_{0.6}$-$[Li_{0.2}Sn_{0.8}S_2]$ 表现出了与当前快锂离子导体相当的锂离子电导率。

$Li_{0.6}[Li_{0.2}Sn_{0.8}S_2]$ 的结构与其母体化合物 $Li[Li_{0.33}Sn_{0.67}S_2]$ 的结构有关。这两种化合物 ($Li[Li_{0.33}Sn_{0.67}S_2]$，空间群 $C2/c$；$Li_{0.6}[Li_{0.2}Sn_{0.8}S_2]$，空间群 $C2/m$) 均由朝同一方向排列的共边硫化锡八面体层和夹在两层之间的 Li 离子组成。Sn 原子呈六方排列，部分 Sn 在结构上被 Li 取代，且部分有序排列的 Sn 原子形成单斜超晶格。当通过增加层中锡的含量来补偿 $Li_{0.6}[Li_{0.2}Sn_{0.8}S_2]$ 层间锂离子减少的数量时，$Li_{0.6}[Li_{0.2}Sn_{0.8}S_2]$ 的层间距相较于 $Li[Li_{0.33}Sn_{0.67}S_2]$ 会略微增大。$Li[Li_{0.33}Sn_{0.67}S_2]$ 和 $Li_{0.6}[Li_{0.2}Sn_{0.8}S_2]$ 的层间原子与硫原子呈八面体配位，这与许多其他蜂窝状化合物相似。在 $Li_{0.6}[Li_{0.2}Sn_{0.8}S_2]$ 中，只有 77% 的层间锂原子占据了这些八面体位置，另外 23% 占据四面体位置。由于层间的空位和层间的距离略有增加，八面体和四面体的位置都有可能被 Li 占据。每个原子位置的标记如图 3-16 所示，两种 (Li1、Li2) 位于层内，三种 (Li3、Li4、Li5) 位于层间，其中 Li3、Li4 处于八面体位置，Li5 处于四面体位置。

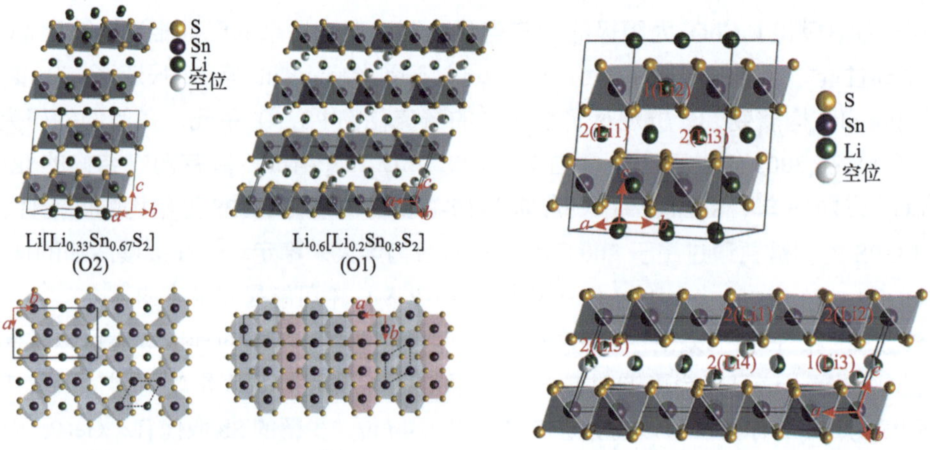

(a) $Li[Li_{0.33}Sn_{0.67}S_2]$和$Li_{0.6}[Li_{0.2}Sn_{0.8}S_2]$的结构　　(b) $Li_{0.6}[Li_{0.2}Sn_{0.8}S_2]$中Li的位置

图 3-16　每个原子位置的标记图

为了更容易地说明 $Li[Li_{0.33}Sn_{0.67}S_2]$ 和 $Li_{0.6}[Li_{0.2}Sn_{0.8}S_2]$ 两种材料，用通式 $Li_{3x}[Li_xSn_{1-x}S_2]$ 来表示它们，其中 Li_{3x} 对应于层间 Li 原子，$[Li_xSn_{1-x}S_2]$ 对应于共价层。这表明层间的 Li 原子数目是层内的 3 倍。层内的 Li 原子数目从 $Li[Li_{0.33}Sn_{0.67}S_2]$ 中的 Li∶Sn=1∶2 降低到 $Li_{0.6}[Li_{0.2}Sn_{0.8}S_2]$ 中的 1∶4。同样，层间的 Li 含量从 $Li[Li_{0.33}Sn_{0.67}S_2]$ 的充分占用下降到 $Li_{0.6}[Li_{0.2}Sn_{0.8}S_2]$ 的 60%。对于这些层间 Li 离子，$Li_{0.6}[Li_{0.2}Sn_{0.8}S_2]$ 可以看作是缺锂的版本。在这里，Li 离子的不足是由 Sn^{4+} 来补偿的，而在其他层状化合物中，层间阳离子的不足是

由电子空穴来补偿的。实验表明，$Li_{0.6}[Li_{0.2}Sn_{0.8}S_2]$ 的室温离子电导率高达 10mS/cm，比冷压粉末下的 $Li[Li_{0.33}Sn_{0.67}S_2]$ 离子电导率高两个数量级，其原因可能与其晶体结构有关。其层间锂数量的减少，不仅产生了有利于锂移动的空位，也让 Li 占据了八面体和四面体的位置，使得 Li 沿着相邻的八面体和四面体位置的扩散变得更容易 [18]。因此，层间阳离子贫乏的层状材料 ($Li_{0.6}[Li_{0.2}Sn_{0.8}S_2]$) 可以成为良好的离子导体。

总体来说，$Li_{0.6}[Li_{0.2}Sn_{0.8}S_2]$ 是一种快锂离子导体，室温下的离子电导率约为 10^{-2}S/cm。快离子导体 $Li_{0.6}[Li_{0.2}Sn_{0.8}S_2]$ 虽然成分更简单，但在结构上与已知的 LGPS 固态电解质不同。对比 $Li[Li_{0.33}Sn_{0.67}S_2]$ 和 $Li_{0.6}[Li_{0.2}Sn_{0.8}S_2]$ 的结构与性质可知，Li 离子从层间中去除可以提高离子电导率。显然，这种部分占据略微减少了可移动 Li 离子的数量，同时通过增加 Li 离子的迁移率促进了 Li 离子的传输。

3.4.5 锂硼硫晶态电解质

性能好的固态电解质必须同时具有快速的离子传导、可忽略的电子传导和优异的电化学稳定性。研究表明，锂 - 硼 - 硫 (Li-B-S) 体系在这些性能方面显示出较好的预测值。早在 20 世纪 90 年代，晶态 Li-B-S 体系及其固溶体就已有研究 [144-145]。

最近有研究认为 [19]，Li-B-S 体系中晶体 $Li_5B_7S_{13}$（空间群 *Cc*）、$Li_2B_2S_5$（空间群 *Pnma*）、Li_3BS_3（空间群 *Cmcm*）和 $Li_9B_{19}S_{33}$（空间群 *C*2/*c*）的混合物（图 3-17），在一定的硼硫比范围内将被氧化还原为离子导电和电子绝缘的界面产物，其可比任何单一相在更宽的电位范围内实现电化学稳定。研究预测晶态 Li-B-S 体系中的四种晶体均有较高的体相离子电导率（10^{-6} ～ 10^{-1}S/cm）。尤其是 $Li_9B_{19}S_{33}$ 和 $Li_5B_7S_{13}$ 的室温锂离子电导率，分别为 80(−56，−41)mS/cm 和 62(+9，−2)mS/cm。这些预测值是目前密度泛函理论（DFT）所预测的（缺陷、晶界电阻和微结构的影响不包括在单晶密度泛函计算中）最高锂离子电导率值。

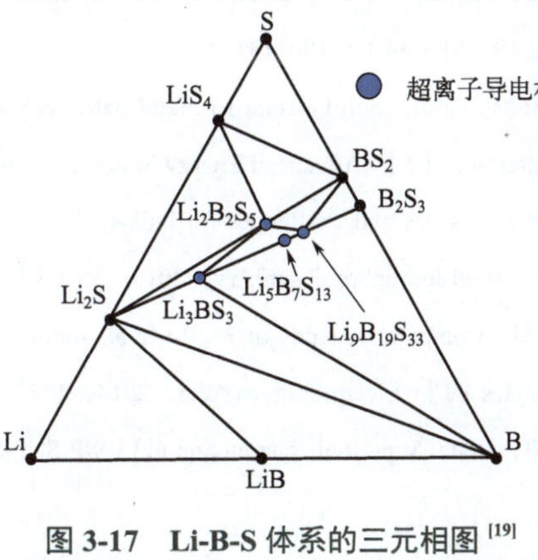

图 3-17 Li-B-S 体系的三元相图 [19]

研究还预测了 Li-B-S 体系材料的电化学稳定性。仅从热力学角度出发，计算了电化学稳定窗口：$Li_2B_2S_5$ 为 0.16V，Li_3BS_3 为 0.45V，$Li_5B_7S_{13}$ 为 0.50V，$Li_9B_{19}S_{33}$ 为 0.60V。由于 Li-B-S 体系相图中存在多个稳定的相，在一定的电压下，某一相可能会分解形成其他稳定的相。如果与电极的氧化或还原产物是其他稳定的相，则电解质与电极界面处的离子阻抗应较低，并且会加宽电化学稳定窗口。因此，在选择最佳的 Li-B-S 组成时，应主要考虑电极界面的氧化还原产物。使离子电导率和电化学稳定性最大化的组成不一定是这四个纯相中的一个，也可以是由它们组成的混合物。

在能量密度和成本方面，为了提高质量能量密度，固态电解质材料应由低质量数的元素制成。在这方面，锂、硼和硫是有利的元素。Li_3BS_3、$Li_5B_7S_{13}$、$Li_2B_2S_5$ 和 $Li_9B_{19}S_{33}$ 的密度分别为 1.65g/cm^3、2.06g/cm^3、1.77g/cm^3 和 2.18g/cm^3，与 LGPS(1.98g/cm^3) 接近，但原料成本比 LGPS 低得多。

总体来说，预测 Li-B-S 体系中的四种晶态结构在室温下将表现出较高的离子电导率（10^{-6}～10^{-1}S/cm）。并且在电极的电化学氧化和还原过程中，这些快锂离子导体可能会在界面上形成混合相，表现出更宽的电化学窗口。快离子导体材料的电化学稳定性较差是一个长期存在的问题，通过组合来自同一体系的晶态材料来提高电化学稳定性是一种新的解决方法。总之，在离子电导率、电化学稳定性、材料成本和质量方面，Li-B-S 体系晶态电解质都有良好的潜在应用价值。

本章系统地介绍了几种硫化物固态电解质体系，包括 Li_2S-P_2S_5、Li_2S-SiS_2、Li_2S-GeS_2、Li_2S-B_2S_3 体系玻璃态硫化物电解质，Li_2S-P_2S_5 体系玻璃陶瓷态硫化物电解质，以及各种晶态硫化物电解质。对这些硫化物固态电解质的结构、离子传导、改性以及合成方法做了详细的阐述。具有高离子电导率、化学和电化学稳定性优异的固态电解质是实现制备高能量密度和高安全性锂离子电池的关键，但开发满足以上先决条件的固态电解质仍然是一个艰巨的挑战。了解这些材料的结构和离子传导的基本机理，对于设计新的离子导体和开发新的电池制造工艺具有重要的意义。

参考文献

[1] Zhang Q，Cao D，Ma Y，et al. Sulfide-based solid-state electrolytes：Synthesis，stability，and potential for all-solid-state batteries [J]. Adv Mater，2019，31（44）：1901131.

[2] Kim K J，Balaish M，Wadaguchi M，et al. Solid - state Li-metal batteries：Challenges and horizons of oxide and sulfide solid electrolytes and their interfaces [J]. Advanced Energy Materials，2020，11（1）.

[3] Jung Y S，Oh D Y，Nam Y J，et al. Issues and challenges for bulk-type all-solid-state rechargeable lithium batteries using sulfide solid electrolytes [J]. Israel Journal of Chemistry，2015，55（5）：472-485.

[4] Shin B R，Nam Y J，Oh D Y，et al. Comparative study of Tis_2/Li-In all-solid-state lithium batteries using glass-ceramic Li_3PS_4 and $Li_{10}GeP_2S_{12}$ solid electrolytes [J]. Electrochimica Acta，2014，146：395-402.

[5] Mercier R，Malugani J P，Fahys B，et al. Superionic conduction in Li_2S-P_2S_5-LiI-GLASSES [J]. Solid State Ionics，1981，5：663-666.

[6] Wada H，Menetrier M，Levasseur A，et al. Preparation and ionic-conductivity of new B_2S_3-Li_2S-LiI glasses [J]. Materials Research Bulletin，1983，18（2）：189-193.

[7] Tatsumisago M，Hirai K，Minami T，et al. Superionic conduction in rapidly quenched Li_2S-SiS_2-Li_3PO_4 glasses [J]. Nippon Seramikkusu Kyokai Gakujutsu Ronbunshi-Journal of the Ceramic Society of Japan，1993，101（11）：1315-1317.

[8] Mizuno F, Hayashi A, Tadanaga K, et al. New lithium-ion conducting crystal obtained by crystallization of the Li_2S-P_2S_5 glasses [J]. Electrochemical and Solid State Letters, 2005, 8 (11) : 603-606.

[9] Kanno R, Maruyama M. Lithium ionic conductor thio-LISICON-The Li_2S-GeS_2-P_2S_5 system [J]. Journal of the Electrochemical Society, 2001, 148 (7) : 742-746.

[10] Deiseroth H J, Kong S T, Eckert H, et al. Li_6PS_5X: A class of crystalline Li-rich solids with an unusually high Li^+ mobility [J]. Angewandte Chemie-International Edition, 2008, 47 (4) : 755-758.

[11] Zhou L D, Assoud A, Zhang Q, et al. New family of argyrodite thioantimonate lithium superionic conductors [J]. Journal of the American Chemical Society, 2019, 141 (48) : 19002-19013.

[12] Jung W D, Kim J S, Choi S, et al. Superionic halogen-rich Li-argyrodites using in situ nanocrystal nucleation and rapid crystal growth [J]. Nano Letters, 2020, 20 (4) : 2303-2309.

[13] Adeli P, Bazak J D, Huq A, et al. Influence of aliovalent cation substitution and mechanical compression on Li-ion conductivity and diffusivity in argyrodite solid electrolytes [J]. Chemistry of Materials, 2021, 33 (1) : 146-157.

[14] Lee Y, Jeong J, Lim H D, et al. Superionic Si-substituted lithium argyrodite sulfide electrolyte $Li_{6+x}Sb_{1-x}Si_xS_5I$ for all-solid-state batteries [J]. ACS Sustainable Chemistry & Engineering, 2021, 9 (1) : 120-128.

[15] Kamaya N, Homma K, Yamakawa Y, et al. A lithium superionic conductor [J]. Nature Materials, 2011, 10 (9) : 682-686.

[16] Kato Y, Hori S, Saito T, et al. High-power all-solid-state batteries using sulfide superionic conductors [J]. Nature Energy, 2016, 1: 7.

[17] Iwasaki R, Hori S, Kanno R, et al. Weak anisotropic lithium-ion conductivity in single crystals of $Li_{10}GeP_2S_{12}$ [J]. Chemistry of Materials, 2019, 31 (10) : 3694-3699.

[18] Holzmann T, Schoop L M, Ali M N, et al. $Li_{0.6}$ [$Li_{0.2}Sn_{0.8}S_2$] –a layered lithium superionic conductor [J]. Energy & Environmental Science, 2016, 9 (8) : 2578-2585.

[19] Sendek A D, Antoniuk E R, Cubuk E D, et al. Combining superionic conduction and favorable decomposition products in the crystalline lithium-boron-sulfur system: A new mechanism for stabilizing solid Li-ion electrolytes [J]. ACS Appl Mater Interfaces, 2020, 12 (34) : 37957-37966.

[20] Kudu Ö U, Famprikis T, Fleutot B, et al. A review of structural properties and synthesis methods of solid electrolyte materials in the Li_2S-P_2S_5 binary system [J]. Journal of Power Sources, 2018, 407: 31-43.

[21] Minami K, Hayashi A, Tatsumisago M. Mechanochemical synthesis of Li_2S-P_2S_5 glass electrolytes with lithium salts [J]. Solid State Ionics, 2010, 181 (33-34) : 1505-1509.

[22] Zhang Z M, Kennedy J H. Synthesis and characterization of the B_2S_3-Li_2S, the P_2S_5-Li_2S and the B_2S_3-P_2S_5-Li_2S glass systems [J]. Solid State Ionics, 1990, 38 (3-4) : 217-224.

[23] Janek J, Zeier W G. A solid future for battery development [J]. Nature Energy, 2016, 1: 4.

[24] Dietrich C, Weber D A, Sedlmaier S J, et al. Lithium ion conductivity in Li_2S-P_2S_5 glasses - building units and local structure evolution during the crystallization of superionic conductors Li_3PS_4, $Li_7P_3S_{11}$ and $Li_4P_2S_7$ [J]. Journal of Materials Chemistry A, 2017, 5 (34) : 18111-18119.

[25] Kondo S, Takada K, Yamamura Y. New lithium ion conductors based on Li_2S-SiS_2 system [J]. Solid State Ionics, 1992, 53: 1183-1186.

[26] Itoh K, Sonobe M, Mori K, et al. Structural observation of Li_2S-GeS_2 superionic glasses [J]. Physica B-Condensed

Matter, 2006, 385: 520-522.

[27] Levasseur A, Brethous J C, Kbala M, et al. Synthesis and characterization of new amorphous solid electrolytes [J]. Solid State Ionics, 1981, 5: 651-654.

[28] Kennedy J H, Yang Y. Glass-forming region and structure in SiS_2-Li_2S-LiBr, SiS_2-Li_2S-LiI [J]. Journal of Solid State Chemistry, 1987, 69 (2) : 252-257.

[29] Morimoto H, Yamashita H, Tatsumisago M, et al. Mechanochemical synthesis of the high lithium ion conductive amorphous materials in the systems Li_2S-SiS_2 and Li_2S-SiS_2-Li_4SiO_4 [J]. Journal of the Ceramic Society of Japan, 2000, 108 (2) : 128-131.

[30] Tachez M, Malugani J P, Mercier R, et al. Ionic-conductivity of and phase-transition in lithium thiophosphate Li_3PS_4 [J]. Solid State Ionics, 1984, 14 (3) : 181-185.

[31] Eckert H, Zhang Z M, Kennedy J H. Structural transformation of nonoxide chalcogenide glasses the short-range order of Li_2S-P_2S_5 glasses studied by quantitative P-31 and Li-6, 7 high-resolution solid-state NMR [J]. Chemistry of Materials, 1990, 2 (3) : 273-279.

[32] Mizuno F, Hayashi A, Tadanaga K, et al. High lithium ion conducting glass-ceramics in the system Li_2S-P_2S_5 [J]. Solid State Ionics, 2006, 177 (26-32) : 2721-2725.

[33] Minami K, Hayashi A, Tatsumisago M. Preparation and characterization of lithium ion conducting Li_2S-P_2S_5-GeS_2 glasses and glass-ceramics [J]. Journal of Non-Crystalline Solids, 2010, 356 (44-49) : 2666-2669.

[34] Seino Y, Nakagawa M, Senga M, et al. Analysis of the structure and degree of crystallisation of $70Li_2S$-$30P_2S_5$ glass ceramic [J]. Journal of Materials Chemistry A, 2015, 3 (6) : 2756-2761.

[35] Dietrich C, Weber D A, Culver S, et al. Synthesis, structural characterization, and lithium ion conductivity of the lithium thiophosphate $Li_2P_2S_6$ [J]. Inorganic Chemistry, 2017, 56 (11) : 6681-6687.

[36] Mercier R, Malugani J P, Fahys B, et al. Structure of lithium tetrathiophosphate [J]. Acta Crystallographica Section B-Structural Science, 1982, 38: 1887-1890.

[37] Yamane H, Shibata M, Shimane Y, et al. Crystal structure of a superionic conductor, $Li_7P_3S_{11}$ [J]. Solid State Ionics, 2007, 178 (15-18) : 1163-1167.

[38] Kong S T, Gun O, Koch B, et al. Structural characterisation of the Li argyrodites Li_7PS_6 and Li_7PSe_6 and their solid solutions: Quantification of site preferences by MAS-NMR spectroscopy [J]. Chemistry-a European Journal, 2010, 16 (17) : 5138-5147.

[39] Mercier R, Malugani J P, Fahys B, et al. Synthesis, crystalline structure and vibrational analysis of lithium hexathiohypodiphosphate-$Li_4P_2S_6$ [J]. Journal of Solid State Chemistry, 1982, 43 (2) : 151-162.

[40] Tatsumisago M, Hama S, Hayashi A, et al. New lithium ion conducting glass-ceramics prepared from mechanochemical Li_2S-P_2S_5 glasses [J]. Solid State Ionics, 2002, 154: 635-640.

[41] Trevey J, Jang J S, Jung Y S, et al. Glass-ceramic Li_2S-P_2S_5 electrolytes prepared by a single step ball billing process and their application for all-solid-state lithium-ion batteries [J]. Electrochemistry Communications, 2009, 11 (9) : 1830-1833.

[42] Tatsumisago M, Mizuno F, Hayashi A. All-solid-state lithium secondary batteries using sulfide-based glass-ceramic electrolytes [J]. Journal of Power Sources, 2006, 159 (1) : 193-199.

[43] Minami K, Mizuno F, Hayashi A, et al. Lithium ion conductivity of the Li_2S-P_2S_5 glass-based electrolytes prepared

by the melt quenching method [J]. Solid State Ionics, 2007, 178 (11-12) : 837-841.

[44] Ujiie S, Hayashi A, Tatsumisago M. Structure, ionic conductivity and electrochemical stability of Li_2S-P_2S_5-LiI glass and glass-ceramic electrolytes [J]. Solid State Ionics, 2012, 211: 42-45.

[45] Kato A, Yamamoto M, Sakuda A, et al. Mechanical properties of Li_2S-P_2S_5 glasses with lithium halides and application in all-solid-state batteries [J]. ACS Applied Energy Materials, 2018, 1 (3) : 1002-1007.

[46] Muramatsu H, Hayashi A, Ohtomo T, et al. Structural change of Li_2S-P_2S_5 sulfide solid electrolytes in the atmosphere [J]. Solid State Ionics, 2011, 182 (1) : 116-119.

[47] Ohtomo T, Hayashi A, Tatsumisago M, et al. Characteristics of the Li_2O-Li_2S-P_2S_5 glasses synthesized by the two-step mechanical milling [J]. Journal of Non-Crystalline Solids, 2013, 364: 57-61.

[48] Hayashi A, Muramatsu H, Ohtomo T, et al. Improvement of chemical stability of Li_3PS_4 glass electrolytes by adding M_xO_y (M=Fe, Zn, and Bi) nanoparticles [J]. Journal of Materials Chemistry A, 2013, 1 (21) : 6320-6326.

[49] Ohtomo T, Hayashi A, Tatsumisago M, et al. Glass electrolytes with high ion conductivity and high chemical stability in the system LiI-Li_2O-Li_2S-P_2S_5 [J]. Electrochemistry, 2013, 81 (6) : 428-431.

[50] Hayashi A, Muramatsu H, Ohtomo T, et al. Improved chemical stability and cyclability in Li_2S-P_2S_5-P_2O_5-ZnO composite electrolytes for all-solid-state rechargeable lithium batteries [J]. Journal of Alloys and Compounds, 2014, 591: 247-250.

[51] Fukushima A, Hayashi A, Yamamura H, et al. Mechanochemical synthesis of high lithium ion conducting solid electrolytes in a Li_2S-P_2S_5-Li_3N system [J]. Solid State Ionics, 2017, 304: 85-89.

[52] Nagamedianova Z, Sanchez E. Synthesis and characterization of new glasses based on Li_2S-P_2S_5-Sb_2S_3 system [J]. Journal of Materials Science-Materials in Electronics, 2007, 18 (5) : 547-552.

[53] Nagamedianova Z, Sanchez E. Preparation and characterization of novel Li_2S-Sb_2S_3 and Li_2S-P_2S_5-Sb_2S_3 glassy systems [J]. Journal of Non-Crystalline Solids, 2003, 329 (1-3) : 13-16.

[54] Hamabe K, Utsuno F, Ohkubo T. Lithium conduction and the role of alkaline earth cations in Li_2S-P_2S_5-MS (M = Ca, Sr, Ba) glasses [J]. Journal of Non-Crystalline Solids, 2020, 538: 6.

[55] Yamamoto H, Machida N, Shigematsu T. A mixed-former effect on lithium-ion conductivities of the Li_2S-GeS_2-P_2S_5 amorphous materials prepared by a high-energy ball-milling process [J]. Solid State Ionics, 2004, 175 (1-4) : 707-711.

[56] Yamauchi A, Sakuda A, Hayashi A, et al. Preparation and ionic conductivities of (100−x) ($0.75Li_2S$-$0.25P_2S_5$) -$x$$LiBH_4$ glass electrolytes [J]. Journal of Power Sources, 2013, 244: 707-710.

[57] Kennedy J H. Ioniccally conductive glasses based on SiS_2 [J]. Materials Chemistry and Physics, 1989, 23 (1-2) : 29-50.

[58] Tenhover M, Hazle M A, Grasselli R K. Atonmic-structure of SiS_2 and $SiSe_2$ glasses [J]. Physical Review Letters, 1983, 51 (5) : 404-406.

[59] Tenhover M, Boyer R D, Henderson R S, et al. Magic angle spinning Si-29 nuclear magnetic-resonance of Si-chalcogenide glasses [J]. Solid State Communications, 1988, 65 (12) : 1517-1521.

[60] Pradel A, Henn F, Souquet J L, et al. Use of a thermodynamic model to interperet Li^+ ionic-conduction in oxide and sulfide binary glasses [J]. Philosophical Magazine B-Physics of Condensed Matter Statistical Mechanics Electronic Optical and Magnetic Properties, 1989, 60 (6) : 741-751.

[61] Pradel A, Taillades G, Ribes M, et al. Si-29 NMR structural studies of ionically conductive silicon chalcogenide glasses and model compounds [J]. Journal of Non-Crystalline Solids, 1995, 188 (1-2) : 75-86.

[62] Eckert H, Zhang Z M, Kennedy J H. Glass-formation in nonoxide chalcogenide syatems structural elucidation of Li_2S-SiS_2-LiL solid electrolytes by quantitative Si-29, Li-6 and Li-7 high-resolution solid-state NMR methods [J]. Journal of Non-Crystalline Solids, 1989, 107 (2-3) : 271-282.

[63] Eckert H, Kennedy J H, Pradel A, et al. Structural transformation of thiosilicate glasses Si-29 MAS NMR evidence for edge-sharing in the system Li_2S-SiS_2 [J]. Journal of Non-Crystalline Solids, 1989, 113 (2-3) : 287-293.

[64] Pradel A, Ribes M. Lithium chalcogenide conductive glasses [J]. Materials Chemistry and Physics, 1989, 23 (1-2) : 121-142.

[65] Peng H, Ma X, Fan Z, et al. Preparation, structure and properties of the Li_2S-SiS_2 lithium ion conducting glasses [J]. Journal of the Chinese Ceramic Society, 2006, 34 (10) : 1270-1275.

[66] Pradel A, Ribes M. Electrical-properties of lithium conductive silicon sulfide glasses preaperde by twin roller quenching [J]. Solid State Ionics, 1986, 18-19: 351-355.

[67] Yamashita H, Hayashi A, Morimoto H, et al. Formation process of $60Li_2S$-$40SiS_2$ amorphous materials with high lithium ion conductivity prepared by mechanical milling [J]. Journal of the Ceramic Society of Japan, 2000, 108 (11) : 973-978.

[68] Hirai K, Tatsumisago M, Takahashi M, et al. Si-29 and P-31 MAS-NMR spectra of Li_2S-SiS_3-Li_3PO_4 rapidly quenched glasses [J]. Journal of the American Ceramic Society, 1996, 79 (2) : 349-352.

[69] Tatsumisago M, Hirai K, Hirata T, et al. Structure and properties of lithium ion conducting oxysulfide glasses prepared by rapid quenching [J]. Solid State Ionics, 1996, 86-88: 487-490.

[70] Hayashi A, Komiya R, Tatsumisago M, et al. Characterization of Li_2S-SiS_2-Li_3MO_3 (M=B, Al, Ga and In) oxysulfide glasses and their application to solid state lithium secondary batteries [J]. Solid State Ionics, 2002, 152: 285-290.

[71] Kennedy J H, Zhang Z M, Eckert H. Ionically conductive sulfide-based lithium glasses [J]. Journal of Non-Crystalline Solids, 1990, 123 (1-3) : 328-338.

[72] Pradel A, Ribes M. Ionically conductive chalcogenide glasses [J]. Journal of Solid State Chemistry, 1992, 96 (1) : 247-257.

[73] Pradel A, Pagnier T, Ribes M. Effect of rapid quenching on electrical-properties of lithium conductive glasses [J]. Solid State Ionics, 1985, 17 (2) : 147-154.

[74] Kim Y, Saienga J, Martin S W. Glass formation in and structural investigation of Li_2S+GeS_2+GeO_2 composition using Raman and IR spectroscopy [J]. Journal of Non-Crystalline Solids, 2005, 351 (49-51) : 3716-3724.

[75] Yamashita M, Yamanaka H. Formation and ionic conductivity of Li_2S-GeS_2-Ga_2S_3 glasses and thin films [J]. Solid State Ionics, 2003, 158 (1-2) : 151-156.

[76] Saienga J, Martin S W. The comparative structure, properties, and ionic conductivity of LiI+Li_2S+GeS_2 glasses doped with Ga_2S_3 and La_2S_3 [J]. Journal of Non-Crystalline Solids, 2008, 354 (14) : 1475-1486.

[77] Zhang Z, Kennedy J H, Thompson J, et al. Competitive network modification in non-oxide chalcogenide glasses structural and motional properties of glasses in the system Li_2S-P_2S_5-B_2S_3 studied by multinuclear NMR techniques [J]. Applied Physics a-Materials Science & Processing, 1989, 49 (1) : 41-54.

[78] Kaup K, Bazak J D, Vajargah S H, et al. A lithium oxythioborosilicate solid electrolyte glass with superionic conductivity [J]. Advanced Energy Materials, 2020, 10 (8) : 9.

[79] Hori S, Suzuki K, Hirayama M, et al. Lithium superionic conductor $Li_{9.42}Si_{1.02}P_{2.1}S_{9.96}O_{2.04}$ with $Li_{10}GeP_2S_{12}$-Type structure in the Li_2S-P_2S_5-SiO_2 pseudoternary system: Synthesis, electrochemical properties, and structure composition relationships [J]. Frontiers in Energy Research, 2016, 4: 9.

[80] Murayama M, Kanno R, Irie M, et al. Synthesis of new lithium ionic conductor thio-LISICON - lithium silicon sulfides system [J]. Journal of Solid State Chemistry, 2002, 168 (1) : 140-148.

[81] Minami T, Hayashi A, Tatsumisago M. Recent progress of glass and glass-ceramics as solid electrolytes for lithium secondary batteries [J]. Solid State Ionics, 2006, 177 (26-32) : 2715-2720.

[82] Wang Y X, Lu D P, Bowden M, et al. Mechanism of formation of $Li_7P_3S_{11}$ solid electrolytes through liquid phase synthesis [J]. Chemistry of Materials, 2018, 30 (3) : 990-997.

[83] Hood Z D, Kates C, Kirkham M, et al. Structural and electrolyte properties of $Li_4P_2S_6$ [J]. Solid State Ionics, 2016, 284: 61-70.

[84] Dietrich C, Sadowski M, Sicolo S, et al. Local structural investigations, defect formation, and ionic conductivity of the lithium ionic conductor $Li_4P_2S_6$ [J]. Chemistry of Materials, 2016, 28 (23) : 8764-8773.

[85] Busche M R, Weber D A, Schneider Y, et al. In situ monitoring of fast Li-ion conductor $Li_7P_3S_{11}$ crystallization inside a hot-press setup [J]. Chemistry of Materials, 2016, 28 (17) : 6152-6165.

[86] Hayashi A, Hama S, Minami T, et al. Formation of superionic crystals from mechanically milled Li_2S-P_2S_5 glasses [J]. Electrochemistry Communications, 2003, 5 (2) : 111-114.

[87] Seino Y, Ota T, Takada K, et al. A sulphide lithium super ion conductor is superior to liquid ion conductors for use in rechargeable batteries [J]. Energy & Environmental Science, 2014, 7 (2) : 627-631.

[88] Chu I H, Nguyen H, Hy S, et al. Insights into the performance limits of the $Li_7P_3S_{11}$ superionic conductor: A combined first-principles and experimental study [J]. ACS Applied Materials & Interfaces, 2016, 8 (12) : 7843-7853.

[89] Wang Y, Richards W D, Ong S P, et al. Design principles for solid-state lithium superionic conductors [J]. Nature Materials, 2015, 14 (10) : 1026-1030.

[90] Wenzel S, Weber D A, Leichtweiss T, et al. Interphase formation and degradation of charge transfer kinetics between a lithium metal anode and highly crystalline $Li_7P_3S_{11}$ solid electrolyte [J]. Solid State Ionics, 2016, 286: 24-33.

[91] Calpa M, Rosero-Navarro N C, Miura A, et al. Preparation of sulfide solid electrolytes in the Li_2S-P_2S_5 system by a liquid phase process [J]. Inorganic Chemistry Frontiers, 2018, 5 (2) : 501-508.

[92] Mizuno F, Hayashi A, Tadanaga K, et al. New, highly ion-conductive crystals precipitated from Li_2S-P_2S_5 glasses [J]. Advanced Materials, 2005, 17 (7) : 918-920.

[93] Homma K, Yonemura M, Nagao M, et al. Crystal structure of high-temperature phase of lithium ionic conductor, Li_3PS_4 [J]. Journal of the Physical Society of Japan, 2010, 79: 4.

[94] Homma K, Yonemura M, Kobayashi T, et al. Crystal structure and phase transitions of the lithium ionic conductor Li_3PS_4 [J]. Solid State Ionics, 2011, 182 (1) : 53-58.

[95] Iikubo S, Shimoyama K, Kawano S, et al. Novel stable structure of Li_3PS_4 predicted by evolutionary algorithm under high-pressure [J]. Aip Advances, 2018, 8 (1) : 9.

[96] Murayama M, Sonoyama N, Yamada A, et al. Material design of new lithium ionic conductor, thio-LISICON, in

the Li_2S-P_2S_5 system [J]. Solid State Ionics, 2004, 170 (3-4) : 173-180.

[97] Stoffler H, Zinkevich T, Yavuz M, et al. Li^+-ion dynamics in beta-Li_3PS_4 observed by NMR: Local hopping and long-range transport [J]. Journal of Physical Chemistry C, 2018, 122 (28) : 15954-15965.

[98] Liu Z C, Fu W J, Payzant E A, et al. Anomalous high ionic conductivity of nanoporous beta-Li_3PS_4 [J]. Journal of the American Chemical Society, 2013, 135 (3) : 975-978.

[99] Tsukasaki H, Mori S, Shiotani S, et al. Ionic conductivity and crystallization process in the Li_2S-P_2S_5 glass electrolyte [J]. Solid State Ionics, 2018, 317: 122-126.

[100] Deiseroth H J, Maier J, Weichert K, et al. Li_7PS_6 and Li_6PS_5X (X: Cl, Br, I) : Possible three-dimensional diffusion pathways for lithium ions and temperature dependence of the ionic conductivity by impedance measurements [J]. Zeitschrift Fur Anorganische Und Allgemeine Chemie, 2011, 637 (10) : 1287-1294.

[101] Phuc N H H, Morikawa K, Mitsuhiro T, et al. Synthesis of plate-like Li_3PS_4 solid electrolyte via liquid-phase shaking for all-solid-state lithium batteries [J]. Ionics, 2017, 23 (8) : 2061-2067.

[102] Zhang Y B, Chen R J, Liu T, et al. High capacity, superior cyclic performances in all-solid-state lithium-ion batteries based on $78Li_2S$-$22P_2S_5$ glass-ceramic electrolytes prepared via simple heat treatment [J]. Acs Applied Materials & Interfaces, 2017, 9 (34) : 28542-28548.

[103] Hayashi A, Hama S, Mizuno F, et al. Characterization of Li_2S-P_2S_5 glass-ceramics as a solid electrolyte for lithium secondary batteries [J]. Solid State Ionics, 2004, 175 (1-4) : 683-686.

[104] Hull S. Superionics: Crystal structures and conduction processes [J]. Reports on Progress in Physics, 2004, 67 (7) : 1233-1314.

[105] He X F, Zhu Y Z, Mo Y F. Origin of fast ion diffusion in super-ionic conductors [J]. Nature Communications, 2017, 8: 7.

[106] Kanno R, Hata T, Kawamoto Y, et al. Synthesis of a new lithium ionic conductor, thio-LISICON-lithium germanium sulfide system [J]. Solid State Ionics, 2000, 130 (1-2) : 97-104.

[107] Murayama M, Kanno R, Kawamoto Y, et al. Structure of the thio-LISICON, Li_4GeS_4 [J]. Solid State Ionics, 2002, 154: 789-794.

[108] Hori S, Kato M, Suzuki K, et al. Phase diagramof the Li_4GeS_4-Li_3PS_4 quasi-binary system containing the superionic conductor $Li_{10}GeP_2S_{12}$ [J]. Journal of the American Ceramic Society, 2015, 98 (10) : 3352-3360.

[109] Minafra N, Culver S P, Li C, et al. Influence of the lithium substructure on the diffusion pathways and transport properties of the thio-LISICON $Li_4Ge_{1-x}Sn_xS_4$ [J]. Chemistry of Materials, 2019, 31 (10) : 3794-3802.

[110] Kaib T, Haddadpour S, Kapitein M, et al. New lithium chalcogenidotetrelates, LiChT: synthesis and characterization of the Li^+-conducting tetralithium ortho-sulfidostannate Li_4SnS_4 [J]. Chemistry of Materials, 2012, 24 (11) : 2211-2219.

[111] Macneil J H, Massi D M, Zhang J H, et al. Synthesis, structure, physicochemical characterization and electronic structure of thio-lithium super ionic conductors, Li_4GeS_4 and Li_4SnS_4 [J]. Journal of Alloys and Compounds, 2014, 586: 736-744.

[112] Sahu G, Lin Z, Li J, et al. Air-stable, high-conduction solid electrolytes of arsenic-substituted Li_4SnS_4 [J]. Energy & Environmental Science, 2014, 7 (3) : 1053-1058.

[113] Beeken R B, Garbe J J, Gillis J M, et al. Electrical conductivities of the Ag_6PS_5X and the Cu_6PSe_5X (X=Br, I)

argyrodites [J]. Journal of Physics and Chemistry of Solids, 2005, 66 (5) : 882-886.

[114] Deiseroth H J, Kong S T, Eckert H, et al. Li_6PS_5X: A class of crystalline Li-rich solids with an unusually high Li^+ mobility [J]. Angewandte Chemie, 2008, 120 (4) : 767-770.

[115] Yu C, Zhao F, Luo J, et al. Recent development of lithium argyrodite solid-state electrolytes for solid-state batteries: Synthesis, structure, stability and dynamics [J]. Nano Energy, 2021, 83: 25.

[116] Yu C, Zhao F, Luo J, et al. Recent development of lithium argyrodite solid-state electrolytes for solid-state batteries: Synthesis, structure, stability and dynamics [J]. Nano Energy, 2021, 83: 26.

[117] Rao R P, Adams S. Studies of lithium argyrodite solid electrolytes for all-solid-state batteries [J]. Physica Status Solidi a-Applications and Materials Science, 2011, 208 (8) : 1804-1807.

[118] Rao R P, Sharma N, Peterson V K, et al. Formation and conductivity studies of lithium argyrodite solid electrolytes using in-situ neutron diffraction [J]. Solid State Ionics, 2013, 230: 72-76.

[119] Yu C, Li Y, Li W H, et al. Enabling ultrafast ionic conductivity in Br-based lithium argyrodite electrolytes for solid-state batteries with different anodes [J]. Energy Storage Materials, 2020, 30: 238-249.

[120] Adeli P, Bazak J D, Park K H, et al. Boosting solid-state diffusivity and conductivity in lithium superionic argyrodites by halide substitution [J]. Angewandte Chemie-International Edition, 2019, 58 (26) : 8681-8686.

[121] Peng X Y, Chien P H, Wang Y, et al. Enhanced ion conduction by enforcing structural disorder in Li-deficient argyrodites $Li_{6-x}PS_{5-x}Cl_{1-x}$ [J]. Energy Storage Materials, 2020, 30: 67-73.

[122] Wang P B, Liu H Y, Patel S, et al. Fast ion conduction and its origin in $Li_{6-x}PS_{5-x}Br_{1+x}$ [J]. Chemistry of Materials, 2020, 32 (9) : 3833-3840.

[123] Brinek M, Hiebl C, Wilkening H M R. Understanding the origin of enhanced Li-ion transport in nanocrystalline argyrodite-type Li_6PS_5I [J]. Chemistry of Materials, 2020, 32 (11) : 4754-4766.

[124] Bernges T, Culver S P, Minafra N, et al. Competing structural influences in the Li superionic conducting argyrodites $Li_6PS_{5-x}Se_xBr$ ($0 \leqslant x \leqslant 1$) upon Se substitution [J]. Inorganic Chemistry, 2018, 57 (21) : 13920-13928.

[125] Schneider H, Sedlmaier S J, Du H, et al. Stabilization of highly conductive lithium argyrodites by means of lithium substitution: The case of $Li_6Fe_{0.5}PS_6$ [J]. Chemistryselect, 2019, 4 (12) : 3351-3354.

[126] Zhang Z R, Zhang J X, Jia H H, et al. Enhancing ionic conductivity of solid electrolyte by lithium substitution in halogenated Li-argyrodite [J]. Journal of Power Sources, 2020, 450: 7.

[127] Zhang Z R, Sun Y L, Duan X B, et al. Design and synthesis of room temperature stable Li-argyrodite superionic conductors via cation doping [J]. Journal of Materials Chemistry A, 2019, 7 (6) : 2717-2722.

[128] Kraft M A, Ohno S, Zinkevich T, et al. Inducing high ionic conductivity in the lithium superionic argyrodites $Li_{6+x}P_{1-x}Ge_xS_5Cl$ for all-solid-state batteries [J]. Journal of the American Chemical Society, 2018, 140 (47) : 16330-16339.

[129] Ohno S, Helm B, Fuchs T, et al. Further evidence for energy landscape flattening in the superionic argyrodites $Li_{6-x}P_{1-x}M_xS_5I$ (M = Si, Ge, Sn) [J]. Chemistry of Materials, 2019, 31 (13) : 4936-4944.

[130] Kato Y, Hori S, Kanno R. $Li_{10}GeP_2S_{12}$-Type superionic conductors: Synthesis, structure, and ionic transportation [J]. Advanced Energy Materials, 2020, 10 (42) : 25.

[131] Kwon O, Hirayama M, Suzuki K, et al. Synthesis, structure, and conduction mechanism of the lithium superionic conductor $Li_{10+\delta}Ge_{1+\delta}P_{2-\delta}S_{12}$ [J]. Journal of Materials Chemistry A, 2015, 3 (1) : 438-446.

[132] Mo Y F，Ong S P，Ceder G. First principles study of the $Li_{10}GeP_2S_{12}$ lithium super ionic conductor material [J]. Chemistry of Materials，2012，24 (1) : 15-17.

[133] Bron P，Johansson S，Zick K，et al. $Li_{10}SnP_2S_{12}$: An affordable lithium superionic conductor [J]. Journal of the American Chemical Society，2013，135 (42) : 15694-15697.

[134] Kuhn A，Gerbig O，Zhu C B，et al. A new ultrafast superionic Li-conductor: Ion dynamics in $Li_{11}Si_2PS_{12}$ and comparison with other tetragonal LGPS-type electrolytes [J]. Physical Chemistry Chemical Physics，2014，16 (28) : 14669-14674.

[135] Hori S，Suzuki K，Hirayama M，et al. Synthesis，structure，and ionic conductivity of solid solution，$Li_{10+x}M_{1+x}P_{2-x}S_{12}$ (M=Si，Sn) [J]. Faraday Discussions，2014，176: 83-94.

[136] Bron P，Roling B，Dehnen S. Impedance characterization reveals mixed conducting interphases between sulfidic superionic conductors and lithium metal electrodes [J]. Journal of Power Sources，2017，352: 127-134.

[137] Ujiie S，Hayashi A，Tatsumisago M. Preparation and ionic conductivity of ($100-x$) ($0.8Li_2S-0.2P_2S_5$) -xLiI glass-ceramic electrolytes [J]. Journal of Solid State Electrochemistry，2013，17 (3) : 675-680.

[138] Sun Y，Suzuki K，Hara K，et al. Oxygen substitution effects in $Li_{10}GeP_2S_{12}$ solid electrolyte [J]. Journal of Power Sources，2016，324: 798-803.

[139] Kim K H，Martin S W. Structures and properties of oxygen-substituted $Li_{10}SiP_2S_{12-x}O_x$ solid-state electrolytes [J]. Chemistry of Materials，2019，31 (11) : 3984-3991.

[140] Takada K，Osada M，Ohta N，et al. Lithium ion conductive oxysulfide，Li_3O_4-Li_3PS_4 [J]. Solid State Ionics，2005，176 (31-34) : 2355-2359.

[141] Suzuki K，Sakuma M，Hori S，et al. Synthesis，structure，and electrochemical properties of crystalline Li-P-S-O solid electrolytes: Novel lithium-conducting oxysulfides of $Li_{10}GeP_2S_{12}$ family [J]. Solid State Ionics，2016，288: 229-234.

[142] Bron P，Dehnen S，Roling B. $Li_{10}Si_{0.3}Sn_{0.7}P_2S_{12}$-A low-cost and low-grain-boundary-resistance lithium superionic conductor [J]. Journal of Power Sources，2016，329: 530-535.

[143] Liang J W，Chen N，Li X N，et al. $Li_{10}GeP_{1-x}Sb_xS_{12}$ lithium-ion conductors with enhanced atmospheric stability [J]. Chemistry of Materials，2020，32 (6) : 2664-2672.

[144] Grune M，Mullerwarmuth W，Zumhebel P，et al. Unuasal lithium dynamics and NMR relaxation in a novel crystalline thiobrate-sulfide [J]. Solid State Ionics，1993，66 (1-2) : 165-173.

[145] Zumhebel P，Krebs B，Grune M，et al. Preparation crystal-structure and Li-7 NMR of $Li_6B_{10}S_{18}$ [J]. Solid State Ionics，1990，43: 133-142.

第4章

硫化物固态电解质材料的物理化学性能

本章将从离子电导率、电子电导率、电化学稳定窗口、化学稳定性、热稳定性以及力学性能六个方面介绍硫化物固态电解质的物理化学性质。硫化物固态电解质的一大优势是其超高的离子电导率，这使其成为了固态电池技术中最有潜力的固态电解质之一。通过掺杂改性，电导率基本能达到 $10^{-5}\sim10^{-2}$S/cm，部分材料甚至能超越传统液态电解质。理想的电解质是对电子绝缘，尽管硫化物固态电解质的电子电导率比离子电导率低几个数量级，但相对而言仍然处于一个较高的水平，可能会引发枝晶生长等有害电池性能的现象和安全隐患。硫化物电解质的电化学窗口较窄，这在高电压电池的应用中不利，通过一些改性手段能适当提高这类材料的电化学窗口。硫化物化学性质活泼，在潮湿的空气中易发生水解等反应产生有毒气体，对空气稳定性的认知以及提高这一性能的研究也是硫化物固态电解质研究中的一个重要方面。此外，界面稳定性影响了固态电池的电化学性能、循环性能等，本章也将介绍硫化物电解质对正极、锂金属负极的界面稳定性。另外，在硫化物固态电池技术的制备过程中，通常会引入有机溶剂，本章也将简单介绍硫化物全固态电解质对有机溶剂的化学稳定性。在热稳定性方面，硫化物固态电解质在目前的研究中展现出了相对于传统液态电解质较强的优势。硫化物的延展性、致密化性能较好，仅通过冷压就能实现材料的致密化，这在固态电池的制造中十分有利，本章也将介绍当前研究对硫化物固态电解质在力学性能上的认识。

4.1 离子电导率

本节将具体从晶态和非晶态两大类介绍硫化物电解质材料的离子电导率性能、相关的机理以及一些改性手段，以帮助读者对硫化物电解质的离子电导率有更详细的认知。

4.1.1 晶态材料

晶态硫化物电解质材料显示出了其在离子电导率上的巨大优势，特别是 $Li_{10}GeP_2S_{12}$

（LGPS）、$Li_{9.54}Si_{1.74}P_{1.44}S_{11.7}Cl_{0.3}$ 等材料的离子电导率更是超越了商用液态电解质，使硫化物电解质展现出了巨大的应用前景。按晶体结构类型 [1]，可以将其分为银锗硫矿、Thio-LISICON（Lithium SuperIonic Conductor）和 $Li_{11-x}M_{2-x}P_{1+x}S_{12}$ (M = Ge, Sn, Si) 型三大类。

4.1.1.1 银锗硫矿型

立方晶体银锗硫矿最早发现于 Ag_8GeS_6（空间群$F\bar{4}3m$）[2]，用 Cu^{2+} 替代 Ag^+ 仍能保持这一结构。受此启发，Deiseroth 等 [3] 提出用相似半径的 Li^+ 来替代，同时用卤素原子部分替代硫原子，得到室温下 Li_6PS_5Cl、Li_6PS_5Br 和 Li_6PS_5I 的离子电导率分别为 1.9×10^{-3}S/cm、6.8×10^{-4}S/cm、4.6×10^{-7}S/cm[4]。这种电导率的差异可能是由于前两者中存在位错结构 [5]。Cl^-、Br^- 的离子半径与 S^{2-} 相近，能与 S^{2-} 发生交换从而形成位错结构，这种位错对锂离子的跃迁速率可能会有积极影响。I^- 半径较大，不与 S^{2-} 发生交换，因此 Li_6PS_5I 高度有序。锂离子在这种结构中的占据位点主要有两种（48*h* 和 24*g*），其中 24*g* 位置是一个中间态，具有三角配位，通过它可以发生扩散。两个锂位置形成了笼状多面体，其中可能会发生三种锂的跃迁过程（图 4-1），分别是邻居跃迁（doublet jump，48*h*-24*g*-48*h*）、笼内跃迁（intracage jump）和笼间跃迁（intercage jump），高位点混乱降低了笼间跃迁的活化能，从而提高了离子电导率。通过引入缺陷扩大晶格常数，能进一步提高材料的离子电导率。Minafra 等 [6] 制备的 $Li_{6.35}P_{0.65}Si_{0.35}S_5Br$ 将离子电导率提升了约三倍（2.4×10^{-3}S/cm）。通过引入 Ge^{4+} 还能诱导 Li_6PS_5I 中产生位错，离子电导率最高可提升至 5.4×10^{-3}S/cm（$Li_{6.6}P_{0.4}Ge_{0.6}S_5I$）。在 Li_2S-GeS_2-P_2S_5 中也得到了一种银锗硫矿型的晶态材料 $Li_7Ge_3PS_{12}$，在 $Li_7Ge_3PS_{12}$ 中 $(Ge/P)S_4$ 以相同的取向排列，剩余的 Ge 原子和 Li 共同占据 48*h* 位置，室温下测得的电导率为 1.1×10^{-4}S/cm[7]。

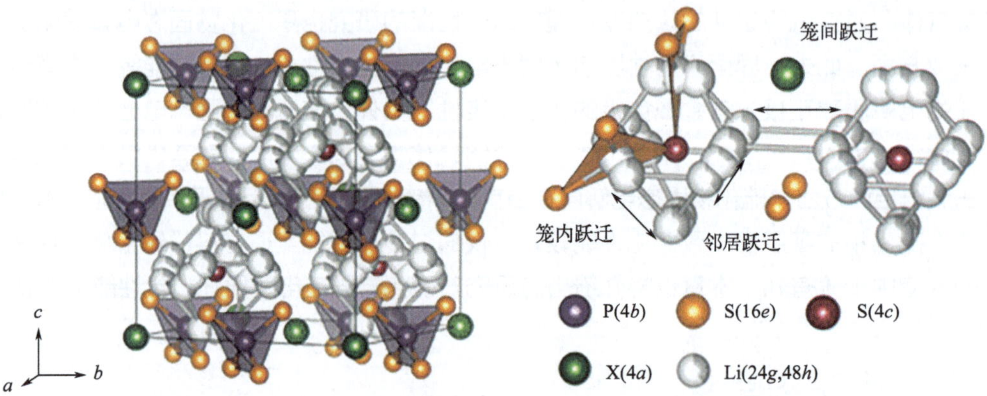

图 4-1 Li_6PS_5X 结构示意图及跃迁机制 [6]

4.1.1.2 Thio-LISICON型

Thio-LISICON 材料首先发现于 Li_2S-GeS_2、Li_2S-GeS_2-ZnS 和 Li_2S-GeS_2-Ga_2S_3 材料中 [Li_2GeS_3、Li_4GeS_4、Li_2ZnGeS_4、$Li_{4-2x}Zn_xGeS_4$、Li_5GaS_4、$Li_{4+x+y}(Ge_{1-y-x}Ga_x)S_4$][8]。在这类化

合物中，S 以六角密堆积结构排列，重金属阳离子位于四面体位置，Li 则占据无序八面体位置。但他们的离子电导率并没有特别突出，制成薄膜后离子电导率有所提升，例如 100nm 厚的 Li_4GeS_4 薄膜在室温下的电导率约为 7.5×10^{-4}S/cm[9]。但 Thio-LISICON 结构的出现开启了一系列以 $[PS_4]$、$[SnS_4]$、$[GeS_4]$ 和 $[SiS_4]$ 四面体构筑形成的新材料。例如 Li_4SnS_4（空间群 *Pnma*），与 Li_4GeS_4 是同构的，在室温下离子电导率为 7.0×10^{-5}S/cm[10]。尽管在离子电导率上并没有太突出的优势，但这种材料在化学稳定性方面表现优异，因而受到了广泛的关注，这一点将在后文空气稳定性的章节中详细描述。通过砷掺杂能有效提高其离子电导率，有报道称 $Li_{3.833}Sn_{0.833}As_{0.166}S_4$ 的离子电导率可达 1.4×10^{-3}S/cm[11]。用 P^{5+} 取代 Li_4GeS_4 中的 Ge^{4+} 后，又发现了 Thio-LISICON $Li_{4-x}Ge_{1-x}P_xS_{4-x}$ 族（空间群 $P2_1/m$）化合物。它可以看作是 Li_4GeS_4 与 γ-Li_3PS_4 的固溶体。其中在化学计量比为 $Li_{3.25}Ge_{0.25}P_{0.75}S_{3.25}$ 时测得最高室温离子电导率为 2.2×10^{-3}S/cm[12]。

4.1.1.3 $Li_{11-x}M_{2-x}P_{1+x}S_{12}$ (M = Ge, Sn, Si) 型

在 Li_4GeS_4 与 Li_3PS_4 的二元相图中还发现了一种离子电导率超高的锂离子导体 $Li_{10}GeP_2S_{12}$（空间群 $P4_2/nmc$）[13]。这属于近年来新发现的 $Li_{11-x}M_{2-x}P_{1+x}S_{12}$ (M = Ge, Sn, Si) 型硫化物晶体材料。LGPS 于 2011 年被 Kamaya 等 [12] 发现，其在室温下的离子电导率高达 1.2×10^{-2}S/cm，引起了巨大的轰动。在单斜 Thio-LISICON 晶体［图 4-2（a）］中，$[MS_4]$（M=Ge, P）四面体沿 *b* 轴排列，而 LGPS 中 $(Ge_{0.5}P_{0.5})S_4$ 沿 *a*、*b* 轴延展，这缩短了 M-M 间的距离。$[MS_4]$ 和 $[LiS_6]$ 正八面体以共边的方式形成一维链，链间通过 LiS_4 连接，因此形成了一条沿 *c* 轴的 Li 传导路径。四面体配位的 Li 位点 16*h* 和 8*f* 产生了 Li 传导通道，而构架链中八面体配位的 Li 位点 4*d* 对传导没有活性。Adams 等 [14] 通过分子动力学确定了第四个低能锂位点 4*c*，并认为 4*c* 位点参与垂直于一维链的传导。Mo 等 [15] 通过第一性原理计算发现 *ab* 平面中存在明显的 Li 跳变以及 $[(Ge_{0.5}P_{0.5})S_4]$ 四面体和 $[LiS_4]$ 四面体间的空白区域，这预示着 LGPS 中可能拥有三维的传输通道。但 Li 沿 *ab* 平面的扩散相较而言要慢得多。

LGPS 是第一个展示出与液态电解质相媲美甚至超过液态电解质离子电导率的固态电解质，但 LGPS 中的 Ge 元素成本高，不利于大规模商业化生产，研究人员试图通过其他元素替代来实现低成本和高离子电导率的共赢。$Li_{10}SnP_2S_{12}$ 具有与 LGPS 类似的结构［图 4-2（b）］，尽管其晶界电阻要略高于 LGPS，但 4×10^{-3}S/cm 的离子电导率不管是在固态电解质还是在液态电解质中都仍然具有相当的优势 [16]。Bron 等 [17] 将 30% 的 Sn 用 Si 替代，得到的 $Li_{10}Sn_{0.7}Si_{0.3}P_2S_{12}$ 的室温离子电导率可以提升至 8×10^{-3}S/cm。另一种相对经济的替代材料是 $Li_{10}SiP_2S_{12}$，尽管它理论计算出的离子电导率还要高于 LGPS，且核磁共振测试也显示在其中的锂离子扩散率要高于 LGPS，但实际室温测得离子电导率为 2.3×10^{-3}S/cm[18]。这可能是由于形成正交相后增加了 Maxwell-Wagner 型阻抗。在 $Li_{11-x}M_{2-x}P_{1+x}S_{12}$ 系列中，$Li_{9.54}Si_{1.74}P_{1.44}S_{11.7}Cl_{0.3}$ 是迄今为止报道最高的离子电导率 [19]，在室温下可达 2.5×10^{-2}S/cm。它由 MX_4（M=P, Si；X=S, Cl）边缘共享构成一维框架，并通过 $[PX_4]$ 四面体连接。其中活性锂位于间隙 16*h*、8*f* 和 4*c* 位置，具有三维锂离子扩散通道，这也是其具有超高离子电导率的原因。

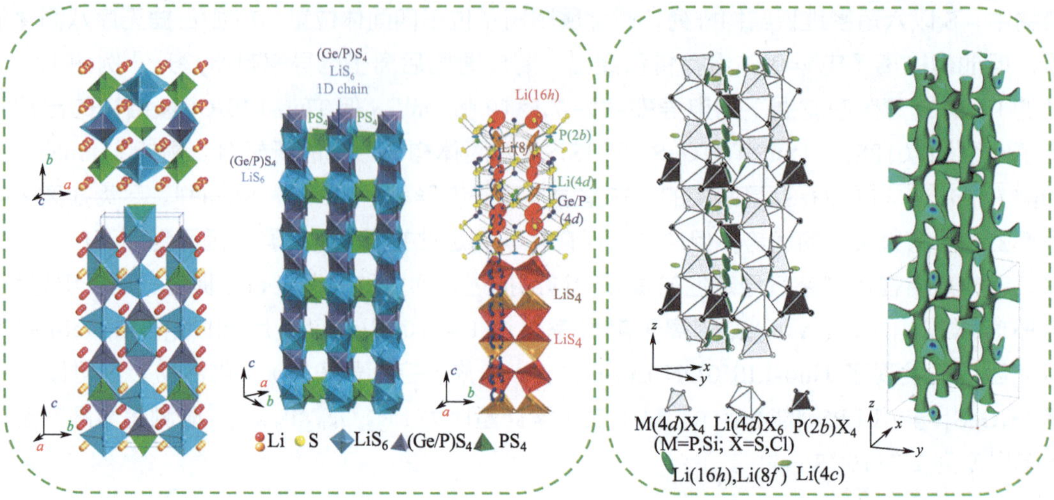

(a) LGPS结构示意图　　(b) $Li_{9.54}Si_{1.74}P_{1.44}S_{11.7}Cl_{0.3}$结构示意图

图 4-2　LGPS 及 $Li_{9.54}Si_{1.74}P_{1.44}S_{11.7}Cl_{0.3}$ 结构示意图 [12,19]

4.1.2　非晶态材料

4.1.2.1　玻璃材料

玻璃材料通常具有更高的迁移熵并能为离子移动提供更大的自由空间，因而具有较高的离子电导率。虽然在硫化物电解质中，玻璃态材料并不一定比晶态材料离子电导率更高，但在固态电池中仍然具有一定的优势。硫化物玻璃材料中最典型的就是二元 $x$$Li_2S$-（100−$x$）$P_2S_5$ 体系，当体系中 Li_2S 含量较低时（$x \leqslant 60$），就会含有更多的双四面体 $P_2S_7^{4-}$，Li_2S 含量提升，体系中单四面体 PS_4^{3-} 增多，x=75 时（75Li_2S-25P_2S_5），体系表现出最高的离子电导率[20]，为 2.8×10^{-4}S/cm。当 Li_2S 继续提升后，晶态 Li_2S 会降低材料的离子电导率。此外，$x$$Li_2S$-（100−$x$）$B_2S_3$、$x$$Li_2S$-(100−$x$)$SiS_2$、$x$$Li_2S$-（100−$x$）$GeS_2$ 等二元体系[21-23]，以及基于这些二元体系设计的多元混合体系，通过不同的改性手段也能达到 10^{-3}S/cm 的离子电导率[24-26]。常见的改性手段有：a. 通过盐掺杂来提高玻璃材料中的载流子浓度；b. 部分氧掺杂的硫化物玻璃，也即硫氧化合物，表现出了比未掺杂的全硫玻璃更高的电导率；c. 通过引入次级玻璃形成体而发生混合玻璃形成体效应（mixed glass former effect，MGFE），从而获得更高的离子电导率，同时还能改善其他物理化学性质。下面将具体介绍这些改性手段对电导率的提升作用。

玻璃的非晶态结构能够溶解大量的掺杂碱和其他单价阴、阳离子，引入载流子的碱金属盐对提升离子电导率有一定帮助。但必须维持载流子浓度与玻璃网络结构的平衡。这是由于，某些盐与玻璃态网络键合较强，会破坏玻璃网络结构，因此对于 M_2S 一类的改性剂，添加浓度通常控制在 50%（摩尔分数）以内[26-28]。碱金属卤化物（例如 LiI、LiBr、LiCl）也常被用来提高载流子浓度，这类化合物的阴离子场强较弱（F 除外），不易与 Si 发生反应，具有较好的化学稳定性[26-29]。但这类卤化物熔解在玻璃网络的间隙中（图 4-3）[30]，会降低网络连接性从而降低玻璃形成能力。通常在这类掺杂改性剂达到最高离子电导率时，材料的玻璃形成能力、机械强度、热稳定性、耐腐蚀性等将达到最小值。

但掺杂进玻璃材料的阴离子并不总是起到破坏网络键合的作用，也可能替代桥接硫原子形成网络，氧硫玻璃材料就是一个典型的例子。一般来说氧化物具有较高的化学稳定性，但电导率较差，但有趣的是，目前研究表明，向二元硫化物玻璃材料 (Li_2S-Si_2S、Li_2S-GeS_2 体系等) 中掺入氧离子盐 [如 Li_4SiO_4、Li_3MO_3 (M=B, Al, Ga, In)、Li_3PO_4 等]，或向重掺杂的 Li_2S-P_2S_5 中掺入氧，都会导致电导率的大幅提升 [31]。电导率提升的机理在第 2.3.6 小节有详细介绍。

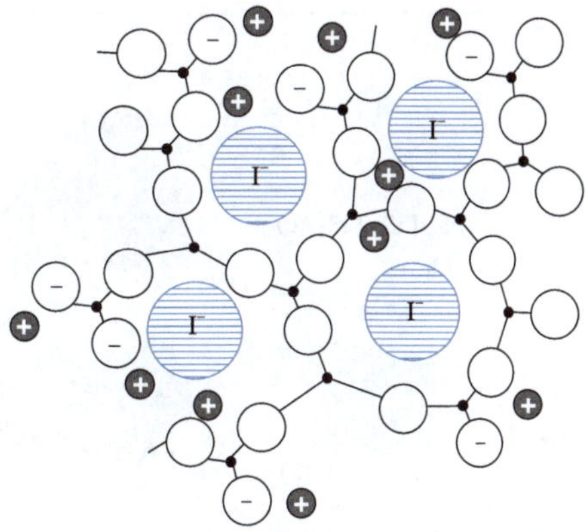

图 4-3　碱性碘盐混合玻璃结构的二维表示 [30]

4.1.2.2　微晶玻璃材料

在 20 世纪初，Tatsumisago 等发现将硫化物玻璃电解质部分结晶生成玻璃陶瓷态或微晶玻璃相后获得了更高的离子电导率，部分可以高达 10^{-2}S/cm。目前玻璃陶瓷态材料主要集中于 Li_2S-SiS_2 和 Li_2S-P_2S_5 体系中。Tatsumisago 等将 $70Li_2S$-$30P_2S_5$ 在 258 ～ 360℃下烧结，得到了类似于 α-$Ag_7P_3S_{11}$ 结构的 $Li_7P_3S_{11}$。如图 4-4（a）所示 [32]，双四面体 $P_2S_7^{4-}$ 和四面体 PS_4^{3-} 以共拐角（corner sharing）的方式连接，在这之间能提供较大的间隙空间为锂离子的运输提供方便，因此拥有较高的离子电导率，在室温下高达 $3.2{\times}10^{-3}$S/cm。在一定温度区间（含室温）内，电导率均高于纯玻璃相，而同组分的玻璃材料只有 10^{-5}S/cm 量级。Xu 等 [33] 通过掺杂 Mn、I 制备得 $Li_7P_{2.9}Mn_{0.1}S_{10.7}I_{0.3}$，将离子电导率进一步提升至 $5.6{\times}10^{-3}$S/cm。摩尔比为 $75Li_2S$-$25P_2S_5$ 的玻璃陶瓷材料也具有较高的离子电导率，该化学计量比下电化学活性最高的结晶相 β-Li_3PS_4 中，PS_4^{3-} 以“之”字形排列 [图 4-4（b）]，其朝向正反交替，锂离子位于两个四面体和一个八面体位置中间，该相在室温下的离子电导率也可达 10^{-4}S/cm。但在这之中，结晶相电导率优于玻璃相的现象并不常见，Tatsumisago 等同样对 Li_2S-

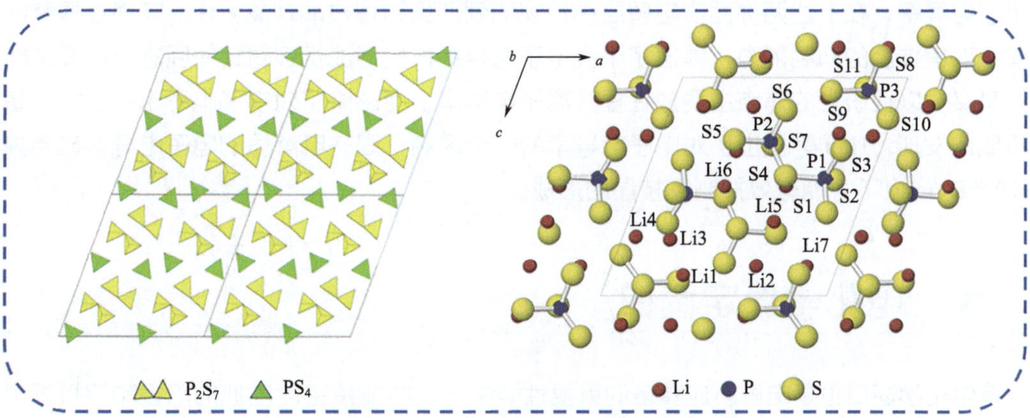

(a) $Li_7P_3S_{11}$沿[010]面二维、三维示意图

图 4-4

(b) Li_3PS_4晶态结构示意图

图 4-4 $Li_7P_3S_{11}$ 及 Li_3PS_4 示意图 [32, 35]

SiS_2 用相同方法制备了微晶结构，但是其离子电导率却始终逊色于玻璃态材料 [34]。尽管玻璃态材料通过掺杂改性也能达到相当的离子电导率，但是这一发现除了显示玻璃陶瓷材料的应用潜力外，还突破了玻璃态材料的热稳定上限。为了保持较高的离子电导率，玻璃材料的使用温度必须限制在玻璃转化温度（T_g）以下，但玻璃陶瓷材料至少需将热稳定温度提升到结晶温度（T_c）。

4.2 电子电导率

材料的电子电导率与电子带隙有关，带隙较小的材料通常具有较高的电子电导率 [36]。对于固态电解质，不仅要具备较高的离子电导率，同时其电子电导率要尽量低，以减少电池的自放电并增强电池的倍率性能。2019 年，Han 等 [37] 发现固态电解质中的高电子电导率可能是引起锂枝晶生长的关键。玻璃态 Li_2S-P_2S_5 的电子电导率在 10^{-9} ～ 10^{-8}S/cm，相比于 LiPON（10^{-15} ～ 10^{-12}S/cm）电子电导率高出几个数量级，氧化物固态电解质也展现出较高的电子电导率，在上述两种固态电解质中都观测到严重的锂枝晶现象。Han 等通过探究固态电解质对锂枝晶的抑制能力，提出了研究电子诱导锂枝晶形成机理对理解固态电解质性能有重要意义。以往研究的焦点主要放在提升离子电导率上而忽略了对电子电导率的要求，基于该机制的发现，Han 等提出了对电子电导率的一个限制：固态电解质的电子电导率应当控制在 10^{-10}S/cm 以下才能有效抑制锂枝晶的形成。

4.3 电化学稳定窗口

宽电化学窗口也是电解质应具备的重要性能之一，高能量密度电池的阳极和阴极锂电化学势相差很大，宽电化学窗口使得电解质在正负极的工作电势下不会与其发生氧化还原反应，从而保持相对稳定的电池运行状态。以锂电池为例，电解质电化学窗口是指由锂从电解质中脱出并在电解质与阴极间形成贫锂分解层（Li-deficient decomposition layer）和锂插入电解质并形成锂还原分解层（Li-reduced decomposition layer）这两个过程所形成的电压之差[38]。

一些基于循环伏安法（CV）的研究表明大多数硫化物在 0 ～ 4V 有一个较稳定的电化学窗口[12, 39-41]，但一些 DFT 计算结果则显示 S^{2-} 会在 2 ～ 2.5V 范围内氧化[38, 42-43]。而且使用硫化物电解质也经常会出现首周库伦效率较低和后续 1% ～ 2% 的容量衰减[44-45]。这些结果都与 CV 曲线显示的电化学窗口结果相矛盾，这说明以往的测试中硫化物电解质的电化学稳定性被高估了。Zhu 等[43]研究认为，分解反应的动力学迟缓引起的过电势是导致以往实验中表观电化学窗口较宽的原因。分解产物类似于固态电解质中间相，在这种中间相中，锂离子扩散可能受阻，从而限制反应动力学，这样一来相当于减轻电极的极端化学势，并保护固态电解质免于进一步被分解。硫化物与其他材料对金属 Li 稳定性计算见图 4-5，固态电池中电化学窗口以及对 Li 电势示意图见图 4-6。

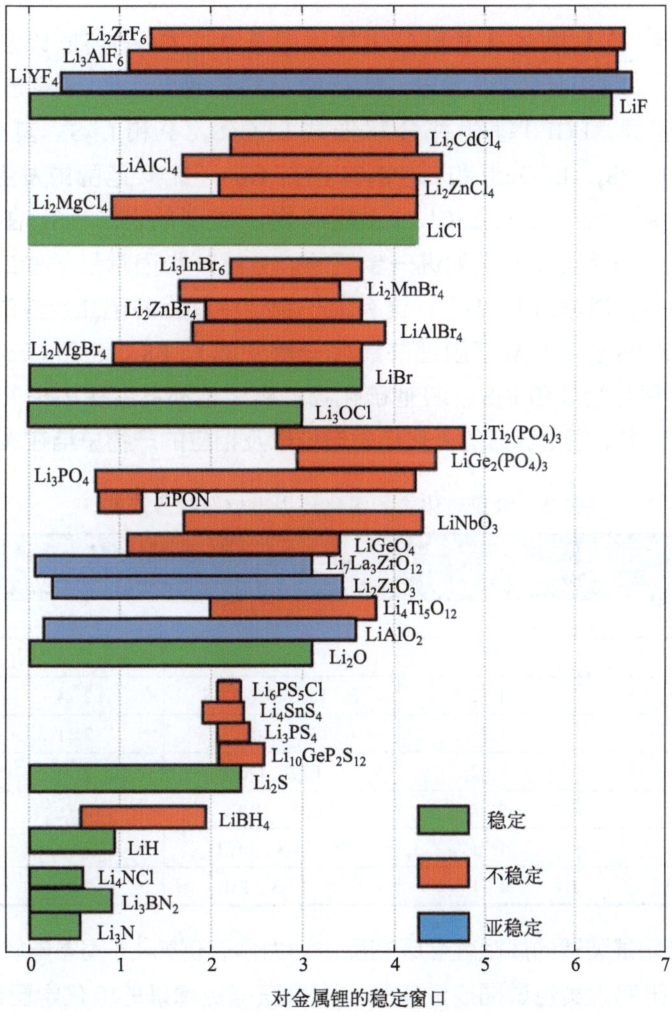

图 4-5　硫化物与其他材料对金属 Li 稳定性计算[38]

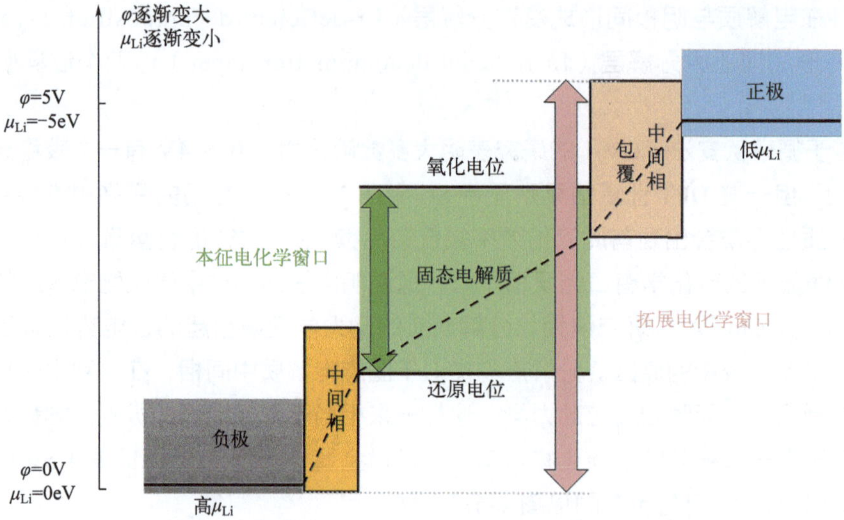

图 4-6 固态电池中电化窗口以及对 Li 电势示意图[43]

（φ 为电压；μ_{Li} 为 Li 的电化学势）

理论计算表明，电解质的化学窗口主要受限于 P 或 Ge 的还原以及 S 的氧化[1]。通过密度泛函理论（DFT）计算[43]得出，硫化物材料对锂热力学不稳定。LGPS 在 1.71V（相对于 Li）被还原，LGPS 锂化并分解形成 Li_4GeS_4、P 和 Li_2S。其他硫化物，例如 $Li_{3.25}Ge_{0.25}P_{0.75}S_4$、$Li_3PS_4$、$Li_4GeS_4$ 和 Li_6PS_5Cl 也在 1.6 ～ 1.7V 范围内发生还原。包含 Ge、Cl 和 I 的化合物将生成 Li-Ge、LiCl、LiI 等产物。特别的，$Li_7P_3S_{11}$ 在 2.28V 被还原成 Li_3PS_4，然后平台电压降至 1.71V 被进一步还原。分解产物通常是一些二元化合物（例如 Li_2S、Li_3P、LiI 等），通常对 Li 稳定，这有助于稳定中间相并阻止反应的进一步发生。在更高的电位下，LGPS 在 2.14V 下脱锂并氧化分解生成 Li_3PS_4、S 和 GeS_2，其中 Li_3PS_4 在 2.31V 下被进一步氧化为 S 和 P_2S_5。其他硫化物的氧化也都发生在 2 ～ 2.5V 内，通常生成 P_2S_5、GeS_2、S 等产物。理论计算的氧化还原电位以及相应的产物总结在表 4-1 中。

表4-1 常见硫化物的氧化还原电位及相应产物[43]

材料	还原电位/V	还原电位下的相平衡产物	氧化电位/V	氧化电位下的相平衡产物
Li_2S	—	Li_2S (稳定在0V)	2.01	S
LGPS	1.71	P、Li_4GeS_4、Li_2S	2.14	Li_3PS_4、GeS_2、S
$Li_{3.25}Ge_{0.25}P_{0.75}S_4$	1.71	P、Li_4GeS_4、Li_2S	2.14	Li_3PS_4、GeS_2、S
Li_3PS_4	1.71	P、Li_2S	2.31	S、P_2S_5
Li_4GeS_4	1.62	Li_2S、Ge	2.14	GeS_2、S
$Li_7P_3S_{11}$	2.28	Li_3PS_4、P_4S_9	2.31	S、P_2S_5
Li_6PS_5Cl	1.71	P、Li_2S、LiCl	2.01	Li_3PS_4、LiCl、S
$Li_7P_2S_8I$	1.71	P、Li_2S、LiI	2.31	LiI、S、P_2S_5

上文提到以往测试装置的局限性会限制反应动力学，例如 Li| 固态电解质 | 阻塞电极（Pt 或不锈钢），因此研究人员也试图改进实验方案来获得更精确的电化学窗口测量结果。Han 等[46]通过掺 C 的方式增加电解质的电子电导率从而提高反应动力学。对 Li|LGPS|LGPS-

C|Pt 进行循环伏安测试，LGPS 在 1.7V 时被还原，在 2.1V 时被氧化。Sang 等 [47] 利用原位拉曼光谱研究了 β-Li_3PS_4 和 LGPS 的电势依赖分解。对于 β-Li_3PS_4，在锂沉积和剥离过程中，发现了 PS_4^{3-} 向 $P_4S_4^{4-}$ 的部分可逆转化以及 Li_4S 的形成。相反，与 Li^+/Li 相比，LGPS 在低于 0.7V 的电势下仅表现出不可逆的变化。

有研究表明，核式结构能有效稳定电解质并扩展固态电解质的电化学窗口。Wu 等 [48] 将 $Li_{9.54}Si_{1.74}P_{1.44}S_{11.7}Cl_{0.3}$ 核用非晶态壳包围。在保护外壳的情况下，这些材料的电压窗口可以扩展到 0.7 ～ 3.1V。结合实验与理论计算，这种电化学窗口的扩展可能是由于核的分解伴随着体积膨胀，而刚性壳抑制了这种体积变化，所以如果所需能量小于压缩周围环境给反应产物腾出空间的能量，则不会发生分解反应。本研究认为，如果钝化层是离子导电性的，且具有 20 ～ 30GPa 的刚性模量，则可以通过机械压缩实现钝化。但是必须要考虑其他因素，例如由于压缩引起的晶格无序等情况。

4.4 化学稳定性

4.4.1 空气稳定性

通常硫化物固态电解质在空气中难以稳定存在，易发生水解并产生 H_2S 等有害气体。本节将介绍硫化物在空气中的稳定性，主要是和水、氧等组分发生化学反应的性质。在 4.4.1.1 节中介绍了几种用于解释空气稳定性的理论学说，这些学说不仅可帮助人们理解硫化物固态电解质空气不稳定的机理，而且能为人们开发出空气稳定的改性技术提供指导。4.4.1.2 节中则介绍了研究量化空气稳定的一些表征手段，包括产气量、结构形貌等随时间的变化。4.4.1.3 节则介绍了当下用于提高硫化物固态电解质空气稳定性的几种主要的改性手段以及研发空气稳定硫化物电解质新材料的进展。

4.4.1.1 空气稳定性理论研究

空气稳定性指材料在空气环境中不与空气中的组分（如水、氧气等）发生化学反应，从而保持材料本身组分、结构、性质、性能不变的一种能力。硫化物电解质的空气稳定性极差，暴露于空气环境中，会发生吸湿、产气（硫化氢气体）、形貌变化、质量变化等现象。硫化物较差的空气稳定性增加了其制备、加工、储存、运输等的复杂程度，从而提高了生产成本和生产难度，成为阻碍其产业化发展的关键因素。

早期，无规则网络学说被用于解释玻璃态硫化物固态电解质的空气稳定性。Saienga 等 [49] 于 2008 年指出非桥硫键是不稳定的位点，容易受到水分子的攻击。因此他们通过引入 La^{3+} 等具有补网作用的离子来桥接非桥硫以降低非桥硫的比例，提高玻璃态电解质材料的结构稳定性，从而实现空气稳定性的提升。但该观点缺乏有力的实验数据支撑，如硫化氢产生量、XRD 等直接证据。目前，有关空气稳定性最普遍认同的理论解释是软硬酸碱理论。在软硬酸碱理论中，根据原子、离子、分子对电子束缚能力的强弱，划分化学物种的软硬度。从分子轨道的角度来看 [50]，软碱具有较高的 HOMO（最高占据分子轨道），软酸具有较低的 LUMO（最低未占有分子轨道）；相应地，硬碱具有较低的 HOMO，硬酸具有较高的 LUMO。轨道间的能量差值越小，轨道交叠越大，越易形成较强的共价键；而轨道能量相差越大，则越易通过库伦相互作用形成较强的离子键。因此，软酸软碱（或硬酸硬碱）间形成的生成物稳定性较高。而软硬结合时，则一般只能形成弱的离子键，生成物稳定性较低。硫化物中的 S^{2-} 属于软碱离子，根据软硬酸碱理论，其与软酸阳离子结合能得到稳定性更高的化合物。基于该理论，有研究利用 Sn^{4+}、As^{5+}、Sb^{5+} 等软酸元素作为中心阳离子，与软碱 S^{2-} 紧密结合，从而构建出 Li-M-S（M 为软酸元素）型的硫化物固态电解质。

除此之外，从热力学的角度，硫化物电解质在潮湿空气中发生水解反应的吉布斯自由能变化 ΔG 的大小也能一定程度上反映电解质空气稳定性的高低。2020 年，Zhu 等 [51] 基于该热力学原理证明了以 As^{5+}、Sn^{4+}、Sb^{5+} 为中心阳离子的 Li-M-S 型硫化物电解质的空气稳定性优于以 B^{3+}、Al^{3+}、Si^{4+}、P^{5+} 为中心阳离子的硫化物电解质。

4.4.1.2 空气稳定性表征方法

由于硫化物电解质在潮湿的空气中会发生水解反应并产生 H_2S，因此测定 H_2S 产生量以及电解质组分和结构的变化是表征材料空气稳定性的主要手段。除此之外，还有对电解质离子电导率变化、形貌变化、质量变化的测试。

对硫化氢气体的测量方法通常是将电解质置于一定相对湿度的容器内，通过硫化氢气体传感器检测不同时刻下硫化氢气体的浓度值。由于对硫化氢的检测主要依赖于气体的扩散运动，难以保证在空间上的均匀分布，检测误差较大，重复性较差。另外，容器内部的湿度控制也是实验的另一大难点。以往的研究中，有利用风扇循环的方式使硫化氢气体浓度均匀化或通入具有某一相对湿度值的空气作为载气带出硫化氢气体，来提高硫化氢气体产生量的检测精度。本研究创新性地利用泵吸式硫化氢气体检测仪，全装置采用管道式连接，通过载气 N_2 将硫化氢气体带入检测仪器内，最大程度上实现了暴露气氛的湿度恒定以及硫化氢产气量的瞬时检测。表 4-2 中总结了目前已报道的与硫化氢气体产生量相关的空气稳定性测试结果。尽管不同文章中的测试方法、测试条件、样品制备不尽相同，但仍然可以从中得到一些定性的结论：硫化氢的产生量随电解质与空气的接触面积、暴露气氛相对湿度值的增大而增大。

常用于检测材料结构的表征手段主要有拉曼光谱、XRD 等。例如，Muramatsu 等 [52] 利用拉曼光谱对 L_2S-P_2S_5 玻璃和玻璃陶瓷体系在不同空气暴露时长下的结构变化进行表征。研究发现，$75Li_2S$-$25P_2S_5$在这一体系中表现出最优的空气稳定性，在空气中暴露 7h 后电导率与拉曼光谱几乎没有明显变化，这与其局域结构有关。而$67Li_2S$-$33P_2S_5$随着暴露时长的增加，$P_2S_4^{7-}$（407cm^{-1}）、Li—S（376cm^{-1}）基团的峰强逐渐减弱并消失，与此同时，S—H、O—H、Li—O—H 新峰出现。由此，研究人员推测$67Li_2S$-$33P_2S_5$中的$P_2S_7^{4-}$基团与 Li_2S 发生了如下的水解反应：

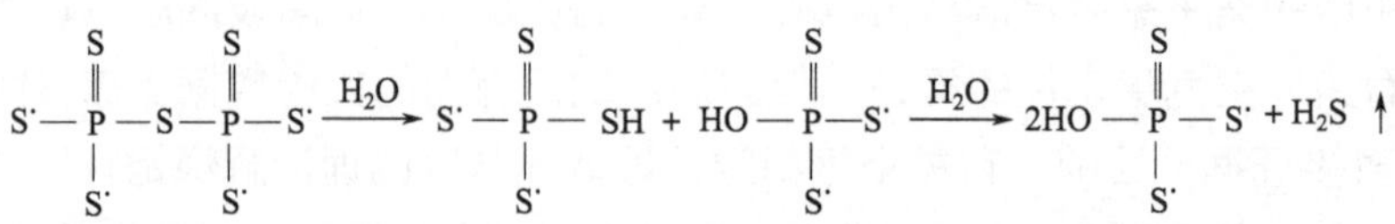

$$\text{Li-S-Li} \xrightarrow{H_2O} \text{Li-SH} + \text{HO-Li} \xrightarrow{H_2O} 2\text{LiOH} + H_2S\uparrow$$

表4-2 硫化物电解质的空气稳定性测试结果汇总

电解质	暴露前的离子电导率（25℃/RT）/(S/cm)	暴露后的离子电导率(RT)/(S/cm)	测试装置或方法	样品质量及形貌	暴露条件（相对湿度，温度）	暴露时间/min	H_2S产生量/(cm^3/g)	电解质类别
$67Li_2S\text{-}33P_2S_5$			密封干燥器(2000cm^3)	100mg (片)	48%～51%，24～25℃	1	2	玻璃态
$70Li_2S\text{-}30P_2S_5$ ($Li_7P_3S_{11}$)			密封干燥器 (2000cm^3)	100mg (片)	48%～51%，24～25℃	1	0.9	玻璃态
$75Li_2S\text{-}25P_2S_5$ (Li_3PS_4)			密封干燥器 (2000cm^3)	100mg (片)	48%～51%，24～25℃	1	0.01	玻璃态
$75Li_2S\text{-}25P_2S_5$ (Li_3PS_4)	1.9×10^{-4}	1.5×10^{-4}	密封干燥器 (2000cm^3)	100mg (片)	48%～51%，24～25℃	1	0.2	玻璃陶瓷态
$80Li_2S\text{-}20P_2S_5$			密封干燥器 (2000cm^3)	100mg (片)	48%～51%，24～25℃	1	0.6	玻璃态
$90Li_3PS_4\text{-}10Fe_2O_3$	1.5×10^{-4}		密封干燥器 (2000cm^3)，使用风扇	100mg (片)	26%～37%，19～22℃	10	0.02	复合
$90Li_3PS_4\text{-}10ZnO$	2.9×10^{-4}		密封干燥器 (2000cm^3)，使用风扇	100mg (片)	26%～37%，19～22℃	10	约0	复合
$90Li_3PS_4\text{-}10Bi_2O_3$	2.4×10^{-4}		密封干燥器 (2000cm^3)，使用风扇	100mg (片)	26%～37%，19～22℃	10	约0	复合
$17Li_2O\text{-}83Li_7P_3S_{11}$	6×10^{-5}		密封干燥器 (1750cm^3)，使用风扇	100mg (片)	80%，20～25℃	10	＜0.009	复合
$20Li_2O\text{-}80Li_7P_3S_{11}$	超过10^{-4}		密封干燥器 (1750cm^3)，使用风扇	100mg (片)	80%，20～25℃	10	＜0.009	复合
$25Li_2O\text{-}75Li_7P_3S_{11}$	超过10^{-4}		密封干燥器 (1750cm^3)，使用风扇	100mg (片)	80%，20～25℃	10	＜0.009	复合
$75Li_2S\text{-}15P_2S_5\text{-}10P_2O_5$	4×10^{-5}		密封干燥器 (2000cm^3)，使用风扇	100mg (片)	40%～53%，24～27℃	25	0.06	玻璃态
$30LiI\text{-}70(0.07Li_2O\text{-}0.68Li_2S\text{-}0.25P_2S_5)$	1.3×10^{-3}		密封干燥器 (1750cm^3)，使用风扇	100mg (片)	80%，20～25℃	1	＜0.009	玻璃态
$Li_{3.06}P_{0.98}Zn_{0.02}S_{3.98}O_{0.02}$ (x=0.02)	1.12×10^{-3}		密封容器(1750cm^3)，使用风扇	100mg (片)	55%，30℃	180	0.0175	晶态
$Li_{6-2x}Zn_xPS_{5-x}O_xBr$ (x=0.15)	1.59×10^{-3}		XRD		10%	10		晶态
$Li_6PS_{4.7}O_{0.3}Br$	1.54×10^{-3}		XRD		35%	10		晶态
$Li_{6.988}P_{2.994}Nb_{0.2}S_{10.934}O_{0.6}$	2.82×10^{-3}		密封干燥器 (2880cm^3)，使用风扇	100mg (粉体)	40%～45%，25℃	60	0.4896	晶态

续表

电解质	暴露前的离子电导率（25℃/RT）/(S/cm)	暴露后的离子电导率(RT)/(S/cm)	测试装置或方法	样品质量及形貌	暴露条件（相对湿度，温度）	暴露时间/min	H_2S产生量/(cm³/g)	电解质类别
$Li_7Sb_{0.05}P_{2.95}S_{10.5}I_{0.5}$	2.55×10^{-3}		2880cm³	200mg (片)	40%～47%，RT	35	0.37	晶态
LPSI-20Sn(Li_6PS_5I)	3.5×10^{-4}		XRD		10%	1440 (24h)		晶态
gc-$Li_{3.2}P_{0.8}Sn_{0.2}S_4$	1.21×10^{-3}	1.03×10^{-3}	XRD		5%	1440 (24h)		玻璃陶瓷态
Li_4PS_4I	1.5×10^{-4}	0.7×10^{-4}（180℃真空干燥）	密封干燥器 (2000cm³)	15mg (片)	40%，20℃	60	0.82	晶态
$Li_{10}Ge(P_{1-x}Sb_x)_2S_{12}$ (x=0.75)	17.5×10^{-3}	15.7×10^{-3}	密封容器 (18600cm³)	350mg (粉体)	1%～3%	1440（24h）	＜0.053	晶态
LiSnOS	1.92×10^{-4}		XRD			两周		晶态
$Li_{3.833}Sn_{0.833}As_{0.166}S_4$	1.39×10^{-3}	9.95×10^{-4}	XRD		80%，17.8℃	2880（48h）		晶态
Li_2SnS_3	1.5×10^{-5}		XRD		60%	一周		晶态
LiI-Li_4SnS_4	4.1×10^{-4}(30℃)	2.6×10^{-4}(30℃)	EXAFS（X射线吸收精细结构谱）	粉体	干燥空气	1440（24h）		玻璃态
Li_4SnS_4 (液相加工)	1.4×10^{-4}(30℃)		密封容器(2.5L)，使用风扇	水溶液 (100mg:1mL)		60	约0	晶态
Li_4SnS_4 (六方相)	1.1×10^{-4}		密封容器(2000cm³)，使用风扇	50mg (粉体)	70%，20～22℃	40	0.25	晶态
$Li_{3.85}Sn_{0.85}Sb_{0.15}S_4$	8.5×10^{-4}(30℃，烧结片)		密封容器(2.6L)，使用风扇	粉体	50%，RT		约0	晶态
$Li_{3.8}Sn_{0.8}Sb_{0.2}S_4$	3.5×10^{-4}		密闭空间 (900cm³)	粉体	60%，22℃	超过100	约0	晶态
Li_3SbS_4	1.5×10^{-6}		有流动空气的容器	50mg (粉体)	70%，RT	950	＜1	玻璃态
$Li_7P_3S_{11}$-5%SEBS	7×10^{-4}			100mg (粉体)	50%～55%，22～24℃	10	12.5	复合
PGMA-LPS50%	1.8×10^{-4}		原位XRD		20%，RT	20		复合

注：SEBS表示苯乙烯-乙烯-丁烯-苯乙烯共聚物；PGMA表示聚甲基丙烯酸。

4.4.1.3 空气稳定性改性方法

目前，提高硫化物电解质空气稳定性的手段主要有：a. 物理混合硫化氢吸收剂或催化分解硫化氢，降低硫化氢气体产生量；b. 掺杂改性；c. 设计新材料体系；d. 通过复合固态电解质来优化整体性能。

金属氧化物 M_xO_y 能与 H_2S 气体发生如下反应：

$$M_xO_y + yH_2S \longrightarrow M_xS_y + yH_2O$$

因此，金属氧化物可以用来吸收硫化氢气体。Ohtomo 等[53]还发现 FeS 可以催化硫化氢分解，同样能达到抑制硫化氢产生的作用，然而，这种提高空气稳定性的方法只是将吸收剂或催化剂与硫化物电解质物理混合，表观上减少硫化氢产量，并不能阻止硫化物电解质的分解。此外，这一类吸收剂或催化剂的添加还可能会带来电解质的离子电导率下降的问题，并未从本质上有效改善硫化物电解质的空气稳定性。

氧原子部分替代硫原子可以形成氧硫基团，改变电解质材料的局域结构，从而提高其空气稳定性。以 Li_2O[54-55]、P_2O_5[56-57]为氧源对硫化物中的 S 进行部分替代被证明能有效减少硫化氢的产生并提高其空气稳定性。此外，ZnO 也被证实能与 Li_3PS_4 进行低比例的共掺杂，并提高其空气稳定性[58]。在掺杂比例较低时，Zn 和 O 原子能够较容易地被一些缺陷或熵因子稳定，但当掺杂比较大时，则可能会引起结构的不稳定。

软酸元素掺杂是另一种提高硫化物电解质空气稳定性的掺杂思路。Liang 等[59]认为 P—O 比 P—S 键能更高，更易形成，这是由于 P—S 在空气中不稳定。因此降低 P 含量有助于提高空气稳定性。基于软硬酸碱理论的指导，Liang 等[59]在 LGPS 中引入 Sb 元素得到 $Li_{10}Ge(P_{0.925}Sb_{0.075})_2S_{12}$，在暴露前后其 XRD 衍射谱没有明显变化，并且随 Sb 含量增加，硫化氢产生量也不断减少。Zhao 等[60]用 Sn 部分取代 Li_6PS_5I 中的 P 形成的 (P/Sn)—S 键能强于 $[PS_4]$ 四面体中的 P—S，从而获得了更高的空气稳定性。

若用软酸元素完全取代硬酸 P，则可得到 Li-M-S（M=As, Sn, Sb 等）新型材料体系。这类材料中 S 原子与软酸原子 M 以强共价键结合，在空气中能保持更高的稳定性。Li_4SnS_4 是目前受到广泛关注的空气稳定性硫化物电解质材料。2012 年 Kaib 等[10]开发出 Li_4SnS_4（空间群 *Pnma*）电解质，其晶体结构如图 4-7 所示，S 原子与 Sn 原子结合形成 $[SnS_4]^-$，并以扭曲的四面体方式与三个相邻的 Li^+ 配位。Li^+ 又通过四个 S 原子四面体配位，或者通过六个 S 原子以扭曲的八面体进行配位。这种材料被证明拥有较好的空气稳定性。但 Li_4SnS_4 的离子电导率偏低，不少研究工作者基于这一材料，通过掺杂等手段，开发出兼具化学稳定性和优异电化学性能的硫化物电解质材料。2014 年，Brant 等[61]开发出了 Li_2SnS_3 电解质，其具有高空气稳定性和热稳定性，但由于其离子电导率较低，并没有引起太大的轰动。

除此之外，Li-Sb-S、Li-Cu-Ge-S、LiSnOS 等新材料都表现出了较为优异的空气稳定性。但受限于离子电导率、原材料、生产工艺等因素，至今尚未得到广泛应用。

Tan 等[62]将疏水聚合物与硫化物电解质进行复合，得到空气 / 水分稳定的复合电解质。将具有超疏水性的 SEBS 聚合物与 $Li_7P_3S_{11}$ 复合得到电解质薄膜，对比未经处理的 $Li_7P_3S_{11}$，产硫化氢量大大减少。如图 4-8 所示，在用水浸润电解质的实验中，复合电解质薄膜仍能保持初始的形状，表明超疏水聚合物能使对水敏感的硫化物电解质变得更加稳定。Li 等[63]设

计了 β-Li_3PS_4 和聚甲基丙烯酸（PGMA）的复合固态电解质，并通过原位 XRD 测试证明其可以在湿润的空气环境（相对湿度 20%）中稳定 10min。

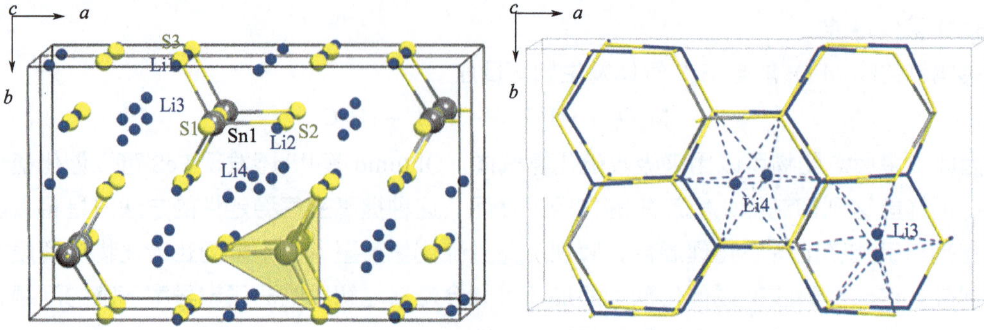

图 4-7 Li_4SnS_4结构示意图

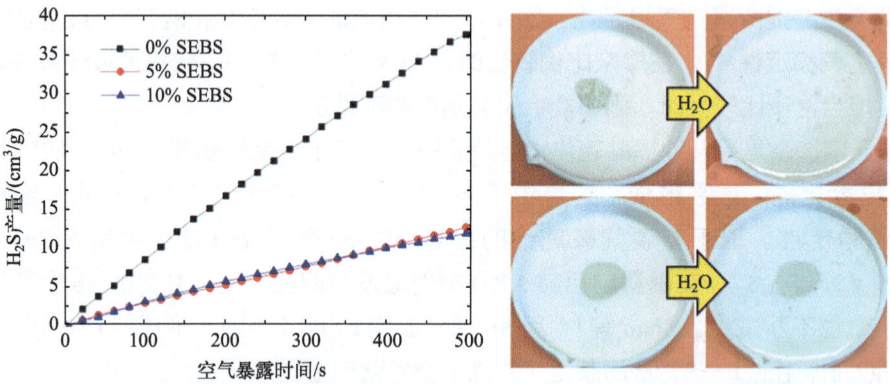

(a) 含0%、5%、10%SEBS的SEBS-$Li_7P_3S_{11}$复合固态电解质的硫化氢产生量

(b) $Li_7P_3S_{11}$和SEBS-$Li_7P_3S_{11}$复合固态电解质在注水前后的变化

图 4-8 水浸润电解质实验

4.4.2 与有机溶剂的稳定性

液相合成在固态电池中有重要应用。一些固态电解质可以通过液相合成制备，这有利于实现高效、低成本、大规模的生产制造。通过液相合成或溶液法在活性材料上对固态电解质进行涂覆，可以使活性材料与固态电解质紧密接触，有利于增强具有分散应力、应变复合电解成分的均匀分布。而对于硫化物，由于其能与水发生水解反应，通常在液相合成中使用有机溶剂，因此选择可与硫化物兼容的有机溶剂在液相合成中十分关键。

极性和蒸气压是考虑有机溶剂与硫化物固态电解质相容性的关键参数。溶剂的极性决定其与电解质间的化学稳定性。这种兼容性可以通过将电解质暴露在溶剂中产生的离子电导率和颜色变化来确定。由于硫化物电解质通常具有较高的反应活性，一般选择非极性或低极性的溶液，例如甲苯、正庚烷、二甲苯和苯甲醚等 [64]。蒸气压则影响着硫化物薄膜的成型。高蒸气压下蒸发速率过快，将导致薄膜表面粗糙不平。一般来说，这一工艺中运用的溶剂沸点在 98.5 ～ 155℃较为合适[65-66]。

4.4.3 与锂/钠金属负极的稳定性

本节将介绍以碱金属为负极与硫化物固态电解质界面的稳定性问题。其中，采用锂金属负极是实现制备高能量密度电池的可能方向之一，因此现有研究以金属锂为主。在 4.4.3.1 中，根据热力学和动力学原理，介绍了金属锂界面的几种情况；在 4.4.3.2 中则介绍了几种提高界面稳定性的方法，主要包括合金负极、表面涂覆和材料改性。

4.4.3.1 碱金属界面

金属锂具有极高的理论容量（3840mA·h/g）以及较低的电化学势（−3.04V，相对于标准氢电极），是制备高容量电池的理想电极之一[67-68]。但同时金属锂也具有很强的正电性和反应活性，能与绝大多数固态电解质发生反应，生成 SEI（固态电解质界面）。中间相的化学、力学、电子性能对于固态电池的电化学表现以及循环寿命至关重要。根据电解质对金属锂的反应活性，从 SEI 特性以及与金属锂反应特性的角度，又可以将界面分为三种（图 4-9）[36]：

① 化学稳定界面，没有SEI层，可实现锂离子从锂金属到SE（固态电解质）的高效转移；

② 离子导电但具有电绝缘作用的中间相，这种界面形成后相对稳定；

③ 混合导电界面，其中同时存在离子导电材料和电子导电材料，该界面不稳定，在循环过程中将继续增长，这意味着界面阻力将继续增加。

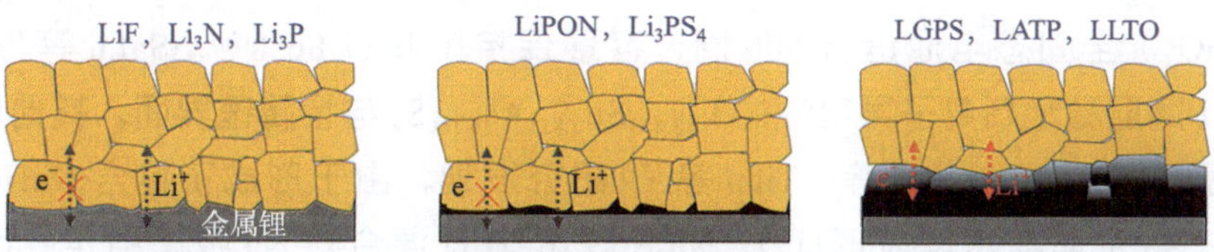

(a) 稳定界面　(b) 离子导体形成稳定界面　(c) 混合导体界面生长

图 4-9　硫化物 - 金属锂的三种界面[36]

多数情况下，二元离子导体对金属锂具有化学稳定性，在 0V 不发生分解。对于三元和四元离子导体，其对金属锂的稳定性取决于其相应二元分解产物的形成能。例如，Li_6PS_5Cl 分解形成 Li_2S、Li_3P 和 LiCl，形成能为负，对稳定性有利，因此 Li_6PS_5Cl 对金属锂也相对稳定。导体的阳极稳定性随其阴离子电负性的增加而增加。例如，氯化物比溴化物更稳定，而氟化物离子导体（相对于金属锂）的平均稳定性则更高。

LGPS 与金属锂接触时的分解能为 −1.2eV/ 原子[42]，分解产生的 Li_2S、Li_3P 和 Li-Ge 合金在界面处形成混合离子电子导体（MIEC），Li-Ge 与 LGPS 接触可使电解质继续分解，从而逐渐增加阳极界面阻抗，并最终导致电池失效[69]。相同的原理同样适用于基于 Si、Sb、Sn 和 As 的固态电解质，因为它们都可在室温下与 Li 形成电子导电合金[36]。

目前已知的只有磷基硫化物固态电解质对金属锂相对稳定，因为这些电解质的预期分解产物 [Li_2S、Li_3P 和 LiX（X = Cl, Br, I）] 是对 Li 具有热力学稳定性的绝缘材料[42]。玻璃或玻璃陶瓷态的 LPS 材料（Li_2S 与 P_2S_5 的比例为 70∶30 ～ 80∶20）以及银锗硫矿的硫化物固

态电解质 [Li_6PS_5X(X = Cl, Br, I)] 被证明能形成稳定界面并获得较长的循环寿命[70]。这类界面稳定性归因于没有电子导电的中间相，即第二类界面，从而使中间相钝化。Hayashi 等[71] 观测到 LPS 玻璃电解质与金属锂接触 24h 后，阻抗增加了近 40%，但在接下来的 500h 内，阻抗增加不到 10%。Wenzel 等[70, 72-73] 通过研究扩散 - 控制的固态反应模型得出，与 LGPS 相比，$Li_7P_3S_{11}$ 和 Li_6PS_5Cl 的界面阻抗增长动力学较低。由此可以推测，利用 LPS 或 Li_6PS_5X 充当金属锂与 LGPS 间的缓冲层能起到阻止 LGPS 分解的保护作用。

4.4.3.2 碱金属界面改性

LPS 在金属锂电池的应用中仍存在其他问题，Hayashi 等研究表明[71]，当施加 0.075mA/cm^2 的电流密度时，锂枝晶可以通过 LPS 的空隙生长。将金属锂替换成 Li-In 合金能有效抑制这种现象。使用 $Li_{0.5}In$ 作为阳极时，施加的电流密度可以增加到 1mA/cm^2 而没有任何枝晶的生长。

在负极上使用合金还有助于改善 MIEC 界面[36]。Na_3PS_4（NPS）与金属钠接触时不稳定，是因为两者在界面上形成了电子导体 Na_3P。随着 Na/NPS/Na 对称电池充放电循环，极化逐步增强。但是，通过使用 Na-Sn 合金（Na∶Sn=2∶1，相对于 Na/Na^+ 为 0.3V），可以观察到稳定的镀覆和剥离（plating and stripping），并且在 40h 内极化没有发生任何变化。因此使用 Na-Sn 合金负极有可能实现基于 NPS 的全固态电池的长效循环。

除了使用合金负极外，在电解质与金属负极间添加涂层也是一种有效提高界面稳定性的方法。涂层材料要对金属锂和电解质保持热力学稳定，同时具备离子导电和电子绝缘的特性，还要具备较好的机械延展性。例如，在 Li 金属上原位形成的 $LiHPO_4$ 可以使 LGPS/LCO（$LiCoO_2$）全固态电池运行 500 周，容量保持率超过 86%[74]。Sahu 等[11] 通过使用 $3LiBH_4$∶LiI 薄层稳定高离子导电性的 $Li_{3.833}Sn_{0.833}As_{0.166}S_4$ 与金属锂界面。其他保护性无机氧化物涂层包括 ZnO、Al_2O_3 等。Tian 等[75] 研究发现，由于形成了包含 NaH 和 Na_2O 的钝化层（由 Na 金属与水反应形成），Na_3SbS_4 和 H_2O 混合对 Na 金属稳定，可用于保护 Na_3SbS_4，从而延长了其使用寿命。但涂层技术在实际应用中需要考虑电池组装成本的增加，因此大规模涂覆此类涂层仍是一项挑战。

另外，不同材料的性能往往不能同时满足人们对金属锂 / 钠 - 电解质界面涂层的要求。氧化物涂层通常杨氏模量较高（硬度大），机械延展性差，不能轻易地承受锂金属沉积引起的大应力，并会在充放电过程中形成裂纹。这种裂纹将成为锂枝晶成核和生长的热点，最终使电池短路。通过使用聚合物或杂化涂层能获得力学性能更优的涂层界面。例如在 Na_3SbS_4 与金属 Na 间引入交联的 PEO（CPEO）可以减轻界面化学反应[76]。Na |CPEO | Na_3SbS_4 | CPEO | Na 对称电池在静止 400h 后的阻抗变化显著小于 Na|Na_3SbS_4 | Na，拆卸电池后也没有看到黑色的 SEI 产物。但聚合物电解质在室温下离子电导率和转移数（0.2 ～ 0.5）较低，导致了锂金属界面上的阴离子快速耗尽，加剧了电场的不均匀分布，进而促进电解质的迁移并促进 Li 枝晶的成核。对金属锂热力学稳定的界面通常存在于二元离子导体中（如 Li_2S、Li_3P、Li_3N、LiCl、LiF 等）。在二元离子导体中，阴离子处于完全还原状态，因此不会发生进一步还原。此外导体的负极稳定性随其阴离子电负性的增加而增加。例如，氯化物比溴化物更稳定，而氟化物的离子导体（相对于锂金属）平均稳定性则更高。在固态电池技术中，

Li_3N 可以用作金属上的薄保护层，以减轻界面反应并防止锂枝晶生长。此外，LiCl 和 LiF 具有高氧化稳定性，原位或非原位形成的薄 LiF 层有望成为一种保护固态电池中 Li 金属的材料 [77-78]。

通过取代，可以达到硫化物电解质对金属锂界面的钝化或动力学稳定。例如，将氧掺入 LGPS 不仅可以改善离子电导率（$Li_{10}GeP_2S_{11.7}O_{0.3}$ 的电导率为 8.43×10^{-2}S/cm，而 LGPS 的电导率为 1.12×10^{-2}S/cm），还可以稳定与锂金属的界面 [79]。对于氧取代的 Li_6PS_5Br（$Li_6PS_{4.7}O_{0.3}Br$）也观察到类似的结果 [80]。除氧之外，掺杂金属硫化物的 LPS 玻璃陶瓷材料（$Li_7P_{2.9}S_{10.85}Mo_{0.01}$）与 Li 金属的界面电阻也比 $Li_7P_3S_{11}$ 的更低 [81]。将 ZnO 掺入 Li_3PS_4（$Li_{3.06}P_{0.98}Zn_{0.02}S_{3.98}O_{0.02}$）后也表现出了对 Li 金属更好的稳定性，循环 100 周后容量保持率为 81%，而纯 Li_3PS_4 仅为 35%。但通过元素取代实现的动力学稳定金属界面还需要进一步实验检测，如长寿命循环测试等 [58]。

4.4.4 与正极活性材料的稳定性

随着硫化物固态电解质的开发，固态电解质的离子电导率已经不再是固态电池应用的难点，与此同时正极与硫化物电解质界面处的高电阻反而开始限制固态锂电池高功率密度的应用。界面处的热力学不稳定以及动力学迟缓成为固态电池技术中亟待解决的关键问题。高界面阻抗主要来源于界面处的不良接触、化学和电化学反应以及空间电荷层，本节将介绍硫化物电解质与正极的稳定性以及高阻抗的机理，最后介绍一些可行的界面改性手段。

4.4.4.1 正极界面稳定性

计算模拟是研究界面化学反应的一种常用手段。通过建立伪二元相图（pseudo binary phase diagram），其中所有元素在界面处均处于平衡状态，来比较产物的形成能与电解质/电极材料的分解能，进而预测反应进行的方向。反应一方面取决于参与反应的组分，例如 $LiCoO_2$（LCO）与 LGPS 和 Li_3PS_4 的反应分解能量分别为 −340meV/原子和 −405meV/原子 [42]，这表明 LPS 比 LGPS 更容易与 LCO 反应。另一方面，反应程度也取决于电荷状态。与原始 LCO 相比，脱锂的 LCO 与 LPS 和 LGPS 的反应能量较低（每个原子分别为 −564meV 和 −499meV），这种差异主要是因为更多的 Co 处于较高的氧化态（Co^{4+}），具有更高的反应趋势。并在界面处形成了 Co_9S_8、Li_2SO_4 和 Li_3PO_4。在层状氧化物阴极与硫化物电解质之间都观测到了类似的趋势 [82]。硫化物电解质活泼的化学性质在固态电池设计中是不利的，氧化物正极与氧化物电解质的反应能比前者低两个数量级，这是由于硫化物的极性更强，更易将过渡金属还原为较低的氧化态。对于磷酸盐类正极材料也显示出了同样的规律 [83]。在基于固态电解质的钠离子电池中，Banerjee 等 [36] 计算出，当非聚阴离子阴极（例如层状 $NaMO_2$ 氧化物）与 Na_3PS_4 或 Na_3PSe_4 配对时，由于 S^{2-} 或 Se^{2-} 被 O_2 置换而形成高度稳定的阴极/固态电解质组合，会产生高度不稳定的阴极/固态电解质组合 PO_4 化合物。含 PO_4 的聚阴离子阴极 [$NaFePO_4$、$NaFePO_4F$、$Na_3V_2(PO_4)_3$ 和 $Na_3V_2(PO_4)_2F_3$] 在所有硫化物和硒化物固态电解质上均显示出更强的化学稳定性 [36]。

另外，用 As 和 Sb 取代 P 可以改善 $NaMO_2$ | 电解质层状界面的化学稳定性。尽管仍

然有交换反应发生，但反应不会将电解质完全消耗。但基于热力学的界面分解计算也有其局限性，那就是会忽略动力学屏障的限制，例如键断裂的动力学活化能垒和原子在界面上的扩散限制等，这也是理论计算与实验观察不符的原因之一。硫化物电解质虽然相比于氧化物电解质拥有更高的分解能，但氧化物的高温烧结工艺对反应动力学有利。分子动力学模拟（AIMD）是探测界面动力学反应的一种计算方法。Tang 等[84] 应用 AIMD 研究了 $NaCoO_2$（NCO）/$Na_{0.5}CoO_2$ 和 Na_3PS_4 之间的反应，结果表明 Na—Na、S—O、P—O 和 Co—S 均在 60ps 内形成。$NaCoO_2$ 中的 Na—Na 可以在一定时间内稳定存在于 $NaCoO_2$-Na_3PS_4 界面，但充电态 $NaCoO_2$-Na_3PS_4 界面则会消失。Banerjee 等[36] 还使用 AIMD 研究了 $LiNi_{0.80}Co_{0.15}Al_{0.05}O_2$ (NCA)-Li_6PS_5Cl (LPSCl) 界面，其中 P—O 与 S—S、Ni—S 和 Co—S 一起形成，与热力学计算非常吻合。

常见的界面实验探测手段包括电化学充放电曲线、电化学阻抗谱和 GITT 分析等，以及利用 TEM 等对界面形貌进行直接探测。Jung 等[85] 发现没有静置环节的 $LiNi_{1/3}Mn_{1/3}Co_{1/3}O_2$（NMC）-$Li_6PS_5Cl$ 复合材料反而表现出了较高的容量和较低的极化率，这是由于在不加偏压的情况下（即静置过程），NMC 与 Li_6PS_5Cl 之间也会持续不断地发生化学反应，随时间变化的阻抗谱验证了这一观点。活性材料的分解会增加整体阻抗，其中分解生成的钝化层（CEI）对离子起阻塞作用，增加了界面阻抗。另外，实验时也观测到了充电态与原始态在界面稳定性上的差异。

例如，在放电状态下，NMC-LPSCl 界面处的主要产物是 NiS、CoS、MnS、Li_2S、LiP_xCl_y 和 LiCl，而电化学循环后则检测到 $Mn_3(PO_4)_2$/$Ni_3(PO_4)_2$、Li_3PO_4、PO_x 和 SO_x（$2 < x < 3$）。这些结果表明，电化学脱锂可使 O 与 P 和 S 更具反应性，从而形成 P—O 和 S—O。Banerjee 等[82] 设计了一种分离化学反应和电化学反应的实验方案，即将充电后的正极粉末收集后再与电解质粉末混合，测得的反应产物 NiS、Li_3PO_4 和 LiCl 在充电态下的强度明显高于原始态。实验中还观测到了 LCO/Li_2S-P_2S_5 和 LCO/LGPS 界面中存在一层非晶态的界面层，这可能是电解质与电极材料间的缓慢扩散动力学所致[36]。在氧化物正极与硫化物固态电解质之间的化学反应和电化学反应中，原始态的反应动力学较慢，而在充电态下，反应由化学势和电化学势共同驱动，不仅反应更加剧烈，生成的中间相也更厚。了解界面反应的中间相也十分关键，因为中间相会影响后续的反应动力学。化学反应产物形成的界面层能否起到钝化作用取决于界面层的离子和电子电导率。例如，Li_3PO_4 是电子绝缘体和离子导体，允许 Li^+ 在界面上转移。另外，过渡金属硫化物具有电子导电性，可促进电解质的电化学分解，从而导致界面不断增长，不利于电池性能。图 4-10 显示出了包覆改性对硫化物固态电解质与过渡金属氧化物（TMO）正极界面稳定性的提升作用。

4.4.4.2 空间电荷层

当两种离子导体相互接触时，受电化学势驱动，界面处的自由离子浓度发生变化形成空间电荷层。当电解质与高电压正极接触时，正极处的高电位往往会降低电解质一侧的锂离子浓度，而硫化物中锂与硫的结合较弱，这一现象更为明显，从而在电解质一侧产生锂耗尽层，这种由离子浓度差产生的空间电位与充放电过程中电压驱动的离子输运是相反的，因此导致了界面处的高电阻。有研究通过探测界面处的电势分布来间接验证空间电荷层理论，例如用原位 Kelvin 探针和电子全息实验来测量跨界面和 Li 耗尽层的电势分布[86-88]。电位梯度的长度对应于贫锂层形成之前存在于其中的锂离子数量，可以用来估算贫锂层厚度，Ohta 估算的贫锂层厚度约为 8.3nm，据经验判断这一离子导体的空间电荷层厚度的估算结果较为合理[88]。

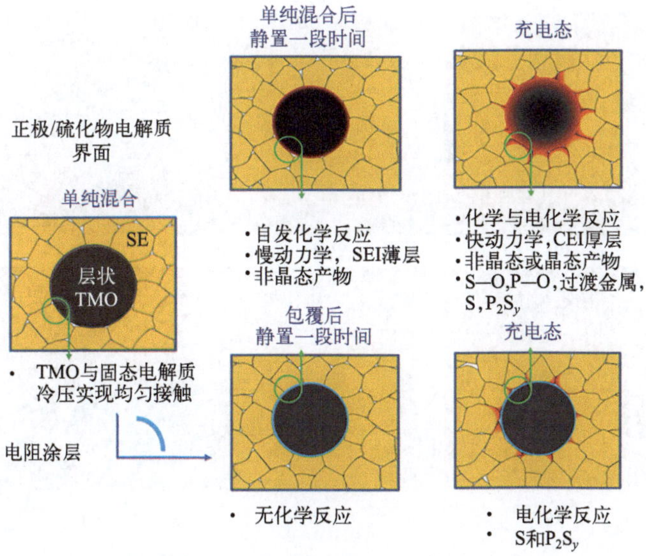

图 4-10　硫化物电解质与正极的界面[36]

2020 年，Wang 等[89]利用 DPC-STEM（the segmented-detector differential phase contrast）技术宣称首次直接观测到了 LPSCl-LCO 界面的空间电荷层，如图 4-11 所示。用该方法绘制了 LPSCl-LCO 界面处的电场分布，并在电解质侧观测到了贫锂层负电荷聚集区。与之前一些观点不同的是，部分研究人员认为 LCO 侧电子电导率会平衡掉该区域内的正电荷聚集区，但实验中仍然观察到了 LCO 侧的正电荷聚集区域，研究认为可能是由于 LCO 的电子电导率还不够高。文章还通过电子能量损失谱（EELS）来探测锂离子分布，从而进一步佐证空间电荷层的存在。

4.4.4.3　正极界面改性方法

由于硫化物固态电解质在界面处存在各种如界面反应、空间电荷层、接触问题而引发的界面阻抗问题，界面改性成为促进固态电池运用的关键技术之一。事实证明，涂覆共形（conformal）和化学惰性的涂层可有效防止正极材料与固态电解质之间的化学反应，减少空间电荷层效应并降低界面电阻。

一个合适的固态电池涂层需要具备以下特性[38]。

（1）相稳定性

相稳定性即材料本身的热力学稳定性。

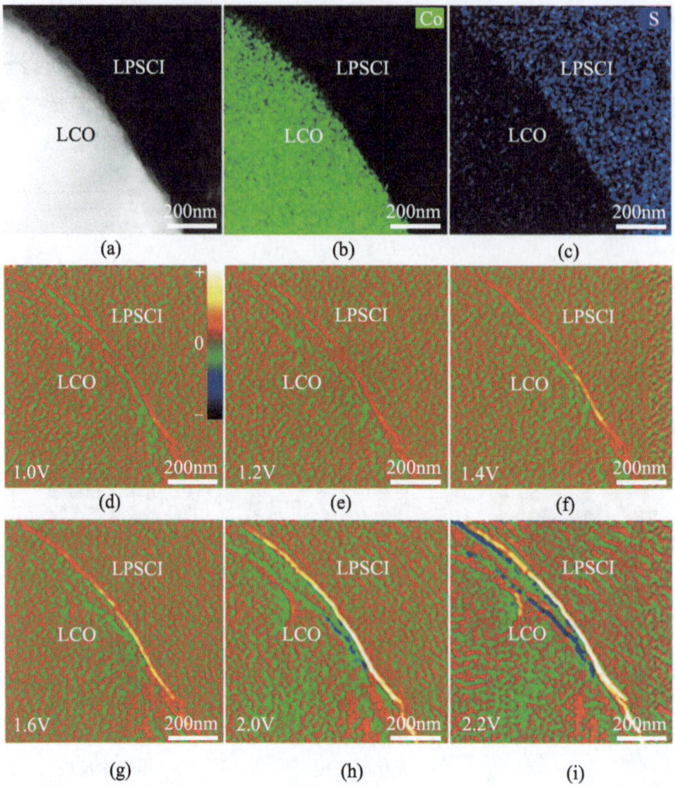

图 4-11　空间电荷层直接观测实验图 [89]

（2）化学兼容性

涂料对正极和电解质的化学兼容性可以通过计算材料间的分解能来判断。

（3）电化学稳定性

合适的涂料需要在正极的工作电压范围内保持电化学稳定。过渡金属氧化还原带应与涂层的 2p 氧带完全分开，以避免产生氧化还原活性。但大多数氧化物基涂层材料在相对于 Li^+/Li 的电压大于 4V 时会不稳定，因为会发生 O^{2-}/O_2 氧化还原。在这一方面，氟基涂层具有一定的优势，F^-/F_2 氧化还原在非常高的电压下才会发生［例如 $LiAlF_4$ 在相对于 Li^+/Li 最高为（5.7±0.7）V 的电压下稳定］。

（4）高电导率

涂层需要具备较高的离子电导率以保证电池的倍率性能，但若涂层材料同时还具有较窄的电子带隙，即较高的电子电导率，则易加速固态电解质的电化学分解，尤其对于硫化物来说，硫化物固态电解质在较低电压下就会分解，从而导致界面阻抗的增加。因此，需要使用具有高锂离子传导性的大带隙材料来获得更好的性能。涂层的低电导率会阻碍电子通路，从而降低全固态电池的速率性能，因此两者间必须取得一个性能的平衡。

(5) 力学性能

由于正极材料在充放电过程中会产生一定的体积变化，因此涂层需要具备能适应相应应变的塑性形变性能。通常，涂层的 10% 和 30%（阴极）的体积变化分别会产生 1% 和 10% 的应变。$LiNbO_3$（LNO）是最常见的涂层，但其刚度较高，在体积变化中更易形成裂纹而不是塑性形变，涂层中的裂纹易使正极材料与电解质直接接触，不利于界面的稳定性。在这一点上，非晶涂层通常比晶态涂层拥有更好的弹性形变能力。

涂层可以充当缓冲层，以抑制空间电荷层的形成。常用材料如 $Li_4Ti_5O_{12}$（LTO）、$LiTaO_3$、LNO、Li_2SiO_3、Li_3PO_4、ZrO_2 和 Al_2O_3，通常表现出较宽的电化学稳定窗口，是具有良好化学相容性的阴极材料和电解质[1]。研究最多的涂料是 LNO，在室温下的电导率为 10^{-6}S/cm。Wang 等[90]对 LGPS/LNO/LCO 核壳材料进行 X 射线近边缘光谱（XANES）测试，以揭示 LNO 对 LCO 和 LGPS 之间界面反应的抑制作用。Jung 等[91]报道了在水溶液中制备的 LCO 颗粒上的 $Li_{3-x}B_{1-x}C_xO_3$（LBCO）涂层，该工艺可以将作为 LCO 表面杂质的 Li_2CO_3 转化为离子导电相 LBCO。尽管纯相 Li_3BO_3 在室温下的离子电导率较低（10^{-9}S/cm），在 $x = 0.8$ 时，添加同构的 Li_2CO_3 仍可以将离子电导率提高至 6×10^{-7}S/cm。另外，该涂层可以防止在 LCO 和硫化物 SE（固态电解质）之间形成界面相 Co_3S_4。

涂层还能抑制界面层的增厚，并提高循环稳定性和延长使用寿命。界面层的增厚会导致载流子的消耗，从而降低电池容量，在充放电过程中界面层由于不断发生体积变化而产生的裂纹会使固态电解质与正极接触，并发生化学和电化学分解。添加 0.7%（质量分数）的 ZrO_2 涂层的 NMC 电池可提供 120mA·h/g 的容量，并具有 95% 的容量保持率，而不添加涂层的 NMC 则具有相对较低的容量（110mA·h/g），在 50 次循环后具有 < 30% 的容量保持率。尽管涂层可以延长循环寿命，但是仍然可能会发生降解，这可能是涂层发生化学反应或机械变形的结果。尽管涂层通常具有可以忽略不计的分解能或缓慢的反应动力学，但经过长时间的循环后，这些缓慢而微弱的反应仍可能累积出明显的效果。Zhang 等[92]通过 EELS 线扫描进行观察，在 100 个周期后，在 LNO 层中观察到了 Co。Co 迁移造成了 LCO 内局部贫 Co，从而降低了 LCO 的结构稳定性和固态电池的性能。利用 XPS 也观察到了类似的结果，其中添加 LNO 涂层的 LCO 样品的 Co—S、多硫化物（$—S^0—$）、亚硫酸盐和硫酸盐种类在 100 个循环后出现了新的峰。不少实验都证明了涂层的连续降解和副产物的形成，尽管其程度明显低于未添加涂层的样品[38]。

4.5 热稳定性

硫化物作为固态电解质，在热稳定性上相对于传统液态电解质具有突出优点。本节将从材料和界面两个层面，围绕高温下材料的各种反应对硫化物固态电解质的热稳定性进行介绍。

4.5.1 材料热稳定性

硫化物固态电解质具有不易燃、不易泄漏、不易挥发的特点[93]，相比于商用的有机液态电解质具有更高的热稳定性和热安全性，是可能实现制备高安全性能锂离子电池的电解质材料之一。

硫化物固态电解质材料层面的热稳定性主要包括两个方面：一是由热分解、相转变或熔融导致的电解质热失效；二是对于某些玻璃或玻璃-陶瓷体系材料，保持一定的非晶态才能获得较好的电化学性能，而高温会破坏材料中的晶态/非晶态结构，从而导致材料电化学性能（如离子电导率等）的下降，因此对于这一类材料，其玻璃态稳定性也是热稳定性的一个方面。

热分解或相转变的起始温度是评判材料热稳定性的一个标准。Li_3PS_4 目前被发现有 α 相、β 相和 γ 相三种不同的晶相[35]，其中 β-Li_3PS_4 的电化学活性最好，室温下离子电导率可达 10^{-4}S/cm。但 β-Li_3PS_4 在约 500℃时会向 α 相转变，并且这一转变在冷却过程中不可逆，α-Li_3PS_4 在降温过程中会越过 β 相直接生成 γ-Li_3PS_4，这种材料的离子电导率只有约 $3×10^{-7}$S/cm。Li_3PS_4 继续升温至约 660℃时，还被发现有 $Li_4P_2S_6$ 的生成[94]。元素掺杂有助于 β 相的结构稳定，Kaup 等[95]制备出了 $Li_{3.25}Si_{0.25}P_{0.75}S_4$，在 600℃以下基本保持 β-$Li_3PS_4$ 晶态结构。$Li_7P_3S_{11}$ 在室温下拥有较高的离子电导率（约 $1.2×10^{-2}$S/cm），但这一晶态结构在 550℃会消失并分解为热稳定相 $Li_4P_2S_6$，相应的离子电导率会下降几个数量级[34]。快离子导体 LGPS 在 650℃以下能保持其基本的晶体结构，当高于 650℃时，材料会向液相和 Li_4GeS_4 相转变[13]。

Li-M-S 体系除了在空气稳定性方面备受关注，在热稳定性方面也有较优异的表现。在现有的研究中，这类材料在熔融前通常没有明显的分解或相变过程。据报道，Li_2SnS_3、$Li_{10}SnP_2S_{12}$、Li_4SnS_4 的熔融温度分别为 756.3℃[61]、约 700℃[16]、958℃[96]。Li_4GeS_4 相较于与其具有相似结构的 Li_4SnS_4，熔融温度偏低，但仍高达 858℃[96]。硫化物固态电解质相变/分解/熔融的转变温度总结在表 4-3 中，在液态锂离子电池的研究中，液态电解质的分解通常发生在 200～300℃，由此可以看出硫化物电解质在材料层面热稳定性上具有巨大优势。

表4-3　硫化物固态电解质相变/分解/熔融的转变温度

材料	转变温度/℃	变化类型	测试方法
β-Li_3PS_4	500	相变α-Li_3PS_4	DTA
$Li_7P_3S_{11}$	550	分解为$Li_4P_2S_6$	XRD
LGPS	650	转变为液相和Li_4GeS_4相	XRD，DTA
Li_2SnS_3	756	熔融	DTA
$Li_{10}SnP_2S_{12}$	700	熔融	DSC，TGA
Li_4SnS_4	958	熔融	DTA
Li_4GeS_4	858	熔融	DTA

对于玻璃态稳定性的评判，通常用晶态化温度 T_c 与玻璃相转变温度 T_g 的差值（T_c-T_g）来标定[97]。有时材料的 T_g 难以测出，此时直接用 T_c 来讨论材料的玻璃态稳定性是更为直接的方法[98]。通过掺杂改变局域结构，可一定程度上提高材料的玻璃态稳定性。但掺杂对玻璃态稳定性的影响通常不是线性的，通常（T_c-T_g）的极值前后对应的掺杂体系的结晶态会发生变化。例如 Keiichi 等[99]在对 $70Li_2S$-$(30-x)P_2S_5$-xP_2S_3 体系的研究中发现，随着 P_2S_3 的引入，材料中的 $P_2S_7^{4-}$ 减少而 $P_2S_6^{4-}$ 增加，这使得晶态化过程由原本生成 $L_7P_3S_{11}$ 向生成

$L_4P_2S_6$和 Thio-LISICON Ⅲ型晶体转变。锂盐的添加也能通过改变材料的晶态化结构，从而影响材料的玻璃态稳定性[100-101]。除此之外，制备方法可能会影响材料的无定形程度，从而导致用不同制备方法得到的同种材料的玻璃态稳定性存在差异[54, 102]。

4.5.2 界面热稳定性

硫化物电解质与电极材料的界面热稳定性也是硫化物热稳定性研究的一个焦点。当电解质材料与电极材料接触后，原子在两相界面上的扩散、温度驱动的界面反应、分解产物和分解热引发的连锁反应等，均会使得电解质材料展现出与材料层面不同的界面热行为。探索界面热反应中的物相、形貌和热量变化，也是研究硫化物固态电解质热稳定性的重要方面。例如，对三元正极材料 $LiNi_{1/3}Mn_{1/3}Co_{1/3}O_2$（NMC）与 $75Li_2S$-$25P_2S_5$（LPS）在充放电后进行热处理，通过差式扫描量热分析（DSC）发现 LPS 的晶态化过程被提前[103]，热处理后混合体系中电解质的分解产物也较同温度下纯电解质材料的测试结果有所不同[104]，这些结果均验证了电极材料会对电解质热稳定性有影响。

在加热过程中也观测到了过渡金属硫化物的生成，证明了电极与电解质材料间存在原子交换[105]。在形貌变化方面，通过原位透射电镜（in-situ TEM）的测试，研究人员观测到 LPS 区域的收缩，而 NMC 区域则基本保持原样[103]。另外，电极材料本身在加热过程中也会发生分解，分解产物可能会与电解质材料进一步反应从而降低体系的热稳定性。Tsukasaki 等[105,106]发现在一定条件下热处理 NMC 会分解产生 O_2，释放的 O_2 会进一步将 β-Li_3PS_4 氧化为 Li_3PO_4，并因此导致电化学活性的丧失。基于这一实验现象，研究人员认为选择对 O_2 更稳定的硫化物固态电解质有利于提高电池的界面热稳定性，例如 NMC-Li_4SnS_4（LSS）体系，LSS 不仅对 O_2 更加稳定，其结构中 Sn—S 的结合也更加牢固，过渡金属硫化物和氧化物的生成温度均高于 NMC-LPS 体系[107, 108]。

4.6 力学性能

硫化物固态电解质具有良好的延展性、软度等特性，这在固态电池技术中至关重要。例如，另一类无机固态电解质材料的弹性模量通常在 100 ～ 200GPa[109]，为了使电极和电解质更紧密地接触，通常需要进行超过 1000℃的烧结，这一过程很可能会引入高阻抗的副反应产物，从而降低电池的性能[110]。而硫化物固态电解质，例如 LPS 玻璃材料的杨氏模量约为 18 ～ 25GPa[111]，并且具有良好的塑形性，这使得这类材料仅通过冷压就能实现良好的界面接触，从而获得优异的电池性能。理解材料的弹性模量在固态电池中的影响对于设计高性能固态电池十分重要。在充放电过程中，电极材料的体积会随着充放电状态的变化而变化，这就要求与之接触的电解质要拥有良好的塑形能力，使之在体积变化过程中时刻保持与电极材料的密切接触，从而使电池的循环性能较为稳定。过硬的材料还可能会在这种体积变化下产生裂痕和狭缝，使电池内部的界面接触问题恶化。

描述电解质力学性能的一个主要指标就是杨氏模量。杨氏模量是描述材料抵抗形变能力的物理量，可以通俗地理解为杨氏模量越高，材料越硬。Sakuda 等[112]提出了一种超声测量法，用来确定材料的杨氏模量。杨氏模量 E 可以由下列等式组确定：

$$G = \rho V_S^2$$

$$\nu = \left(V_L^2 - 2V_S^2\right) / \left[2\left(V_L^2 - V_S^2\right)\right]$$

$$E = 2G\left(1+\nu\right)$$

式中 V_S——剪切波的速度；

V_L——纵波的速度；

G——剪切模量；

ρ——颗粒密度；

ν——泊松比。

通过压缩获得应力应变曲线亦可以计算杨氏模量，在报道的文献中这两种方法的结果能相互印证，例如用超声测量得到 LPS 的杨氏模量约为 23GPa，通过应力应变曲线计算得到的约为 17GPa。图 4-12 展示了几种不同材料的杨氏模量[112]。

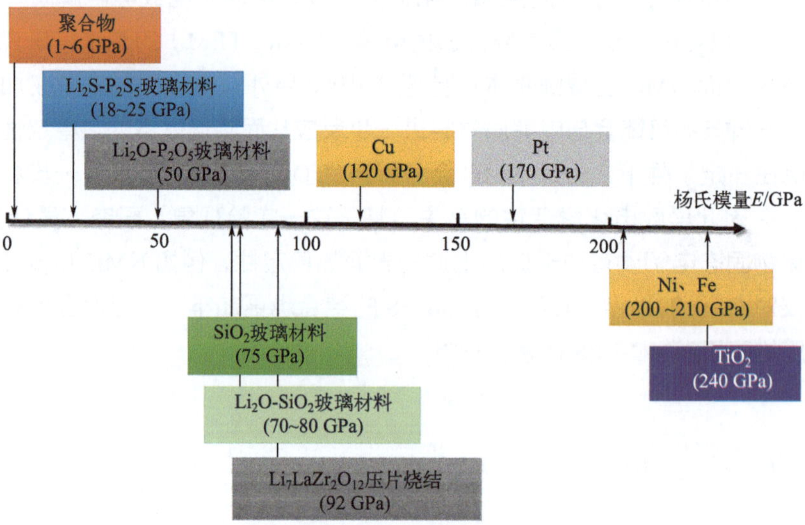

图 4-12 几种常见材料的杨氏模量对比[112]

硫化物含量较低的材料的杨氏模量主要得益于其单位体积键解离能低，离子堆积密度低。Li—S 共价性较强，这使得 Li^+ 与 PS_4^{3-} 在施加应力时容易旋转和扩散。Li—S 的共价特性在旋转和扩散过程中部分保留，同时由于其键能较低，静电排斥力较小，因此硫化物表现出更强的可塑性[113]。另外对于玻璃材料，一般具有低熔点和低玻璃转化温度的材料具有更低的键能，因此降低玻璃化转变温度可作为开发高度可加工固态电解质的指导思路[113]。离子的堆积密度则可以由平均原子体积来反映[109]。随着平均原子体积的上升，例如提高 Li_2S-P_2S_5 中 Li_2S 的含量，杨氏模量逐步下降。材料平均原子体积的上升应当是由结构变化引起的，当体系中 Li_2S 含量提高时，结构中的 PS_3^- 向 $P_2S_7^{4-}$ 转化[114]，P—S—P 的桥式结构被打破，并逐步从链式结构转变为孤立结构。注意在这一例子中，由于 Li—S 键解离能为 313kJ/mol，而 P—S 键解离能为 442kJ/mol，反而更高，因此这里键解离能的影响并不起主导作用。

组分不同也会对材料的杨氏模量产生影响[109]。$50Li_2S-50SiS_2$ 的平均原子体积比 $50Li_2S-50P_2S_5$ 小，相应杨氏模量更大。对于正交结构，拥有更大杨氏模量的 $67Li_2S-33GeS_2$ 的平均原子体积也比 $75Li_2S-25P_2S_5$ 小。对于特定的固溶体系 $Li_3PS_4-Li_4GeS_4$，随着 Ge 含量增加，杨氏模量与平均原子体积也呈现出了负相关特性。对于 O 替代的电解质材料，例如 $Li_2S-P_2S_5-P_2O_5$ 和 $Li_2O-Li_2S-P_2S_5$ 也有这样的关系。杨氏模量在不同组分间的差异同样也受键能的影响。Ge—S、Si—S、P—O 的键解离能均大于 P—S，相应地，杨氏模量也更大。

压缩特性可以理解为材料在一定压力下被压缩成型的性能。这里用相对密度来描述材料的压缩成型特性。相对密度可用热压后的密度 ρ_{HP} 与粉末密度 ρ_0 的比值来定义 (ρ_{HP}/ρ_0)[109]。玻璃材料、玻璃陶瓷材料和晶态材料在不同压力区间内具有不同的压缩规律。在较低压力下，玻璃材料的相对密度最小，而在较高压力下，玻璃材料的相对密度则高于另外两种含结晶相的材料。在低压时，粉末压实的主要影响因素是颗粒重排，受原始颗粒尺寸的影响，加大压力后，由于玻璃具有各向同性特质，因此具有较大的自由体积空间，玻璃材料中的空隙和晶界较易通过冷压而减少。对比氧化物玻璃材料，氧化物中的键解离能更高，具有更多刚性玻璃网络，平均原子体积也更小，这使得其压缩性能远远不及硫化物玻璃材料。硫化物玻璃材料的这种成型特性对于在大容量型全固态电池中，在电极活性材料和固态电解质之间形成固 - 固界面很重要。

在 $50Li_2S-50M_xS_y$（M=P, Ge, Si）中将 P 换成 Ge、Si，相对密度会变小[109]。在 Li_2S-GeS_2 体系中，Li_2S 摩尔分数从 50% 提高到 67%，材料的相对密度随之提高。影响材料成型特性的因素主要有两个：玻璃网络结构和平均原子体积。P 能提供三个共价键，而 Ge、Si 能提供四个，同时 P—S 的共价特性也比 Ge—S、Si—S 强。因此，LPS 体系的孤立结构更为突出，这一结构加强了施压下的粉末压缩能力。另外，$Li_2S-P_2S_5$ 的平均原子体积也较另外两者更大，这意味着 LPS 材料中拥有更大的自由体积空间。

将 Li_2S 替换为其他玻璃改性剂（Na_2S、SnS），相对密度随玻璃改性剂含量的增加而增加[109]。改性剂中的阳离子与 S 离子的相互作用越强，粉末压缩性能越差。有研究者通过阳离子场强来代表这种相互作用。$50R_xS_y-50P_2S_5$（R=Li, Na, Ag, Mg）中，除 $50Ag_2S-50P_2S_5$ 外都遵循相对密度随阳离子场强增加而减小的规律。这个特例可能是由于 Ag—S 极强的共价特性影响了材料的压缩性能。

Pugh 比 B/G [B 为体积模量，可由 $B=E/3(1-2\nu)$ 得到] 可以作为评估材料延展性、脆性的参数[115]。在粉末压实测试中，脆性会影响玻璃的致密化，具有较大 B/G 的玻璃材料倾向于表现出更高的相对密度。

总体而言，硫化物玻璃材料的键合能越低、自由体积越大、结构越孤立，其力学性能越好。

参考文献

[1] Zhang Q，Cao D，Ma Y，et al. Sulfide-based solid-state electrolytes：Synthesis，stability，and potential for all-solid-state batteries［J］. Advanced Materials，2019，31（44）：e1901131.

[2] Winkler C. Germanium，Ge，ein neues，nichtmetallisches element［J］. Berichte Der Deutschen Chemischen Gesellschaft，1886，19（1）：210-211.

[3] Deiseroth H J, Kong S T, Eckert H, et al. Li_6PS_5X: A class of crystalline Li-rich solids with an unusually high Li^+ mobility [J]. Angewandte Chemie International Edition, 2008, 47 (4): 755-758.

[4] Rao R P, Adams S. Studies of lithium argyrodite solid electrolytes for all-solid-state batteries [J]. Physica Status Solidi (A), 2011, 208 (8): 1804-1807.

[5] Chen H M, Maohua C, Adams S. Stability and ionic mobility in argyrodite-related lithium-ion solid electrolytes [J]. Physical Chemistry Chemical Physics, 2015, 17 (25): 16494-16506.

[6] Minafra N, culver S P, Krauskopf T, et al. Effect of Si substitution on the structural and transport properties of superionic Li-argyrodites [J]. Journal of Materials Chemistry A, 2018, 6 (2): 645-651.

[7] Kraft M A, Ohno S, Zinkevich T, et al. Inducing high ionic conductivity in the lithium superionic argyrodites $Li_{6+x}P_{1-x}Ge_xS_5I$ for all-solid-state batteries [J]. Journal of the American Chemical Society, 2018, 140 (47): 16330-16339.

[8] Kanno R, Hata T, Kawamoto Y, et al. Synthesis of a new lithium ionic conductor, thio-LISICON–lithium germanium sulfide system [J]. Solid State Ionics, 2000, 130 (1): 97-104.

[9] Seo I, Martin S W. Fast lithium ion conducting solid state thin-film electrolytes based on lithium thio-germanate materials [J]. Acta Materialia, 2011, 59 (4): 1839-1846.

[10] Kaib T, Haddadpour S, Kapitein M, et al. New lithium chalcogenidotetrelates, LiChT: Synthesis and characterization of the Li^+-conducting tetralithium ortho-sulfidostannate Li_4SnS_4 [J]. Chemistry of Materials, 2012, 24 (11): 2211-2219.

[11] Sahu G, Lin Z, Li J, et al. Air-stable, high-conduction solid electrolytes of arsenic-substituted Li_4SnS_4 [J]. Energy & Environmental Science, 2014, 7 (3): 1053-1058.

[12] Kamaya N, Homma K, Yamakawa Y, et al. A lithium superionic conductor [J]. Nature Materials, 2011, 10 (9): 682-686.

[13] Hori S, Kato M, Suzuki K, et al. Phase diagram of the Li_4GeS_4-Li_3PS_4 quasi-binary system containing the superionic conductor $Li_{10}GeP_2S_{12}$ [J]. Journal of the American Ceramic Society, 2015, 98 (10): 3352-3360.

[14] Adams S, Prasada R R. Structural requirements for fast lithium ion migration in $Li_{10}GeP_2S_{12}$ [J]. Journal of Materials Chemistry, 2012, 22 (16): 7687-7691.

[15] Mo Y, Ong S P, Ceder G. First principles study of the $Li_{10}GeP_2S_{12}$ lithium super ionic conductor material [J]. Chemistry of Materials, 2012, 24 (1): 15-17.

[16] Bron P, Johansson S, Zick K, et al. $Li_{10}SnP_2S_{12}$: An affordable lithium superionic conductor [J]. Journal of the American Chemical Society, 2013, 135 (42): 15694-15697.

[17] Bron P, Dehnen S, Roling B. $Li_{10}Si_{0.3}Sn_{0.7}P_2S_{12}$—A low-cost and low-grain-boundary-resistance lithium superionic conductor [J]. Journal of Power Sources, 2016, 329: 530-535.

[18] Ong S P, Mo Y, Richards W D, et al. Phase stability, electrochemical stability and ionic conductivity of the $Li_{10\pm1}MP_2X_{12}$ (M = Ge, Si, Sn, Al or P, and X = O, S or Se) family of superionic conductors [J]. Energy & Environmental Science, 2013, 6 (1): 148-156.

[19] Kato Y, Hori S, Saito T, et al. High-power all-solid-state batteries using sulfide superionic conductors [J]. Nature Energy, 2016, 1 (4): 16030.

[20] Dietrich C, Weber D A, Sedlmaier S J, et al. Lithium ion conductivity in Li_2S-P_2S_5 glasses-building units and local structure evolution during the crystallization of superionic conductors Li_3PS_4, $Li_7P_3S_{11}$ and $Li_4P_2S_7$ [J]. Journal of

Materials Chemistry A，2017，5（34）：18111-18119.

[21] Zhang Z，Kennedy J H. Synthesis and characterization of the B_2S_3-Li_2S，the P_2S_5-Li_2S and the B_2S_3-P_2S_5-Li_2S glass systems [J]. Solid State Ionics，1990，38（3）：217-224.

[22] Kennedy J H. Ionically conductive glasses based on SiS_2 [J]. Materials Chemistry and Physics，1989，23（1）：29-50.

[23] Souquet J L，Robinel E，Barrau B，et al. Glass formation and ionic conduction in the M_2S-GeS_2（M = Li，Na，Ag）systems [J]. Solid State Ionics，1981，3-4：317-321.

[24] Hayashi A，Komiya R，Tatsumisago M，et al. Characterization of Li_2S-SiS_2-Li_3MO_3（M=B，Al，Ga and In）oxysulfide glasses and their application to solid state lithium secondary batteries [J]. Solid State Ionics，2002，152-153：285-290.

[25] Kennedy J H，Zhang Z，Eckert H. Ionically conductive sulfide-based lithium glasses [J]. Journal of Non-Crystalline Solids，1990，123（1）：328-338.

[26] Wada H，Menetrier M，Levasseur A，et al. Preparation and ionic conductivity of new B_2S_3-Li_2S-LiI glasses [J]. Materials Research Bulletin，1983，18（2）：189-193.

[27] Button D P，Tandon R P，Tuller H L，et al. Fast Li^+ ion conduction in chloro-borate glasses [J]. Journal of Non-Crystalline Solids，1980，42（1）：297-306.

[28] Dudney N J，West W C，Nanda J. Handbook of solid state batteries（second edition）[M]. World Scientific Publishing Company，2015.

[29] Malugani J P，Robert G. Conductivite ionique dans les verres $LiPO_3LiX$（X = I，Br，Cl）[J]. Materials Research Bulletin，1979，14（8）：1075-1081.

[30] Martin S W. Ionic conduction in phosphate glasses [J]. Journal of the American Ceramic Society，1991，74（8）：1767-1784.

[31] Kim Y，Saienga J，Martin S W. Anomalous ionic conductivity increase in $Li_2S + GeS_2 + GeO_2$ glasses [J]. The Journal of Physical Chemistry B，2006，110（33）：16318-16325.

[32] Yamane H，Shibata M，Shimane Y，et al. Crystal structure of a superionic conductor，$Li_7P_3S_{11}$ [J]. Solid State Ionics，2007，178（15-18）：1163-1167.

[33] Xu R C，Xia X H，Li S H，et al. All-solid-state lithium–sulfur batteries based on a newly designed $Li_7P_{2.9}Mn_{0.1}S_{10.7}I_{0.3}$ superionic conductor [J]. Journal of Materials Chemistry A，2017，5（13）：6310-6317.

[34] Mizuno F，Hayashi A，Tadanaga K，et al. New lithium-ion conducting crystal obtained by crystallization of the Li_2S-P_2S_5 glasses [J]. Electrochemical and Solid-State Letters，2005，8（11）：603.

[35] Homma K，Yonemura M，Kobayashi T，et al. Crystal structure and phase transitions of the lithium ionic conductor Li_3PS_4 [J]. Solid State Ionics，2011，182（1）：53-58.

[36] Banerjee A，Wang X，Fang C，et al. Interfaces and interphases in all-solid-state batteries with inorganic solid electrolytes [J]. Chemical Reviews，2020，120（14）：6878-6933.

[37] Han F，Westover A S，Yue J，et al. High electronic conductivity as the origin of lithium dendrite formation within solid electrolytes [J]. Nature Energy，2019，4（3）：187-196.

[38] Richards W D，Miara L J，Wang Y，et al. Interface stability in solid-state batteries [J]. Chemistry of Materials，2016，28（1）：266-273.

[39] Kanno R，Murayama M. Lithium ionic conductor thio-LISICON：The Li_2S-GeS_2-P_2S_5 system [J]. Journal of The

Electrochemical Society，2001，148（7）742.

[40] Seino Y，Ota T，Takada K，et al. A sulphide lithium super ion conductor is superior to liquid ion conductors for use in rechargeable batteries [J]. Energy & Environmental Science，2014，7（2）：627-631.

[41] Liu Z，Fu W，Payzant E A，et al. Anomalous high ionic conductivity of nanoporous β-Li_3PS_4 [J]. Journal of the American Chemical Society，2013，135（3）：975-978.

[42] Zhu Y，He X，Mo Y. First principles study on electrochemical and chemical stability of solid electrolyte–electrode interfaces in all-solid-state Li-ion batteries [J]. Journal of Materials Chemistry A，2016，4（9）：3253-3266.

[43] Zhu Y，He X，Mo Y. Origin of outstanding stability in the lithium solid electrolyte materials：Insights from thermodynamic analyses based on first-principles calculations [J]. ACS Applied Materials & Interfaces，2015，7（42）：23685-23693.

[44] Oh G，Hirayama M，Kwon O，et al. Bulk-type all solid-state batteries with 5 V class $LiNi_{0.5}Mn_{1.5}O_4$ cathode and $Li_{10}GeP_2S_{12}$ solid electrolyte [J]. Chemistry of Materials，2016，28（8）：2634-2640.

[45] Koerver R，Aygün I，Leichtwei T，et al. Capacity fade in solid-state batteries：interphase formation and chemomechanical processes in nickel-rich layered oxide cathodes and lithium thiophosphate solid electrolytes [J]. Chemistry of Materials，2017，29（13）：5574-5582.

[46] Han F，Zhu Y，He X，et al. Electrochemical stability of $Li_{10}GeP_2S_{12}$ and $Li_7La_3Zr_2O_{12}$ solid electrolytes [J]. Advanced Energy Materials，2016，6（8）：1501590.

[47] Sang L，Haasch R T，Gewirth A A，et al. Evolution at the solid electrolyte/gold electrode interface during lithium deposition and stripping [J]. Chemistry of Materials，2017，29（7）：3029-3037.

[48] Wu F，Fitzhugh W，Ye L，et al. Advanced sulfide solid electrolyte by core-shell structural design [J]. Nature Communications，2018，9（1）：4037.

[49] Saienga J，Martin S W. The comparative structure，properties，and ionic conductivity of LiI+Li_2S+GeS_2 glasses doped with Ga_2S_3 and La_2S_3 [J]. Journal of Non-Crystalline Solids，2008，354（14）：1475-1486.

[50] Klopman G. Chemical reactivity and the concept of charge- and frontier-controlled reactions [J]. Journal of the American Chemical Society，1968，90（2）：223-234.

[51] Zhu Y，Mo Y. Materials design principles for air-stable lithium/sodium solid electrolytes [J]. Angewandte Chemie International Edition，2020，59（40）：17472-17476.

[52] Muramatsu H，Hayashi A，Ohtomo T，et al. Structural change of Li_2S-P_2S_5 sulfide solid electrolytes in the atmosphere [J]. Solid State Ionics，2011，182（1）：116-119.

[53] Ohtomo T，Hayashi A，Tatsumisago M，et al. Suppression of H_2S gas generation from the $75Li_2S·25P_2S_5$ glass electrolyte by additives [J]. Journal of Materials Science，2013，48（11）：4137-4142.

[54] Ohtomo T，Hayashi A，Tatsumisago M，et al. All-solid-state batteries with Li_2O-Li_2S-P_2S_5 glass electrolytes synthesized by two-step mechanical milling [J]. Journal of Solid State Electrochemistry，2013，17（10）：2551-2557.

[55] Ohtomo T，Hayashi A，Tatsumisago M，et al. Characteristics of the Li_2O-Li_2S-P_2S_5 glasses synthesized by the two-step mechanical milling [J]. Journal of Non-Crystalline Solids，2013，364：57-61.

[56] Hayashi A，Muramatsu H，Ohtomo T，et al. Improved chemical stability and cyclability in Li_2S-P_2S_5-P_2O_5-ZnO composite electrolytes for all-solid-state rechargeable lithium batteries [J]. Journal of Alloys and Compounds，2014，

591 (5) : 247-250.

[57] Tao Y, Chen S, Liu D, et al. Lithium superionic conducting oxysulfide solid electrolyte with excellent stability against lithium metal for all-solid-state cells [J]. Journal of The Electrochemical Society, 2015, 163 (2) : 96-101.

[58] Liu G, Xie d, Wang X, et al. High air-stability and superior lithium ion conduction of $Li_{3+3x}P_{1-x}Zn_xS_{4-x}O_x$ by aliovalent substitution of ZnO for all-solid-state lithium batteries [J]. Energy Storage Materials, 2019, 17: 266-274.

[59] Liang J, Chen N, Li X, et al. $Li_{10}Ge(P_{1-x}Sb_x)_2S_{12}$ lithium-ion conductors with enhanced atmospheric stability [J]. Chemistry of Materials, 2020, 32 (6) : 2664-2672.

[60] Zhao F, Liang J, Yu C, et al. A versatile Sn-substituted argyrodite sulfide electrolyte for all-solid-state Li metal batteries [J]. Advanced Energy Materials, 2020, 10 (9) : 1903422.

[61] Brant J A, Massi D M, Holzwarth N A W, et al. Fast lithium ion conduction in Li_2SnS_3: Synthesis, physicochemical characterization, and electronic structure [J]. Chemistry of Materials, 2014, 27 (1) : 189-196.

[62] Tan D H S, Banerjee A, Deng Z, et al. Enabling thin and flexible solid-state composite electrolytes by the scalable solution process [J]. ACS Applied Energy Materials, 2019, 2 (9) : 6542-6550.

[63] Li J, Chen H, Shen Y, et al. Covalent interfacial coupling for hybrid solid-state Li ion conductor [J]. Energy Storage Materials, 2019, 23: 277-283.

[64] Xu J, Liu L, Yao N, et al. Liquid-involved synthesis and processing of sulfide-based solid electrolytes, electrodes, and all-solid-state batteries [J]. Materials Today Nano, 2019, 8: 100048

[65] Lee K, Kim S, Park J, et al. Selection of binder and solvent for solution-processed all-solid-state battery [J]. Journal of The Electrochemical Society, 2017, 164 (9) : 2075-2081.

[66] Yamamoto T, Kagohara T, Yamamoto K, et al. Distribution of batillaria multiformis and B. attramentaria (batillariidae) in Southern Kyushu [J]. Plankton and Benthos Research, 2018, 13 (1) : 10-16.

[67] Xu K. Nonaqueous liquid electrolytes for lithium-based rechargeable batteries [J]. Chemical Reviews, 2004, 104 (10) : 4303-4418.

[68] Zhamu A, Chen G, Liu C, et al. Reviving rechargeable lithium metal batteries: Enabling next-generation high-energy and high-power cells [J]. Energy & Environmental Science, 2012, 5 (2) : 5701-5707.

[69] Chen B, Ju J, Ma J, et al. An insight into intrinsic interfacial properties between Li metals and $Li_{10}GeP_2S_{12}$ solid electrolytes [J]. Physical Chemistry Chemical Physics, 2017, 19 (46) : 31436-31442.

[70] Wenzel S, Sedlmaier S J, Dietrich C, et al. Interfacial reactivity and interphase growth of argyrodite solid electrolytes at lithium metal electrodes [J]. Solid State Ionics, 2018, 318: 102-112.

[71] Hayashi A, Hama S, Mizuno F, et al. Characterization of Li_2S-P_2S_5 glass-ceramics as a solid electrolyte for lithium secondary batteries [J]. Solid State Ionics, 2004, 175 (1-4) : 683-686.

[72] Wenzel S, Weber D A, Leichtweiss T, et al. Interphase formation and degradation of charge transfer kinetics between a lithium metal anode and highly crystalline $Li_7P_3S_{11}$ solid electrolyte [J]. Solid State Ionics, 2016, 286: 24-33.

[73] Wenzel S, Randau S, Leichtweiß T, et al. Direct observation of the interfacial instability of the fast ionic conductor $Li_{10}GeP_2S_{12}$ at the lithium metal anode [J]. Chemistry of Materials, 2016, 28 (7) : 2400-2407.

[74] Zhang Z, Chen S, Yang J, et al. Interface re-engineering of $Li_{10}GeP_2S_{12}$ electrolyte and lithium anode for all-solid-state lithium batteries with ultralong cycle life [J]. ACS Applied Materials & Interfaces, 2018, 10 (3) : 2556-2565.

[75] Tian Y, Sun Y, Hannah D C, et al. Reactivity-guided interface design in Na metal solid-state batteries [J]. Joule,

2019, 3 (4): 1037-1050.

[76] Hu P, Zhang Y, Chi X, et al. Stabilizing the interface between sodium metal anode and sulfide-based solid-state electrolyte with an electron-blocking interlayer [J]. ACS Applied Materials & Interfaces, 2019, 11 (10): 9672-9678.

[77] Li C, Gu L, Maier J. Enhancement of the Li conductivity in LiF by introducing glass/crystal interfaces [J]. Advanced Functional Materials, 2012, 22 (6): 1145-1149.

[78] Court-castagnet R, Kaps C, Cros C, et al. Ionic conductivity-enhancement of LiCl by homogeneous and heterogeneous dopings [J]. Solid State Ionics, 1993, 61 (4): 327-334.

[79] Sun Y, Suzuki K, Hara K, et al. Oxygen substitution effects in $Li_{10}GeP_2S_{12}$ solid electrolyte [J]. Journal of Power Sources, 2016, 324 (30): 798-803.

[80] Zhang Z, Zhang L, Yan X, et al. All-in-one improvement toward Li_6PS_5Br-based solid electrolytes triggered by compositional tune [J]. Journal of Power Sources, 2019, 410-411 (15-31): 162-170.

[81] Xu R C, Xia X H, Wang X L, et al. Tailored Li_2S-P_2S_5 glass-ceramic electrolyte by MoS_2 doping, possessing high ionic conductivity for all-solid-state lithium-sulfur batteries [J]. Journal of Materials Chemistry A, 2017, 5 (6): 2829-2834.

[82] Banerjee A, Tang H, Wang X, et al. Revealing nanoscale solid-solid interfacial phenomena for long-life and high-energy all-solid-state batteries [J]. ACS Applied Materials & Interfaces, 2019, 11 (46): 43138-43145.

[83] Yoshinari T, Koerver R, Hofmann P, et al. Interfacial stability of phosphate-NASICON solid electrolytes in Ni-rich NCM cathode-based solid-state batteries [J]. ACS Applied Materials & Interfaces, 2019, 11 (26): 23244-23253.

[84] Tang H, Deng Z, Lin Z, et al. Probing solid-solid interfacial reactions in all-solid-state sodium-ion batteries with first-principles calculations [J]. Chemistry of Materials, 2018, 30 (1): 163-173.

[85] Jung S K, Gwon H, Lee S S, et al. Understanding the effects of chemical reactions at the cathode–electrolyte interface in sulfide based all-solid-state batteries [J]. Journal of Materials Chemistry A, 2019, 7 (40): 22967-22976.

[86] Masuda H, Ishida N, Ogata Y, et al. Internal potential mapping of charged solid-state-lithium ion batteries using in situ Kelvin probe force microscopy [J]. Nanoscale, 2017, 9 (2): 893-898.

[87] Yamamoto K, Iriyama Y, Asaka T, et al. Dynamic visualization of the electric potential in an all-solid-state rechargeable lithium battery [J]. Angewandte Chemie International Edition, 2010, 49 (26): 4414-4417.

[88] Takada K, Ohta N, Zhang L, et al. Interfacial phenomena in solid-state lithium battery with sulfide solid electrolyte [J]. Solid State Ionics, 2012, 225: 594-597.

[89] Wang L, Xie R, Chen B, et al. In-situ visualization of the space-charge-layer effect on interfacial lithium-ion transport in all-solid-state batteries [J]. Nature Communications, 2020, 11 (1): 5889.

[90] Wang C, Li X, Zhao Y, et al. Manipulating interfacial nanostructure to achieve high-performance all-solid-state lithium-ion batteries [J]. Small Methods, 2019, 3 (10): 1900261.

[91] Jung S H, Oh K, Nam Y J, et al. Li_3BO_3-Li_2CO_3: Rationally designed buffering phase for sulfide all-solid-state Li-ion batteries [J]. Chemistry of Materials, 2018, 30 (22): 8190-8200.

[92] Zhang W, Richter F H, Culver S P, et al. Degradation mechanisms at the $Li_{10}GeP_2S_{12}/LiCoO_2$ cathode interface in an all-solid-state lithium-ion battery [J]. ACS Applied Materials & Interfaces, 2018, 10 (26): 22226-22236.

[93] Gao Z, Sun H, Fu L, et al. Promises, challenges, and recent progress of inorganic solid-state electrolytes for all-

solid-state lithium batteries [J]. Advanced Materials, 2018, 30 (17) : 1705702.

[94] Stöffler H, Zinkevich T, Yavuz M, et al. Amorphous versus crystalline Li_3PS_4: Local structural changes during synthesis and Li ion mobility [J]. The Journal of Physical Chemistry C, 2019, 123 (16) : 10280-10290.

[95] Kaup K, Zhou L, Huq A, et al. Impact of the Li substructure on the diffusion pathways in alpha and beta Li_3PS_4: An in situ high temperature neutron diffraction study [J]. Journal of Materials Chemistry A, 2020, 8 (25) : 12446-12456.

[96] Macneil J H, Massi D M, Zhang J H, et al. Synthesis, structure, physicochemical characterization and electronic structure of thio-lithium super ionic conductors, Li_4GeS_4 and Li_4SnS_4 [J]. Journal of Alloys and Compounds, 2014, 586: 736-744.

[97] Quartarone E, Mustarelli P. Electrolytes for solid-state lithium rechargeable batteries: Recent advances and perspectives [J]. Chemical Society Reviews, 2011, 40 (5) : 2525-2540.

[98] Tsukasaki H, Morimoto H, Mori S. Ionic conductivity and thermal stability of Li_2O-Li_2S-P_2S_5 oxysulfide glass [J]. Solid State Ionics, 2020, 347: 115267.

[99] Minami K, Hayashi A, Ujiie S, et al. Structure and properties of Li_2S-P_2S_5-P_2S_3 glass and glass-ceramic electrolytes [J]. Journal of Power Sources, 2009, 189 (1) : 651-654

[100] Hayashi A, Komiya R, Tatsumisago M, et al. Characterization of Li_2S-SiS_2-Li_3MO_3 (M=B, Al, Ga and In) oxysulfide glasses and their application to solid state lithium secondary batteries [J]. Solid State Ionics, 2002, 152-153: 285-290.

[101] Hayashi A, Tatsumisago M, Minami T. Crystallization process of lithium oxysulfide glasses [J]. Journal of Non-Crystalline Solids, 2000, 276 (1-3) : 27-34.

[102] Minami K, Mizuno F, Hayashi A, et al. Lithium ion conductivity of the Li_2S-P_2S_5 glass-based electrolytes prepared by the melt quenching method [J]. Journal of Non-Crystalline Solids, 2007, 276 (1-3) : 27-34.

[103] Tsukasaki H, Otoyama M, Mori Y, et al. Analysis of structural and thermal stability in the positive electrode for sulfide-based all-solid-state lithium batteries [J]. Journal of Power Sources, 2017, 367 (1) : 42-48.

[104] Tsukasaki H, Mori Y, Otoyama M, et al. Crystallization behavior of the Li_2S-P_2S_5 glass electrolyte in the $LiNi_{1/3}Mn_{1/3}Co_{1/3}O_2$ positive electrode layer [J]. Scientific Reports, 2018, 8 (1) : 6214.

[105] Tsukasaki H, Uchiyama T, Yamamoto K, et al. Exothermal mechanisms in the charged $LiNi_{1/3}Mn_{1/3}Co_{1/3}O_2$ electrode layers for sulfide-based all-solid-state lithium batteries [J]. Journal of Power Sources, 2019, 434: 226714.

[106] Atarashi A, Tsukasaki H, Otoyama M, et al. Exsitu investigation of exothermal behavior and structural changes of the Li_3PS_4- $LiNi_{1/3}Mn_{1/3}Co_{1/3}O_2$ electrode composites [J]. Solid State Ionics, 2019, 342: 115046.

[107] Tsukasaki H, Otoyama M, Kimura T, et al. Exothermal behavior and microstructure of a $LiNi_{1/3}Mn_{1/3}Co_{1/3}O_2$ electrode layer using a Li_4SnS_4 solid electrolyte [J]. Journal of Power Sourses, 2020, 479: 228827.

[108] Otoyama M, Sakuda A, Tatsumisago M, et al. Sulfide electrolyte suppressing side reactions in composite positive electrodes for all-solid-state lithium batteries [J]. ACS Applied Materials & Interfaces, 2020, 12 (26) : 29228-29234.

[109] Wolfenstine J, Allen J L, Sakamoto J, et al. Mechanical behavior of Li-ion-conducting crystalline oxide-based solid electrolytes: A brief review [J]. Ionics, 2018, 24 (5) : 1271-1276.

[110] Gellert M, Dashjav E, Grüner D, et al. Compatibility study of oxide and olivine cathode materials with lithium

aluminum titanium phosphate [J]. Ionics, 2017, 24 (4) : 1001-1006.

[111] Kato A, Nose M, Yamamoto M, et al. Mechanical properties of sulfide glasses in all-solid-state batteries [J]. Journal of the Ceramic Society of Japan, 2018, 126 (9) : 719-727.

[112] Sakuda A, Hayashi A, Takigawa Y, et al. Evaluation of elastic modulus of $Li_2S-P_2S_5$ glassy solid electrolyte by ultrasonic sound velocity measurement and compression test [J]. Journal of the Ceramic Society of Japan, 2013, 121 (1419) : 946-949.

[113] Sakuda A, Hayashi A, Tatsumisago M. Sulfide solid electrolyte with favorable mechanical property for all-solid-state lithium battery [J]. Scientific Reports, 2013, 3 (1) : 2261.

[114] Ohara K, Mitsui A, Mori M, et al. Structural and electronic features of binary $Li_2S-P_2S_5$ glasses [J]. Scientific Reports, 2016, 6 (1) : 21302.

[115] Rouxel T, Yoshida S. The fracture toughness of inorganic glasses [J]. Journal of the American Ceramic Society, 2017, 100 (10) : 4374-4396.

第5章 硫化物电解质/电池干法制备工艺

硫化物全固态电池干法制备工艺分为两个部分：硫化物固态电解质的干法制备和硫化物全固态电池的干法制备。在本章中，介绍了硫化物固态电解质干法制备技术、发展过程以及制备过程中的主要影响因素和需要注意的问题；介绍了常见的硫化物全固态电池干法制备技术，以及它们的发展过程、制备原理和这些技术的最新研究进展。

5.1 硫化物固态电解质的干法制备

干法制备硫化物固态电解质的方法包括熔融淬冷法、高能球磨法、固相烧结法以及高能球磨与固相烧结联用的方法[1-4]。根据文献报道，最早制备硫化物固态电解质的方法是熔融淬冷法，这种方法主要用于制备玻璃硫化物固态电解质[5-6]。之后为了降低玻璃硫化物固态电解质的制备难度、提高其离子电导率，科研人员开发了高能球磨法[7-8]。固相烧结法主要用于制备晶体结构的硫化物固态电解质[7-8]。随着硫化物固态电解质制备技术的发展，人们发现高能球磨法和固相烧结法联用可以制备出离子电导率更高的固态电解质，且高能球磨法也可用于合成晶体结构的硫化物固态电解质[9-10]。本章将根据现有的文献资料详细介绍干法制备硫化物固态电解质的方法、原理、优点以及不足。

5.1.1 熔融淬冷法

熔融淬冷法是一种制备玻璃硫化物固态电解质的常用方法[11-13]。这种方法包括以下步骤：

① 在手套箱中混合原料；

② 将混合好的样品转移到厚壁石英管中，然后使用火焰进行封管；

③ 将混合物加热到 900 ～ 1000℃，保温 30 ～ 100min（根据制备原料熔点的不同，加热温度和保温时间需要适当调整）；

④ 根据所需的冷却速率，熔体可以水冷淬火或在空气中冷却，得到玻璃硫化物固态电解质。

需要强调的是由于所有的原料和最终产品都具有极强的吸湿性，因此手套箱的环境气氛质量必须严格遵守要求（H_2O 和 O_2 含量应该始终保持在 $< 0.1\times10^{-6}$）。其中，H_2O 含量对硫化物材料的影响很大，例如 Kennedy 等 [14] 在制备玻璃硫化物固态电解质时发现，在 H_2O 含量为 6×10^{-6} 的手套箱中制备的硫化物固态电解质，其离子电导率比在 H_2O 和 O_2 含量都小于 1×10^{-6} 环境下的手套箱中制备的材料低了近两倍。

1980 年，Malugani 和 Robert[5-6] 首次提出使用熔融淬冷法制备玻璃硫化物固态电解质，这也是首次合成玻璃硫化物固态电解质。原料使用化学纯试剂 P_2S_5 和 Li_2S、Na_2S、GeS_2 和 SiS_2。制备过程如下：首先，将 2 ～ 3g 硫化物在手套箱中（保持 H_2O 含量在 1×10^{-6} ～ 2×10^{-6}）按照合成电解质所需比例在碳坩埚中混合均匀；然后，将混合物转移到石英管中真空封管，再将密封好的石英管在 700 ～ 1000℃下煅烧至混合材料熔化；最后，将石英管放入冷水中快速淬冷。Malugani 等使用这种方法制备了一系列硫化物固态电解质，如：Na_2S-SiS_2 系、Na_2S-GeS_2 系、Na_2S-P_2S_5 系、LiI 掺杂的 $2Li_2S$-P_2S_5 系硫化物固态电解质。这些电解质被制作成直径 8 ～ 10mm、厚 1 ～ 2mm 的圆片，在两侧加上用聚乙烯增强的石墨阻塞电极，然后封装在电池壳内，测量不同温度下的电导率，并通过阿伦尼乌斯公式计算电解质的活化能。实验结果表明：

① 使用熔融淬冷法可以制备具有一定碱金属硫化物含量的玻璃硫化物固态电解质，这得益于硫元素更大的电负性，当玻璃氧化物固态电解质中的氧元素被硫元素取代时，玻璃硫化物固态电解质的电导率变得更高。材料的电导率可按下式计算：

$$\sigma = nq\mu$$

式中　σ——材料的电导率；

n——载流子浓度；

q——载流子的电荷量；

μ——载流子的迁移率。

由于极性更强的硫原子取代了氧原子，使材料的电子云更容易被扭曲，降低了离子迁移的势垒，使得 Li^+ 更容易迁移，提高了载流子的迁移率μ。

② 玻璃硫化物固态电解质和玻璃氧化物固态电解质一样，电导率随着电解质中碱金属硫化物含量的增加而增加。活化能随着碱金属硫化物含量的增加而降低。根据软电解质在玻璃中的解离理论，玻璃中的载流子来源于 Li_2S 的解离（$Li_2S \rightleftharpoons Li^+ + LiS^-$），玻璃体系中 Li_2S 浓度越高，则载流子的浓度越高，离子电导率也越高。之后，有研究者陆续报道了使用熔融淬冷法合成的 Li_2S-GeS_2 系、Na_2S-GeS_2 系和 Ag_2S-GeS_2 系玻璃硫化物固态电解质以及不同 LiI 含量的 Li_2S-P_2S_5 系硫化物固态电解质（表 5-1）。

表5-1　不同固相合成方法制备的玻璃硫化物固态电解质

合成方法	电解质种类	组分	离子电导率σ/(S/cm)	活化能 E_a/eV	参考文献
熔融淬冷（冷水）	Li_2S-P_2S_5	0.37 Li_2S-0.18 P_2S_5-0.45 LiI	1.0×10^{-3}	0.313	[5]
	Li_2S-GeS_2	0.5 Li_2S-0.5 GeS_2	4.0×10^{-5}	0.51	[6]
		0.3 Li_2S-0.7 GeS_2	4.4×10^{-7}	0.63	
		0.4 Li_2S-0.6 GeS_2	3.2×10^{-6}	0.52	

续表

合成方法	电解质种类	组分	离子电导率σ/(S/cm)	活化能E_a/eV	参考文献
熔融淬冷（冷水）	Na_2S-GeS_2	0.33 Na_2S-0.67 GeS_2	1.0×10^{-8}	0.54	[6]
		0.42 Na_2S-0.58 GeS_2	2.2×10^{-7}	0.53	
		0.5 Na_2S-0.5 GeS_2	1.0×10^{-6}	0.51	
		0.6 Na_2S-0.4 GeS_2	7.3×10^{-6}	0.44	
	Na_2S-P_2S_5	0.5 Na_2S-0.5 P_2S_5	3.9×10^{-6}	0.54	
		0.67 Na_2S-0.33 P_2S_5	2.6×10^{-6}	0.70	
	Na_2S-SiS_2	0.5 Na_2S-0.5 SiS_2	1.2×10^{-5}	0.43	
	Ag_2S-GeS_2	0.3 Ag_2S-0.7 GeS_2	6.7×10^{-5}	0.355	[15]
		0.4 Ag_2S-0.6 GeS_2	1.44×10^{-5}	0.342	
		0.5 Ag_2S-0.5 GeS_2	4.36×10^{-4}	0.327	
		0.55 Ag_2S-0.45 GeS_2	1.35×10^{-3}	0.325	
熔融淬冷（双辊）	Li_2S-GeS_2	0.63 Li_2S-0.37 GeS_2	1.5×10^{-4}	0.34	[16]
		0.67 Li_2S-0.33 GeS_2	1.2×10^{-4}	0.37	
		0.7 Li_2S-0.3 GeS_2	1.0×10^{-4}	0.34	
		0.2 Li_2S-0.8 GeS_2	1.1×10^{-7}	0.52	
		x Li_2S-$(1-x)$ GeS_2-LiI			[17]
	Li_2S-SiS_2	Li_2S-SiS_2-LiI	8.2×10^{-4}	0.27	[18]
		0.3 Li_2S-0.7 SiS_2	2.8×10^{-5}	0.46	
		0.4 Li_2S-0.6 SiS_2	1.5×10^{-6}	0.38	
		0.5 Li_2S-0.5 SiS_2	1.0×10^{-4}	0.32	
		0.6 Li_2S-0.4 SiS_2		0.25	
		$(1-x)$ (0.6 Li_2S-0.4 SiS_2)-x Li_3PO_4			
熔融淬冷（液氮）	Li_2S-SiS_2	0.24 SiS_2-0.36 Li_2S-0.4 LiI	1.8×10^{-3}	0.28	[19]
		0.14 SiS_2-0.09 P_2S_5-0.47 Li_2S-0.3 LiI	2.1×10^{-3}	0.34	[20-21]
机械球磨	Li_2S-SiS_2	60 Li_2S-40 SiS_2	1.5×10^{-4}	0.31	[7]
		Li_2S-SiS_2-Li_4SiO_4	1.0×10^{-4}		[8]
		Li_2S-SiS_2-Li_4SiO_4			[22]
		0.8 Li_2S-0.2 P_2S_5	1.0×10^{-3}		[23]
		75Li_2S-25P_2S_5	2.0×10^{-4}	0.35	[24]

玻璃硫化物固态电解质合成过程的以下三个特点不断推动其制备方法的发展。

① 一些玻璃形成体（如 B_2S_3）会侵蚀石英管。

这可能会导致制得的玻璃硫化物固态电解质中含有氧元素，也可能导致管断裂。1981年，具有高离子电导率的 B_2S_3-Li_2S 体系玻璃固态电解质首次在玻璃碳坩埚中合成[25]。随后 B_2S_3 基固态电解质玻璃大多采用石英管合成[26-27]。然而，Zhang 等[28]研究发现，B_2S_3 在400℃以上与石英接触时会发生如下反应：$2B_2S_3+3SiO_2 = 2B_2O_3+3SiS_2$。为解决这个问题，他们开发了一种用碳涂覆石英管的工艺，在石英管内壁形成了一层碳保护层，将 B_2S_3 与石英管隔开，阻止它们之间发生反应。这种含有碳涂层的石英管可再利用熔融淬冷法制备高纯度的 B_2S_3-Li_2S 体系玻璃固态电解质。

② 不同玻璃形成体的沸点不同，因此电解质制备过程也会做相应调整[29-30]。

B_2S_3 和 P_2S_5 的沸点较低，在高温下会挥发，导致合成的硫化物电解质的组分与预先设计的组分有细微偏差。因此在制备硫化物固态电解质的时候，为了防止 B_2S_3 和 P_2S_5 挥发，通常采用真空封管，或者在容器上加封口器。而 SiS_2 的沸点＞1000℃，所以其熔融混合物不需要密封，可以在大气压下，900 ～ 1000℃直接处理。

③ 在空气或者冷水中进行玻璃淬冷时，硫化物玻璃的玻璃形成区限制了材料中碱金属硫化物的含量，从而限制了材料的离子电导率[31]。

提高玻璃淬火时的降温速率可以扩展玻璃硫化物固态电解质的玻璃形成区，解决这一问题。常用的快速淬火方法有使用双辊装置淬火和使用液氮淬火。

双辊淬火法是快速淬火的一种。快速淬火最初是制备非晶态金属的技术之一，它是由 Duwez 等[32]首先提出的。在 1960 年报道的快速淬火技术——飞溅冷却技术中，少量的熔融样品被飞轮撞击到冷板上而快速冷却，这种淬火技术的冷却速率在 10^4 ～ 10^{10}K/s [33]。人们又设计了几种快速淬火装置，并制备了多种合金体系非晶态金属。其中 Hui 和 Miller 设计了双辊淬火技术[34]，使熔融样品在压力作用下落在一对快速旋转的滚轮之间，并由低温的氩气冷却，利用该技术获得了非晶态金属薄膜。双辊淬火装置示意图见图 5-1。

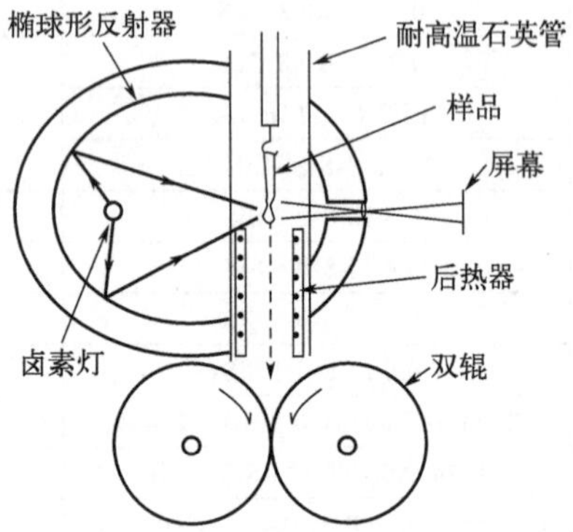

图 5-1　双辊淬火装置示意图[31]

该炉由一个镀铂金的椭球形反射器和一个 1500W 的卤素灯组成。将灯放置在椭球形反射器的一个焦点上，在反射器的另一个焦点上放置底部有小孔的样品管。当卤素灯电压升高时，将样品逐渐加热熔化。样品熔化的部分从小孔中落下，通过加热炉落入旋转的双辊上。用这种技术可以实现非常高的冷却速率，超过 10^6K/s。这种方法有如下优点：a. 不需要坩埚来熔化；b. 易于控制熔化的气氛；c. 可以观察熔化的状态。

Sarjeant 和 Roy[35] 首先使用快速淬火法加工几种氧化物，发现甚至在一些被认为不可能形成玻璃的氧化物中也观察到了玻璃的形成。后来 Pradel 和 Ribes[16-18] 通过使用双辊装置实现了玻璃硫化物固态电解质的制备。他们将传统淬火工艺获得的粉末玻璃加入底部有直径为 0.2mm 孔的玻璃碳管中，放在铂炉内。通过氩气射流施加压力，迫使加热熔化的小液滴通过孔，落到直径 7cm、转速 2000r/min 的双辊轮上，并由氩气冷却。冷却后得到薄片 (厚度 50 ～ 80μm，面积为几平方厘米)，颜色从橙色到棕色。该方法由于提高了玻璃硫化物固态电解质的降温速率，扩展了硫化物固态电解质的玻璃成形区。

虽然双辊淬冷法可以扩展电解质的玻璃形成区，降低固态电解质的活化能，但是这种方法还没有达到玻璃硫化物固态电解质的玻璃形成区和离子电导率的极限。1987 年，Kennedy 和 Yang [19] 改进了原来直接使用水进行淬冷的制备方法。他们所用的制备玻璃硫化物固态电解质的手套箱有两个部分：一个是氩气氛围，用于称量、混合和加热熔化硫化物固态电解质；另一个是氮气氛围，并且里面放有盛放液氮的容器。将原料称量、混合和熔化后，将玻璃碳坩埚中的熔融混合物在惰性气体保护下转移到氮气氛围的手套箱中，然后直接将样品浸入液氮中进行快速冷却。通过这种方法制备的 SiS_2-Li_2S-LiX (X = Br, I) 系玻璃硫化物固态电解质具有相当高的电导率，玻璃形成区也扩展到了更高的锂含量。从表 5-1 中可以看出，不同加工方法制备的玻璃硫化物固态电解质不同。

一般来说，硫化物玻璃的组成成分无法覆盖所有可能的配比范围。这是因为在制备硫化物玻璃时，若加入 Li_2S、LiI 等玻璃改性剂（本质为离子晶体），在熔融态凝固过程中会倾向于析出晶体。由于此类晶体是锂离子的不良导体，当它们存在于玻璃硫化物固态电解质中时，会显著降低材料的离子电导率[18]。因此，对于合成玻璃硫化物固态电解质，必须首先确定材料的玻璃形成区。根据弱电解质模型[36]，在玻璃硫化物固态电解质中，载流子是利用熔解在玻璃形成体中的玻璃改性体通过电解形成的（如 Li_2S 的反应为$Li_2S \rightleftharpoons Li^+ + LiS^-$），根据公式$\sigma = nq\mu$，熔解的玻璃改性体越多，玻璃硫化物固态电解质中的载流子浓度也就越高，另外由于载流子的电迁移率是由玻璃形成体的本征性质和近程结构所决定的，随着熔解的玻璃改性体含量的增加，μ 会逐渐增大[16]。因此，在扩大玻璃硫化物固态电解质的玻璃形成区可以有效提高该固态电解质的离子电导率。通常，确定玻璃形成区是通过熔化各种成分的混合物并淬火，以及用 X 射线衍射 (XRD) 检查结晶度来完成的。应该注意的是，X 射线衍射线并不是证明物体是玻璃态的充分条件，因为 XRD 在一些情况下不能检测到材料中存在的微晶结构。可以通过热分析的方法检测材料的玻璃转化温度，从而弥补 XRD 的不足[31]。

玻璃形成区的大小除了取决于玻璃形成体和玻璃改性体本征的性质外，还取决于玻璃所采用的淬火方式。Pradel 和 Ribes 发现，采用双辊淬火可以扩展 $(1-x)\ SiS_2$-$x\ Li_2S$ 玻璃形成区。用传统的淬火方法只能得到 x=0.5 的玻璃，而双辊淬火可以在 $0.3 < x < 0.6$ 范围内制备玻璃硫化物固态电解质[11]。

Kennedy 等[19] 发现，用直接液氮淬火也可以扩展电解质的玻璃形成区，图 5-2 为 Li_2S-SiS_2-LiBr 和 Li_2S-SiS_2-LiI 的玻璃形成区。卤化锂掺杂的范围也取决于淬火速率。在常规淬火（将含有

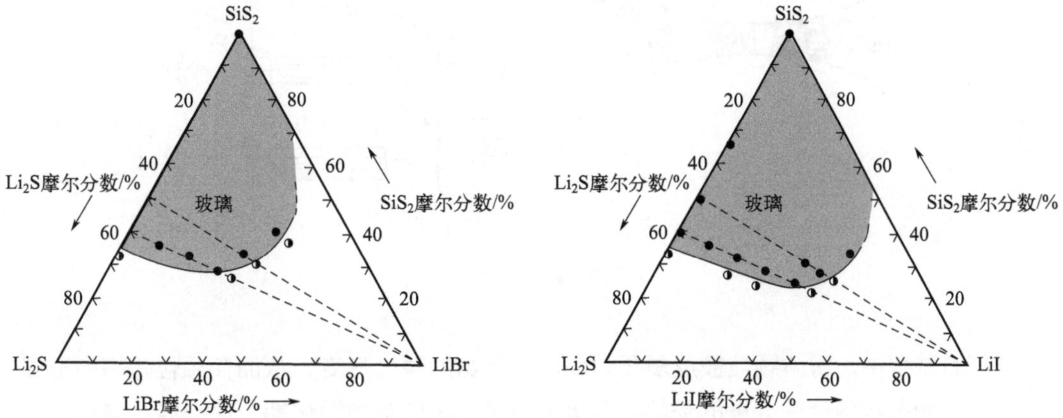

图 5-2　Li_2S-SiS_2-LiBr 和 Li_2S-SiS_2-LiI 的玻璃形成区[19]

（部分实心点代表混合物中没有晶体，部分实心点代表混合物中有少量晶体）

熔融硫化物固态电解质的密封石英管直接放入冰水中冷却）时，掺入量最高的是 0.25 LiCl、0.2 LiBr 和 0.3 LiI。用直接液氮淬火可将其扩展到 0.3 LiBr 和 0.4 LiI[对于 $(1-x)(0.4\ SiS_2\text{-}0.6\ Li_2S)\text{-}x LiX$] 以及 0.4 LiBr 和 0.45 LiI[对于 $(1-x)\ (0.5\ SiS_2\text{-}0.5\ Li_2S)\text{-}x\ LiX$，摩尔分数]。

5.1.2 高能球磨法

机械球磨法是利用球磨机的转动或振动使硬球对原料进行强烈的撞击、研磨和搅拌，把金属和合金粉末粉碎为纳米级微粒的方法。由于这种方法是最初是用来制备金属合金的，其利用机械能达到合金化，所以又称为机械合金化法。高能球磨法是机械球磨法中应用最为广泛的一种方法。高能球磨法与传统低能球磨法的不同在于球磨的运动速度较大，机械能更高，从而使粉体产生塑性形变及相变，而传统的球磨工艺只对粉体起破碎和混合均匀的作用。高能球磨法通过搅拌器和球磨珠将动能传递给被作用物质，能量利用率更高，其现在已经是制备材料的重要方法之一。

5.1.2.1 高能球磨法的基本原理

高能球磨法的原理[37]是将粉末材料放在高能球磨机内进行球磨，粉体被球磨珠与球磨罐反复碰撞，而承受冲击、剪切、摩擦和压缩多种力的作用，被多次重复挤压、变形、断裂、焊合等。对于具有一定塑性的金属粉体，球磨初期粉体会产生塑性形变，经冷焊而形成复合粉，经过进一步球磨，粒子变硬，塑性下降，较大的复合颗粒很容易产生裂纹，被球磨珠碰撞破碎，此时粒子焊合与断裂破碎的趋势平衡，粒子尺寸稳定在一个较窄的范围内。这是由于多次碰撞粒子使其表面活性增强，复合粉体组织结构细化并发生扩散和固态反应而形成合金粉。1988 年，日本的新宫秀夫提出了压延和反复折叠的高能球磨模型，如图 5-3 所示。在此模型中，利用高能球磨将粉体压延 10 次，其粉体的厚度被减小到原来的 1/100000，形成非常小的微观复合结构，如果是易加工的材料，高能球磨很容易使之达到纳米级。

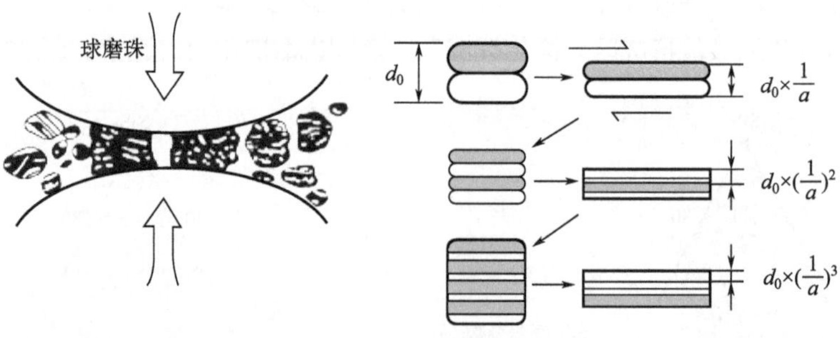

图 5-3 高能球磨模型[37]

（d_0 为原始厚度；$\frac{1}{a}$为压下率）

球磨的过程中，粉体颗粒被反复压延，产生强烈的塑性形变，从而在颗粒晶格内形成应力和应变，使颗粒内产生大量的缺陷，显著降低了元素的扩散活化能，使得混合材料间在室温下可以进行原子或离子扩散；颗粒不断冷焊、断裂及组织细化，形成了无数的扩散 / 反应偶，同时扩散距离也大大缩短。应力、应变、缺陷和大量纳米晶界、相界的产生，使系统的能量有了很大提高，可达几万焦耳每摩尔。在球与粉体颗粒碰撞的瞬间会造成界面温度上升，诱发界面处的扩散，同时还有可能诱导碰撞处发生化学反应，从而达到合成新材料的目的。2001 年 Hayashi 等[24]使用机械球磨法合成 Li_2S-P_2S_5 玻璃硫化物固态电解质时，原料球磨 0h、1h、5h、20h 后材料的 XRD 图谱如图 5-4 所示。未经过机械球磨 (0h) 的混合粉末中，出现了由 Li_2S 和 P_2S_5 晶体形成的 XRD 峰。球磨 1h 后，P_2S_5 晶体形成的峰几乎消失，同时 Li_2S 晶体的衍射峰强度在降低，峰宽在增大，说明 Li_2S 的晶粒尺寸在减小。随着球磨时间的增加，Li_2S 峰强度减小，衍射峰逐渐宽化。球磨 20h 后，由 Li_2S 引起的峰几乎消失。结果表明，随着球磨时间的增加原料会被逐渐粉碎，在增加混合均匀度的同时也可以使晶体材料逐步变成非晶体。2016 年，Yu 等[38]在研究硫银锗矿型固态电解质 Li_6PS_5Cl 时发现，在高转速下，球磨提供的能量足够时，随着球磨时间的增加，球磨过程中会发生化学反应生成 Li_6PS_5Cl 电解质（图 5-5）。

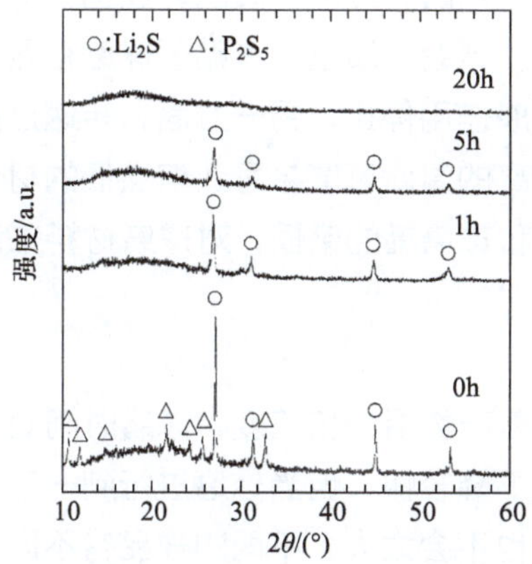

图 5-4　$75Li_2S$-$25P_2S_5$ 粉末在室温下混合不同时间的 XRD 图谱[24]

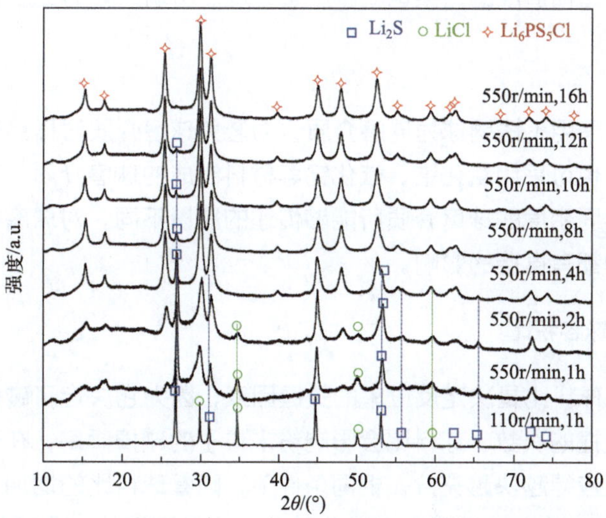

图 5-5　Li_2S、P_2S_5 和 LiCl 球磨混合物混合不同时间的 XRD 图谱[38]

5.1.2.2 高能球磨法的影响因素

高能球磨法所需设备少，工艺简单，但影响最终产品的组成和性能的因素却有很多[37]。

（1）球磨容器

球磨容器的形状及材质对球磨结果有重要影响。在球磨过程中，球磨介质对球磨容器内壁的撞击和摩擦作用会使球磨容器内壁的部分材料脱落而进入球磨物料中造成污染。常用的球磨容器的材料通常为淬火钢、工具钢、不锈钢、WC 内衬、ZrO_2 内衬或玛瑙内衬等。有时为了特殊的目的而选用特殊的材料，例如球磨物料中含有铜或钛时，为了减少污染而选用铜或钛球磨容器。

（2）球磨转速

通常认为球磨机的转速越高，传递给研磨物料的能量就越多。但是，转速并不是越高越好。一方面，球磨机转速提高的同时，球磨介质的转速也会提高，当达到某一临界值及以上时，球磨珠的离心力大于重力，球磨介质就会紧贴于球磨容器内壁，球磨珠、粉料和球磨罐处于相对静止的状态，此时球磨作用停止；另一方面，转速过高会使球磨系统升温过快，温度过高有时是不利的，例如较高的温度可能会导致熔点低的材料挥发，影响材料配比，并且过高的球磨速度会造成球磨珠和球磨罐的磨损，对球磨材料来说是一种杂质的引入。

（3）球磨时间

球磨时间的长短直接影响着产物组分和纯度，球磨时间对粒度的影响也较明显。在开始阶段，随着时间的延长，粒度下降较快，但当球磨进行到一定时间以后，即使继续延长球磨时间，产品的粒度值下降幅度也不会太大，不同的样品有不同的最佳球磨时间。因此，在一定条件下，随着球磨的进行，合金化程度会越来越高，颗粒尺寸会逐渐减小并最终形成一个稳定的平衡态，即颗粒的冷焊和破碎达到动态平衡，此时颗粒尺寸不再发生变化。但是球磨时间越长，由球磨罐磨损造成的污染也就越严重，从而影响产物的纯度。

（4）球磨介质

高能球磨中一般采用不锈钢球为球磨介质，为避免球磨介质对样品的污染，在球磨一些容易粉碎的材料时，也可采用氧化锆、碳化钨等材料制成的球磨介质。球磨介质要有适当的密度和尺寸，因为不同密度的球磨介质所能够传递的能量不同，对球磨物料产生的冲击也不同，这些对最终产物都有直接的影响。

（5）球料比和装球容积比

在球磨过程中，球料比是决定反应率的关键因素，因为它决定了碰撞时所捕获的粉末量和单位时间内有效碰撞的次数。球料比会影响粉末粒子的碰撞频率，在一定范围内球料比越高，材料混合或者反应得越快越充分。相同条件下，随着球料比的增加，球磨能量升高，微粒粒度变小，但球料比过大，生产率会过分降低，这是不利的。当球料比一定、球径确定时，球运动的平均自由程取决于装球容积比（球磨珠总体积 / 球筒体积）。增大装球容积比，球运动的平均自由程减小，从而使两球碰撞时捕获的微粒量减少；当装球容积比过大时，球运动的平均自由程过小，微粒变形量减小，效率下降。

（6）过程控制

在球磨过程中，粉末存在着严重的团聚、结块和黏壁现象，大大阻碍了球磨的进程。为此，常在球磨过程中添加过程控制剂 (PCA)，如硬脂酸、固体石蜡、液体酒精和四氯化碳等，以减少粉末的团聚、黏球、黏壁现象，以及降低研磨介质与研磨容器内壁的磨损程度，可以较好地控制粉末的成分，提高出粉率。对于不能引入杂质的材料，则需要每隔一定时间就把球磨罐打开，将黏在球磨罐壁上的材料扣下来，敲碎后再放回球磨机中继续球磨，以保证球磨的效果。

5.1.2.3 机械球磨制备硫化物固态电解质的发展过程

机械球磨技术最初是作为一种合成合金的方法发展起来的[39]，后来，它也被用在固体离子学领域合成各种化合物[1, 40]。Michel 等[41]在室温下通过高能球磨技术合成出了在高温下表现出氧化离子电导率的 ZrO_2 基萤石型固溶体。此外，机械球磨是形成非晶相的常用方法。1999 年，Morimoto 等[7]首次使用高能球磨法合成非晶态 Li_2S-SiS_2 材料。因为这种方法的混合过程是通过固态相互扩散反应进行的，扩散的过程不需要在材料的局部区域形成熔体，所以球磨过程不需要在高温下进行。固相扩散主要受球磨过程中动力学塑性形变产生的晶格缺陷影响，与熔融淬冷法中扩散的主要影响因素不同，高能球磨法有望制备出玻璃形成区超过熔融淬冷法的玻璃硫化物固态电解质。2001 年，Akitoshi 等[42]使用高能球磨法制备了 80 Li_2S-20 P_2S_5 玻璃固态电解质，这种玻璃固态电解质的 Li_2S 含量远超使用熔融淬冷法制备的 66 Li_2S-33 P_2S_5 玻璃硫化物固态电解质。如图 5-6 所示，Yamamoto 等[43]报道了在 Li_2S-GeS_2-P_2S_5 三元体系中，通过球磨形成的非晶态样品的区域比传统的熔融淬火区域要宽得多。因此，球磨技术为制备新的非晶态玻璃材料提供了更多可能性。

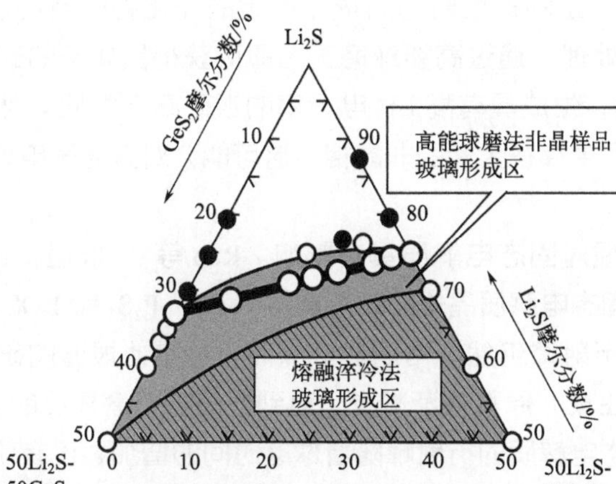

图 5-6 Li_2S-GeS_2-P_2S_5 体系[43]

（空心圆代表采用高能球磨法获得的非晶样品，实心圆代表样品中含有的部分晶体；阴影区是用常规熔融淬冷方法得到的玻璃形成区）

5.1.2.4 制备参数对硫化物固态电解质的影响

随着硫化物固态电解质和高能球磨法逐渐走进人们的视野，高能球磨法作为合成和混料的方法，被广泛应用在多种微晶玻璃相和晶体固态电解质的制备过程中。人们通常直接使用高能球磨法一步合成微晶玻璃相和晶体固态电解质，或者将高能球磨法与退火步骤联用制备固态电解质。2002 年，Tatsumisago 等 [44] 在原有发现的基础上通过高能球磨法制备了 80 Li_2S-20 P_2S_5 (摩尔分数) 玻璃，然后将玻璃加热到 250℃使玻璃析出 Li_7PS_6 的高温稳定相，来制备具有高离子电导率的微晶玻璃硫化物固态电解质。后来，Rao[45] 等以 Li_2S、P_2S_5 和 LiX (X = Cl, Br, I) 的晶体粉末为原料，在玛瑙球磨罐中用球磨珠磨 20h 后，将混合粉末压成直径 15mm、厚度约 1.5mm 的薄片，在 550℃下煅烧 5h 制备了 Li_6PS_5Cl 固态电解质。除了上面两个例子，科学工作者还通过球磨法制备了一系列 (100−x) Li_2S-x P_2S_5 电解质 [46]，如 77.5 Li_2S-22.5 P_2S_5 (摩尔分数，1mS/cm) [47]、75 Li_2S-25 P_2S_5 (摩尔分数，0.5mS/cm) [48]、80 Li_2S-20 P_2S_5 (摩尔分数，0.72mS/cm) [49] 等，以及 $Li_{9.54}Si_{1.74}P_{1.44}S_{11.7}Cl_{0.3}$ (25mS/cm) [50] 和 86.9Li_3PS_4-13.1$LiAlS_2$ (摩尔分数，0.6mS/cm) [51] 等多种 Li_2S-M_xS_y-P_2S_5 电解质 [52]。

如前文中所介绍的，高能球磨合成材料的过程虽然所用设备简单，操作步骤少，但是影响因素众多。使用高能球磨法制备硫化物固态电解质的过程中，需要避免原料和电解质与空气接触。所有操作步骤都需要在惰性气氛的手套箱中进行，极大地增加了硫化物固态电解质的制备难度。目前已发表的论文只对使用高能球磨法制备硫化物固态电解质的部分影响因素进行了报道，接下来，将根据现有研究型论文和综述的报道，以硫银锗矿型硫化物固态电解质为例，对制备参数对硫化物固态电解质的影响进行分析 [1]。

目前，高能球磨法是制备硫化物固态电解质常用的方法。高能球磨法制备硫银锗矿型硫化物固态电解质 Li_6PS_5X (X = Cl, Br, I) 的步骤为：将原料在手套箱中按照化学计量比称量后，置于球磨罐中低转速下球磨，使前驱物混合均匀，然后进行长时间高速球磨，生成最终产品。在低转速下 (如 110r/min)，高能球磨的过程产生一个均匀前驱体的混合粒径会减小。在高转速下 (如 500r/min)，高能量可以打破前驱化合物的化学键，并将材料混合到原子水平，在高转速下经过一定的球磨时间后形成指定的硫化物固态电解质。根据文献报道，在室温下，无须经过热处理，通过高能球磨工艺即可获得晶体态的硫银锗矿型固态电解质 Li_6PS_5X (X = Cl, Br, I)，生成具有高 Li^+ 电导率的银矿石电解质。然而，只通过球磨合成的硫银锗矿型固态电解质中存在大量的非晶相，这可能会对其离子电导率及应用产生很大的影响。

球磨珠与原料的质量对固态电解质具有影响。Rao 等 [45] 报道，球磨产物的 XRD 图谱显示出部分硫银锗矿型固态电解质晶体和残留原料 [Li_2S、P_2S_5 和 LiX (X = Cl, Br, I)] 的峰。球磨 24h 后，原料相的衍射峰仍然非常明显。然而，在其他报道的研究中，发现球磨一定时间后固态电解质逐渐生成，原料逐渐减少，直到最后在球磨样品的 XRD 图谱中观察不到原料的衍射峰，并且固态电解质的衍射峰随着球磨时间的增加，没有明显变化。这表明硫银锗矿型固态电解质是通过高能球磨法形成的 [9, 38, 53]。这些不同的实验结果与高能球磨过程的能量效率有关，而高能球磨过程的能量效率受材料性质、球的数量和尺寸、球料比以及球磨速度（能量）的影响很大。Rao 等 [45] 的球磨实验是在玛瑙罐中进行的，使用了 15 个直径为

10mm 的玛瑙球，总质量为 13.9g。相比之下，Boulineau 等 [9] 使用 15 个直径为 10mm 的氧化锆球，总质量为 29.8g，在球磨 20h 后成功获得了纯 Li_6PS_5X (X = Cl, Br, I) 固态电解质。Yu 等 [38] 用 10 个直径相同、总质量为 80.0g 的碳化钨 (WC) 球在涂有 WC 内衬的不锈钢罐中进行球磨，在 500r/min 下球磨 10h，得到纯硫银锗矿型固态电解质相。值得注意的是，Boulinea 和 Yu 研究中的球与原料的质量比相当大，分别为 29.8∶1 和 40∶1，说明球料比对于获得具有高锂离子电导率的纯硫银锗矿型硫化物固态电解质具有重要意义。研磨后的纯硫银锗矿型固态电解质的纯度与离子电导率直接相关，而离子电导率与研磨过程中所采用的研磨参数有关。

除了球料比外，球磨机的转速也是影响最终产品的一个关键参数。Zhang 等 [53] 使用与 Rao 类似的玛瑙球制备固态电解质，成功获得了纯的 Li_6PS_5Cl 固态电解质，其室温下锂离子电导率为 6.1×10^{-4}S/cm。与 Rao 相比，Zhang 等提高了球磨机的转速，为 600r/min (Rao 等的球磨机转速为 510r/min)。使用氧化锆球制备硫化物固态电解质时，球料比为 29.8∶1，在 600r/min 的转速下，球磨 20h，制备了 Li_6PS_5X (X = Cl, Br, I)，其电导率为 2×10^{-4} ～ 7×10^{-4}S/cm，活化能为 0.3 ～ 0.4eV。当使用碳化钨合成硫化物固态电解质，球料比为 40∶1 时，分别在 550r/min 转速下球磨 16h、500r/min 转速下球磨 15h 合成了纯 Li_6PS_5Cl 和 Li_6PS_5Br。Li_6PS_5Cl 和 Li_6PS_5Br 对应的室温锂离子电导率分别为 1.0×10^{-3}S/cm 和 6.2×10^{-4}S/cm。球的动能是它们的质量和速度的函数。致密材料 (如钢或碳化钨) 可比轻质材料 (如陶瓷、氧化锆和玛瑙) 提供更多的能量。在球磨过程中，相同直径的球数越多，能量越大，对最终产品的物理和化学性能影响越显著。所需的球磨时间与球的选择和球料比有关。最后，不同类型的球磨设备对球磨产物也有影响。根据相关研究，首选高能行星球磨机。总体来说，高能球磨法是一种很有前途的合成方法，但仍有一些不足之处需要考虑。例如，产物量受球磨罐大小的限制；高转速和长时间的球磨过程会造成时间和能源消耗，成本上升 [54]。此外，初始材料混合物对球和罐内壁有很强的黏附性，这增加了制备的难度，造成了不必要的重量损失和时间浪费。

5.1.3 高能球磨与固相烧结联用

高能球磨与固相烧结联用是合成硫化物基和氧化物固态电解质的常用方法。原料被高速球磨机碾磨，形成一种大致为非晶态的电解质前驱体，在压力模具中压制成型，再将样品密封在石英管中，在炉中退火，得到最终产品。对于用这种方法生产的硫银锗矿型固态电解质，其室温离子电导率普遍较高，通常超过 10^{-3}S/cm。

Rao 等 [45] 首次报道了通过高能球磨和退火路线能够成功合成出 Li_6PS_5X (X = Cl, Br, I)。这种固态电解质在室温下的离子电导率为 10^{-4}S/cm。虽然这种离子电导率在玻璃硫化物电解质家族中是可以接受的，但它仍然远低于传统的液体电解质。低 Li^+ 电导率可能与球磨过程中使用的材料有关。玛瑙是一种轻质材料，特别是在球的数量少时，难以提供高能量。后来，Boulineau 等选择了较重的氧化锆球用于机械铣削过程，并引入了后退火步骤。在 600r/min 转速下球磨 20h 后，在 550℃下退火 10h，得到室温下离子电导率为 1.33×10^{-3}S/cm 的 Li_6PS_5Cl 电解质。Yu 等在较低的转速 (550r/min 和 500r/min) 下，使用了更重的 WC 球，在

较短的球磨时间 (16h 和 15h) 内，制备了 Li_6PS_5Cl 和 Li_6PS_5Br 电解质。所得粉末分别在 550℃和 300℃下退火 5h，在室温下离子电导率分别为 1.1×10^{-3}S/cm 和 1.11×10^{-3}S/cm。显然，球磨后的退火处理可以显著提高锂银矿石电解质的 Li^+ 电导率。虽然经过和没有经过退火的银矿石电解质表现出相似的 XRD 衍射图谱，但机械铣削过程可能会引入大量的晶界 (小粒度) 和部分非晶区，导致硫银锗矿型固态电解质的 Li^+ 电导率不理想 [55]。尽管利用该合成路线得到的硫银锗矿型固态电解质的主要相是晶体，但由于退火过程中烧结不完全，样品中也可能存在少量的非晶体。

5.1.4 固相烧结法

固相烧结法是一种简单的制备硫化物固态电解质的方法。原料的混合物可以用手磨或低速球磨，将球磨的样品压制成片，然后使用真空石英管密封。烧结时间、前驱体的投料成分和烧结温度是影响高离子电导率银矿石电解质制备的重要参数。早期制备硫化物固态电解质是在 550℃下固态反应 7d 获得了纯相的硫银锗矿型固态电解质 [56]。然而，这种制备方法耗时长，能量消耗大，不适合规模化制备固态电解质。最近的研究发现，缩短退火时间也可以制备纯相 Li_6PS_5X (X = Cl, Br)。据报道，在 26.2℃下具有 4.96×10^{-3}S/cm 离子电导率的 Li_6PS_5Cl 电解质可以通过在 550℃下退火 10h 合成 [54]。这种方法合成的 Li_6PS_5Cl 电解质的电导率高于用经典的高能球磨和退火组合路线制备的硫化物固态电解质 [55]。在这篇报道中，作者以试剂纯级 Li_2S (99.9%)、LiCl (99.9%) 和 P_2S_5(99%) 晶体粉末作为原料，所有试剂按 $Li_2S/LiCl/P_2S_5$ 的摩尔比 5∶2∶1 称量，用行星式球磨机以 100r/min 的转速将质量约为 1g 的混合粉末球磨 1h，随后，将混合物放入石英管中进行烧结。所有步骤都是在干燥的手套箱 ($O_2 < 0.1\times10^{-6}$, $H_2O < 0.1\times10^{-6}$) 中进行的。将混合物在 350℃、400℃、440℃、460℃、480℃、500℃、520℃、550℃、570℃或 620℃下加热 10h，升温速率为 1.5℃/min，烧结后，管子缓慢冷却至室温。

测量材料的离子电导率，在得到最佳反应温度后，通过改变反应时间对工艺进行优化。接下来，将球磨混合物在 550℃下加热 10min、1h、2h、3h、5h、10h、15h 和 20h，然后测试这一系列样品的 XRD 图谱、拉曼光谱和离子电导率。测试结果如图 5-7 所示，未烧结混合物的衍射图谱与起始材料 Li_2S、LiCl 和 P_2S_5 相对应。在 350℃下加热 10h 的样品中，主要衍射峰为 Li_6PS_5Cl 晶体，还有些 Li_2S、LiCl 和 $Li_4P_2S_6$ 的杂峰。随着烧结温度的升高，杂质的衍射峰强度逐渐降低，$Li_4P_2S_6$ 杂质相向 Li_6PS_5Cl 相转变。在 460℃的烧结温度下，Li_2S 在 27° 时出现了一个弱峰，但该弱峰在 480℃的烧结温度下消失。在 480℃下煅烧 10h 和 550℃下煅烧 10h 的煅烧条件下，得到了纯 Li_6PS_5Cl 晶相。当烧结温度提高到 620℃时，出现 LiCl、Li_2S 和未知相的弱峰。由此可得，550℃是获得纯 Li_6PS_5Cl 相固态电解质的最佳烧结温度。

通过不同温度、相同烧结时间制备的 Li_6PS_5Cl 样品的拉曼光谱如图 5-7（b）所示。在 350℃下烧结 10h 的样品中，在 424cm^{-1} 处有一个主峰，在 382cm^{-1} 处有一个小峰。在 424cm^{-1} 处的峰值是由 PS_4^{3-} 的拉伸引起的，表明了高离子电导率相 Li_6PS_5Cl 的存在。另外，在 382cm^{-1} 处的峰值为 $P_2S_6^{4-}$，属于 $Li_4P_2S_6$ 相。随着烧结温度的升高，在 460℃时 $P_2S_6^{4-}$ 峰强度逐渐减小最后消失。从 460℃到 620℃，只有 PS_4^{3-} 的峰出现。拉曼光谱的结果与上述

XRD 数据一致。

后续测量了不同温度下烧结的 Li_6PS_5Cl 固态电解质的离子电导率，如图 5-8 所示。350℃下煅烧 10h 样品的离子电导率为 5.42×10^{-4}S/cm。随着烧结温度的升高，Li_6PS_5Cl 电解质的离子电导率快速上升，直到 460℃后缓慢上升，在 550℃达到最大值，然后下降。在室温下，550℃下煅烧 10h 样品的离子电导率高达 3.34×10^{-3}S/cm。在 350 ~ 460℃时，离子电导率的快速升高可能是由于离子电导率较低的 LiCl、Li_2S 和 $Li_4P_2S_6$ 杂质被反应消耗所致。当温度继续升高时，这些杂质消失，Li_6PS_5Cl 的结晶度增加，导致离子电导率缓慢增加。对于 620℃下煅烧 10h 的样品，由于 LiCl 和 Li_2S 杂质的形成，其电导率下降。因此，优化的烧结温度为 550℃。如图 5-8（b）所示，随着时间的延长，Li_6PS_5Cl 的离子电导率增长缓慢，在 15h 达到最大值，然后下降。550℃下煅烧 10min 的样品由于含少量 Li_2S 杂质，离子电导率为 3.15×10^{-3}S/cm。当煅烧持续时间增加到 3h 时，纯 Li_6PS_5Cl 的离子电导率增加到 3.20×10^{-3}S/cm。离子电导率在煅烧 15h 时达到最大值 3.38×10^{-3}S/cm，随后随着时间的延长而下降。当烧结时间超过 15h 时，离子电导率下降，研究认为这可能是由锂离子蒸发所引起的。

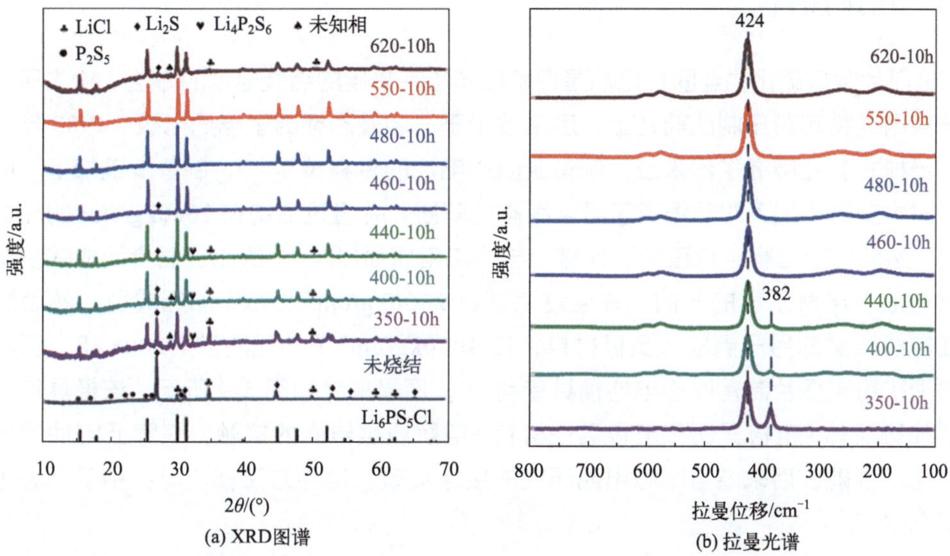

图 5-7 在不同温度下烧结 10h 制备的 Li_6PS_5Cl 样品的 XRD 图谱和拉曼光谱 [55]

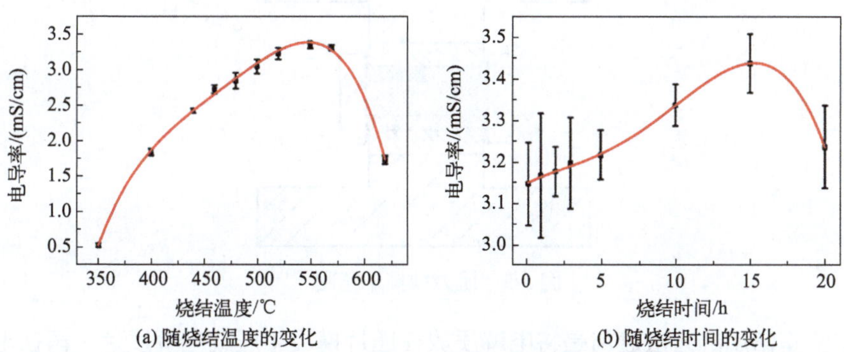

图 5-8 Li_6PS_5Cl 样品在室温下的电导率随烧结温度和烧结时间的变化 [55]

作为两种不同的制备方法，固相烧结和高能球磨在制备硫银锗矿型固态电解质时，会有一些区别。2018 年，燕山大学的科研团队在实验中发现，烧结过程会造成锂元素的损失，产生缺锂的杂相，并且即使将制备的前驱体进行真空封管也会出现锂损失的现象，这种缺陷可以通过在制备硫化物固态电解质的过程中添加过量的 Li_2S 来弥补。用高能球磨法制备硫化物固态电解质时，不会出现这种状况。此外，采用固相烧结法合成的硫银锗矿型固态电解质，由于烧结温度高、退火时间长，几乎没有非晶相产生，所以用这种方法制备的 Li_6PS_5X 电解质的 Li^+ 电导率远高于用机械球磨法制备的 Li_6PS_5X 电解质。虽然硫银锗矿型固态电解质 Li_6PS_5X (X = Cl, Br, I) 的固相烧结制备路线较容易实现规模化生产，但该合成路线制备样品的均匀性问题阻碍了这种方法的广泛应用[53]。

5.2 硫化物全固态电池的干法制备

5.2.1 粉末压片

粉末压片制备硫化物全固态电池是现阶段实验室常用的组装电池的方法。粉末压片技术早期被应用在将药粉压制成药片上，后来被用于压制液态锂离子电池电极。1987 年，日本松下电器株式会社申请了粉末压片制备全固态电池的专利技术[57]，制备步骤如下：向聚酰亚胺树脂中空管中加入粉状银离子导电固态电解质，并通过活塞在 2000kg/cm^2 的压力下加压成型，然后移除活塞，将正极活性材料与固态电解质以 1∶1 的比例混合而成的粉末作为正极材料放入电解质层的一侧，并通过活塞在 2000kg/cm^2 压力下加压成型，然后取出活塞，在电解质层的另一侧放入负极材料，在 4000kg/cm^2 下加压成型。2008 年，日本丰田公司申请了粉末压片制备固态电池模具专利[58]，模具形状如图 5-9 所示。该模具可以通过加压增加集流体 / 电极界面和电极活性材料 / 电解质层界面的接触，来降低电池阻抗，从而提高电池性能。后来随着固态电池研究的接连突破，这种方法被广泛应用于固态电池的科学研究中。

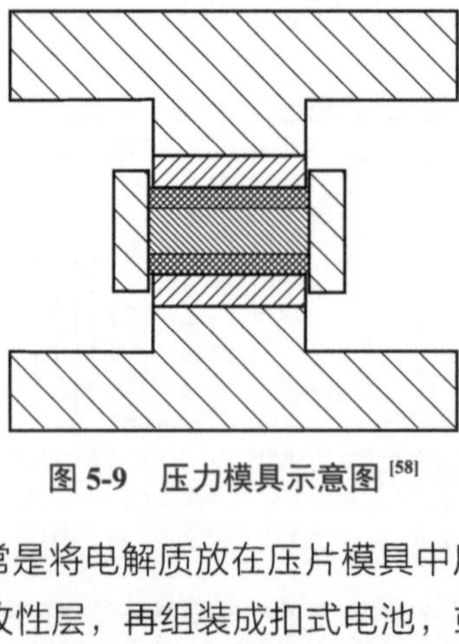

图 5-9　压力模具示意图[58]

现在实验室常用的方法通常是将电解质放在压片模具中压成电解质片，再在电解质片的两面放上需要研究的电极或者改性层，再组装成扣式电池，或者直接在电池模具中按顺序加入电极、改性材料和电解质层，再通过压机或者扳手对模具进行加压来组装模具电池。该方法常用于测量固态电解质的离子电导率，研究全固态电池中普遍存在的界面接触差、离子电导率低、电池配置设计不合理、电极结构优化等问题[59-63]。Deng 等[64]发现高镍三元材料表面的 Li_2CO_3 和 LiOH 是引发硫化物固态电解质氧化的一个重要因素，并使用粉末压片技术制作了硫化物全固态电池，验证了去除电极活性材料表面的锂化合物可以提高电池的循环性能和增强活性材料的容量发挥。2019 年，Kasemchainan 等[65]使用粉末压片技术将电解质粉末压片，加热处理后在电解质层两面加上金属锂电极制备对称电池，并用这个电池研究锂离子固态电池的临界电流密度，电池的示意图如图 5-10 所示。

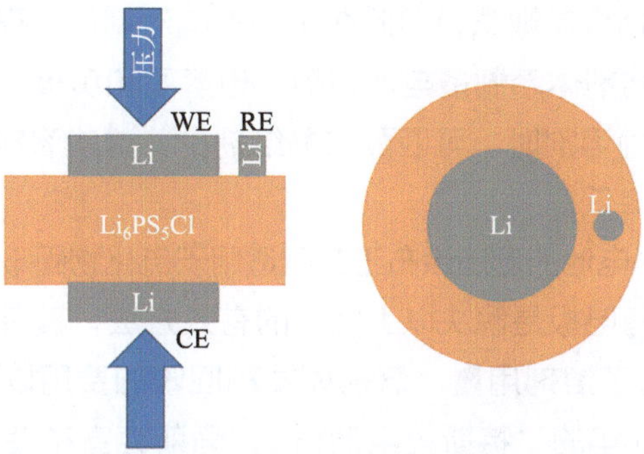

图 5-10　临界电流密度测试系统示意图

（WE 为工作电极；RE 为参比电极；CE 为对电极）

粉末压片技术在制备电池时不需要使用黏结剂和集流体就可以有效避开这些因素对电池性能的影响，从而能够更直观地展现出所研究因素的改变对电池性能的影响。但是由于粉末压片制备的电池不含黏结剂和集流体，在研究电池性能时，忽略了这些因素造成的影响，导致这类实验数据与实际使用的情况有一定差距。在将这些实验数据和结论应用于实际生产时，需要考虑这些被忽略的因素，对已得出的结论进行适当修正，从而让科学研究的成果更好地服务于生产。另外，利用粉末压片的方法制备电池时，为了防止电池短路，往往加入的电极活性材料较少，加入电解质较多，再加上电池壳和模具壳的质量较大，导致电池中的活性物质占比较小，能量密度低[2,66]。

5.2.2　干法制膜

干法制膜技术无论是在制备传统液态锂离子电池还是全固态电池上都具有很多优点，接下来将通过对比干法与传统湿法涂布技术来介绍干法制膜技术的优点。通常认为湿法涂布技术有如下四个缺点。

① 湿法涂布技术成本高[67-70]。湿法涂布技术制备锂离子电池一般使用 NMP(1- 甲基 -2- 吡咯烷酮) 作溶剂，由于 NMP 的价格昂贵并且具有毒性，随意排放会污染环境，在规模化制备液态锂离子电池的生产中，必须搭建回收装置回收电极干燥过程中蒸发的 NMP。虽然回收系统可以使 NMP 循环利用，但搭建回收装置需要消耗大量资金，溶剂挥发也会消耗大量能量。这些都增加了制备液态锂离子电池的初期投资和制备成本[71]。根据 Pettinger 等[68]

的计算，在年产 100 万块 20.5A · h、3.7V 锂离子电池的生产线上，电极涂布和干燥过程的能源消耗约占总能耗的 51%。

② 电极分层 [72]。在电极溶剂挥发的过程中，由于毛细引力和扩散作用，黏结剂和导电添加剂会向电极的表面聚集，而密度较大的电极活性材料会向集流体一侧沉积，这就导致了电极的分层。

③ 电极厚度受限 [73-76]。湿法涂布制备的电池电极存在一些难以克服的问题，如裂纹、分层和柔性差，这些问题在制备厚电极时尤其突出。随着电极膜变厚（通常对应于较高的电极活性材料负载），湿法涂布电极的性能会逐渐劣化。

④ 湿法涂布与硫化物固态电解质不能很好地兼容 [77-80]。硫化物固态电解质具有很高的反应活性，对水和极性溶剂极其敏感，因此在全固态电池制作过程中，基于硫化物固态电解质只能采用油性溶剂 - 黏结剂体系制备电池正极、电解质和负极浆料。当使用非极性或者弱极性溶剂（如二甲苯）作为溶剂时，可匹配的黏结剂少，这些溶剂也会导致硫化物固态电解质的离子电导率不同程度降低。

因此，传统制备锂离子电池的湿法涂布工艺不适用于硫化物固态电解质的全固态电池生产。

使用干法制膜技术制备电极是解决以上问题的有效方法，其有以下优点。

① 干法制膜技术节省了溶剂用量、溶剂挥发和回收的费用以及购买电极干燥剂和溶剂回收设备的资金 [81]。2020 年的“特斯拉电池日”，马斯克宣布使用干法电极技术可以使生产电池电极片的空间成本、能耗和投资成本降低到原来的十分之一。

② 因为干法制膜技术没有干燥浆料的过程，所以不会有电极组分团聚造成的分层现象 [82-85]。在这种方法中，电极活性材料，导电添加剂和黏结剂直接均匀分散并被固定在集流体上，因此不存在电极制作过程中溶剂挥发带来的组分迁移现象。干法电极技术能更好地保证电极中三维导电网络的构建。而且在一些干法制膜技术中，可以通过控制膜设备制造具有成分梯度分布的电极片，来满足更高性能和复杂环境下使用电池的需求。

③ 提高电极膜的厚度是有效提高电池中活性物质占比、降低电池成本的方法 [75]。干法制膜的厚度和均匀性更容易控制，不容易出现裂纹。得益于干法制膜的仪器，电极膜的厚度可以根据电池性能的需要进行选择（在几微米到几百微米或者更厚）。在需要大面积制膜时，干法制膜技术也能生产出厚度适宜、均匀性能优异的电极膜。2017 年，Liu 等 [82] 通过干法制膜技术制备了厚度为 200μm 的厚电极，并通过扫描电子显微镜（SEM）和 EDS 观察到电极厚度均匀，而且元素分布均匀且连续。

④ 干法制膜技术在制备全固态电池方面也有很多优点 [80-81, 86-87]。制备过程中不使用溶剂，既节能也让硫化物固态电解质保持了较高的离子电导率。而且干法制膜可以使用极少量甚至不使用黏结剂就可以制备电解质和电极层。2019 年，Hippauf 等 [86] 使用极少量的黏结剂（质量分数 $< 0.3\%$）制备了硫化物全固态软包电池，该电池具有优异的电化学性能，100 圈循环后容量保持率为 93.6%。丰田公司和日立造船公司为了提高硫化物固态电池的倍率性能，开发了不使用黏结剂的干法制膜技术制备硫化物全固态电池 [88-94]。

5.2.2.1 黏结剂原纤化

黏结剂原纤化技术最早用于粉体运输中限制粉尘运动，后来人们发现这种方法可以用于固定粉体材料的形状，就开发了使用黏结剂原纤化技术制备特定形状的电子器件和合金的方法[95]。随着储能技术的发展，这种方法被迁移到储能领域，用来制备超级电容器和液态锂离子电池的电极。在固态电解质有了新的突破后，这种方法被用来制备硫化物全固态电池以解决硫化物固态电解质对溶剂敏感的问题[81,86,96-97]。用这种方法制备硫化物全固态电池时，使用少量黏结剂（$<0.3\%$）就可以制备硫化物固态电解质层，并且这个硫化物固态电解质层仍可保持与粉体硫化物固态电解质接近的离子电导率。目前，这种方法引起了人们的广泛关注。

黏结剂原纤化技术的主要特点是使用可以原纤化的黏结剂，常见的原纤化黏结剂有特定型号的聚四氟乙烯或者四氟乙烯与六氟丙烯的共聚物，这类黏结剂的特点是聚合物链段之间的作用力小，在相对较小的剪切力作用下，聚合物表面的分子链段就会被拉出，从而形成少量由聚合物链段构成的原纤维[98-100]。使用这种黏结剂制备电极或者电解质层的过程如下：将固体粉末和黏结剂混合，在持续搅拌或者研磨的过程中，聚合物的链段在剪切力的作用下会被拉出，形成原纤维并缠绕在颗粒表面，然后颗粒表面的原纤维会相互交联成网络，固定住混合的粉末材料，这时黏结剂和粉末会形成絮状结构黏结在一起；该混合物在压力作用下会变为片状，再使用擀棒或辊压机之类的仪器持续加工，会使片状材料厚度持续减小直到达到理想厚度；将黏结剂与电解质混合可以制备电解质层，电极活性材料混合物与黏结剂混合，最终可以制备成自支撑的电极膜。

聚四氟乙烯（PTFE）被用作可原纤化的黏结剂是由于其链段上的氟原子体积较大，由于空间位阻效应，聚四氟乙烯每两个相邻碳原子之间链接的氟原子会错开一定的角度排列。因此，聚四氟乙烯的分子结构如图 5-11 所示。

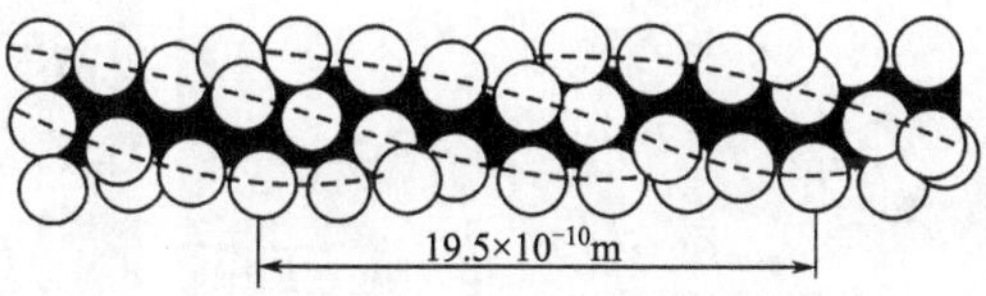

图 5-11　聚四氟乙烯分子结构（19℃以上）

聚四氟乙烯由外面具有较大极性的氟原子包裹内部碳原子链，形成类似圆柱的结构，这决定了聚四氟乙烯链段之间的作用力远小于一般有机聚合物。当聚合物的链段规则排列形成晶体时，链段间的作用力会比聚合物链段不规则排列时的作用力强。另外，聚合物是否容易原纤化和原纤化后的黏结强度也与聚合物的分子量有关，分子量较大的聚合物一方面在制备聚合物粉末时不容易结晶而容易原纤化，另一方面原纤化后，由于聚合物的分子量大，所能形成的原纤维较长，原纤维之间以及原纤维与粉末颗粒间更容易相互缠绕固定粉末颗粒。因此虽然聚四氟乙烯的种类众多，但并不是每一种型号的聚四氟乙烯都可以用作这种干法制膜技术的黏结剂。

Hippauf 等[86]对使用黏结剂原纤化技术制备硫化物全固态电池的方法进行了阐述，制备方法如图 5-12 所示。他们将三元正极材料、导电添加剂和硫化物电解质按照质量比 85∶2∶13 首先混合 30min，然后将混合好的复合电极粉末与少量的聚四氟乙烯黏结剂在加热玛瑙研钵中混合 1min，擀制形成如图 5-13 所示的电极片。在擀制过程中，这种具有自支撑性能的柔性电极层的厚度可以被控制，并且该纳米聚四氟乙烯纤维与其他组分化学稳定。值得注意的是，添加少量的 PTFE 甚至可以提高正极中活性物质的利用率，这可能是因为加入黏结剂后可以减少硫化物固态电解质的团聚，使硫化物固态电解质在电极中分布得更均匀。电解质层和负极层的制备方法也与正极层类似。基于这种干法制膜技术制备的电极和电解质，将正负极分别压在涂有导电胶的集流体上，然后将正负极中间用固态电解质隔开制备了电极实际尺寸为 3.5cm×3.5cm 的软包硫化物全固态电池。该电池以 0.7mA/cm^2 的面电流密度循环 100 圈时，仍具有 110mA · h/g 的极高可逆容量。

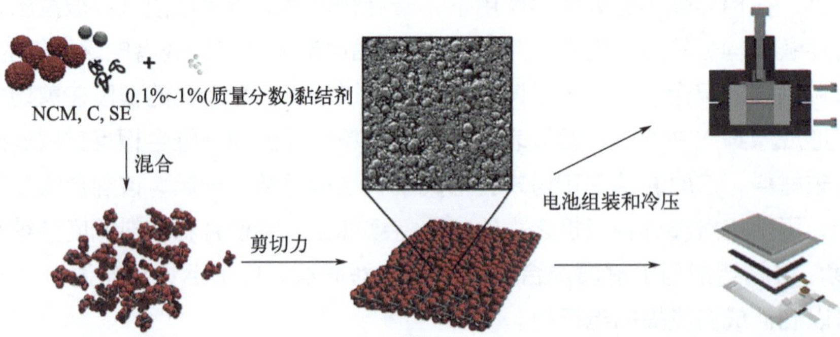

图 5-12　基于正极活性材料（NCM）、导电添加剂（C）、固态电解质（SE）和黏结剂干法制膜的原理图[86]

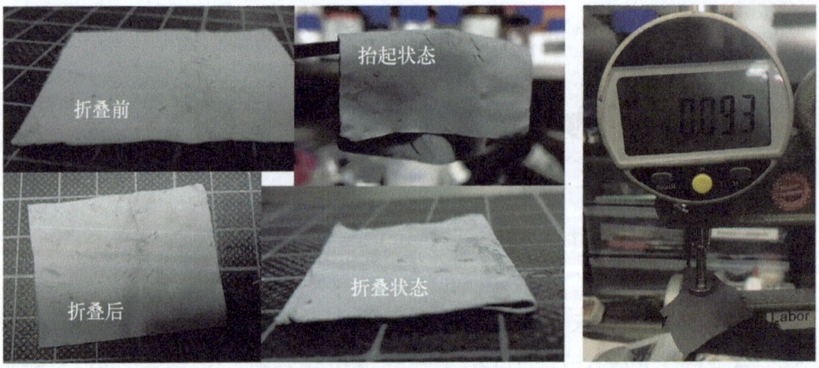

图 5-13　具有一定柔性的自支撑硫化物全固态电池正极层及其厚度[86]

北京科技大学的范丽珍教授课题组也对这种方法进行了研究[81, 101]，他们首先将 PTFE 黏结剂和 $Li_{10}GeP_2S_{12}$（LGPS）粉按照 1∶100 的质量比混合 1h 后，通过擀压制备出 PTFE-LGPS 自支撑膜，然后将尼龙网放在两层 PTFE-LGPS 自支撑膜之间，反复辊压几次，制备了用尼龙网增强的硫化物固态电解质层，电解质层的制备过程如图 5-14 所示；然后将 LNO@NCM532 与 LGPS、乙炔黑按照 65∶25∶10 的质量比混合后放在电解质层的一侧，在电解质层的另一侧构建了原位凝胶聚合电解质修饰层；最后加上表面抛光的金属锂层，给电池施加适当的压力制备了以金属锂为负极的硫化物全固态电池。

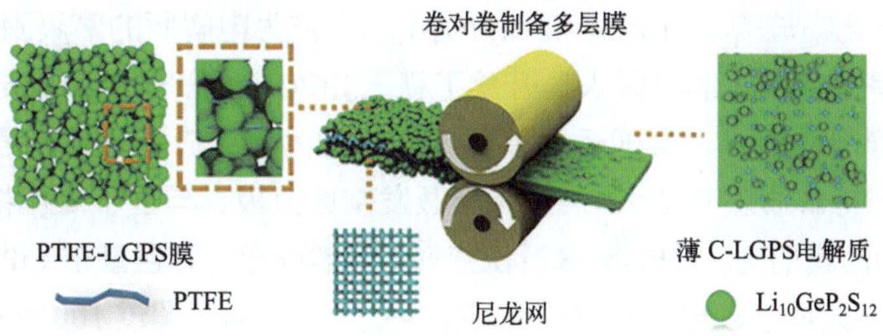

图 5-14　尼龙网增强的 LGPS 硫化物固态电解质层的制备流程图[81]

宁波材料所的姚霞银研究团队报告了使用机械化生产制备锂金属负极硫化物全固态电池层的方法，他们的制作流程[97]如图 5-15 所示。首先将一定数量的 $Li_{5.4}PS_{4.4}Cl_{1.6}$（质量分数为 99.8%）与 PTFE（质量分数为 0.2%）在密封的 ZrO_2 球磨罐中以 200r/min 的转速球磨 5min，球料比为 5∶1，将固态电解质和黏结剂混合均匀。然后将混合好的材料放在加热到 80℃的热辊压机中挤出成型，制备了厚度为 30μm 的硫化物固态电解质层。这是科研领域中首次报道机械成型制备大面积超薄硫化物固态电解质层。接着他们使用等静压装置组装了锂金属负极硫化物全固态电池，电池制作步骤如下：首先，使用 200MPa 的压力将直径 8mm 的正极层层压在钢集流体上；然后，将直径 14mm 的硫化物固态电解质层平铺在正极层上面，使用 500MPa 的压力将电解质层和正极层压合到一块；最后，将含有 Al_2O_3 保护层的锂金属负极（直径 10mm，厚 80μm）压在正极和电解质层的上面，使用铝塑膜封装。该电池具有比较强的循环稳定性，放电比容量为 135.3mA · h/g (1.4mA · h/cm²)，经过 150 次循环后，容量保持率为 80.2%，平均库伦效率超过 99.5%。该方法是干法制膜技术在硫化物全固态电池应用领域的突破，但是文献中所报道的软包电池面积较小，说明可能在制备大面积硫化物软包固态电池方面还存在技术瓶颈，并且该电池正极容量发挥也没有达到硫化物全固态电池实际应用的需求。

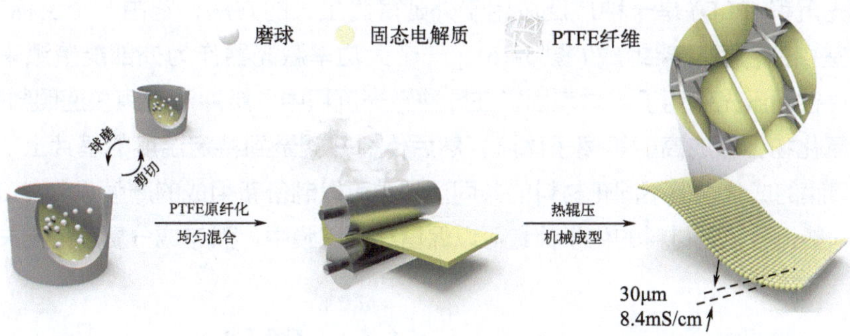

图 5-15　超薄硫化物固态电解质干法制膜示意图[97]

5.2.2.2　气相沉积

1982 年，日本日立株式会社首次报道了他们采用气相沉积技术制备的 TiS_2（正极）|$Li_{12}Si_3P_2O_{20}$（电解质）|Li（负极）的薄膜全固态电池[102]。由于 $Li_{12}Si_3P_2O_{20}$ 对锂金属负极不稳定，所以电池的循环稳定性差。之后科研工作者虽然一直对薄膜全固态电池进行相关研究，但是没有突破电解质层不稳定对薄膜固态电池造成的束缚。日本 NTT 公司通过射频溅射技术制备了基于 $Li_{3.4}V_{0.6}Si_{0.4}O_4$ 玻璃电解质的固态电池[103-105]。美国 Eveready Battery 公司

后来开发了使用硫化物玻璃（$Li_4P_2S_7$ 和 Li_3PO_4-P_2S_5）作为电解质的薄膜固态电池 [106]。直到橡树岭国家实验室 (ORNL) 的研究人员开发了基于 LiPON 电解质的薄膜电池，基于 LiPON 的薄膜电池循环稳定性优异，实现了薄膜固态电池的商业化应用。他们通过射频溅射的方法制造正极并生产电解质层 [107-109]，通过真空蒸发制造负极。与基于氧化物固态电解质和硫化物固态电解质的薄膜相比，LiPON 薄膜在空气中非常稳定，并且基于 LiPON 固态电解质的薄膜电池在 2 ～ 5V 之间表现出非常好的循环稳定性（稳定循环超过 10000 次）。Baba 和 Park 等 [110-112] 开发了使用 $LiMn_2O_4$(正极)| LiPON(电解质)| $Li_xV_2O_5$(负极) 的摇椅式固态电池。这是首个不使用锂金属做负极的固态薄膜电池，并且这个电池可以达到约 10A · h/cm^2 的面容量。在这些早期研究的基础上，科研工作者又在这个领域做出很多有意义的研究和设计，由于其内容和本章关联不大，这里不做介绍，有兴趣的读者可以查阅相关文献资料。

一般来说，气相沉积技术主要有两种类型：物理气相沉积和化学气相沉积。接下来将对属于这两大类的部分常用制膜方法进行介绍。

（1）物理气相沉积

热蒸发是最常见的物理沉积技术之一。因为这种方法简单且可用于多个领域，如数据存储领域 [113-114] 和太阳能电池领域 [115] 等，这种方法通常用于锂离子电池正极材料的制备。在真空室中，固体材料被加热到足以产生蒸气的温度，从而在真空室中产生蒸气云。这些被蒸发的粒子可以自由地穿过腔室，并以薄膜的形式沉积在衬底上。沉积材料可以是金属、氧化物和氮化物。通过控制电压、压力和基片温度等沉积参数，可以调节薄膜的厚度、均匀性和黏附强度。这种方法的加热源主要有两种：电阻灯丝和电子束。材料蒸发所需的温度不同，所选取的加热源往往不同，蒸发温度在 1500℃以下的材料一般采用电阻灯丝加热，而蒸发温度在 1500℃以上的材料则采用电子束加热。

脉冲激光沉积 (PLD) 是一种广泛应用于外延薄膜生长的方法，它由一个目标支架和一个封装在真空室中的衬底支架组成 (图 5-16)。一个大功率激光器作为外部能量源来气化材料，一组光学元件控制激光作用于靶材表面。在脉冲激光沉积中，脉冲激光束快速照射来自固体陶瓷圆盘靶的氧化物，形成高能等离子体流，然后传播并凝聚到特定温度的基片上。一般来说，靶材料决定薄膜的成分，但不同靶材料的共同沉积也可以制备新组成的薄膜 [116]。PLD 与其他技术相比具有一些优势，靶材料的化学计量可以保留在沉积膜中，而与成分复杂性无关 [114-115]。

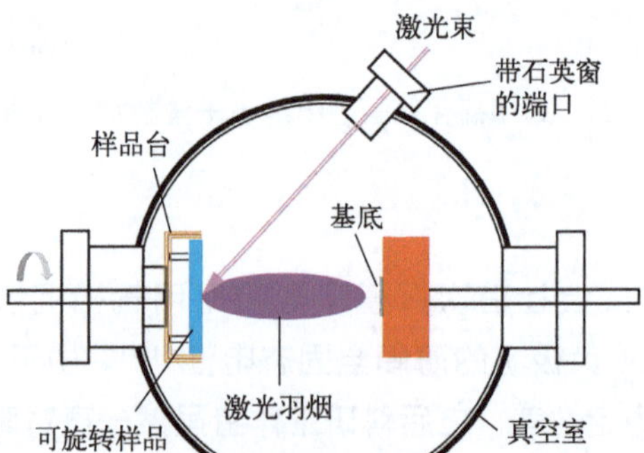

图 5-16　标准脉冲激光沉积法中的主要元件示意图 [117]

（2）化学气相沉积

化学气相沉积 (CVD) 是一种利用气相前驱体的化学反应的化学沉积技术 (图 5-17) [118]。在 CVD 过程中，前驱体的化学反应既发生在气相中，也发生在衬底上。前驱体的量由平衡流量调节器和控制阀控制。前驱体分子被送入反应边界层，然后沉积在衬底表面。沉积过程分为三个连续阶段：a. 由载气将易挥发的前驱体引入反应器腔室；b. 前驱体蒸气吸附在基底表面并形成中间产物；c. 这些产物在受热的基体上分解，随后成核和长大，形成的挥发性副产物随载气从腔室中去除 [119]。CVD 可用于制作各种薄膜材料，如金属、半导体、介电氧化物、钙钛矿异质结等 [117]。

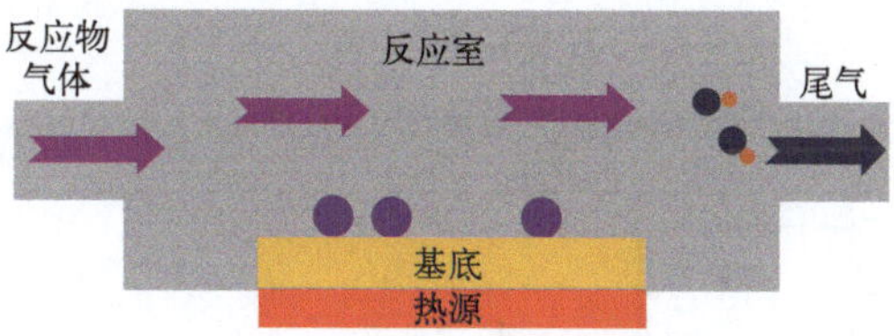

图 5-17　化学气相沉积系统的基本组成和操作原理图 [117]

硫化物电解质具有较高的离子电导率，引起了人们对硫化物基体系的广泛关注。目前关于薄膜硫化物全固态电池的报道较少，但也已经对这个方向进行了较为系统的研究。薄膜硫化物固态电解质研究的代表性数据如表 5-2 所示。X 射线衍射表征结果表明，所有已报道的硫化物固态电解质薄膜均为非晶态 [120]。在中等温度下退火不能形成高结晶态材料。一般来说，这些电解质薄膜的性能能够达到对应的体相晶体或玻璃材料的电导率水平，如图 5-18 所示。这一情况与以氧化物和磷酸盐为基础的薄膜电解质截然不同，基于氧化物或磷酸盐的电解质薄膜的电导率通常比其体相材料低几个数量级。

表5-2　不同沉积方法制备的硫化物固态电解质薄膜性能对比[121-126]

制备工艺	成分	电导率 σ /(S/cm)	活化能 E_a/eV	厚度/μm
PLD	$78Li_2S$-$22GeS_2$	$1.8×10^{-4}$	0.44	
PLD	$80Li_2S$-$20P_2S_5$	$1.8×10^{-4}$～$2.8×10^{-4}$	0.39	3
PLD	$Li_{3.25}Ge_{0.25}P_{0.75}S_4$	$1.7×10^{-4}$		
PLD	xLi_2S-$(100-x)P_2S_5$ (x=70～82)	$4×10^{-5}$～$8×10^{-5}$		10
溅射	xLi_2S-GeS_2 (x=1,2,3)	$0.1×10^{-3}$～$1.7×10^{-3}$	0.35～0.42	0.4～1.3
溅射	Li_2S-GeS_2-Ga_2S_3	≤$1.4×10^{-4}$	0.44～0.47	

Kbala 等 [17] 首先使用真空蒸镀的方法对 B_2S_3-Li_2S 和 B_2S_3-Li_2S-LiI 硫化物体系薄膜进行了研究，他们所使用的初代蒸镀设备如图 5-19 所示。

将粉末样品放在石墨坩埚中，置于装置中 5 的位置，加热到 500℃使样品蒸发。为了防止蒸发的样品在沉积的过程中结晶，使用液氮对铜制样品台进行冷却，通过热传导迅速给硅基底降温，使样品迅速沉积到基底上。使用这种方法制备的硫化物固态电解质薄膜的离子电导率达到了 10^{-4} ～ 10^{-3}S/cm。用这种方法制备的硫化物固态电解质薄膜的离子电导率

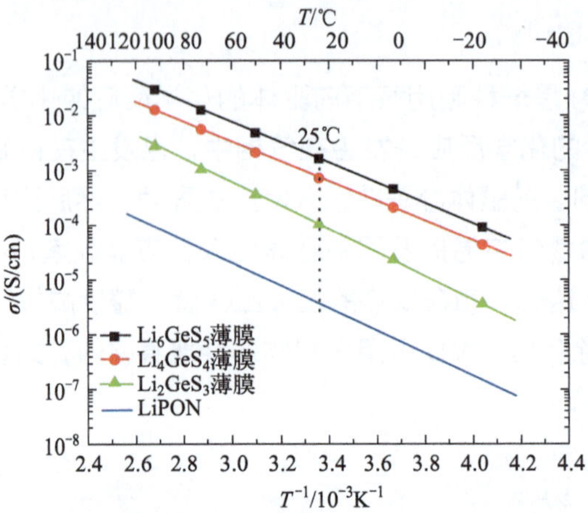

图 5-18 部分硫化物固态电解质薄膜与 LiPON 的 Arrhenius 曲线对比 [13]

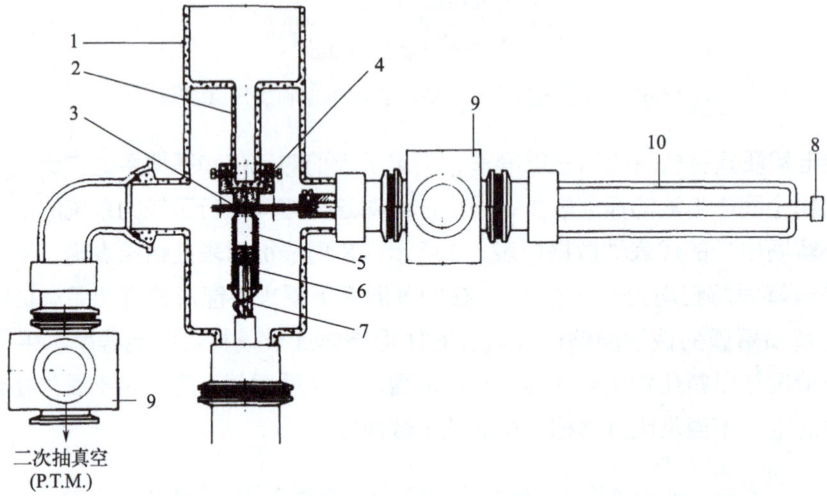

图 5-19 真空蒸镀制备薄膜固态电解质层的装置图 [122]

1,2—液氮贮存器；3—硅基底；4—铜材质的热传导装置；5,6—炉体及其电阻；7—热电偶；8—移动基材的支架；9—阀门；10—使样品致密的腔体

远超氧化物固态电解质，因此受到广泛关注。后来有研究者利用真空蒸发技术制备了 Li_2S-SiS_2 二元玻璃及其三元衍生物 Li_2S-SiS_2-P_2S_5 薄膜。他们发现电解质会与金属锂反应，阻碍锂离子的传输，导致电池电阻很大。为了解决这个问题，他们提出使用 LiI 保护层作为中间层隔开电解质与金属锂来避免它们之间发生反应，该方法一定程度上解决了电解质与金属锂的界面问题。美国 Eveready Battery 公司基于这一理念，开发出性能优异的 Li-TiS_2 薄膜电池。这些薄膜电池在 1.4 ～ 2.8V 之间可循环使用超过 1000 次，正极利用率超过 90%。Yamashita 等 [126] 报道了利用射频溅射制备的 Li_2S-GeS_2-Ga_2S_3 玻璃薄膜。该薄膜在室温下的离子电导率约为 1.4×10^{-4}S/cm，与块状的玻璃固态电解质基本相同，并且随着 Li_2S 含量的增加而增加。Ogawa 等 [121] 的研究表明，由钴酸锂作正极、硫化物电解质薄膜和金属锂作负极组装的固态薄膜电池具有良好的循环稳定性 [121]，如图 5-20 所示。在正极界面处溅射了一层 10nm 的 $LiNbO_3$ 薄膜，在负极界面处溅射了一层 20nm 的硅薄膜，使电池单位面积内阻

有了很大下降，从 3000Ω · cm^2 降至 70Ω · cm^2，并确保了硫化物电解质与金属锂界面处的稳定性。该薄膜电池的容量虽然仅为 9μm $LiCoO_2$ 薄膜理论容量的 60%，但 500 次循环后的容量衰减很小。一般认为硫化物电解质比氧化物陶瓷和玻璃更加柔软，但值得注意的是，这项研究中没有报道由锂枝晶造成的短路或金属锂粗糙化现象。

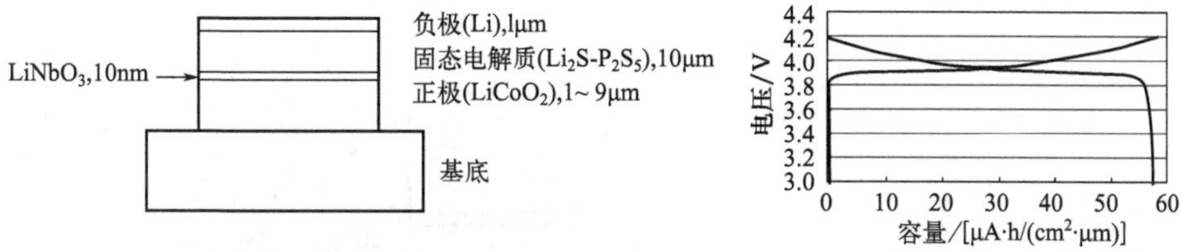

(a) 薄膜电池的截面示意图　　(b) 采用1μm钴酸锂正极时的充放电曲线

图 5-20　Ogawa 报道的薄膜电池

5.2.2.3　粉末喷涂

粉末喷涂技术一般包含空气喷涂法、流化床法、粉末静电喷涂法、静电流化床浸涂法和冲击喷涂法等。其中，常应用在制备储能装置中的是粉末静电喷涂法。1963 年，法国的 Sames 公司成功研制出粉末静电喷涂技术和相应的喷涂设备 [127]，两年后这个方法就被应用于工业生产。由于这种喷涂的涂层均匀、厚度可控，很快就被推广到很多领域，如金属表面防护层、家电涂层、汽车表面保护层等。对于粉末喷涂法在储能领域的应用，首先是 1978 年雷神公司 [128] 运用这种方法制备了燃料电池的电极，后来这种方法被用到制备铅蓄电池、超级电容器、锂离子电池的电极中。2010 年日立株式会社开发了他们独特的粉末静电喷涂制备硫化物全固态电池的技术，进一步扩展了粉末喷涂技术的应用范围和硫化物全固态电池的制备技术 [129-130]。

常用的粉末喷涂制备硫化物固态电解质的方法如下：

① 材料混合。在无溶剂条件下，将正极活性物质或负极活性物质材料、高分子黏结剂、固态电解质混合均匀，得到均匀粉末。

② 连续喷涂。将粉末喷涂在集流体表面，形成一层厚度均匀且连续的电极层。

③ 固定喷涂层。将喷涂层固定在集流体上，制备固态电解质的电极。

粉末喷涂装置示意图如图 5-21 所示，该装置通过高压气体和静电场将粉末固定在集流体上。虽然这种方法应用广泛，但是由于粉末是从喷枪头部高速喷出的，粉末会一定程度上沿着初始速度方向运动，最后可能会沉积到集流体以外，导致材料的浪费和仪器的污染 [82-83]。使用静电筛网法可以解决这个问题。2010 年，日立株式会社在专利中公开了他们使用粉末静电喷涂法制备硫化物全固态电池的过程，如图 5-21 所示。该装置大致可以分为四个主要模块，分别对应图中的静电涂布装置 2、静电涂布装置 3、静电涂布装置 4 和压力辊 5。从图中可以看到三个静电涂布装置的构造是相同的，上面是装有粉末的金属筛网和带电的刷子，刷子的作用是帮助粉末带电同时快速通过筛网，下面是一个导电的光滑平台。在筛网和平台之间加有 30 ～ 200kV 的直流电压，电压在筛网和集流体之间会形成超强的电场，混合粉末通过筛网时在筛网和刷子的作用下带上电荷，又在电场的作用下固定在集流体上。正极、电解质层和负极的制备原理相同。该技术首先制备了正极层，然后在正极层上沉积了5～100μm的电解质层。接下来将负极层叠加在电解质层之上，通过压力辊加压制备了硫化物全固态电池。该方法的制备避免了传统的浆料涂布方法在制备过程中需要消耗大量能量以及极片需去除有机溶剂的问题，减少了有机溶剂造成的污染，工艺路线简单，能耗低，适合工业化生产。

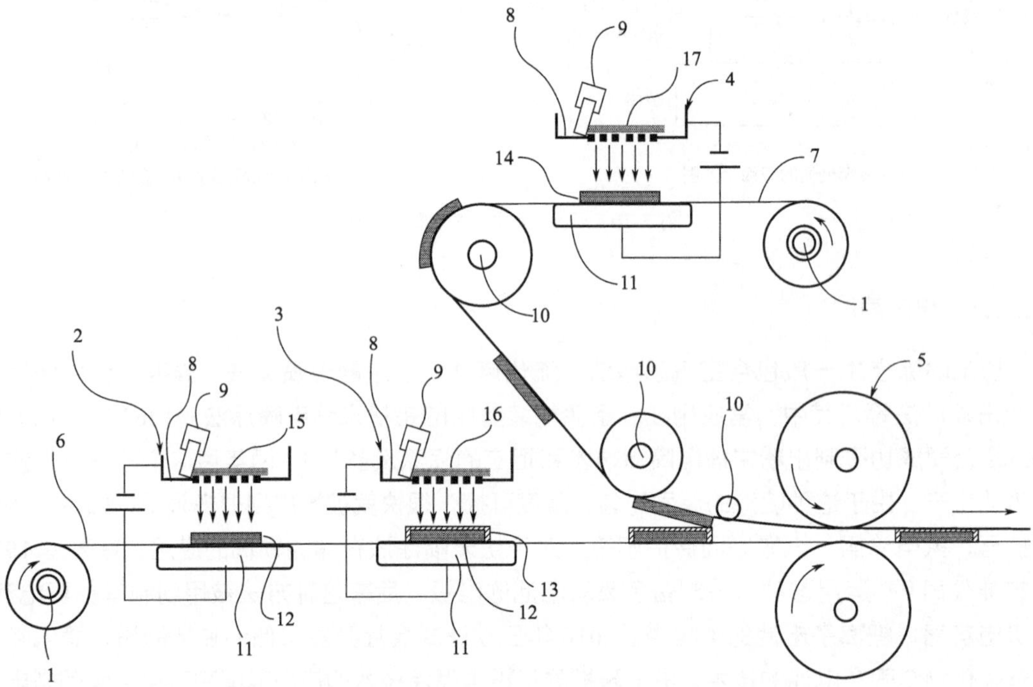

图 5-21　粉末喷涂技术制备硫化物全固态电池的装置[130]

1—供给轮；2,3,4—静电涂布装置；5—压力辊；6—正极集流体；7—负极集流体；8—静电筛网；9—带电的刷子；10—传送轮；11—平台；12—正极层；13—电解质层；14—负极层；15—正极混合材料；16—固态电解质；17—负极混合材料

参考文献

[1] Yu C，Zhao F，Luo J，et al. Recent development of lithium argyrodite solid-state electrolytes for solid-state batteries：Synthesis，structure，stability and dynamics [J]. Nano Energy，2021，83：105858.

[2] Xu L，Lu Y，Zhao C Z，et al. Toward the scale - up of solid - state lithium metal batteries：The gaps between lab - level cells and practical large - format batteries [J]. Advanced Energy Materials，2021，11（4）：2002360.

[3] Shoji M，Cheng E J，Kimura T，et al. Recent progress for all solid state battery using sulfide and oxide solid electrolytes [J]. Journal of Physics D：Applied Physics，2019，52（10）：103001.

[4] Kudu Ö U，Famprikis T，Fleutot B，et al. A review of structural properties and synthesis methods of solid electrolyte materials in the Li_2S-P_2S_5 binary system [J]. Journal of Power Sources，2018，407：31-43.

[5] Malugani J P，Robert G. Preparation and electrical properties of the $0.37Li_2S$-$0.18P_2S_5$-$0.45LiI$ glass [J]. Solid State Ionics，1980，1（5-6）：519-523.

[6] Ribes M, Barrau B, Souquet J L. Sulfide glasses - glass forming region, structure and ionic-conduction of glasses in Na_2S-SiS_2, Na_2S-GeS_2, Na_2S-P_2S_5 and Li_2S-GeS_2 systems [J]. Journal of Non-Crystalline Solids, 1980, 38 (9): 271-276.

[7] Morimoto H, Yamashita H, Tatsumisago M, et al. Mechanochemical synthesis of new amorphous materials of $60Li_2S \cdot 40SiS_2$ with high lithium ion conductivity [J]. Journal of the American Ceramic Society, 1999, 82 (5): 1352-1354.

[8] Morimoto H, Yamashita H, Tatsumisago M, et al. Mechanochemical synthesis of the high lithium lon conductive amorphous materials in the systems Li_2S-SiS_2 and Li_2S-SiS_2-Li_4SiO_4 [J]. Journal of the Ceramic Society of Japan, 2000, 108 (1254): 128-131.

[9] Boulineau S, Courty M, Tarascon J-M, et al. Mechanochemical synthesis of Li-argyrodite Li_6PS_5X (X=Cl, Br, I) as sulfur-based solid electrolytes for all solid state batteries application [J]. Solid State Ionics, 2012, 221: 1-5.

[10] Hayashi A, Muramatsu H, Ohtomo T, et al. Improvement of chemical stability of Li_3PS_4 glass electrolytes by adding M_xO_y (M = Fe, Zn, and Bi) nanoparticles [J]. Journal of Materials Chemistry A, 2013, 1 (21): 6320.

[11] Tatsumisago M, Minami T. Lithium ion conducting glasses prepared by rapid quenching [J]. Materials Chemistry and Physics, 1987, 18 (1): 1-17.

[12] Tatsumisago M, Yoneda K, Machida N, et al. Ionic conductivity of rapidly quenched glasses with high concentration of lithium ions [J]. Journal of Non-Crystalline Solids, 1987, 95-96: 857-864.

[13] Kim Y, Saienga J, Martin S W. Anomalous ionic conductivity increase in Li_2S + GeS_2+ GeO_2 glasses [J]. The Journal of Physical Chemistry B, 2006, 110 (33): 16318-16325.

[14] Kennedy J H, Zhang Z, Eckert H. Ionically conductive sulfide-based lithium glasses [J]. Journal of Non-Crystalline Solids, 1990, 123 (1): 328-338.

[15] Souquet J L, Robinel E, Barrau B, et al. Glass formation and ionic conduction in the M_2S-GeS_2 (M = Li, Na, Ag) systems [J]. Solid State Ionics, 1981, 3-4: 317-321.

[16] Pradel A, Pagnier T, Ribes M. Effect of rapid quenching on electrical properties of lithium conductive glasses [J]. Solid State Ionics, 1985, 17 (2): 147-154.

[17] Kbala M, Makyta M, Levasseur A, et al. Characterization and electrical behavior of new lithium chalcoborate thin films [J]. Solid State Ionics, 1985, 15 (2): 163-169.

[18] Pradel A, Ribes M. Electrical properties of lithium conductive silicon sulfide glasses prepared by twin roller quenching [J]. Solid State Ionics, 1986, 18-19: 351-355.

[19] Kennedy J H, Yang Y. Glass-forming region and structure in SiS_2 Li_2S LiX (X = Br, I) [J]. Journal of Solid State Chemistry, 1987, 69 (2): 252-257.

[20] Kennedy J H, Zhang Z. Improved stability for the SiS_2-P_2S_5-Li_2S-LiI glass system [J]. Solid State Ionics, 1988, 28-30: 726-728.

[21] Tatsumisago M, Hirai K, Minami T, et al. Superionic conduction in rapidly quenched Li_2S-SiS_2-Li_3PO_4 glasses [J]. Nippon Seramikkusu Kyokai Gakujutsu Ronbunshi-Journal of the Ceramic Society of Japan, 1993, 101 (11): 1315-1317.

[22] Tatsumisago M, Yamashita H, Hayashi A, et al. Preparation and structure of amorphous solid electrolytes based on lithium sulfide [J]. Journal of Non-Crystalline Solids, 2000, 274 (1-3): 30-38.

[23] Hayashi A, Hama S, Morimoto H, et al. High lithium ion conductivity of glass-ceramics derived from mechanically milled glassy powders [J]. Chemistry Letters, 2001 (9): 872-873.

[24] Hayashi A, Hama S, Morimoto H, et al. Preparation of Li_2S-P_2S_5 amorphous solid electrolytes by mechanical milling [J]. Journal of the American Ceramic Society, 2001, 84 (2): 477-479.

[25] Levasseur A, Brethous J C, Kbala M, et al. Synthesis and characterization of new amorphous solid electrolytes [J]. Solid State Ionics, 1981, 5 (C): 651-654.

[26] Wada H, Menetrier M, Levasseur A, et al. Preparation and ionic conductivity of new B_2S_3-Li_2S-LiI glasses [J]. Materials Research Bulletin, 1983, 18 (2): 189-193.

[27] Makyta M, Levasseur A, Hagenmuller P. The lithium ion conductivity of materials formed by pressed vitreous borosulfide slices [J]. Materials Research Bulletin, 1984, 19 (10): 1361-1366.

[28] Zhang Z, Kennedy J H. Synthesis and characterization of the B_2S_3 Li_2S, the P_2S_5 Li_2S and the B_2S_3-P_2S_5-Li_2S glass systems [J]. Solid State Ionics, 1990, 38 (3): 217-224.

[29] Mercier R, Malugani J P, Fahys B, et al. Superionic conduction in Li_2S - P_2S_5-LiI-glasses [J]. Solid State Ionics, 1981, 5: 663-666.

[30] Hayashi A, Tatsumisago M, Minami T. Crystallisation of Li_2S-SiS_2 based lithium ion conducting glasses [J]. Physics and Chemistry of Glasses, 1999, 40 (6): 333-338.

[31] Kennedy J H. Ionically conductive glasses based on SiS_2 [J]. Materials Chemistry and Physics, 1989, 23 (1): 29-50.

[32] Duwez P, Willens R, Klement. Continuous series of metastable solid solutions in silver-copper alloys [J]. Journal of Applied Physics, 1960, 31.

[33] Ruhl R C. Cooling rates in splat cooling [J]. Materials Science and Engineering, 1967, 1 (6): 313-320.

[34] Hui C, Miller C. A rapid quenching technique for the preparation of thin uniform films of amorphous solids [J]. Review of Scientific Instruments, 1970, 41: 1237-1238.

[35] Sarjeant P, Roy R. Splat-quenched melts in the MgO-Al_2O_3 system [J]. Journal of Applied Physics, 1967, 38.

[36] Ravaine D. Glasses as solid electrolytes [J]. Journal of Non-Crystalline Solids, 1980, 38-39: 353-358.

[37] 黄素贞. 高能球磨制备纯Al纳米晶体材料及性能研究 [D]. 昆明：昆明理工大学，2006.

[38] Yu C, Van Eijck L, Ganapathy S, et al. Synthesis, structure and electrochemical performance of the argyrodite Li_6PS_5Cl solid electrolyte for Li-ion solid state batteries [J]. Electrochimica Acta, 2016, 215: 93-99.

[39] Schwarz R B. Introduction to the viewpoint set on: Mechanical alloying [J]. Scripta Materialia, 1996, 34 (1): 1-4.

[40] Wang C, Liang J, Zhao Y, et al. All-solid-state lithium batteries enabled by sulfide electrolytes: From fundamental research to practical engineering design [J]. Energy & Environmental Science, 2021, 14 (5): 2577-2619.

[41] Michel D, Faudot F, Gaffet E, et al. Stabilized zirconias prepared by mechanical alloying [J]. Journal of the American Ceramic Society, 1993, 76: 2884-2888.

[42] Akitoshi H, Shigenori H, Hideyuki M, et al. High lithium ion conductivity of glass-ceramics derived from mechanically milled glassy powders [J]. Chemistry Letters, 2001, 30 (9): 872-873.

[43] Yamamoto H. A mixed-former effect on lithium-ion conductivities of the Li_2S-GeS_2-P_2S_5 amorphous materials prepared by a high-energy ball-milling process [J]. Solid State Ionics, 2004, 175 (1-4): 707-711.

[44] Tatsumisago M. New lithium ion conducting glass-ceramics prepared from mechanochemical Li_2S-P_2S_5 glasses [J]. Solid State Ionics, 2002, 154-155: 635-640.

[45] Rao R P, Adams S. Studies of lithium argyrodite solid electrolytes for all-solid-state batteries [J]. Physica Status Solidi (A), 2011, 208 (8): 1804-1807.

[46] Mizuno F, Hayashi A, Tadanaga K, et al. High lithium ion conducting glass-ceramics in the system Li_2S-P_2S_5 [J]. Solid State Ionics, 2006, 177 (26): 2721-2725.

[47] Trevey J, Jang J S, Jung Y S, et al. Glass-ceramic Li_2S-P_2S_5 electrolytes prepared by a single step ball billing process and their application for all-solid-state lithium-ion batteries [J]. Electrochemistry Communications, 2009, 11 (9): 1830-1833.

[48] Tao Y, Chen S, Liu D, et al. Lithium superionic conducting oxysulfide solid electrolyte with excellent stability against lithium metal for all-solid-state cells [J]. Journal of the Electrochemical Society, 2015, 163 (2): 96-101.

[49] Hayashi A, Hama S, Minami T, et al. Formation of superionic crystals from mechanically milled Li_2S-P_2S_5 glasses [J]. Electrochemistry Communications, 2003, 5 (2): 111-114.

[50] Kato Y, Hori S, Saito T, et al. High-power all-solid-state batteries using sulfide superionic conductors [J]. Nature Energy, 2016, 1 (4): 652-657.

[51] Ooura Y, Machida N, Naito M, et al. Electrochemical properties of the amorphous solid electrolytes in the system Li_2S-Al_2S_3-P_2S_5 [J]. Solid State Ionics, 2012, 225: 350-353.

[52] Chen S, Xie D, Liu G, et al. Sulfide solid electrolytes for all-solid-state lithium batteries: Structure, conductivity, stability and application [J]. Energy Storage Materials, 2018, 14: 58-74.

[53] Zhang Z, Zhang L, Liu Y, et al. Synthesis and characterization of argyrodite solid electrolytes for all-solid-state Li-ion batteries [J]. Journal of Alloys and Compounds, 2018, 747: 227-235.

[54] Yu C, Ganapathy S, Van Eck E R H, et al. Accessing the bottleneck in all-solid state batteries, lithium-ion transport over the solid-electrolyte-electrode interface [J]. Nature Communications, 2017, 8 (1): 1086.

[55] Yu C, Hageman J, Ganapathy S, et al. Tailoring Li_6PS_5Br ionic conductivity and understanding of its role in cathode mixtures for high performance all-solid-state Li-S batteries [J]. Journal of Materials Chemistry A, 2019, 7 (17): 10412-10421.

[56] Deiseroth H J, Kong S T, Eckert H, et al. Li_6PS_5X: A class of crystalline Li-rich solids with an unusually high Li^+ mobility [J]. Angewandte Chemie International Edition, 2008, 47 (4): 755-758.

[57] Yoneda T, Sato S. Battery with a three-layer tablet structure - is easy to mfr. and has low resistance and good charging discharging properties: US5004657-A [P].

[58] Tsuchida Y, Yasushi T. Solid type lithium secondary cell for battery of e.g. cellular phone, has negative and positive electrode current collecting plates that are formed on respective electrode layers: US2009269670-A1; JP2009266589-A; CN101567465-A; JP2011159635-A; JP5218586-B2; CN101567465-B [P].

[59] Liu Z, Huang F, Yang H, et al. Preparation of new lithium ion composite electrolyte $3Li_4SiS_4$-$0.5La_2S_3$ by mechanical milling [J]. Solid State Sciences, 2008, 10 (10): 1429-1433.

[60] Minami K, Hayashi A, Ujiie S, et al. Structure and properties of Li_2S-P_2S_5-P_2S_3 glass and glass-ceramic electrolytes [J]. Journal of Power Sources, 2009, 189 (1): 651-654.

[61] Ohtomo T, Hayashi A, Tatsumisago M, et al. All-solid-state batteries with Li_2O-Li_2S-P_2S_5 glass electrolytes synthesized by two-step mechanical milling [J]. Journal of Solid State Electrochemistry, 2013, 17 (10): 2551-2557.

[62] Cheng T, Merinov B V, Morozov S, et al. Quantum mechanics reactive dynamics study of solid Li-electrode/

Li_6PS_5Cl-electrolyte interface [J]. ACS Energy Letters, 2017, 2 (6) : 1454-1459.

[63] Zheng F, Kotobuki M, Song S, et al. Review on solid electrolytes for all-solid-state lithium-ion batteries [J]. Journal of Power Sources, 2018, 389: 198-213.

[64] Deng S, Sun Q, Li M, et al. Insight into cathode surface to boost the performance of solid-state batteries [J]. Energy Storage Materials, 2021, 35: 661-668.

[65] Kasemchainan J, Zekoll S, Spencer J D, et al. Critical stripping current leads to dendrite formation on plating in lithium anode solid electrolyte cells [J]. Nature Materials, 2019, 18 (10) : 1105-1111.

[66] Wu J, Yuan L, Zhang W, et al. Reducing the thickness of solid-state electrolyte membranes for high-energy lithium batteries [J]. Energy & Environmental Science, 2021, 14 (1) : 12-36.

[67] Wood D L, Li J, Daniel C. Prospects for reducing the processing cost of lithium ion batteries [J]. Journal of Power Sources, 2015, 275: 234-242.

[68] Pettinger K H, Dong W. When does the operation of a battery become environmentally positive? [J]. Journal of The Electrochemical Society, 2017, 164 (1) : 6274-6277.

[69] Kwade A, Haselrieder W, Leithoff R, et al. Current status and challenges for automotive battery production technologies [J]. Nature Energy, 2018, 3 (4) : 290-300.

[70] Philippot M, Alvarez G, Ayerbe E, et al. Eco-efficiency of a lithium-ion battery for electric vehicles: Influence of manufacturing country and commodity prices on GHG emissions and costs [J]. Batteries, 2019, 5 (1) : 23.

[71] Ludwig B, Zheng Z, Shou W, et al. Solvent-free manufacturing of electrodes for lithium-ion batteries [J]. Scientific Reports, 2016, 6 (1) : 23150.

[72] Westphal B G, Kwade A. Critical electrode properties and drying conditions causing component segregation in graphitic anodes for lithium-ion batteries [J]. Journal of Energy Storage, 2018, 18: 509-517.

[73] Kamaya N, Homma K, Yamakawa Y, et al. A lithium superionic conductor [J]. Nature Materials, 2011, 10 (9) : 682-686.

[74] Kato Y, Hori S, Saito T, et al. High-power all-solid-state batteries using sulfide superionic conductors [J]. Nature Energy, 2016, 1 (4) : 16030.

[75] Du Z, Wood D L, Daniel C, et al. Understanding limiting factors in thick electrode performance as applied to high energy density Li-ion batteries [J]. Journal of Applied Electrochemistry, 2017, 47 (3) : 405-415.

[76] Kato Y, Shiotani S, Morita K, et al. All-solid-state batteries with thick electrode configurations [J]. The Journal of Physical Chemistry Letters, 2018, 9 (3) : 607-613.

[77] Jung Y C, Lee S M, Choi J H, et al. All solid-state lithium batteries assembled with hybrid solid electrolytes [J], 2015, 162 (4) : 704-710.

[78] Zhang X, Liu T, Zhang S, et al. Synergistic coupling between $Li_{6.75}La_3Zr_{1.75}Ta_{0.25}O_{12}$ and poly (vinylidene fluoride) induces high ionic conductivity, mechanical strength, and thermal stability of solid composite electrolytes [J]. Journal of the American Chemical Society, 2017, 139 (39) : 13779-13785.

[79] Schnell J, Günther T, Knoche T, et al. All-solid-state lithium-ion and lithium metal batteries-paving the way to large-scale production [J]. Journal of Power Sources, 2018, 382: 160-175.

[80] Tan D H S, Banerjee A, Chen Z, et al. From nanoscale interface characterization to sustainable energy storage using all-solid-state batteries [J]. Nature Nanotechnology, 2020, 15 (3) : 170-180.

[81] Jiang T, He P, Liang Y, et al. All-dry synthesis of self-supporting thin $Li_{10}GeP_2S_{12}$ membrane and interface engineering for solid state lithium metal batteries [J]. Chemical Engineering Journal, 2021, 421: 129965.

[82] Liu J, Ludwig B, Liu Y, et al. Scalable dry printing manufacturing to enable long-life and high energy lithium-ion batteries [J]. Advanced Materials Technologies, 2017, 2 (10): 1700106.

[83] Ludwig B, Liu J, Chen I M, et al. Understanding interfacial-energy-driven dry powder mixing for solvent-free additive manufacturing of Li-ion battery electrodes [J]. Advanced Materials Interfaces, 2017, 4 (21): 1700570.

[84] Ludwig B, Liu J, Liu Y, et al. Simulation of micro/nanopowder mixing characteristics for dry spray additive manufacturing of Li-ion battery electrodes [J]. Journal of Micro and Nano-Manufacturing, 2017, 5 (4).

[85] Ludwig B, Pan H, Liu J, et al. Powder-based additive manufacturing of Li-ion batteries and micropowder mixing characteristics [C]. International Manufacturing Science and Engineering Conference, 2017.

[86] Hippauf F, Schumm B, Doerfler S, et al. Overcoming binder limitations of sheet-type solid-state cathodes using a solvent-free dry-film approach [J]. Energy Storage Materials, 2019, 21: 390-398.

[87] Randau S, Weber D A, Kötz O, et al. Benchmarking the performance of all-solid-state lithium batteries [J]. Nature Energy, 2020, 5 (3): 259-270.

[88] Furukawa K, Furuya T. Lithium ion secondary battery for electric vehicle, has positive electrode, negative electrode and solid electrolyte layer in which any one is provided with solid electrolyte binder that is made of metal: WO2013051478-A1; JP2013084377-A; US2014220454-A1; CN103858266-A; EP2765641-A1; JP6265580-B2; US9917326-B2; US2018123168-A1; CN103858266-B [P].

[89] Kawaoka H, Kojima S. Method for manufacturing solid electrolyte cell e.g. all solid state lithium secondary battery, involves compressing electrolyte layer while interposing element is arranged between substrate and surrounding portion: JP2010272368-A; JP5417989-B2 [P].

[90] Kawaoka H, Kojima S, Nagai H, et al. Solid electrolyte cell used for e.g. vehicle and apparatus, has solid electrolyte layer containing sulfide solid electrolyte, excluding binder consisting of resin and having specific thickness and surface area: WO2010064288-A1; KR2010098543-A; CN101911369-A; US2011123868-A1; JP2009511280-X [P].

[91] Shibata H, Furuya T, Furukawa K, et al. Battery for electronic devices has positive electrode or negative electrode which includes inorganic binder that includes oxide of at least one kind of element selected from group including bismuth, zinc, boron, silicon, and vanadium: WO2015170481-A1; JP2016066584-A; US2016344032-A1; CN106233515-A; KR2017003544-A; EP3140877-A1; EP3140877-B1 [P].

[92] Sugiyo T, Sugiu T. Method for manufacturing all-solid-state secondary battery, involves coating charged powder onto object to be coated, while applying voltage of polarity opposite to polarity of electrical charge on charged powder to coated object: WO2017169567-A1; JP2017183025-A; JP6751576-B2 [P].

[93] Sunayama K, Okamoto H, Inoue T. Manufacturing method of all-solid-state lithium ion secondary battery for e.g. mobile telephone, involves spraying electric charge on pole and powder materials of solid electrolyte when forming solid electrolyte layer: JP2010282803-A; JP5414371-B2 [P].

[94] Tamura H, Oota T, Takahashi H. Manufacturing method for solid lithium cell for portable electronic apparatus, involves forming electrolyte layer, positive electrode layer, and/or negative electrode layer via an electrostatic screen printing process: JP2011243402-A; JP5743429-B2 [P].

[95] Breton E J, Wolf J D, Worden D. Flexible, coherent sheet of sinterable particulate material - held together by PTFE

fibrils, useful for making metal, ceramic, plastics or composite articles: US4194040-A [P] .

[96] Wu Q, Zheng J P, Hendrickson M, et al. Dry process for fabricating low cost and high performance electrode for energy storage devices [J]. MRS Advances, 2019, 4 (15) : 857-863.

[97] Zhang Z, Wu L, Zhou D, et al. Flexible sulfide electrolyte thin membrane with ultrahigh ionic conductivity for all-solid-state lithium batteries [J]. Nano Letters, 2021, 21 (12) .

[98] Furukawa G T, Mccoskey R E, King G J. Calorimetric properties of polytetrafluoroethylene (Teflon) from 0 to 365 K [J]. Journal of Research of the National Bureau of Standards, 1952, 49 (4) : 273-276.

[99] Ebnesajjad S. Electrical and Electronic Applications of Expanded PTFE [M]. Elsevier, 2017: 253-258.

[100] Ebnesajjad S. 4-Fabrication and Processing of Fine Powder Polytetrafluoroethylene, Ebnesajjad S, editor, Expanded PTFE Applications Handbook, Oxford [M]. William Andrew Publishing, 2017: 65-97.

[101] Jiang T, He P, Wang G, et al. Solvent-free synthesis of thin, flexible, nonflammable garnet-based composite solid electrolyte for all-solid-state lithium batteries [J]. Advanced Energy Materials, 2020, 10 (12) : 1903376.

[102] Miyauchi K, Matsumoto K, Kanehori K, et al. Lithium ion conductive thin-films and their electrical-properties [J]. Denki Kagaku, 1983, 51 (1) : 211-212.

[103] Ohtsuka H, Yamaki J I. Electrical characteristics of Li_2O-V_2O_5-SiO_2 thin films [J]. Solid State Ionics, 1989, 35 (3) : 201-206.

[104] Ohtsuka H, Okada S, Yamaki J I. Solid state battery with Li_2O-V_2O_5-SiO_2 solid electrolyte thin film [J]. Solid State Ionics, 1990, 40-41: 964-966.

[105] Ohtsuka H, Sakurai Y. Characteristics of Li/MoO_{3-x} thin film batteries [J]. Solid State Ionics, 2001, 144 (1) : 59-64.

[106] Akridge J R, Vourlis H. Performance of Li/TiS_2 solid state batteries using phosphorous chalcogenide network former glasses as solid electrolyte [J]. Solid State Ionics, 1988, 28-30: 841-846.

[107] Bates J B, Dudney N J, Neudecker B, et al. Thin-film lithium and lithium-ion batteries [J]. Solid State Ionics, 2000, 135 (1) : 33-45.

[108] Bates J B, Dudney N J, Gruzalski G R, et al. Fabrication and characterization of amorphous lithium electrolyte thin films and rechargeable thin-film batteries [J]. Journal of Power Sources, 1993, 43 (1) : 103-110.

[109] Dudney N J, Bates J B, Zuhr R A, et al. Sputtering of lithium compounds for preparation of electrolyte thin films [J]. Solid State Ionics, 1992, 53-56: 655-661.

[110] Baba M, Kumagai N, Fujita N, et al. Fabrication and electrochemical characteristics of all-solid-state lithium-ion rechargeable batteries composed of $LiMn_2O_4$ positive and V_2O_5 negative electrodes [J]. Journal of Power Sources, 2001, 97-98: 798-800.

[111] Baba M, Kumagai N, Fujita H, et al. Multi-layered Li-ion rechargeable batteries for a high-voltage and high-current solid-state power source [J]. Journal of Power Sources, 2003, 119-121: 914-917.

[112] Park Y S. All-solid-state lithium thin-film rechargeable battery with lithium manganese oxide [J]. Electrochemical and Solid-State Letters, 1999, 2 (2) : 58.

[113] Xing Y J, Xi Z H, Zhang X D, et al. Thermal evaporation synthesis of zinc oxide nanowires [J]. Applied Physics A, 2005, 80 (7) : 1527-1530.

[114] Malligavathy M, Ananth K R T, Das C, et al. Growth and characteristics of amorphous Sb_2Se_3 thin films of various

thicknesses for memory switching applications [J]. Journal of Non-Crystalline Solids，2015，429：93-97.

[115] Wang S，Li X，Wu J，et al. Fabrication of efficient metal halide perovskite solar cells by vacuum thermal evaporation：A progress review [J]. Current Opinion in Electrochemistry，2018，11：130-140.

[116] Christen H M，Eres G. Recent advances in pulsed-laser deposition of complex oxides [J]. Journal of Physics：Condensed Matter，2008，20 (26)：264005.

[117] Lee H，Lim K Y，Kim K B，et al. Hybrid thin-film encapsulation for all-solid-state thin-film batteries [J]. ACS Applied Materials & Interfaces，2020，12 (10)：11504-11510.

[118] Reina A，Jia X，Ho J，et al. Large area，few-layer graphene films on arbitrary substrates by chemical vapor deposition [J]. Nano Letters，2009，9 (1)：30-35.

[119] Rebenne H E，Bhat D G. Review of CVD TiN coatings for wear-resistant applications：Deposition processes，properties and performance [J]. Surface and Coatings Technology，1994，63 (1)：1-13.

[120] Sakuda A，Hayashi A，Hama S，et al. Preparation of highly lithium-ion conductive $80Li_2S \cdot 20P_2S_5$ thin-film electrolytes using pulsed laser deposition [J]. Journal of the American Ceramic Society，2010，93 (3)：765-768.

[121] Ogawa M，Kanda R，Yoshida K，et al. High-capacity thin film lithium batteries with sulfide solid electrolytes [J]. Journal of Power Sources，2012，205：487-490.

[122] Rambabu A，Krupanidhi S B，Barpanda P. An overview of nanostructured Li-based thin film micro-batteries [J]. Proceedings of the Indian National Science Academy，2019，85 (1)：121-142.

[123] Ito Y，Sakuda A，Ohtomo T，et al. Preparation of Li_2S-GeS_2 solid electrolyte thin films using pulsed laser deposition [J]. Solid State Ionics，2013，236：1-4.

[124] Ohta N，Takada K，Osada M，et al. Solid electrolyte，thio-LISICON，thin film prepared by pulsed laser deposition [J]. Journal of Power Sources，2005，146 (1-2)：707-710.

[125] Seo I，Martin S W. Preparation and characterization of fast ion conducting lithium thio-germanate thin films grown by RF magnetron sputtering [J]. Journal of The Electrochemical Society，2011，158 (5)：465.

[126] Yamashita M. Formation and ionic conductivity of Li_2S-GeS_2-Ga_2S_3 glasses and thin films [J]. Solid State Ionics，2003，158 (1-2)：151-156.

[127] Nicholas S J，Linda R，Hogan J E，et al. Electrostatic coating process and apparatus for making the same：CZ9703521A3 [P] .

[128] Goller G J，Petraglia V J，Salonia J R. Dry mix method for making an electrochemical cell electrode：US4175055A [P].

[129] Fukui H，Okamoto K，Takano Y. Electrostatic screen printer：US09950508B2 [P].

[130] Barthe B，Salomon J，Vincent R. Method for cutting an electrode of an electrochemical generator：US10601028B2 [P].

第6章 硫化物电解质/电池湿法制备工艺

固态电池凭借其较好的安全性和更高的能量密度，已被广泛视作下一代储能技术。固态电解质是固态电池的重要组成部分，对电池性能起着最为关键的作用，其中硫化物固态电解质在众多固态电解质中具有最高的锂离子电导率。液相合成法是大规模生产硫化物固态电解质的可能途径，而实现硫化物全固态电池的大规模生产和实际应用，最有希望的方法是通过采用可在低温受控气氛中进行的液相参与的加工方法对硫化物电解质的溶液或浆料进行原位固化。这种方法可实现硫化物电解质层或复合有硫化物电解质电极层的湿法涂布，从而为硫化物全固态电池的量产提供了可能。液相参与的工艺被仔细划分为液相合成、溶液工艺和浆料工艺，并通过明确地定义对不同工艺进行了区分以避免混淆。下面就材料层面的硫化物固态电解质本身、元件层面的硫化物电解质层 / 电极层和器件层面的硫化物全固态电池的液相参与过程进行详细讨论和总结，并提出相应的设计和制备策略。

6.1 概述

锂离子电池已广泛应用于便携式电子产品、电动汽车、电网存储等众多领域。然而，对于行驶里程超过 500km[1] 的电动汽车，需要更高的能量和功率密度，而商用锂离子电池的能量密度已经达到极限。此外，易燃液相电解液的泄漏和热不稳定性也给商用锂离子电池[2-3]带来了严重的安全问题。为了解决这些问题，全固态电池技术被广泛视为有前途的候选产品之一。

首先，无机固态电解质无泄漏问题，比液相电解液具有更高的热稳定性，因此大大提高了锂离子电池的安全性。其次，固态电池使金属锂用作负极成为可能[4]，从而大幅提升了电池的体积能量密度。同时，一些固态电解质比电解液更具电化学稳定性，从而与高电压正极材料的应用相匹配。此外，传统锂离子电池中过渡金属溶出的问题在全固态电池中也得以缓解，并且固态电解质的引入使电池在高电流密度下不会产生浓差极化，这使得在电解质 / 电极接触的动力学瓶颈得到解决的情况下，制备出高功率密度电池成为可能。最后，全固态电池可以实现双极结构和相应的电池串联的设计，从而具备高装配效率和低无效空间带来的高能量密度等优势。

图 6-1 显示了自 2016 年以来为 29 个活跃组织和联盟提供的与商业相关的全固态电池专利的数量，显示了全固态电池技术在这一领域的受欢迎程度。

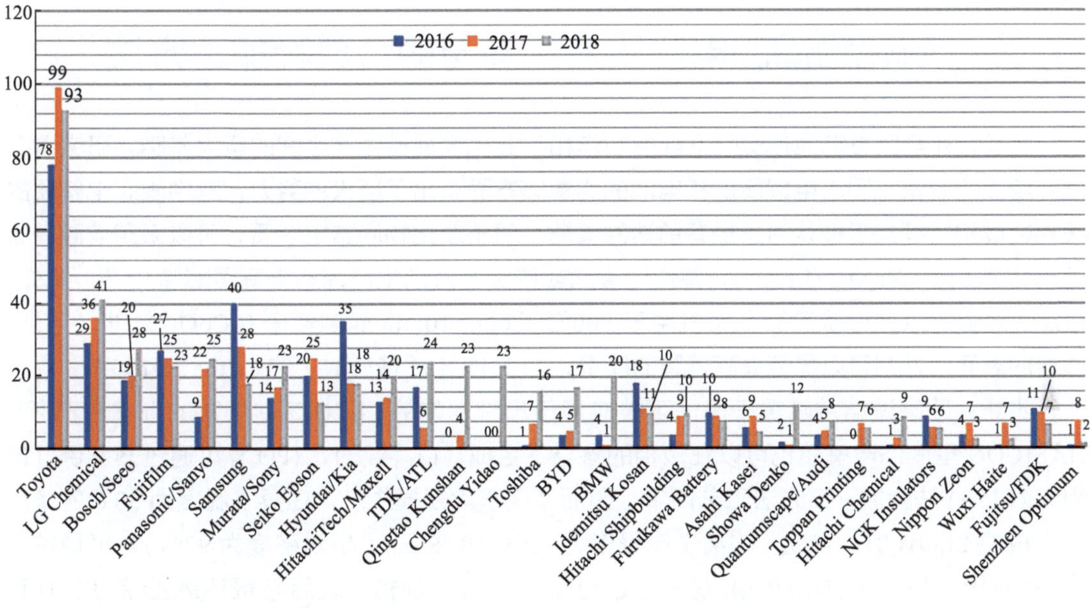

图 6-1　与商业相关的全固态电池专利系列的数量

全固态电池的性能在很大程度上取决于固态电解质的特性，通常可分为聚合物、氧化物和硫化物。聚合物全固态电池与锂离子电池当前的批量生产过程相适应，但受到聚合物固态电解质室温锂离子电导率低的限制。氧化物固态电解质具有良好的热稳定性和与氧化物正极材料的兼容性，但其离子电导率局限于 $10^{-4} \sim 10^{-3}$S/cm，且高刚度的力学性质会导致界面接触不良。硫化物固态电解质在所有固态电解质中具有最高的离子电导率 ($Li_{3.25}Ge_{0.25}P_{0.75}S_4$[5]、$Li_{10}GeP_2S_{12}$[6] 和 $Li_{9.54}Si_{1.74}P_{1.44}S_{11.7}Cl_{0.3}$[7] 分别为 2.2mS/cm、12mS/cm 和 25mS/cm)，而硫化物的力学特性则相对“柔软”，有助于更好地接触界面。

虽然硫化物固态电解质面临着空气稳定性 [8]、电化学稳定性 [9-10]、与正负极的兼容性 [11-15] 等方面的挑战，但为了有效地克服这些缺点，使硫化物全固态电池的实际应用成为可能，已经进行了大量的工作 [16-18]。此外，日本 NEDO 在 2018 年联合了 38 家公司和研究机构，投资 9000 万美元用于硫化物全固态电池的研发和批量生产，目前已在全球该领域中处于领先地位。谁能率先实现硫化物全固态电池的大规模生产，谁就有可能在未来主导电动汽车的动力电池市场。

要实现硫化物全固态电池的大规模量产，湿法涂布工艺非常关键。然而，硫化物与空气、水分和大多数溶剂的强烈反应活性增大了该方法实际进行的难度。本章总结了迄今为止所报道的硫化物固态电解质、复合电极层 / 电解质层和全固态电池的液相参与过程，包括硫化物固态电解质的液相合成，以及硫化物固态电解质的溶液工艺和浆料工艺。液相合成是大规模生产具有纳米形貌的硫化物固态电解质的有效途径，而预先合成硫化物固态电解质的溶液工艺和浆料工艺则是规模化制备复合电极层、电解质层以及全固态电池流程中至关重要的部分。下面将详细阐述和总结各个工艺的基本制备策略、液相的选择标准以及加工细节，从而为基于硫化物的固态电解质、复合电极层 / 电解质层和全固态电池的大规模生产和实际应用提供一般准则。

6.2 硫化物固态电解质液相参与的合成和加工方法

为了弥补全固态电池在实验室规模制作和工业化大规模生产之间的巨大差距，研究者在复合电极的制备、固态电解质层和电池的构建等方面做出了巨大的努力，其中固态电解质的液相合成和后续加工被认为是最有前途的策略。对于氧化物固态电解质，可以采用溶胶凝胶工艺合成 $Li_7La_3Zr_2O_{12}$ (LLZO)，并使用浸涂或旋涂方法来生产固态电解质薄膜 [19-22]。此外，LLZO 薄膜可以通过旋涂和在氩气中于 800℃下煅烧 10min 而制备于 $LiCoO_2$ 上 [21]。另外，适量的表面活性剂可以显著提高薄膜的质量，如 1.5%（质量分数）的 Triton X-100[22]。

此外，砂磨法结合喷雾干燥法可被应用于尺寸均匀的 LLZO 二次颗粒的批量生产 [23]。NASICON 型固态电解质也可以在液相的参与下合成。$Li_{1.4}Al_{0.4}Ti_{1.6}(PO_4)_3$ 可通过蒸发诱导自组装 (EISA) 法合成，该方法工艺简单，因而适用于大规模生产。在蒸发温度为 30℃的条件下合成的 $Li_{1.4}Al_{0.4}Ti_{1.6}(PO_4)_3$ 的离子电导率为 3.63×10^{-4}S/cm（相对密度为 97%），平均粒径为 70nm [24]。$Li_{1.4}Al_{0.4}Ti_{1.6}(PO_4)_3$ 粉末可通过湿化学方法制备，随后与聚环氧乙烷 (PEO) 和双（三氟甲烷）磺酰亚胺锂（LiTFSI）复合 [25]。$Li_{1+x}Al_xGe_{2-x}(PO_4)_3$（LAGP）也可利用溶胶凝胶法制备的前驱体合成，并可进一步与聚丙烯腈 (PAN) 混合，通过流延成型制备 PAN-LAGP 固态电解质 [26-27]。除合成氧化物材料外，通过在 1- 甲基 -2- 吡咯烷酮（NMP）中加入纳米级 LLZO、分散剂、黏结剂和表面活性剂可制备 LLZO 浆料，经过后续湿法涂覆可制备超薄电解质膜和相应的全固态电池，而无须冷压或热压 [28]。

对于硫化物固态电解质，涉及液相的过程非常值得关注，包括硫化物固态电解质的液相合成、溶液工艺和浆料工艺，如图 6-2 所示。液相的使用不仅影响了全固态电池的电化学性能，而且为全固态电池的大规模生产提供了降低时间成本和加工成本的可能方案。在下述研究中，将系统地讨论和总结文献中报道的液相参与的最新合成和加工方法。

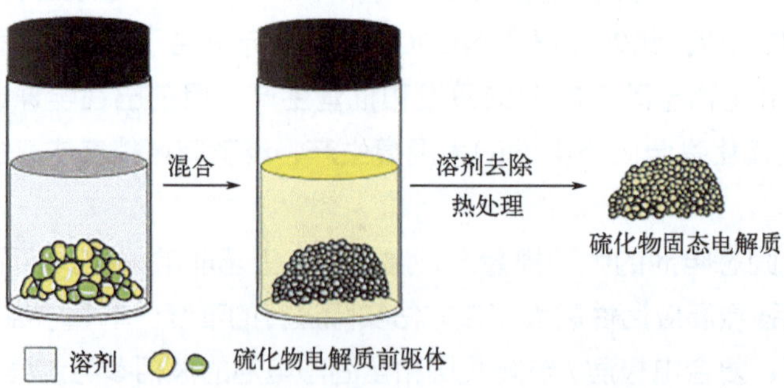

(a) 液相合成

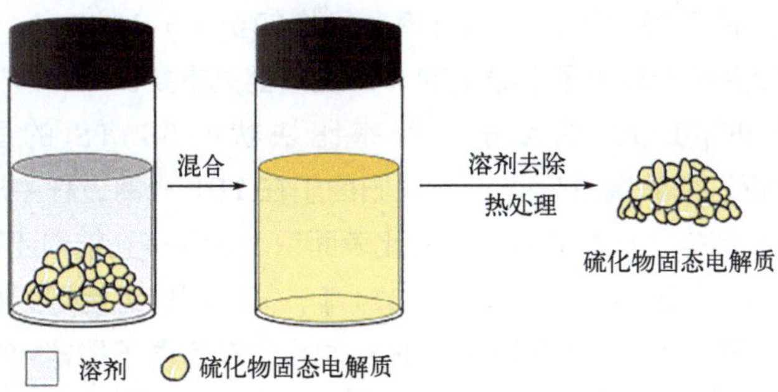

(b) 溶液工艺

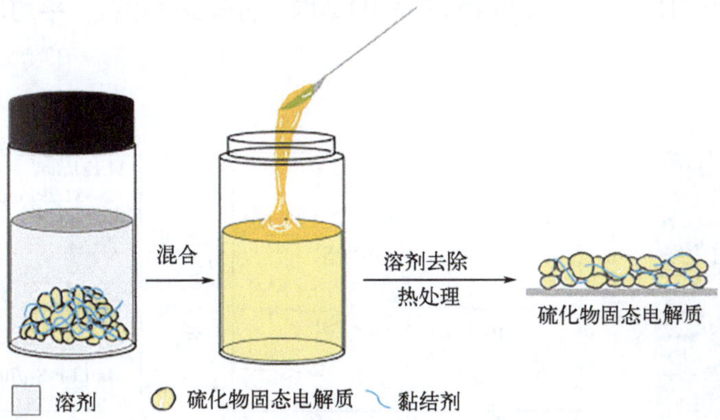

(c) 浆料工艺

图 6-2　硫化物固态电解质液相参与的合成和加工方法示意图

6.2.1　硫化物固态电解质的液相合成

硫化物固态电解质的传统固相合成方法包括高温固相反应 [5-7]（在某些情况下带有淬火步骤 [29-31]）和机械化学方法 [32-34]。考虑到容器密封 [5-7] 和淬火 [29-31] 的要求，以及机械化学方法 [32-34] 中球磨罐的体积有限，通过这些方法很难实现硫化物固态电解质的大规模量产。近年来，液相合成成为了大规模生产硫化物固态电解质的有效途径，并且其反应条件温和，降低了能源成本。

6.2.1.1　硫化物固态电解质的液相合成步骤

（1）Li_3PS_4

Li_3PS_4 是自 2013 年 Liu 等 [35] 首次采用湿化学方法合成纳米多孔 β-Li_3PS_4 以来，液相合成硫化物固态电解质领域中研究最多的固态电解质。在典型的合成中，将化学计量比为 3∶1 的 Li_2S 和 P_2S_5 混合在无水四氢呋喃（THF）中，然后在室温下搅拌过夜，随后离心，得到 Li_3PS_4-3THF 沉淀。在 80℃下除去 THF 后，形成具有 $40m^2/g$ 的高比表面积和 $7.4\times10^{-5}S/cm$ 的低离子电导率的无定形 Li_3PS_4。在 140℃下进一步加热，无定形的 Li_3PS_4 转化为比表面积

减小的 β-Li_3PS_4 晶体，其在 25℃下离子电导率急剧增加至 1.6×10^{-4}S/cm，这证实了从无定形到 β-Li_3PS_4 晶体的转变对于高离子电导率的 β-Li_3PS_4 至关重要。

同时，纳米多孔的 β-Li_3PS_4 的离子电导率比块状的 β-Li_3PS_4 的固有离子电导率（8.93×10^{-7}S/cm）高出近三个数量级[36]，这可以归因于在 THF 分离过程中形成了平均尺寸为 80～100nm 的纳米多孔结构，从而具有较高的比表面积。这种多孔结构还形成了更优的亚稳相，并提供了热力学、化学和电化学稳定性。2014 年，同一课题组使用乙腈（ACN）液相合成 β-Li_3PS_4 纳米片[37]。将在 ACN 中的 Li_2S 和 P_2S_5 混合物在室温下搅拌 48h 后，观察到白色沉淀。真空过滤后，将获得的沉淀物在 80℃下处理，以除去过量的溶剂，得到 Li_3PS_4-2ACN。在 200℃下进一步热处理，产生了 β-Li_3PS_4 纳米片的纯相，其横向尺寸为 1～2μm，厚度约为 80nm，表现出与用 THF 合成的 β-Li_3PS_4 不同的结构（纳米多孔颗粒，平均尺寸为 10μm），如图 6-3（a）所示。

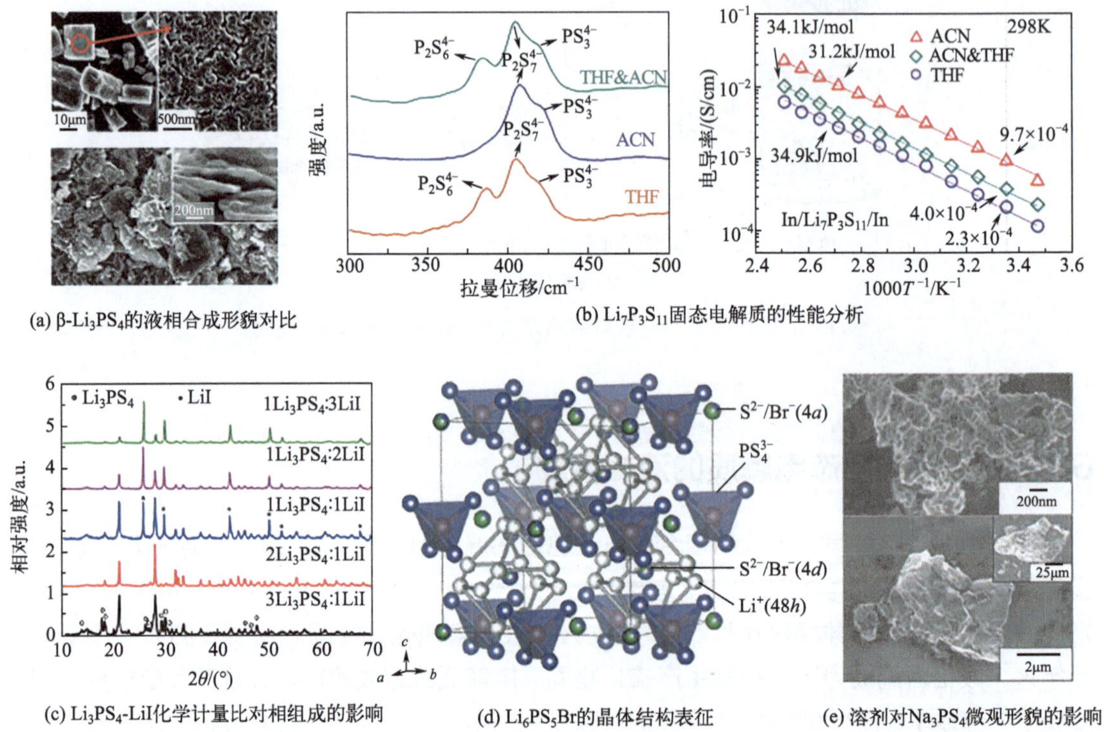

(a) β-Li_3PS_4的液相合成形貌对比

(b) $Li_7P_3S_{11}$固态电解质的性能分析

(c) Li_3PS_4-LiI化学计量比对相组成的影响

(d) Li_6PS_5Br的晶体结构表征

(e) 溶剂对Na_3PS_4微观形貌的影响

图 6-3　不同液相合成方法对硫化物固态电解质材料的结构、性能及相行为的影响表征

［（a）中，左上为 THF 中合成的微米级颗粒（平均粒径 10μm），右上为 THF 合成颗粒表面的纳米孔结构，下边为 ACN 中合成的纳米片（横向直径 2μm，厚度 80nm）；（b）中，左边为 THF、ACN 及混合溶剂合成的玻璃 - 陶瓷拉曼光谱，右边为离子电导率随温度的变化关系；（c）中，XRD 图谱显示化学计量比 2∶1 时形成新相，过量组分会导致杂质相残留；（d）中，Li、P、S、Br 原子位点分别以灰、橙、紫、绿色球体表示；（e）中，上边为 DME 合成粉末的 SEM 图像，下边为 DEE 合成粉末的 SEM 图像；DME 为 1,2- 二甲氧基乙烷；DEE 为二乙醚］

值得注意的是，粒径和形貌的差异可归因于合成过程中固液相互作用的差异。2018 年，Hood 等[38] 通过从 THF 到 ACN 溶剂的交换过程，合成了具有可控形貌的片状 Li_3PS_4 电解质。他们首次将 Li_2S 和 P_2S_5 在 THF 中进行湿化学反应得到 Li_3PS_4-3THF 后，进一步将制备好的平均粒径约为 10μm 的 Li_3PS_4-3THF 添加到 ACN 中，通过将共结晶的 THF 与 ACN 交换，

得到可控的 Li_3PS_4-2ACN 纳米片，厚度约为 80nm。

2014 年，Teragawa 等 [39] 以 *N*- 甲基甲酰胺（NMF）和正己烷为反应介质，通过湿化学反应直接用 Li_2S 和 P_2S_5 合成了 Li_3PS_4 固态电解质。将 Li_2S 和 P_2S_5 在研钵中混合并分散在正己烷中，然后在搅拌和冷却的条件下，将 NMF 滴加到正己烷的悬浮液中。进行湿化学反应，并且将产物 Li_3PS_4 直接溶解在 NMF 中，与正己烷相分离。将所制备的溶液在冷却下搅拌 1h，并在室温下搅拌 5h 后，在 180℃下真空热处理 3h，以除去 NMF，得到 Li_3PS_4 固态电解质，室温下离子电导率为 2.3×10^{-6}S/cm。2016 年，Phuc 等 [40-41] 采用液相振动法分别以碳酸二甲酯（DMC）和乙酸乙酯（EA）为反应介质，合成了 Li_3PS_4 固态电解质。在这个过程中，将原料和溶剂的混合物在放有氧化锆球的离心管中，以 1500r/min 的转速振荡，振幅约为 1cm，随后进行离心和低压（约 100kPa）下的热处理。以 DMC 为反应介质，并经过 5h 的振动和在 190℃下的热处理，得到粒径小于 500nm 的无定形 Li_3PS_4。所制备的 Li_3PS_4 的离子电导率比通过球磨法制备的玻璃相 Li_3PS_4 的离子电导率低，为 6.4×10^{-6}S/cm [42]，这可能是由残留不确定的有机物质所致。而在 EA 中，由 Li_2S 和 P_2S_5 经过 24h 的振动和 160℃的热处理后，制备出结晶 Li_3PS_4，其离子电导率高达 3.3×10^{-4}S/cm。基于 Matsuda 等 [43] 的研究，溶剂在液相合成过程中起着决定性的作用，这在他们接下来的研究中得到了阐述。Li_3PS_4 固态电解质是由 Li_2S 和 P_2S_5 在具有羰基的溶剂 [DMC、EA 和甲基丙基酮（MPK）] 中通过液相振动（振动 24h，并在 160℃下热处理 2h）反应制得的。

在室温下，DMC、EA 和 MPK 的离子电导率分别为 6×10^{-6}S/cm、2×10^{-4}S/cm 和 3×10^{-7}S/cm。由三种不同溶剂制备的样品通过热重 - 差热分析（TG-DTA）、拉曼光谱和 X 射线衍射（XRD）进行了表征，结果表明在 MPK 溶剂中反应不完全，并且在 DMC 和 MPK 中反应的产物含有残余溶剂。推测是由于分子结构不同，C═O 键中的 O 原子具有较高的电子密度，依次为 DMC ＞ EA ＞ MPK，可以得出结论，溶剂的结构在 Li_3PS_4 固态电解质的液相合成中起着至关重要作用。因此，该课题组于 2017 年以丙酸乙酯 (EP) 为合成介质，由 Li_2S 和 P_2S_5 通过液相振动法成功合成了玻璃陶瓷 Li_3PS_4 固态电解质 [44]。经过 6h 的振动和 170℃的热处理，形成了片状的 Li_3PS_4（长约 3μm，宽约 500nm，厚约 100 ～ 200nm），室温下表现出约 2.0×10^{-4}S/cm 的离子电导率。

Lim 等 [45] 于 2018 年应用二乙二醇二甲醚 (DEGDME) 溶剂通过液相合成成功制得 Li_3PS_4。将 Li_2S 和 S 粉末在 DEGDME 中混合 1d，然后加入 P_2S_5 粉末并额外搅拌 3d，通过诱导可溶性多硫化物和 P_2S_5 在 DEGDME 中发生化学反应，生成固态电解质的溶液。在真空下预干燥 2h 得到固态电解质粉末，在 140℃的真空炉中进一步干燥 12h 后，表现出 2.76×10^{-5}S/cm 的离子电导率，低于商业 β-Li_3PS_4 的离子电导率 (2.12×10^{-4}S/cm)，这可归因于残留的硫。该课题组随后报道了一种使用亲核试剂 $LiSC_2H_5$（硫代乙氧基锂，LiSEt）的新的硫化物电解质合成途径 [46]。首先，将添加剂引入液相合成体系中，在 THF 中形成 LiSEt-P_2S_5 的中间可溶性化合物；然后，溶解后的 P_2S_5 复合体进一步与 Li_2S 反应，由于该反应的残余物和副产物均可溶，可在过滤过程中完全去除，从而得到室温下电导率为 1.32×10^{-4}S/cm 的纯相产物 β-Li_3PS_4。

2018 年，Choi 等 [47] 在无水丁二醚介质中进行液相合成，制备出粒径小且均匀的 $75Li_2S$-$25P_2S_5$ 固态电解质 [颗粒尺寸为 (2.2±1.68) mm]。在 165℃、压力监控的条件下持续搅拌 24h，然后 140℃下热处理 6h，所制备的 75Li_2S-25P_2S_5 固态电解质表现出约 3.1×10^{-4}S/cm 的室温离子电导率，其粒径小且均匀，可与活性物质紧密接触。

（2）$Li_7P_3S_{11}$

2014 年，Ito 等 [48] 首次从液相中合成出了 $Li_7P_3S_{11}$ 晶体。将 Li_2S 和 P_2S_5 在 DME 中室温搅拌 3d，反应完全并除去溶剂后，在氩气气氛下，于 250℃下热处理 1h，得到具有 2.7×10^{-4}S/cm 的高室温离子电导率的晶态 $Li_7P_3S_{11}$ 固态电解质。

此后，CAN 成为了 $Li_7P_3S_{11}$ 液相合成中最常用的反应介质，极性适当。2016 年，Xu 等 [49] 用不同的溶剂 [如 THF、ACN 以及 THF 和 ACN 的混合溶剂 (THF&ACN）] 制备了玻璃陶瓷 $Li_7P_3S_{11}$ 固态电解质。液相合成的方法基本相同，即在室温下搅拌 24h 并进行热处理（250℃下热处理 2h 以结晶，180℃下热处理 2h 以进一步除去残留溶剂）。所得到的玻璃陶瓷相 $Li_7P_3S_{11}$ 粉末中，用 ACN 制备的 $Li_7P_3S_{11}$ 表现出最高的离子电导率 (298K 时为 9.7×10^{-4}S/cm)，兼具 5V 的宽且稳定的电化学窗口，突显了溶剂对杂质含量和结晶度的影响 [图 6-3（b）]。

Yao 等 [50-51] 和 Xu 等 [52] 通过相同的液相合成方法合成出了晶态 $Li_7P_3S_{11}$ 电解质颗粒。将在 ACN 中的 Li_2S 和 P_2S_5 的混合物（Li_2S 和 P_2S_5 的摩尔比为 7∶3）置于 50℃下搅拌 24h，然后去除溶剂，随后在 260℃下热处理 1h。如此合成的 $Li_7P_3S_{11}$ 表现出非常高的离子电导率，达到 1.5×10^{-3}S/cm，粒径为 0.4～1.0μm，这对于实现全固态电池的高性能至关重要 [50]。Calpa 等 [53] 于 2017 年引入了超声波辐射，以增强固液系统中的化学反应性，通过一个简单的过程即可实现 $Li_7P_3S_{11}$ 固态电解质的瞬时制备，该过程包括 60℃下超声辐射 30min 的液相过程、干燥过程 (180℃下真空干燥 3h) 和 220℃下热处理 1h 的热处理过程。所合成的 $Li_7P_3S_{11}$ 表现出 1×10^{-3}S/cm 的高离子电导率，粒径小于 500nm。生产时间大大缩短，这对于硫化物固态电解质的大规模生产至关重要。

此外，Wang 等 [54] 通过跟踪观察沉淀物中的相变以及上清液中溶解相的相变，研究了 ACN 中 $Li_7P_3S_{11}$ 相的反应机理，得出了结晶 $Li_7P_3S_{11}$ 分两个步骤产生的结论，即：a. 在沉淀物中形成固体 Li_3PS_4-ACN，在液相中形成无定形的“Li_2S-P_2S_5”相；b. 两相的固相反应。

2018 年，Cao 等 [55] 采用矿物油作为反应介质合成出了 $Li_7P_3S_{11}$。通过不断搅拌 24h，将 Li_2S 和 P_2S_5 在矿物油中彻底混合，并在 60℃下干燥 24h，随后在 260℃下真空退火 1h。所合成的 $Li_7P_3S_{11}$ 的离子电导率和电子电导率分别为 2.67×10^{-3}S/cm 和 1.91×10^{-10}S/cm。

（3）其他 Li-P-S 固态电解质

2018 年，Calpa 等 [56] 通过超声辐射下的液相合成以及后续较低温度的热处理，用不同比例的 Li_2S 和 P_2S_5 合成了硫化物固态电解质并进行进一步研究。研究表明，220℃的热处理是促进 $P_2S_7^{4-}$ 单元 (高离子电导率相) 形成的适宜温度，而 250℃的热处理导致了 $P_2S_6^{4-}$ 单元的形成，从而导致离子电导率下降。Li_2S 摩尔分数为 74% 的固态电解质在 220℃下热处理后，在 22℃下表现出最高的离子电导率（1×10^{-3}S/cm），说明 Li_2S 含量有重要的影响。

Ziolkowska 等[57]报道了一种新的快速液相合成方法，在短时间内（2h）制备出了高纯度的 Li_7PS_6 固态电解质。将化学计量比为 2∶1 的 Li_2S 和 β-Li_3PS_4（通过 ACN 中的液相合成法合成）溶解在无水乙醇（EtOH）中，然后在 90℃的真空下进行热处理（不超过 1h），进一步在 200℃下加热 1h 以获得最终产物（Li_7PS_6）。所制备的 Li_7PS_6 固态电解质在室温下的离子电导率为 1.1×10^{-4}S/cm。

（4）基于 LiX (X =Cl, Br, I) 的固态电解质

Li_2S-P_2S_5-LiI 体系具有较高的电导率（室温下为 1.3×10^{-3}S/cm）、优异的电化学稳定性（对金属锂高达 10V 的稳定电压）和良好的电池性能[58]，因此引起了广泛关注。

Rangasamy 等[59]于 2015 年首先通过液相合成法用 β-Li_3PS_4 和 LiI 合成了 $Li_7P_2S_8I$ 固态锂离子导体。具体过程为：将 Li_2S 和 P_2S_5 在 ACN 中搅拌 24h 并在 80℃下进行热处理，得到 Li_3PS_4-2ACN；随后将 Li_3PS_4-2ACN 进一步分散在含 LiI 的 ACN 中混合 15min，随后干燥并加热。将不同比例的 Li-P-S 和 LiI 混合并在 200℃下进行热处理，以研究这种新相，当 Li_3PS_4 和 LiI 的比例为 2∶1 时可得到最高相纯度的产物，即具有新晶体结构的 $Li_7P_2S_8I$ 固态电解质［图 6-3（c）］。所得到的 $Li_7P_2S_8I$ 电解质的室温离子电导率为 6.3×10^{-4}S/cm，电化学稳定性高达 10V(相对于 Li/Li^+)，这归因于 I 的加入。此外，这种硫化物电解质可以进行低温致密化，这是开发商业规模固态电解质膜的关键。2015 年，Park 等[60]开发了一类新型的溶液溶解型超离子导体 LiI-Li_4SnS_4。由 Li_2S 和 SnS_2 在 450℃下通过固相反应合成的晶态 Li_4SnS_4 粉末，与 LiI 在甲醇 (MeOH) 中混合形成溶液，随后进行干燥和热处理，生成 xLiI-$(1-x)$$Li_4SnS_4$$(0 \leqslant x \leqslant 0.5)$。于 200℃下制备的玻璃态 0.4LiI-0.6Li_4SnS_4，在从均匀溶液中产生的无机固态电解质中表现出较高的离子电导率（30℃下为 4.1×10^{-4}S/cm），同时具有优异的可变形性和干燥空气稳定性。2017 年，Sedlmaier 等[58]应用基于溶剂的软化学方法，通过 Li_2S、P_2S_5 和 LiI 在 DME 中的反应合成 Li_4PS_4I。得到的 Li_4PS_4I 具有新的结构类型，在室温下表现出 1.2×10^{-4}S/cm 的锂离子电导率。

Phuc 等[61]于 2017 年尝试通过液相振动法，以 EP 为合成介质，制备（$100-x$）Li_3PS_4-xLiI，将固态电解质的前驱体（LiI，Li_2S∶P_2S_5=3∶1）均匀混合后振动 6h，并进行热处理。XRD 图谱表明，样品中加入 LiI 导致了结构变化，形成的物质以 $Li_7P_2S_8I$ 为主相。正如 Rangasamy 等[59]的报道，当 x=33.3% 时，仅检测到 $Li_7P_2S_8I$ 的峰，与先前的工作相比，其离子电导率较低，为 3.4×10^{-4}S/cm。

Chida 等[62]通过在 EP 溶剂中超声处理 Li_2S、P_2S_5 和 LiBr 制备了 Li_6PS_5Br 固态电解质。将 EP 中含有起始材料 (Li_2S∶P_2S_5∶LiBr=5∶1∶1.5) 的样品置于 60℃下超声处理 1h，制成悬浮液，然后加入 EtOH 形成透明的前驱体溶液，可用于构建复合电极。将该溶液在 180℃下真空加热 3h，制备得到室温离子电导率为 3.4×10^{-5}S/cm 的 Li_6PS_5Br 固态电解质，与机械研磨制备的 Li_6PS_5Br (离子电导率为 1.0×10^{-4}S/cm) 相比，其室温离子电导率较低，这可以归因于其较大的晶界电阻。

2019 年，Yubuchi 等[63]采用多步液相合成法制备了 Li_6PS_5Br 固态电解质，其步骤如下：在 THF 中搅拌化学计量比为 3∶1 的 Li_2S 和 P_2S_5 的混合物，得到 Li_3PS_4-3THF；将 Li_2S 和

LiBr（摩尔比为 1∶1）溶解于 EtOH 中；将 THF 悬浮液和 EtOH 溶液混合，得到 Li_6PS_5Br 的 THF 和 EtOH 溶液；随后进行干燥（在真空中于 150℃下干燥 3h）和热处理（在 550℃的干燥氩气气氛中热处理）。图 6-3（d）展示了所合成的 Li_6PS_5Br 的晶体结构，S^{2-} 和 Br^- 阴离子形成面心立方晶格，PS_4^{3-} 四面体在八面体位置，其中 S^{2-} 和 Br^- 阴离子由于相近的离子半径出现混排。Li_6PS_5Br 中的 Li^+ 位点 (占位率为 0.5) 形成了一个笼状的传导路径，从而提供了宏观上快速的传导路径，在 25℃时显示出 3.1mS/cm 的高离子电导率，其粒径尺寸为 1μm，这对于全固态电池的应用是非常理想的。此外，该文章还研究了单独使用 THF 或单独使用 EtOH 作为溶剂合成 Li_6PS_5Br 的过程，以证明双溶剂体系的重要性。

Zhou 等 [64] 在 2018 年提出了一种直接的溶液调控方法，利用 THF 和 EtOH 混合物作为反应介质合成了硫银锗矿 Li_6PS_5X（X=Cl,Br,I）[64]。Yubuchi 等 [63] 也提出了相近的合成方法。该文章系统研究了完全结晶的 $Li_{6-y}PS_{5-y}Cl_{1+y}$(y=0 ～ 0.5)、Li_6PS_5X(X=Cl, Br) 和 Cl/Br 混合相，其中 $Li_6PS_5Cl_{0.5}Br_{0.5}$ 在室温下表现出高达 3.9mS/cm 的离子电导率，电子电导率可忽略不计，与固相反应得到的硫银锗矿非常一致。

2018 年，Choi 等 [65] 在 EA 中用液相合成法制得 Li_6PS_5Cl 固态电解质。搅拌时间为 24h，同时搅拌 Li_2S 和 LiCl 1h，后续添加 P_2S_5 搅拌 23h，然后在 30℃真空下干燥 12h 并在 550℃下加热 5h，从而合成了长度为 20 ～ 30μm，宽度为 2 ～ 3μm 的棒状 Li_6PS_5Cl 固态电解质，在室温下表现出 1.1×10^{-3}S/cm 的高离子电导率。制备的固态电解质的粒径减小，并且与复合电极中的活性材料紧密接触，可作为全固态电池理想的电解质材料。

（5）钠离子固态电解质

2015 年，Yubuchi 等 [66] 利用 NMF 和正己烷作为反应介质，通过湿化学反应成功地用 Na_2S 和 P_2S_5 直接合成出了 Na_3PS_4 固态电解质，正如该课题组在 2014 年使用正己烷和 NMF 作为反应介质，以 Li_2S 和 P_2S_5 为前驱体合成出了 Li_3PS_4[39]。所合成的 Na_3PS_4 固态电解质室温离子电导率为 2.6×10^{-6}S/cm，其与通过机械研磨制备的立方相 Na_3PS_4 电解质相比具有较低的离子电导率，可能有以下两个原因：Na_3POS_3 晶体（在 80℃时离子电导率为 1.57×10^{-8}S/cm）的共沉淀和晶界电阻的贡献。2018 年，该课题组继续以 DME 或 DEE 作为反应介质合成 Na_3PS_4[67]。在室温（25℃）下搅拌 60h 后，得到白色悬浮液，将其在室温下真空干燥，得到前驱体粉末；在真空下于 270℃进一步加热，形成 Na_3PS_4 电解质。

如图 6-3（e）所示，所制备的 Na_3PS_4 的形貌受反应介质的影响，观察到在 DME 溶剂中获得了细颗粒 (粒径＜ 100nm)，而在 DEE 溶剂中获得了粒径为 5 ～ 100μm 的 Na_3PS_4。相应地，使用 DME 和 DEE 作为反应介质所合成的 Na_3PS_4 固态电解质在 25℃时的离子电导率分别为 2.6×10^{-5}S/cm（相对密度为 99%）和 1.8×10^{-5}S/cm（相对密度为 94%）。2018 年，Wan 等 [68] 通过 Na_2S、P_2S_5 和 Se 在 ACN 中的液相反应合成了 $Na_{2.9}PS_{3.95}Se_{0.05}$ 电解质。将混合物在 50℃下搅拌 24h，随后真空蒸馏，并在 80℃下干燥 12h 以除去残留的溶剂。在 270℃氩气气氛下进一步退火得到粒径减小的 $Na_{3-2x}PS_{4-x}Se_x$ 电解质，表现出 1.21×10^{-4}S/cm 的高离子电导率，与用固态反应合成的电解质相当。

表 6-1 中列出了上述硫化物固态电解质的液相合成参数。

表6-1 硫化物固态电解质的液相合成参数

结构	硫化物	原料	溶剂	沸点/℃	混合过程	溶剂蒸发过程	热处理过程	电导率（25℃）/（S/cm）	E_a/eV	功能	参考文献
Li_3PS_4											
晶态	β- Li_3PS_4	Li_2S和P_2S_5	THF	66	搅拌，室温，过夜	离心；80℃，真空	140℃，真空	1.6×10^{-4}	0.356	合成	[35]
晶态	Li_3PS_4	Li_2S和P_2S_5	NMF和正己烷	199	搅拌，冷却，1h 搅拌，室温，5h	180℃，真空，3h	—	2.3×10^{-6}	0.467	合成	[39]
晶态	Li_3PS_4	Li_2S和P_2S_5	DMC	90	振动5h	离心；室温下抽真空	190℃，低压（约100kPa）	6.4×10^{-6}	0.623	合成	[40]
晶态	Li_3PS_4	Li_2S和P_2S_5	EA	77.1	振动，1d	离心；室温下抽真空	160℃，低压（约100kPa），过夜	3.3×10^{-4}	0.322	合成	[41]
晶态	β-Li_3PS_4	Li_2S和P_2S_5	ACN	81.6	搅拌，48h	真空过滤；80℃	200℃，真空	1.2×10^{-4}	0.360	薄膜	[37]
玻璃陶瓷	Li_3PS_4	Li_2S和P_2S_5	EP	99.1	振动，6h	离心；室温下抽真空	170℃，低压，2h	2×10^{-4}	0.426	原位包覆	[44]
晶态	Li_3PS_4	Li_2S和P_2S_5	DEGDME	162	搅拌，1d 加入P_2S_5搅拌，3d	真空，2h	140℃，真空，12h	2.76×10^{-5}	0.417	薄膜	[45]
晶态	β- Li_3PS_4	Li_2S、P_2S_5和添加剂（LiSEt）	THF	66	搅拌，12h	离心	140℃（2℃/min），10h	1.32×10^{-4}	0.269	合成	[46]
玻璃陶瓷	$75Li_2S-25P_2S_5$	Li_2S和P_2S_5	二丁基乙醚	141	165℃下搅拌，24h	140℃，6h	230℃（5℃/min），3h	3.1×10^{-4}	—	合成	[47]
晶态	β- Li_3PS_4	Li_2S和P_2S_5	THF、ACN	THF：66 ACN：81.6	大力搅拌	室温，真空	80℃得到Li_3PS_4-2ACN；200℃得到β-Li_3PS_4薄膜	—	—	薄膜	[38]
$Li_7P_3S_{11}$和其他Li-P-S											
晶态	$Li_7P_3S_{11}$	Li_2S和P_2S_5	DME	83	室温，3d	旋转蒸发仪；180℃，真空	250℃，氩气，1h	2.7×10^{-4}	0.395	合成	[48]
玻璃陶瓷	$Li_7P_3S_{11}$	Li_2S和P_2S_5	ACN、THF	ACN：81.6 THF：66	室温，24h	80℃	250℃，氩气，2h结晶； 160℃，2h，去除残留溶剂	ACN：9.7×10^{-4} THF：2.3×10^{-4} ACN和THF:4×10^{-4}	0.323 0.354 0.311	合成	[49]

续表

结构	硫化物	原料	溶剂	沸点/°C	混合过程	溶剂蒸发过程	热处理过程	电导率（25°C）/（S/cm）	E_a/eV	功能	参考文献
晶态	$Li_7P_3S_{11}$	Li_2S和P_2S_5	ACN	81.6	50℃，24h	真空蒸馏；80℃，12h	260℃，1h	1.5×10^{-3}	0.239	原位包覆	[50]
晶态	$Li_7P_3S_{11}$	Li_2S和P_2S_5	ACN	81.6	60℃超声30min	180℃，真空，3h	220℃，1h	1.0×10^{-3}（22℃）	0.133	合成	[53]
晶态	$Li_7P_3S_{11}$	Li_2S和P_2S_5	ACN	81.6	50℃，24h	80℃，12h	260℃，1h	—	—	原位包覆	[51]
晶态	$Li_7P_3S_{11}$	Li_2S和P_2S_5	ACN	81.6	室温，24h	80℃	250℃，2h	2×10^{-3}	—	原位包覆	[52]
晶态	$Li_7P_3S_{11}$	Li_2S和P_2S_5	ACN	81.6	在50℃热板上，3d	在热板上150℃	260℃，氩气，1h	8.7×10^{-4}	0.370	合成	[54]
—	$70Li_2S$-$30P_2S_5$	Li_2S和P_2S_5	矿物油	—	搅拌，24h	60℃，24h	260℃，真空，1h	2.67×10^{-3}	—	原位包覆	[55]
玻璃陶瓷	xLi_2S-$(100-x)P_2S_5$	Li_2S和P_2S_5	ACN	81.6	60℃超声30min	180℃，真空，3h	220℃，1h	1.0×10^{-3}（22℃）	—	合成	[56]
晶态	Li_7PS_6	Li_2S和P_2S_5（在ACN中Li_2S+P_2S_5，200℃）	EtOH	78	溶解	90℃，真空，不超过1h	200℃，1h	1.1×10^{-4}	0.430	合成	[57]
基于LiX (X =Cl, Br, I)的固态电解质											
晶态	$Li_7P_2S_8I$	Li_2S、P_2S_5和LiI	ACN	81.6	搅拌24h，得到Li_3PS_4-2ACN；分散在含LiI的ACN中15min	常温，12h	200℃，真空	6.3×10^{-4}	—	合成	[59]
玻璃	0.4LiI-$0.6Li_4SnS_4$	Li_4SnS_4粉末，LiI	甲醇	64.7	溶解	室温，真空	200℃，真空	4.1×10^{-4}(30℃)	0.432	合成	[60]
晶态	Li_4PS_4I	Li_2S、P_2S_5和LiI	DME	83	将含有LiI的Li_3PS_4-DME置于DME中1d	50℃，真空，直到压力低于1×10^{-3}mbar	200℃，至少6h	6.4×10^{-5}～1.2×10^{-4}	0.370～0.430	合成	[58]
晶态	$Li_7P_2S_8I$	Li_2S、P_2S_5和LiI	EP	99.1	液相振荡，6h	室温；使用旋转真空泵，50℃下运行2h	室温（2h）—90℃（2h）—170℃(6h）	4.7×10^{-4}	—	合成	[61]
晶态	Li_6PS_5Br	Li_2S:P_2S_5:LiBr=5:1:1.5	EP和EtOH	EP：99.1 EtOH：78	60℃超声1h；溶解在EtOH溶液中	180°℃C，真空，3h	—	3.4×10^{-5}	—	原位包覆	[62]

续表

结构	硫化物	原料	溶剂	沸点/℃	混合过程	溶剂蒸发过程	热处理过程	电导率（25℃）/（S/cm）	E_a/eV	功能	参考文献
晶态	Li_6PS_5Br	$Li_2S+P_2S_5$在THF中；$Li_2S+LiBr$在EtOH中	THF和EtOH	THF：66 EtOH：78	将$Li_2S+P_2S_5$在THF中过夜；悬浮液+Li_2S+LiX溶于EtOH中	150℃，真空，3h	550℃，干燥的氩气	LP-150（未烧试样）：1.3×10^{-4} LP-550（烧结体）：3.1×10^{-3}	LP-150（未烧试样）：0.445 LP-550（烧结体）:0.302	合成；包覆；渗透电极	[63]
晶态	Li_6PS_5X (X = Cl，Br，I)	$Li_2S+P_2S_5$在THF中；Li_2S+LiX在EtOH中	THF和EtOH	THF：66 EtOH：78	将$Li_2S+P_2S_5$在THF中加热24h；悬浮液+Li_2S+LiX在EtOH中溶解，过夜	离心；真空干燥； 40℃，真空干燥；20h	冷压成片；退火；550℃ (5℃/min)，真空，6h	2.4×10^{-3}	—	合成	[64]
晶态	Li_6PS_5Cl	Li_2S:P_2S_5:LiCl =5:1:2	EA	77.1	Li_2S+ LiCl置于EA中； 加入P_2S_5	30℃，真空，12h	550℃（5℃/min），真空，5h	1.1×10^{-3}	0.270	合成	[65]
硫化钠离子固态电解质											
晶态	Na_3PS_4	Na_2S和P_2S_5	NMF和正己烷	NMF：199	$Na_2S+P_2S_5$置于正己烷中；加入NMF，搅拌，在冰浴中冷却；去除正己烷相	180℃，真空	260℃	2.6×10^{-6}	0.395	合成	[66]
晶态	Na_3PS_4	Na_2S和P_2S_5	DME或DEE	DME：83 DEE：34.6	室温，超过60h	室温，真空	270℃，真空	DME：2.6×10^{-5}（99%相对密度） DEE：1.8×10^{-5}（94% 相对密度）	DEE :0.363 DME:0.340	合成	[67]
晶态	$Na_{3-2x}PS_{4-x}Se_x$	Na_2S、P_2S_5和固态电解质	ACN	81.6	50℃下搅拌24h	真空蒸馏；80℃干燥12h	270℃	1.21×10^{-4}	0.229	合成；包覆	[68]

注：1bar=10^5Pa。

6.2.1.2 硫化物固态电解质液相合成的优点

液相合成法具有显著的优势，为大规模生产基于硫化物的无机固态电解质和全固态电池带来了新的机遇。

① 液相合成法在温和条件下，通过基于溶剂的湿化学反应可实现硫化物无机固态电解质的低成本大规模生产，与传统的高温热处理[5-7,29-31]和高能球磨[32-34]的固相合成方法相比，有效降低了能源成本。

② 液相合成法通过控制液相合成的参数（尤其是溶剂类型）来调控固态电解质颗粒的大小和形貌。研究者们通过液相合成法制备出粒度极其均匀的纳米级硫化物无机固态电解质[40,44,47,50,53,56-57,63,68]，提升复合电极中活性材料的负载量，增大电极与电解质之间的接触面积，从而提高了全固态电池的能量和功率密度。溶剂作为反应介质也可能会影响合成的固态电解质的形态[35,37-38,65]，例如，通过THF溶剂制备的纳米多孔β-Li_3PS_4具有较高的离子电导率(25℃时为1.6×10^{-4}S/cm)[35]，通过ACN溶剂制备的β-Li_3PS_4纳米片则是制造薄膜的理想材料[37]。

③ 液相合成法为难以通过固相反应合成的新无机固态电解质提供了合成途径。例如，以ACN作为溶剂合成的$Li_7P_2S_8I$（25℃下离子电导率为6.3×10^{-4}S/cm）[59]，以MeOH作为溶剂合成的玻璃态0.4LiI-0.6Li_4SnS_4（30℃下离子电导率为4.1×10^{-4}S/cm）[60]，以及以DME作为介质合成的Li_4PS_4I（25℃下离子电导率为$6.4\times10^{-5}\sim1.2\times10^{-4}$S/cm）[58]。

④ 液相合成法为复合电极的制备带来了新的策略。无机固态电解质在活性物质颗粒上的原位合成和包覆为两者提供了界面接触的条件[44,50-52,55,68-69]。此外，在制备复合电极浆料时，直接加入无机固态电解质的前驱体结合液相合成法，使得在复合电极浆料中使用极性溶剂成为可能，同时也简化了制备工艺[70]。

⑤ 液相合成法可实现高效且低成本地制备硫化物无机固态电解质薄膜[37-38,71]。

6.2.1.3 硫化物固态电解质液相合成的缺点

除了上述优点，硫化物固态电解质液相合成还有一些问题需要思考和解决。尽管一些通过液相合成的硫化物无机固态电解质在25℃时已获得10^{-3}S/cm的离子电导率，例如从ACN[50,52-53,55]和矿物油[56]中得到的$Li_7P_3S_{11}$，以及从THF、EtOH溶剂[63-64]和EA[65]中得到的Li_6PS_5X（X=Cl,Br,I），但大多数用原方法制备的无机固态电解质在室温下表现出$10^{-5}\sim10^{-4}$S/cm的电导率，这可能是由残留物(如不完全反应物和残留溶剂)和副产物的存在所造成的。通常认为，杂质相会在晶粒的边界处沉淀，从而阻碍锂离子的传输[49]。另外，较高的结晶度通常对提高固态电解质的电导率至关重要[35]。需要针对液相合成硫化物固态电解质低电导率的原因进行深入研究，并提出相应的方法。

此外，由于硫化物与大多数溶剂有强烈的反应活性，因此溶剂的选择受到限制。

① 应选择非质子溶剂以避免硫化物与水分子之间的水解反应。

② 溶剂的极性应适合于调控反应物的湿化学反应，但又不能因极性过高而导致硫化物与溶剂之间发生反应。

③ 考虑到溶剂的去除，其沸点也需进行衡量。

④ 从实际角度来看，溶剂的毒性和成本可能会阻碍液相合成法在合成硫化物固态电解

质中的进一步应用。因此，在满足合成其他要求的同时，探索环境友好的溶剂和新的无机固态电解质合成路线具有实用价值和研究意义。

6.2.1.4 硫化物固态电解质液相合成的机理

不同种类的硫化物液相合成具有三个常见过程：混合过程、溶剂蒸发过程和热处理过程。各个过程的参数总结于表 6-1 中。对于 Li_3PS_4 固态电解质，其合成过程通过 XRD、TG-DTA 和拉曼光谱法证明如下[35]:

① 在 THF 的调控下，Li_2S 和 P_2S_5 发生反应，在室温下生成 Li_3PS_4-3THF。

② 在 80℃时去除 THF，随着 Li_3PS_4-3THF 的分解，形成无定形的 Li_3PS_4。

③ 在 140℃下进行热处理，Li_3PS_4 结晶并伴随 THF 的进一步去除。

对于 $Li_7P_3S_{11}$ 固态电解质，将超声处理后的悬浮液于 180℃下干燥处理，并在 220℃下热处理，将得到的固态粉末通过 XRD 和拉曼光谱进行表征[53]，结果表明在 220℃下的热处理促进了 PS_4^{3-} 单元结构重排为 $P_2S_7^{4-}$ 单元。

如表 6-1 所示，$Li_7P_3S_{11}$ 固态电解质液相合成的热处理温度（200 ～ 260℃）高于 Li_3PS_4 固态电解质（140 ～ 230℃）。对于基于 LiX（X=Cl, Br, I）的硫化物无机固态电解质的新相，Li_4PS_4I[58] 最终被证明可在适度升高的温度下合成，反应过程如下：

$$3Li_2S + P_2S_5 \xrightarrow[RT]{DME} 2Li_3PS_4\text{-DME}$$

$$Li_3PS_4\text{-DME} + LiI \xrightarrow[RT]{DME} Li_3PS_4\text{-DME-LiI} \xrightarrow[-DME]{200℃} Li_4PS_4I$$

硫化物无机固态电解质的液相合成机理正在进一步研究中。对于 Li_3PS_4 的合成，溶剂分子中的电负性基团被证明在 Li_2S 和 P_2S_5 之间的反应中起到了至关重要的作用[43]。对于 NMF，其与 P_2S_5 之间的反应被证明是初始步骤[39,66]，而在 EA、DMC 和 MPK 等溶剂中，初始步骤为 Li_2S 中的 Li 和溶剂中的 O 原子之间的相互作用[43]。因此，电负性基团的电子密度将影响硫化物前驱体与溶剂分子之间的相互作用，从而影响 Li_2S 与 P_2S_5 之间的反应。另外，硫化物电解质与其共晶相中的溶剂分子 (如 Li_3PS_4-3THF、Li_3PS_4-2ACN、Li_3PS_4-DME) 之间的键也会受到电负性基团电子密度的影响，从而影响了合成的干燥过程，同时也对所合成电解质的性能产生了影响。总之，液相合成中应权衡溶剂分子中电负性基团的电子密度，以兼顾适当的反应活性和温和的干燥过程。Wang 等[54] 报道了在 ACN 介质中 $Li_7P_3S_{11}$ 相的形成机理，证明其与 Li_3PS_4 的反应途径不同。通过追踪 ACN 蒸发后的沉淀物与溶液的混合物沉积的前驱体 (DP)、离心和倾析后的粉末沉淀物 (PP) 以及 ACN 蒸发后从上清液中分离出的干燥溶液相 (SP) 三者的相变，验证了沉积的电解质前驱体是粉末沉淀物中固态的 Li_3PS_4-ACN 和溶液相中无定形的 Li_2S-P_2S_5-ACN 的混合物，然后通过固态反应转化为晶态 $Li_7P_3S_{11}$。这种 $Li_7P_3S_{11}$ 的形成机理可能会对其他溶剂中液相合成硫化物固态电解质具有普适性，还需要进一步研究。

6.2.1.5 硫化物固态电解质液相合成的一般原则和准则

液相合成硫化物固态电解质有三个基本过程：a. 由不同有机溶剂调控的硫化物前驱体之间的湿法化学反应，称为混合过程；b. 随后的溶剂蒸发过程；c. 热处理过程。因此，硫化物的前驱体（反应物和添加剂）、溶剂、混合过程（方法、反应时间和温度）、溶剂蒸发过程（方法、时间、温度和气氛）、热处理过程（方法、时间、温度和气氛）等都是影响液相合成产物的可控参数，表 6-1 对此进行了具体的总结。

（1）混合过程

混合过程是为了确保前驱体之间完全反应，通常搅拌超过 24h。如表 6-1 所示，与不同溶剂的反应时间不同，这归因于硫化物前驱体与溶剂分子之间的键合。另外，通过用氧化锆球进行液相振动（6h）[44] 和在 60℃下进行超声辐射（0.5h）[53,55]，可以有效缩短反应时间。

（2）溶剂蒸发过程

溶剂蒸发过程是为了消除有机溶剂对所合成电解质离子电导率的影响，包括离心和洗涤或真空过滤，以及 25 ～ 180℃下的进一步溶剂蒸发，这受到溶剂沸点以及硫化物固态电解质与溶剂分子之间键合的影响 [43]。

（3）热处理过程

热处理过程是一个硫化物的结晶过程，在这个过程中，溶剂同时被进一步去除。热处理温度通常接近结晶温度，以 TG-DTA 分析为参考。

基于上述分析，在所有这些参数中，溶剂的选择是最关键的一个参数，它会通过溶剂与硫化物间的相互作用来影响制备好的硫化物的形貌。为了获得具有理想离子电导率的硫化物无机固态电解质，对溶剂的要求如下:

首先，应用于液相合成的溶剂应具有适当的极性，以调控湿化学反应的进行。溶剂分子的官能团与硫化物前驱体之间的相互作用应该是适度的，以在反应活性和溶剂去除的难易程度之间找到平衡。其次，硫化物中硫的质子化会使硫化物分解为 H_2S、HS^-、$H_xPS_4^{3-x}$，因此所需溶剂为非质子溶剂。再次，在液相合成中应用的大部分溶剂的沸点都小于 100℃，以降低溶剂蒸发过程中的能源成本。最后，在实际应用中还应考虑溶剂的毒性、成本和安全性。

6.2.2 硫化物固态电解质的溶液工艺

液相合成法是硫化物固态电解质的一种新合成方法，而溶液工艺是将预先合成的固态电解质在相应的溶剂中进行溶解和沉淀的过程。为了制备出与使用电解液的传统锂离子电池电化学性能相当的全固态电池，可在复合电极中的电解质和电极之间构建低阻抗的界面，这就需要两者之间具有较大的接触面积，以提供足够宽的离子路径，并要求两者紧密接触以降低界面阻抗和循环过程中的应力、应变。同时，复合电极中还需要高活性物质比例，以满足高功率和能量密度的要求。

因此，需要减小固态电解质的粒径并在活性物质颗粒的表面上包覆固态电解质。有研究者通过脉冲激光沉积（PLD）方法将 Li_2S-P_2S_5 和 Li_4GeS_4-Li_3PS_4 固态电解质包覆在 $LiCoO_2$ 颗粒上，形成了良好的界面 [72-74]，但对于空气敏感或水分敏感的硫化物固态电解质来说，PLD 可能不是一种经济有效的方法。近年来，出现了一种新的生产硫化物固态电解质溶液的方法，该方法可应用于复合电极材料的包覆和浸润技术，以改善电极与电解质之间的界面。

6.2.2.1 硫化物固态电解质的溶液加工过程

2013 年，Wang 等 [75] 首次将 $Li_{3.25}Ge_{0.25}P_{0.75}S_4$ 溶解和沉积在无水肼中，利用固相反应预合成的 $Li_{3.25}Ge_{0.25}P_{0.75}S_4$ 在室温下可完全溶解于无水肼中，在 120℃的干燥氮气气流下蒸发溶剂，以及 240℃的干燥氮气气氛中热处理 2h 后，最终得到无定形的 $Li_{3.25}Ge_{0.25}P_{0.75}S_4$ 粉末。其离子电导率在 30℃下为 1.13×10^{-4}S/cm，这可能是由经过溶液加工的 $Li_{3.25}Ge_{0.25}P_{0.75}S_4$ 的化学计量比偏差和较差的结晶性所导致的，如图 6-4（a）所示。

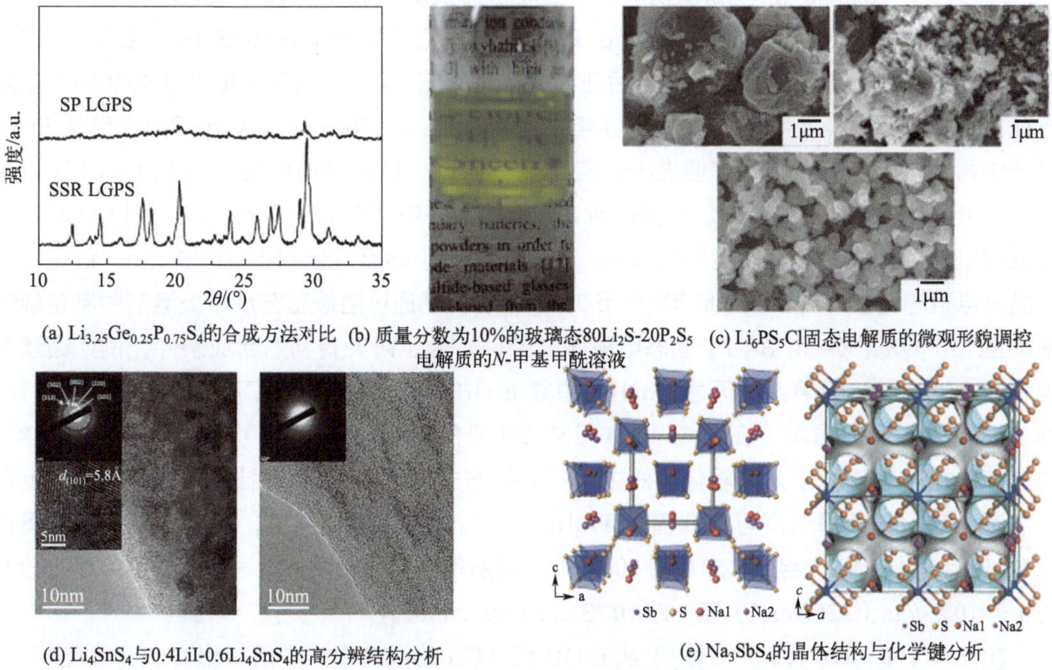

(a) $Li_{3.25}Ge_{0.25}P_{0.75}S_4$的合成方法对比 (b) 质量分数为10%的玻璃态$80Li_2S$-$20P_2S_5$电解质的N-甲基甲酰溶液 (c) Li_6PS_5Cl固态电解质的微观形貌调控

(d) Li_4SnS_4与0.4LiI-0.6Li_4SnS_4的高分辨结构分析 (e) Na_3SbS_4的晶体结构与化学键分析

图 6-4 不同合成工艺下硫化物固态电解质材料性质 [75]

[（a）中为固相反应合成（SP）与溶液处理合成（SSR）的粉末的 XRD 图谱对比；（c）中，左上为机械研磨法合成的 SEM 图像，右上为无分散剂溶液合成的 SEM 图像，下边为含 0.1%（质量分数）分散剂溶液合成的 SEM 图像；（d）中，左边为 200℃制备的 Li_4SnS_4 的 HRTEM 及 SAED 图，右边为 0.4LiI-0.6Li_4SnS_4 的 HRTEM 及 SAED 图；（e）中，左边为晶胞轮廓图，右边为三维价键图等值面；HRTEM 为高分辨率透射电镜；SAED 为选择区域电子衍射；XRD 为 X 射线衍射；SEM 为扫描电镜]

2013 年，Teragawa 等 [76-77] 从 $80Li_2S$-$20P_2S_5$（摩尔分数）无机固态电解质的 NMF 溶液中沉淀出 Li_2S-P_2S_5 固态电解质。将 $80Li_2S$-$20P_2S_5$（摩尔分数）无机固态电解质的均匀 NMF 溶液 [图 6-4（b）] 在 150℃下真空干燥 3h 除去溶剂后，通过机械研磨得到的原固态电解质转化为具有 Li_3PS_4 和 Li_2S 结晶相的 Li_2S-P_2S_5 固态电解质。虽然得到的电解质的总离子电导率为 2.6×10^{-6}S/cm（比原 $80Li_2S$-$20P_2S_5$ 固态电解质低了近 2 个数量级），但通过溶液加工得到的溶液可以改善电极和电解质的界面接触。2014 年，Teragawa 等 [39] 合成了 Li_3PS_4 固态电解质并将其溶解在 NMF 溶剂中。将 NMF 溶剂滴加到 Li_2S 和 P_2S_5 的正己烷悬浮液中后，进行充分反应并完全溶解。在 180℃真空下进一步加热，生成 Li_3PS_4 固态电解质，其室温离子电导率为 2.3×10^{-6}S/cm。

Lim 等 [45] 在 2018 年报道了一种新方法来合成主要包含 Li_3PS_4 的无机固态电解质，并且可以直接溶解在同一种 DEGDME 溶剂中。P_2S_5 粉末与预先合成的可溶性多硫化物 (Li_2S 和 S 粉末) 在 DEGDME 中共经过 4d 的搅拌完全反应后，得到固态电解质的溶液。经鉴定，从 DEGDME 中沉淀出的固态电解质的主相为 β-Li_3PS_4 相，其室温离子电导率为 2.76×10^{-5}S/cm。

Li_6PS_5X(X=Cl, Br, I) 代表了一系列的硫银锗矿，由 Deiseroth 等 [78] 于 2008 年通过固相反应合成，通过初步的阻抗测量和 ^7Li 脉冲梯度场核磁共振波谱（PFG NMR）测量，在室温下具有理想的锂离子电导率，范围为 10^{-3} ～ 10^{-2}S/cm。Li_6PS_5X 电解质也可通过球磨工艺合成 [78-80]，具有高离子电导率和电化学稳定性。因此，它是一种很有前途的无机固态电解质候选材料，值得进一步研究。

2015 年，Yubuchi 等 [81] 首次从 EtOH 溶液中再沉淀出 Li_6PS_5Cl 固态电解质。将通过机械研磨合成的 Li_6PS_5Cl 固态电解质（在 25℃下离子电导率为 1.4×10^{-3}S/cm）溶解在 EtOH 溶剂中，然后在室温下搅拌 24h，随后在 80℃真空下干燥 3h。所制备的 Li_6PS_5Cl 固态电解质在室温下表现出 1.4×10^{-5}S/cm 的离子电导率。2017 年，Rosero-Navarro 等 [82] 也从 EtOH 溶液中再沉淀出 Li_6PS_5Cl，以便进一步应用。其通过机械研磨得到的初始 Li_6PS_5Cl 粉末存在 Li_2S 相，与先前报道的文献 [81] 相比具有较低的离子电导率 (5×10^{-5}S/cm)。经过 80℃的溶解沉淀过程后，样品的结晶度得到改善，离子电导率小幅度降低 (1.8×10^{-5}S/cm)，这可归因于晶界电阻的增加 [81]。Yubuchi 等 [83] 于 2018 年研究了通过溶液工艺从醇类溶剂中制备硫银锗矿型 Li_6PS_5X（X=Cl, Br, I）固态电解质的条件。为了研究有利的合成条件，例如卤素种类（Cl、Br、I）、醇溶剂（无水 EtOH、脱氧 EtOH 和 2- 丙醇或叔丁醇）、溶解时间（1h、3h 或 24h）和干燥温度（在 80℃、150℃或 200℃的真空下干燥 3h），预先用机械化学合成的硫银锗矿型电解质从前驱体溶液中以不同的方式再沉淀出来。经过系统研究，以 EtOH 为溶剂、较短的溶解时间可以改善 Li_6PS_5Br 电解质的结晶度和纯度，在以上条件下制备的 Li_6PS_5Br 电解质溶液，经过 150℃和 200℃下干燥所得到的电解质的电导率（和活化能）分别为 1.9×10^{-4}S/cm（32kJ/mol）和 2.5×10^{-4}S/cm（30kJ/mol）。

2018 年，Rosero-Navarro 等 [84] 从 EtOH 和 ACN 的混合溶剂中沉淀出 Li_6PS_5Cl 电解质，其性能在分散剂 Triton X-100 的参与下进一步得到了改善。所沉淀的硫化物固态电解质的颗粒大小和形状可以通过溶液工艺和分散剂进行修饰，如图 6-4（c）所示，通过机械研磨得到的较大颗粒 (1 ～ 20μm) 经溶解一再沉淀过程后修饰为 5μm，并从含分散剂的溶液中修饰为 500nm。此外，该研究者还进一步应用 EtOH 和 EA(摩尔比为 4∶6) 的混合物作为溶剂 [85] 进行进一步研究。通过溶解一再沉淀过程得到的 Li_6PS_5Cl 粉末在室温下的离子电导率为 6×10^{-5}S/cm，结晶度较高。

除上述报道外，还可将 Li_6PS_5X（X=Cl, Br, I）的前驱体在溶剂中通过湿化学反应混合，然后溶解，而不是直接溶解预先通过机械化学方法合成的硫化物。Chida 等 [62] 将 Li_2S、P_2S_5 和 LiBr 在 EP 中超声处理制备 Li_6PS_5Br 固态电解质，然后加入 EtOH 形成透明的前驱体溶液。所制备的 Li_6PS_5Br 固态电解质表现出较低的室温离子电导率 3.4×10^{-5}S/cm。2019 年，Yubuchi 等 [63] 采用多步液相合成法制备了 Li_6PS_5Br 溶液，通过将 Li_2S 和 P_2S_5(摩尔比为 3∶1）的 THF 悬浮液和 Li_2S 和 LiBr（摩尔比为 1∶1）的 EtOH 溶液混合，得到 Li_6PS_5Br 的 THF 和 EtOH 溶液。经过后续的干燥和热处理得到的 Li_6PS_5Br 在 25℃时的离子电导率最高，达到 3.1mS/cm，粒径为 1μm。Zhou 等 [64] 也于 2018 年以相似的方法，使用 THF 和 EtOH 混合物作为反应介质合成了硫银锗矿型 Li_6PS_5X（X =Cl, Br, I）固态电解质。

然而，Li_6PS_5X（X=Cl, Br, I）在 EtOH 中的溶解仍需进一步了解，因为 PS_x 会在质子溶剂（如水和 EtOH）中通过水解或醇解反应而被分解[8,57,63]。当将 Li_6PS_5X（X=Cl, Br, I）的前驱体在溶剂中混合，并通过后续的湿化学反应和溶解过程（而不是直接溶解已合成的硫化物）进行制备时，$75Li_2S$-$25P_2S_5$ 体系中过量的 Li_2S 对溶液中硫化物电解质的动力学稳定性起重要作用，否则 PS_4^{3-} 就会被分解[57,63]。有研究者将其解释为溶解在 EtOH 中的 Li_2S 可能会降低 EtOH 的质子活性，而不会发生副反应[86]。而在将预合成的 Li_6PS_5X 溶解在 EtOH 中的情况下，EtOH 和 Li_6PS_5X 会发生反应，部分反应可通过 X 射线光电子能谱（XPS）表征说明，从而导致电导率的降低[83]。

无磷固态电解质是硫化物固态电解质溶液工艺的另一个重要突破。Sahu 等[87]合成了不含磷的 Sn 基固态电解质，根据软硬酸碱理论，其具有干燥气氛下的稳定性。2016 年，通过溶液工艺合成了玻璃相 $0.4LiI$-$0.6Li_4SnS_4$（30℃时的离子电导率为 4.1×10^{-4}S/cm）[60]，将事先通过固相反应合成的 Li_4SnS_4 和 LiI 一起溶解到无水 MeOH 中，随后在 200℃下进行热处理得到沉淀。图 6-4（d）分别展示了 200℃下制备的 Li_4SnS_4 和 $0.4LiI$-$0.6Li_4SnS_4$ 的高分辨率透射电镜图像及其相应的选区电子衍射图谱，图中显示了 $0.4LiI$-$0.6Li_4SnS_4$ 的完全非晶态结构，与由纳米级微晶组成的 Li_4SnS_4 形成鲜明对比。因此，LiI 的加入起到了促进玻璃态形成的作用，从而提供了比晶态 Li_4SnS_4 更柔软的力学性质和更高的离子电导率，这是用常规合成方法无法获得的。而在 2017 年，通过硫化物的水溶液制备了一种高离子电导率、高干燥气氛稳定性和可用于包覆的固态电解质 Li_4SnS_4，320℃下热处理后，离子电导率为 1.4×10^{-4}S/cm[88]。

此外，Banerjee 等[89]通过溶液工艺将一系列不含磷的钠离子电解质制备为溶液并进一步应用，这些电解质被认为是干燥空气稳定的。2016 年，通过固相合成法合成了 Na_3SbS_4 固态电解质[89]，在 25℃时具有 1.1mS/cm 的高离子电导率，这可以归因于具有 3D 钠离子通道的开放结构［图 6-4（e）］。更重要的是，这是对钠离子固态电解质的首次溶液化加工，在从 MeOH 或水溶液中沉淀后，表现出 0.1 ～ 0.3mS/cm 的高离子电导率和 0.3 ～ 0.38eV 的活化能。通过固相反应合成的 $Na_{4-x}Sn_{1-x}Sb_xS_4$（$0.02 \leqslant x \leqslant 0.33$）[90]表现出极好的空气稳定性和水溶液的可加工性，该物质可以完全溶解在去离子水中而不会释放出有毒的 H_2S 气体。在 450℃下进行热处理而重结晶后，固态电解质的离子电导率略有下降。2018 年，该课题组报道了使用 Na_2S、Sb_2S_3 和硫元素前驱体从均质水溶液中扩展并合成 Na_3SbS_4[91]，在不释放有毒的 H_2S 气体情况下，水溶液中合成的 Na_3SbS_4 表现出较高的离子电导率，在 25℃时为 0.1 ～ 0.2mS/cm。

6.2.2.2 结论

一般来说，溶液工艺是将通过固相反应[60,75,88-90]、机械化学法[76-77,81-85]和液相合成[39,45,62-64,91]的硫化物固态电解质在匹配的溶剂中溶解和沉淀的过程。

通过溶液工艺制备的硫化物电解质溶液可以润湿颗粒表面，并渗透进复合电极的多孔结构中，从而在活性物质颗粒和固态电解质颗粒之间形成具有较大接触面积的有利的固 - 固界面。因此，用固态电解质溶液包覆电极活性物质颗粒或渗透多孔复合电极可能是构建复合电极的可行方法。然而，由于溶剂和硫化物之间的部分反应，经溶液加工后的硫化物电解质离子电导率降低（$10^{-6}\sim10^{-4}$S/cm），这是硫化物固态电解质溶液工艺中最显著的缺点[83]。研究硫化物溶液工艺中的溶剂种类、溶解时间、干燥温度等制备条件的优化是提高所沉淀出硫化物固态电解质纯度和结晶度的关键。例如，随溶解时间的缩短，最终所得到硫化物的杂质变少，而随着干燥温度的提高，硫化物的结晶度有所提高。另外，虽然随着温度的升高，硫化物电解质的离子电导率可以得到改善，但在高温下，可能会出现活性材料与固态电解质之间由于副反应而产生高阻抗界面层，以及复合电极中的黏结剂等成分的热不稳定性等问题。这是溶液工艺在复合电极构造的实际应用中需要考虑的问题。

对于此方法的实际应用，必须同时满足以下要求[60,86]。

① 需要形成均匀的溶液，以便进行包覆和渗透过程。

② 应保证足够高的离子电导率（$>10^{-4}$S/cm），这意味着所沉淀的电解质具有更高的结晶度和更少的杂质[83]。

③ 这个过程中的溶剂应该是无毒、成本低、沸点低的。

因此，目前仅报道了少数溶剂和硫化物固态电解质的组合，如$Li_{3.25}Ge_{0.25}P_{0.75}S_4$-无水肼[75]、$Li_3PS_4$-NMF[39,76-77]、$Li_6PS_5X$ (X=Cl,Br,I)-EtOH（某些情况下和 EP/ACN/EA/THF 结合使用）[62-64,81-85] 和无磷硫化物 - 水 /MeOH[60,88]。更多合适的溶剂和硫化物固态电解质的组合仍值得广泛研究。

6.2.3 硫化物固态电解质的浆料工艺

液相合成是用于硫化物无机固态电解质合成的一种新方法，而溶液法和浆料法是对预先合成的硫化物无机固态电解质的后处理，可用于制造复合电极和电解质层。与用溶液法制备的硫化物电解质的均相溶液不同，硫化物电解质的浆料工艺是将硫化物（含高分子黏结剂）分散在非极性或低极性溶剂中，随着浆料工艺的广泛研究，溶剂的选择逐渐增多。传统的冷 / 热压方法操作简单，但通常会得到厚度为数百微米至数千微米的粉饼[5,29,32]，通常用于实验室规模评估的粉饼型电池没有能量密度要求。制备具有高离子电导率和低厚度 (约几十微米) 的薄型固态电解质膜是满足全固态电池实用化的迫切需求，其中硫化物电解质的浆料工艺是制备电解质薄层的关键过程，因此值得系统研究。

6.2.3.1 硫化物固态电解质浆料的加工过程

2003 年，Inada 等[92] 比较了苯乙烯 - 丁二烯共聚物 (SBR) 和硅橡胶 (silicone) 作为高分子黏结剂在湿法制备复合电解质中的效果。Thio-LISICON/SBR[5%(体积分数)] 复合电解质在 25℃时的离子电导率为 3.5×10^{-5}S/cm，而 Thio-LISICON/ 硅橡胶 [5%(体积分数)] 复合电解质在 25℃时的离子电导率高达 5×10^{-4}S/cm。其离子电导率之间的巨大差距应归因于复合电解质中 SBR 和硅橡胶质地的不同，这也影响了复合电解质的力学性能。如图 6-5（a）所示，SBR 团聚成块彼此隔离，而硅橡胶均匀分散从而形成网络，阻碍了 Li^+ 在电解质颗粒之间的离子传导。该课题组进一步研究了硫化物电解质、聚合物黏结剂和溶剂的组合[93]。首先比较了玻璃态氧硫化物在各种溶剂 (甲苯、正庚烷、丙酮、ACN 和 EtOH) 中浸泡后的室温离子电导率，以筛选出与电解质接触时表现为化学惰性的溶剂，结论是玻璃态电解质与甲苯或正庚烷等烃类共存时相当稳定。接下来评估了 SBR、聚环氧丙烷 - 聚环氧乙烷共聚物和硅橡胶作为黏结剂所制备的硫化物复合电解质材料的离子电导率，其中用硅橡胶所制备的硫化物复合电解质表现出最高的离子电导率（室温下为 10^{-4}S/cm）。他们在 2009 年采用 $Li_{3.25}Ge_{0.25}P_{0.75}S_4$ 与 5%（体积分数）的硅橡胶黏结剂在庚烷中的浆料来制造固态电解质层[94]。

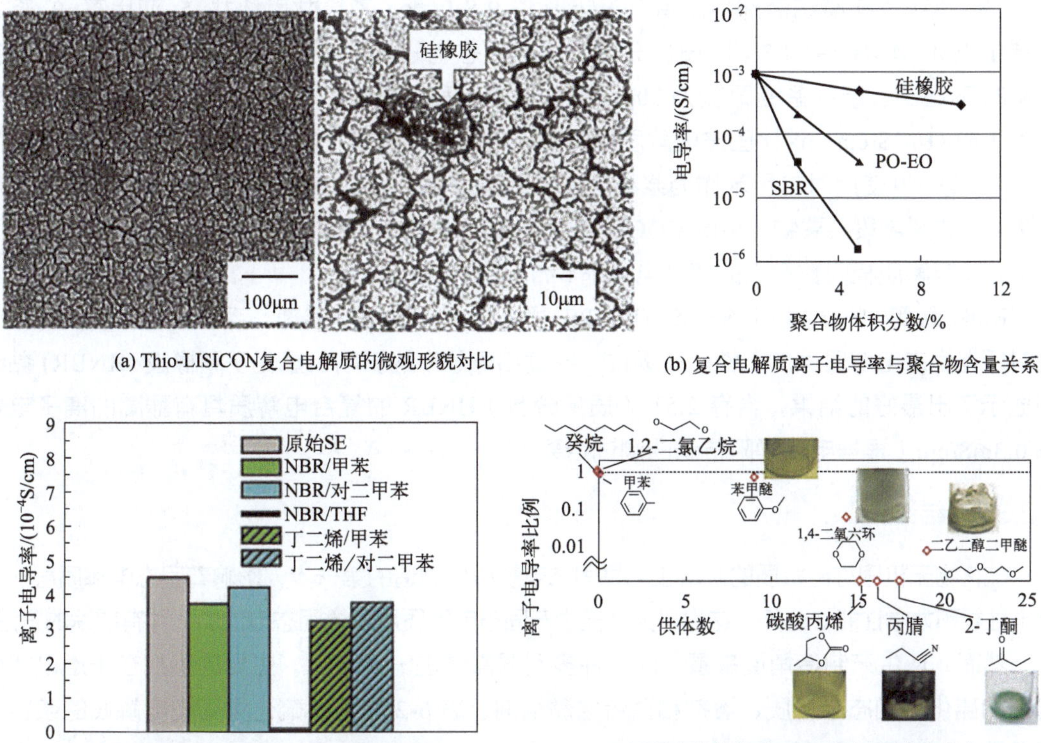

(a) Thio-LISICON复合电解质的微观形貌对比

(b) 复合电解质离子电导率与聚合物含量关系

(c) 黏结剂-溶剂组合对锂离子电导率的影响

(d) 溶剂供体数对Li_3PS_4离子电导率的影响

图 6-5　硫化物复合电解质的微观结构、离子传输性能及溶剂效应关联性研究

［（a）中，左边为 Thio-LISICON/SBR 复合电解质的 SEM 图像，右边为 Thio-LISICON/ 硅橡胶复合电解质的 SEM 图像；（b）显示的是 Thio-LISICON 与不同黏结剂的复合体系离子电导率随聚合物体积分数的变化曲线；（c）显示的是不同黏结剂和溶剂组合制备的复合硫化物电解质的锂离子电导率对比；（d）显示的是与溶剂接触的 Li_3PS_4 的离子电导率（σ_{SE}'）除以原始 Li_3PS_4 的离子电导率（σ_{SE}），即 σ_{SE}'/σ_{SE}，与溶剂供体数的函数关系；NBR 为丙烯腈丁二烯橡胶；PO-EO 为聚丙烯氧化物 - 聚乙烯氧化物共聚物］

将 $80Li_2S\text{-}20P_2S_5$（摩尔分数）与 2%（质量分数）烃类黏结剂置于二甲苯溶剂中制备浆料，用于制造固态电解质层[95]。Nam 等[96]在无聚合物黏结剂参与下，将硫化物电解质分散于溶剂中制备浆料，采用无水甲苯制备玻璃陶瓷 Li_3PS_4 的浆料，与溶剂无水甲苯接触后，离子电导率由 1.0×10^{-3}S/cm 降低为 7.3×10^{-4}S/cm；用相同方法制备四方晶系 $Li_{10}GeP_2S_{12}$ 浆料，其与溶剂无水甲苯接触后离子电导率由 6.0×10^{-3}S/cm 降低为 4.0×10^{-3}S/cm。

Lee 等[97]于 2017 年通过大范围筛选黏结剂和溶剂，选择了丙烯腈丁腈橡胶（NBR）和对二甲苯分别作为与玻璃陶瓷态硫化物固态电解质匹配的黏结剂和溶剂［图 6-5（c）］。Sakuda 等[98]在苯甲醚溶剂中以 97∶3 的质量比，利用 $75Li_2S\text{-}25P_2S_5$（摩尔分数）玻璃态固态电解质和苯乙烯 - 丁二烯 - 苯乙烯共聚物（SBS）制备浆料。所制备的自支撑固态电解质片在 330MPa 和 410MPa 压强下的离子电导率分别为 1×10^{-4}S/cm 和 2×10^{-4}S/cm。

Yamamoto 等[99]探索了溶剂和脂肪族聚碳酸酯黏结剂与 Li_3PS_4 的组合。溶剂应与硫化物电解质化学稳定，应能溶解黏结剂并具有合适的蒸气压。通过与溶剂接触后 Li_3PS_4 的离子电导率和颜色变化来评估硫化物电解质与各种溶剂之间的化学稳定性 [图 6-5（d）]，这说明了供体数不超过 9 的溶剂的优越性高，例如苯甲醚、甲苯、1,2- 二氯乙烷和癸烷。考虑到脂肪族聚碳酸酯在溶剂中的溶解度和溶剂的蒸气压，选择了聚碳酸丙烯酯（PPC）/ 苯甲醚的组合来结合 Li_3PS_4（Li_3PS_4∶PPC=100∶3）。

Choi 等[100]在庚烷溶剂中制备了无定形 $Li_7P_2S_8I$∶聚 (乙烯共丙烯共 -5- 亚甲基 -2- 降冰片烯) (PEP-MNB)=97∶3 (以质量分数计) 的固态电解质浆料，在 160℃下退火，然后在 30MPa 下压制。所制备的厚度为 70μm 的 $Li_7P_2S_8I$ 固态电解质层在 25℃时的总锂离子电导率为 3.63×10^{-5}S/cm，这比固态电解质片的离子电导率（5.77×10^{-4}S/cm）低了一个数量级。

Lee 等[101]使用对二甲苯作为浆料溶剂，制备了由 Li_6PS_5Cl 和具有羧酸基团的功能化苯乙烯 - 丁二烯嵌段共聚物（SBS-COOH）（质量比为 98∶2）组成的复合电解质，表现出与原 Li_6PS_5Cl 电解质相同数量级的离子电导率 (约 10^{-3}S/cm)。

Riphaus 等[102]选择 $Li_{10}SnP_2S_{12}$(LSnPS) 固态电解质和甲苯溶剂，系统地研究了多种黏结剂对所得固态电解质层加工性、柔韧性、密度和电导率的影响。氢化丁腈橡胶 (HNBR) 黏结剂显示了出最好的结果，含有 2.5%（质量分数）HNBR 的复合电解质具有最高的离子电导率 0.3mS/cm（根据电化学阻抗谱的测试结果）。

6.2.3.2 结论

硫化物无机固态电解质的浆料工艺是固态电解质层制造的第一步，影响着固态电解质层的电化学性能和力学性能。此外，这也是大规模生产固态电解质层和全固态电池的一种有前途的方法。

然而，从生产制造角度来看，还有许多问题需要进一步研究。主要的挑战在于难以找到匹配的硫化物固态电解质、溶剂和聚合物黏结剂。表 6-2 总结了硫化物固态电解质的浆料工艺参数。

（1）对于溶剂

溶剂的极性和蒸气压是考虑其与硫化物固态电解质兼容性的最关键参数。具体来说，溶剂的极性决定了其与硫化物固态电解质之间的化学稳定性，这可以通过电解质与溶剂接触后的离子电导率变化和颜色变化来检测。由于硫化物固态电解质的高反应活性，通常选择非极性或低极性溶剂，例如甲苯、正庚烷、二甲苯和苯甲醚。蒸气压会影响硫化物固态电解质的成膜性，例如，高蒸气压会导致蒸发过快而形成表面粗糙的不规则电解质膜[97,99]。因此，目前在硫化物电解质的浆料工艺中常用的溶剂沸点集中于 98.5 ～ 155℃。

（2）对于黏结剂

需要满足以下要求：a. 对固态电解质呈惰性；b. 可溶于选定的溶剂；c. 可与固态电解质和集流体黏合；d. 尽可能不影响固态电解质的离子电导率[97]。为了实现硫化物电解质、溶剂和黏结剂之间的匹配，需要同时使用非极性或低极性的溶剂 - 黏结剂组合，因为硫化物电解质在极性溶剂中容易发生反应甚至溶解。因此，应该探索这三种成分的更多组合，例如改性

表6-2　硫化物固态电解质的浆料工艺参数

硫化物	硫化物质量（体积）分数/%	黏结剂	黏结剂质量（体积）分数/%	溶剂	沸点/°C	电导率（25°C）/（S/cm）	参考文献
$0.01Li_3PO_4$-$0.63Li_2S$-$0.36SiS_2$	96	SBR	4	甲苯	110.6	7×10^{-5}	[92]
$Li_{3.25}Ge_{0.25}P_{0.75}S_4$ (Thio-LISICON)	95	SBR	5	甲苯	110.6	3.5×10^{-5}	[92]
$Li_{3.25}Ge_{0.25}P_{0.75}S_4$ (Thio-LISICON)	95	硅橡胶	5	正庚烷	98.5	5×10^{-4}	[92]
$0.01Li_3PO_4$-$0.63Li_2S$-$0.36SiS_2$ 或$Li_{3.25}Ge_{0.25}P_{0.75}S_4$	—	硅橡胶	—	正庚烷	98.5	10^{-4}	[93]
$Li_{3.25}Ge_{0.25}P_{0.75}S_4$ (Thio-LISICON)	95	硅橡胶	5	正庚烷	98.5	—	[94]
$80Li_2S$-$20P_2S_5$ (摩尔分数)	98	烃类黏结剂	2	二甲苯	137～140	—	[95]
玻璃陶瓷Li_3PS_4	—	—	—	甲苯	110.6	7.3×10^{-4}	[96]
四方晶系$Li_{10}GeP_2S_{12}$	—	—	—	甲苯	110.6	4.0×10^{-3}	[96]
$75Li_2S$-$25P_2S_5$	97	NBR	3	—	—	—	[97]
$75Li_2S$-$25P_2S_5$	97	SBS	3	苯甲醚	155	330MPa: 1×10^{-4} 410MPa: 2×10^{-4}	[98]
Li_6PS_5Cl	98.5	NBR	1.5	二甲苯	137～140	—	[103]
玻璃态Li_3PS_4	97	PPC	3	苯甲醚	155	—	[99]
$Li_7P_2S_8I$	97	PEP-MNB	3	庚烷	98.5	3.63×10^{-5}	[100]
Li_6PS_5Cl	98	SBS-COOH	2	对二甲苯	138.5	约10^{-3}	[101]
$Li_{10}SnP_2S_{12}$	97.5	HNBR	2.5	甲苯	110.6	3×10^{-4}（EIS测试结果）； 3×10^{-3}（NMR测试结果）	[102]

注：表中前五个硫化物和黏结剂列出的是体积分数，后十个列出的是质量分数。

黏结剂[101]。除了选择与硫化物电解质兼容的溶剂和黏结剂外，还应考虑黏结剂的含量对固态电解质浆料的离子电导率和黏度的影响[102]。

6.3 液相参与的基于硫化物复合电极和固态电解质层的合成和加工

全固态电池大致可分为两类，包括采用传统多孔负极的锂离子全固态电池［图 6-6（a）］和采用锂金属负极的锂金属全固态电池［图 6-6（b）］。如图 6-6（a）所示，在散装型锂离子全固态电池中，正负复合电极由薄固态电解质层隔开。在本节中，将分别讨论和总结通过液相合成、溶液法和浆料法在溶剂参与下制造复合电极和固态电解质层的情况（表 6-3 ～表 6-9）[103-126]。

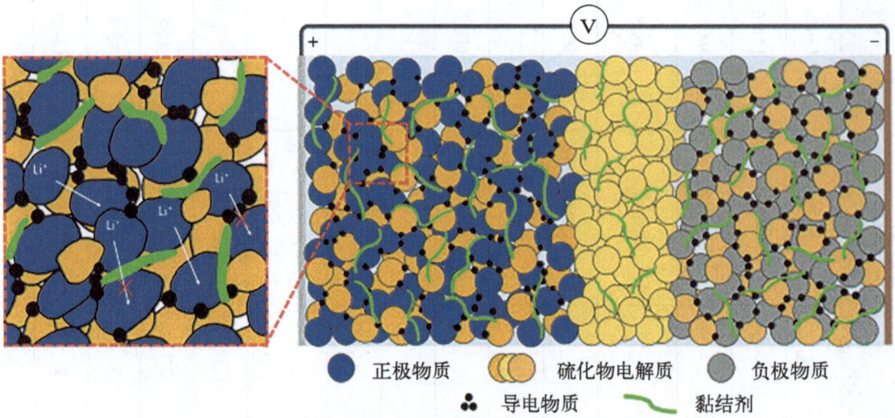

(a) 锂离子全固态电池的电池结构示意图(放大部分为电极的构造)

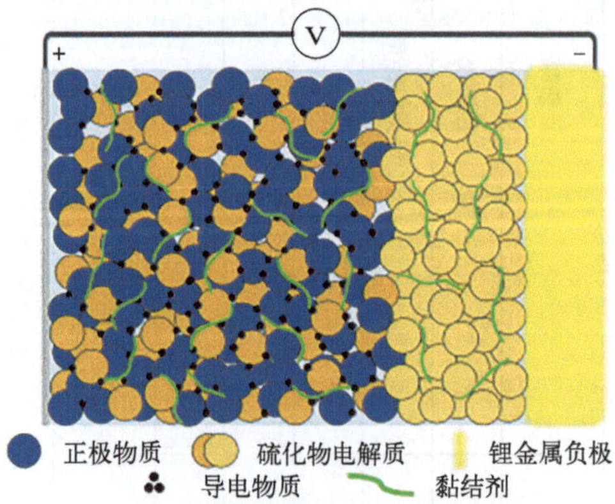

(b) 锂金属全固态电池的电池结构示意图

图 6-6 全固态电池

6.3.1 复合电极

6.3.1.1 复合电极的基本要求和挑战

一般来说，复合电极是活性材料颗粒、离子导电固态电解质颗粒、电子导电碳添加剂和

表6-3　通过液相合成对活性材料进行固态电解质包覆的参数及其性能

通过原位液相合成法制备的活性材料/电解质复合材料						活性材料质量分数/%	电解质	电解质质量分数/%	碳添加剂	碳添加剂质量分数/%	电极类型	测试条件	性能	参考文献
活性材料/电解质复合材料	溶剂	沸点/℃	混合过程	溶剂蒸发	热处理									
90NMC111（1%$LiNbO_3$包覆层）-10固态电解质（玻璃陶瓷$75Li_2S$-$25P_2S_5$）	EP	99.1	—	室温	170℃，2h	100	—	0	—	0	粉饼型（干混），330MPa	3.85～1.50V (相对于Li-In)，0.1 *C*	130mA·h/g，首周	[44]
90NMC111（1%$LiNbO_3$包覆层）-10固态电解质（β-Li_3PS_4）	EtOH、EP	EtOH:78 EP: 99.1	搅拌（500r/min），50℃，6h	室温	170℃，减压，2h	100	—	0	—	0	粉饼型（干混），330MPa	0.1*C*	95mA·h/g，第9周	[69]
Co_9S_8@$Li_7P_3S_{11}$纳米复合材料	ACN	81.6	50℃，24h	真空蒸馏；80℃，12h	260℃，1h	40	$Li_7P_3S_{11}$(液相合成)	50	Super P	10	粉饼型（干混），240MPa	0.5～3.0V(相对于Li/Li^+)，0.38mA/cm^2	633mA·h/g，首周	[50]
Fe_3S_4@$Li_7P_3S_{11}$纳米复合材料	ACN	81.6	50℃，24h	—	260℃，1h	45	$Li_7P_3S_{11}$(液相合成)	50	Super P	5	粉饼型（干混），240MPa	0.5～3.0V(相对于Li/Li^+)，0.1A/g	842.6mA·h/g，首周	[51]
MoS_2@$Li_7P_3S_{11}$复合材料	ACN	81.6	室温，24h	80℃，24h	250℃，2h	60	$Li_7P_3S_{11}$(液相合成)	30	AB	10	粉饼型（干混），380MPa	0.1～3.0V(相对于Li/Li^+)，0.1*C*(0.102mA/cm)	868.4mA·h/g，首周	[52]
$Li_4Ti_5O_{12}$@$70Li_2S$-$30P_2S_5$	矿物油	—	24h	60℃，24h	260℃，真空，1h	50	$70Li_2S$-$30P_2S_5$	40	VGCF	10	极片（矿物油中的湿法混合），300MPa，持续45min	2.5～1.0V(相对于Li/Li^+)，0.05*C*，80℃	198mA·h/g，首周	[55]
$Fe_{1-x}S$@$Na_{2.9}PS_{3.95}Se_{0.05}$纳米复合材料	ACN	81.6	50℃，24h	真空蒸馏	270℃	40	$Na_{2.9}PS_{3.95}Se_{0.05}$	50	AB	10	粉饼型（干混），240MPa	0.5～3.0V（相对于Li/Li^+），20mA/g	695.5mA·h/g，首周	[68]

表6-4　在复合电极浆料制备中引入液相合成的参数及其性能

活性材料	活性材料质量分数/%	电解质	电解质质量分数/%	碳添加剂	碳添加剂质量分数/%	黏结剂	黏结剂质量分数/%	溶剂	沸点/℃	混合过程	溶剂蒸发/热处理	电极类型	测试条件	性能	参考文献
NCM622	70	Li_3PS_4前驱体(Li_2S和P_2S_5)	27.5	Super C65	1	NBR	1.5	THF	66	—	140℃，真空	极片，370MPa	3.0～4.3V，0.1 *C*	140mA·h/g，首周	[70]
石墨	50	Li_3PS_4前驱体(Li_2S和P_2S_5)	47.5	—	0	NBR	2.5	THF	66	—	140℃，真空	极片，370MPa	0～1.9V，0.2 *C*	320mA·h/g，首周	[70]

表6-5　通过溶液工艺对活性材料进行固态电解质包覆的参数及其性能

通过溶液工艺制备的活性材料/电解质复合材料						活性材料质量分数/%	电解质	电解质质量分数/%	碳添加剂	碳添加剂质量分数/%	电极类型	测试条件	性能	参考文献
活性材料/电解质复合材料	溶剂	沸点/℃	混合过程	溶剂蒸发	热处理									
92.5LCO-7.5固态电解质 ($Li_2S-P_2S_5$)	NMF	199	—	150℃，真空，3h	—	70（仅LCO）	$80Li_2S\cdot 20P_2S_5$	30	—	0	粉饼型(干混)，360MPa	2.0～3.6V (相对于Li-In)，$0.13mA\cdot cm^2$	107mAh·g，可逆	[77]
92.5LCO-7.5Li_3PS_4	NMF	199	—	180℃，真空，3h	—	100	—	0	—	0	粉饼型(干混)，360MPa	2.0～3.6V (相对于Li-In)，$0.13mA/cm^2$	32mA·h/g，首周	[39]
92.5LCO-7.5Li_6PS_5Cl	EtOH	78	—	80℃，真空，3h	—	100	—	0	—	0	粉饼型(干混)，360MPa	2.0～3.6V (相对于Li-In)，$0.13mA/cm^2$	45mA·h/g，首周	[81]
92.5LCO-7.5Li_6PS_5Br	EtOH	78	—	150℃，真空，3h	—	100	—	0	—	0	粉饼型(干混)，360MPa	2.0～3.6V (相对于Li-In)，$0.13mA/cm^2$	70mA·h/g，首周	[83]
90NCM111-10Li_6PS_5Br	EtOH	78	—	150℃，真空，3h	—	100	—	0	—	0	粉饼型(干混)，360MPa	1.9～3.8V (相对于Li-In)，$0.13mA/cm^2$	119mA·h/g，第4周放电	[63]
85LCO-15玻璃态（0.4LiI-0.6Li_4SnS_4）	MeOH	64.7	—	200℃	200℃	100	—	0	—	0	粉饼型(干混)，370MPa	3.0～4.3V (相对于Li/Li^+)，0.1C，$0.11mA/cm^2$，30℃	135mA·h/g，首周	[60]
85LCO-15Li_4SnS_4	去离子水	100	—	320℃	320℃	100	—	0	—	0	粉饼型(干混)，370MPa	3.0～4.3V (相对于Li/Li^+)，30℃	97mA·h/g，首周	[88]
87LCO-13Na_3SbS_4	MeOH	64.7	—	200℃	200℃	100	—	0	—	0	粉饼型(干混)，370MPa	1.2～4.0V (相对于Na/Na^+) $50mA/cm^2$，30℃	108mA·h/g，首周	[89]
83FeS_2-17Na_3SbS_4	去离子水	100	—	加入丙酮，用乙醇洗涤	200℃	100	—	0	—	0	粉饼型(干混)，370MPa	0.6～3.0V，$50mA/cm^2$，30℃，75MPa	431mA·h/g，首周	[91]
87FeS_2-13Na_3SbS_4	去离子水	100	—	真空，室温	200℃	100	—	0	—	0	粉饼型(干混)，370MPa	0.6～3.0V，$50mA/cm^2$，30℃，75MPa	324mA·h/g，首周	[91]
Mo_6S_8@Na_3PS_4	NMF	199	12h	150℃，真空	270℃，氩气1h	38 (仅Mo_6S_8)	Na_3PS_4	57	AB	5	粉饼型(干混)，360MPa	0.9～1.9V (相对于Na/Na^+)，5mA/g，60℃	90mA·h/g，首周	[115]

表6-6　在复合电极的浆料制备中引入溶液工艺的参数及其性能

活性材料	活性材料质量分数/%	电解质	电解质质量分数/%	碳添加剂	碳添加剂质量分数/%	黏结剂	黏结剂质量分数/%	溶剂	沸点/°C	混合过程	溶剂蒸发	热处理	电极类型	测试条件	性能	参考文献
Li_2S	59.6	Li_6PS_5Cl	29.8	碳（来自PVP）	10.6	—	0	EtOH	78	—	100℃，真空	550℃，氩气	粉饼型	0.5～3.0V (相对于Li-In)，0.064mA/cm²	489mA·h/g，首周	[116]
NCM111	89	Li_6PS_5Cl	9	VGCF	2	乙基纤维素	0.5	EtOH	78	超声处理，3min	180℃，真空，3h	—	粉饼型，360MPa	2.0～3.8V (相对于Li-In)，0.064mA/cm²	10周循环后容量保持率为91.7%	[82]
NCM111	84	Li_6PS_5Cl	14	VGCF	2	—	0	EP和EtOH	EP:99.1 EtOH:78	超声处理，300K，5min	453K，真空，3h	—	粉饼型，320MPa	2.0～3.8V，0.1mA	109mA·h/g，首周	[62]
NCM111	89	Li_6PS_5Cl	9	VGCF	2	—	0	THF和EtOH	THF:66 EtOH:78	—	180℃，真空，3h	—	粉饼型，360MPa	2.0～3.8V (相对于Li-In)，0.13mA/cm²	115mA·h/g，首周	[84]
NCM111	84	Li_6PS_5Cl	14	VGCF	2	—	0	EA和EtOH	EA:77.1 EtOH:78	—	150℃，真空	—	粉饼型，360MPa	2.0～3.8V (相对于Li-In)，0.13mA/cm²	160mA·h/g，首周	[85]

表6-7 固态电解质溶液通过溶液工艺渗透到电极层的参数

活性材料	活性材料质量分数/%	电解质溶液						电解质质量分数/%	碳添加剂	碳添加剂质量分数/%	黏结剂	黏结剂质量分数/%	电极类型	测试条件	性能	参考文献
		电解质	溶剂	沸点/°C	混合过程	溶剂蒸发	热处理									
LCO	86.3	Li_6PS_5Cl	EtOH	78	—	真空	180℃，真空	11	Super P	1.8	PVDF	0.9	极片，770MPa	3.0～4.3V (相对于Li/Li^+)，0.14mA/cm²	141mA·h/g，首周	[117]
石墨	73.6	Li_6PS_5Cl	EtOH	78	—	真空	180℃，真空	22.5	—	0	PVDF	3.9	极片，770MPa	0.005～2.0V (相对于Li/Li^+)，0.14mA/cm²，30℃	364mA·h/g，首周	[117]
NCM111	82.2	Li_6PS_5Br	EtOH	THF: 66 EtOH:78	—	150℃，真空	—	15.3	AB	1.7	PVDF	0.8	极片，770MPa	1.9～3.8V（相对于Li-In），0.13mA/cm²	154mA·h/g，首周	[63]

表6-8　复合电极浆料工艺的参数及其性能

活性材料	活性材料质量分数/%	电解质	电解质质量分数/%	碳添加剂	碳添加剂质量分数/%	黏结剂	黏结剂质量分数/%	溶剂	沸点/°C	混合过程	溶剂蒸发	热处理	电极类型	测试条件	性能	参考文献
LTO	50	Li_6PS_5Cl	40	VGCF	10	—	0	200#油漆	—	加热，24h	60℃，24h	—	粉饼型，300MPa	1.0～2.5V (相对于Li/Li^+)，0.05 *C* (1 *C*=175mA/g)，80℃	179.6mA·h/g，首周	[120]
NCM111	77.5	玻璃$75Li_2S$-$25P_2S_5$	19.5	AB	2	SEBS	1	正癸烷	174.2	行星式离心搅拌机；超声处理，1min	加热，24h	—	极片，37MPa预压缩，111MPa装配	2.0～3.7V（相对于Li-In），0.05 *C* (64μA/cm²)	131～150mA·h/g	[121]
NCM811	60	玻璃陶瓷$75Li_2S$-$25P_2S_5$	35	AB	2	NBR	3	对二甲苯	138.37	研钵和研杵	加热，1h	60℃，真空，24h	极片	1.9～3.6V（相对于Li-In），0.1*C*（17.8mA/g）	138.2mA·h/g，首周	[97]
NCM111	66	玻璃$75Li_2S$-$25P_2S_5$	28.4	AB	2.8	SBS	2.8	苯甲醚	155	行星式离心搅拌机	—	—	极片，330MPa	3.7V（相对于Li-In）	158mA·h/g，首周	[98]
石墨	55.8	玻璃$75Li_2S$-$25P_2S_5$	40.4	AB	0.9	SBS	2.9	苯甲醚	155	行星式离心搅拌机	—	—	极片，330MPa	—	289mA·h/g，首周	[98]
NCM622	70	Li_3PS_4前驱体 (Li_2S和P_2S_5)	27.5	Super C65	1	NBR	1.5	THF	66	—	140℃，真空	—	极片，370MPa	3.0～4.3V，0.1 *C*	140mA·h/g，首周	[70]
NCM622	68.1	Li_6PS_5Cl	29.2	Super P	1.3	NBR	1.4	二甲苯	137～140	—	120℃，随后室温，真空，过夜	—	极片，370MPa	3.0～4.3V，0.1 *C*，30℃	133mA·h/g，首周	[103]

续表

活性材料	活性材料质量分数/%	电解质	电解质质量分数/%	碳添加剂	碳添加剂质量分数/%	黏结剂	黏结剂质量分数/%	溶剂	沸点/℃	混合过程	溶剂蒸发	热处理	电极类型	测试条件	性能	参考文献
NCM111	76.2	Li_3PS_4	19	AB	1.9	PPC	2.9	苯甲醚	155	—	室温	—	极片，110MPa	2.0～3.7V（相对于Li-In）	151mA·h/g，首周	[99]
石墨	55.8	Li_3PS_4	40.4	AB	0.9	PPC	2.9	苯甲醚	155	—	室温	—	极片，110MPa	−0.57～0.88V（相对于Li-In）	308mA·h/g，首周	[99]
NCM622	70	无定形Li_6PS_5I	25	Super P	2.5	PEP-MNB	2.5	庚烷	98.42	—	—	160℃，氩气，3h	极片，30MPa	2.5～4.3V，55℃	120mA·h/g，首周	[100]
LTO@$70Li_2S$-$30P_2S_5$	47.6	$70Li_2S$-$30P_2S_5$	38.1	VGCF	9.5	PB	4.8	矿物油	—	—	60℃	—	极片，300MPa，45min	2.5～1.0V（相对于Li/Li^+），0.05 *C*，80℃	198mA·h/g，首周	[55]
NCM811	74.3	Li_6PS_5Cl	14.8	炭黑	9.9	乙基纤维素	1	EtOH	78	—	80℃，过夜	—	极片，350MPa	2.5～4.0V，0.05*C*，30℃	111.7mA·h/g，首周	[123]
NCM622	70	掺杂LiI的Li_3PS_4	25	Super P	2.5	PEP-MNB	2.5	庚烷	98.42	—	室温	160℃，真空，3h	极片，250MPa	2.5～4.3V（相对于Li/Li^+），55℃	170.1mA·h/g，首周	[125]
μm-Si	55	玻璃$75Li_2S$-$25P_2S_5$	36.7	AB	5.5	PPC	2.8	苯甲醚	155	振动器	25℃，24h	—	极片，330MPa，225℃以去除PPC	−0.62～0.88V（相对于Li-In），约0.03 *C* (0.19mA/cm^2)	3058mA·h/g，首周	[124]

续表

活性材料	活性材料质量分数/%	电解质	电解质质量分数/%	碳添加剂	碳添加剂质量分数/%	黏结剂	黏结剂质量分数/%	溶剂	沸点/℃	混合过程	溶剂蒸发	热处理	电极类型	测试条件	性能	参考文献
NCM622	68.1	Li_6PS_5Cl	29.2	VGCF	1.3	NBR	1.4	邻二甲苯	144.4	—	120℃，真空，2h	—	极片，45MPa	2.38～3.68V（相对于Li-In），0.1 *C*	148mA·h/g，首周	[126]
NCM622	77.8	Li_6PS_5Cl	19.5	VGCF:Super P（1∶2）	1.3	NBR	1.4	邻二甲苯	144.4	—	120℃，真空，2h	—	极片，45MPa	2.38～3.68V（相对于Li-In），0.1 *C*	141mA·h/g，首周	[126]
NCM622	68	Li_6PS_5Cl	29	Super P	1.5	NBR	1.5	二甲苯	137～140	研钵和研杵	120℃，真空，2h	—	极片，135MPa	3.0～4.3V（相对于Li/Li^+），0.1*C*	145.8mA·h/g，首周	[65]
$LiNi_{0.7}Co_{0.15}Mn_{0.15}O_2$	77.3	Li_6PS_5Cl	19.2	Super P	1.5	SBS-COOH	2	对二甲苯	138.4	—	室温，1h; 60℃，24h	—	极片	1.9～3.6V(相对于Li-In)，0.1 *C*（10.5mA/g）	102.5mA·h/g，第45周	[101]
NCM111	66	玻璃$75Li_2S-25P_2S_5$	28.4	AB	2.8	SBR	2.8	苯甲醚	155	—	室温，72h	—	极片，330MPa	2.0～3.7V（相对于Li-In），1/40 *C*（64μA/cm^2）	—	[122]
NCM111	66	玻璃$75Li_2S-25P_2S_5$	28.4	AB	2.8	SEBS	2.8	苯甲醚	155	—	室温，24h	—	极片，330MPa	2.0～3.7V（相对于Li-In），1/40 *C*（64μA/cm^2）	—	[122]

表6-9 全固态电池的液体参与制备的参数

正/负极	电极						电解质				电池构建	测试条件	性能	参考文献
	活性材料/质量分数	电解质/质量分数	碳添加剂/质量分数	黏结剂/质量分数	溶剂/沸点	方法	固态电解质/含量	黏结剂/含量	溶剂/沸点	方法				
正极	Mo_6S_8/67.6%	$Li_{3.25}Ge_{0.25}P_{0.75}S_4$/29%	AB/3.4%	—	—	干混	$Li_{3.25}Ge_{0.25}P_{0.75}S_4$/95%（体积分数）	硅橡胶/5%（体积分数）	庚烷/98.42℃	在铝箔上湿法涂覆	在100MPa和100℃下烧结	0.1mA	11mA·h/g，第8周放电	[94]
负极	铝箔						$Li_{3.25}Ge_{0.25}P_{0.75}S_4$	改性PET	—	聚合物网作为支架	—	0.64mA/cm^2	40mA·h/g，第8周放电	
正极	Li_2O-ZrO_2涂覆的$LiNi_{0.8}Co_{0.15}Al_{0.05}O_2$/59%	非晶态$80Li_2S$-$20P_2S_5$/34%	碳纳米管/5%	NBR/2%	脱水二甲苯/137～140℃	在碳包铝箔上湿法涂覆	$80Li_2S$-$20P_2S_5$/98%（质量分数）	NBR/2%（质量分数）	脱水二甲苯/137～140℃	在负极上湿法涂覆	压制	2.5～4.0V	110mA·h/g，首周放电	[95]
负极	人造石墨/95%	—	—	PVDF/5%	NMP/204℃	在镍箔上湿法涂覆								
正极	NCM811/60%	玻璃陶瓷$75Li_2S$-$25P_2S_5$/35%	AB/3%	NBR/2%	对二甲苯/138.5℃	在铝箔上湿法涂覆	$75Li_2S$-$25P_2S_5$/97%（质量分数）	NBR/3%（质量分数）	对二甲苯/138.5℃	在正极上湿法涂覆	—	1.9～3.6V（相对于Li-In），0.1 *C*（17.8mA/g）	40周循环，140.4mA·h/g，容量保持率为101.6%	[97]
负极	铟和锂箔													
正极	NCM111/66%	玻璃$75Li_2S$-$25P_2S_5$/28.4%	AB/2.8%	SBS/2.8%	苯甲醚/155℃	湿法涂覆	$75Li_2S$-$25P_2S_5$/97%（质量分数）	SBS/3%（质量分数）	苯甲醚/155℃	在铜箔上湿法涂覆	在330MPa和25℃下堆叠并压制	0.064mA/cm^2	114mA·h/g，首周放电	[98]
负极	石墨/55.8%	玻璃$75Li_2S$-$25P_2S_5$/40.5%	AB/0.9%	SBS/2.8%	苯甲醚/155℃	湿法涂覆								

续表

正/负极	电极						电解质				电池构建	测试条件	性能	参考文献
	活性材料/质量分数	电解质/质量分数	碳添加剂/质量分数	黏结剂/质量分数	溶剂/沸点	方法	固态电解质/含量	黏结剂/含量	溶剂/沸点	方法				
正极	NCM622/70%	固态电解质前驱体（Li_2S和P_2S_5）/27.5%	Super C65/1%	NBR/1.5%	THF/66℃	在铝箔上湿法涂覆	Li_3PS_4/100%	—	—	PPTA、NW	在370MPa下堆叠并压制	2.5～4.2V，0.025 *C*，30℃	124mA·h/g，首周放电	[70]
负极	石墨/50%	固态电解质前驱体（Li_2S和P_2S_5）/47.5%	—	NBR/2.5%	THF/66℃	在铜箔上湿法涂覆								
正极	$LiNbO_3$-NCM111/76.2%	棒状Li_3PS_4/19.1%	AB/1.9%	PPC/2.8%	苯甲醚/155℃	湿法涂覆	Li_3PS_4/97.1%	PPC/2.9%（质量分数）	苯甲醚/155℃	—	堆叠和热处理以去除黏结剂	—	—	[99]
负极	石墨/55.2%	棒状Li_3PS_4/40%	AB/1.9%	PPC/2.9%	苯甲醚/155℃	湿法涂覆								
正极	NCM622/68.1%	Li_6PS_5Cl/29.2%	Super C65/1.3%	NBR/1.4%	二甲苯/137～140℃	湿法涂覆	Li_6PS_5Cl/98.5%（质量分数）	NBR/1.5%（质量分数）	二甲苯/137～140℃	在石墨负极上湿法涂覆	在492MPa下压制	2.5～4.2V，0.025 *C*，25℃	112mA·h/g，首周放电	[103]
负极	石墨/58.6%	Li_6PS_5Cl/39.1%	—	NBR/2.3%	二甲苯/137～140℃	湿法涂覆								
正极	LCO	Li_6PS_5Cl	Super P	PVDF	EtOH/78℃	湿法涂覆，渗透	固态电解质	—	—	PPTA、NW	—	2.0～4.2V，0.1 *C*（0.14mA/cm^2），30℃	94mA·h/g	[117]
负极	石墨	Li_6PS_5Cl	Super P	PVDF	EtOH/78℃	湿法涂覆，渗透								

黏结剂的均匀组合（图 6-6）。因此，进行复合电极制造的主要挑战是在这些固态成分之间形成良好的界面，以构建离子和电子导电网络，这将显著影响全固态电池的性能。此外，固 - 固界面在很大程度上取决于复合电极的结构设计，其要求总结如下。

（1）合适的成分是高性能复合电极的基础

对于正极活性材料，层状结构的 $LiCoO_2$ (LCO)[39,81,83]、$LiNi_xCo_yMn_zO_2$ (NCM)[44,69-70] 和 $LiNi_xCo_yAl_zO_2$ (NCA)[103-106] 已经在基于硫化物的全固态电池中进行了广泛的研究，具有相对较高的工作电压，但由于活性材料和硫化物电解质之间的化学 / 电化学不稳定性 [13]、空间电荷层 [107]、原子间扩散 [108]、晶格失配 [107]、固 - 固接触不良 [109] 等原因，两者之间存在较大的界面阻抗，因此可逆容量有限。而过渡金属硫化物，如 NiS[110]、TiS_2[111]、Fe_3S_4[51]、Co_9S_8[50] 和 MoS_2[52] 等可以作为全固态电池中优良的正极活性材料，其独特的纳米结构可以提供较大的接触面积，同时与硫化物电解质有较好的界面兼容性，从而有效降低了界面阻抗。此外，硫化物电极具有较高的理论容量和适中的工作电压，是开发高能量密度全固态电池的潜在材料 [51]。除活性材料之外，复合电极中的成分还包括固态电解质、聚合物黏结剂、碳添加剂和集流体，所有成分都应互相兼容。

（2）较低的界面阻抗对循环性能至关重要

尤其是活性材料和电解质之间的阻抗，降低两者界面阻抗的方法包括：通过减小活性材料和电解质的颗粒尺寸，或引入纳米结构的活性材料和电解质以增大两者的接触面积，通过包覆进行界面保护等。

（3）复合电极中的活性材料含量的比例要尽可能高

为了获得高能量密度，固态电解质和碳添加剂的比例要小，但必须要同时满足充足的离子和电子导电路径，这需要每个组分均匀分布，可使用小粒径的固态电解质和活性材料，以及使用固态电解质包覆活性材料等方法。

（4）需要抑制复合电极中的机械失效

为了获得良好的循环性能，需要抑制复合电极中的机械失效，这就需要在循环过程中保证较小的体积膨胀或有效的机械缓冲。然而，在充放电过程中，接触损失总是随着电极颗粒的收缩和膨胀而发生 [109,112-113]。为解决这一问题，人们进行了多种尝试，如减小活性材料和电解质的粒径、引入热压法、优化电极层的制备方法、构建合理的界面结构等 [114]。在电极层的构建上可采用液相参与的硫化物固态电解质的加工方法，通过液相合成或溶液工艺将固态电解质包覆在活性材料上，使两者紧密接触，制备出具有分散的应力、应变，各组分均匀分布的复合电极。

（5）高效和低成本的制造工艺对于大规模生产至关重要

例如，浆料工艺与湿式涂布工艺相结合制备复合电极层。

6.3.1.2 液相合成在复合电极制备中的应用

如前所述，液相合成是低能源成本大规模生产硫化物固态电解质的有效方法。该方法已被应用于复合电极的制造，在复合电极中原位合成硫化物固态电解质，以提供紧密的界面接触和相对均匀的活性物质体积变化，如表 6-3 所示。

2017 年，Phuc 等[44]以 EP 作为合成介质，通过液相合成法在电极中原位合成了玻璃陶瓷 Li_3PS_4 固态电解质的复合电极。通过液相振动 6h，制备出 Li_2S 和 P_2S_5 的固态电解质前驱体悬浮液。随后，将包覆 1%$LiNbO_3$ 的 LiNi1/3Mn1/3Co1/3O_2 (NMC111) 浸入固态电解质前驱体悬浮液中，并在室温和 170℃下抽真空 2h，得到复合正极 [NMC111∶固态电解质 = 9∶1(质量比)]。制备的复合正极材料的截面 SEM 图［图 6-7（a）］表明，NMC111 颗粒在固态电解质基质中分散良好，形成了紧密的界面，因此在第一个循环时获得了 130mA · h/g 的高可逆容量。该课题组于 2018 年设计了一种新的液相工艺并应用于全固态电池[69]。通过应用新的液相振动法，在正极活性材料 NMC111 上直接制得 Li_3PS_4 固态电解质，将 NMC111[包覆 1%（质量分数）的 $LiNbO_3$] 逐步浸入 Li_2S 的 EtOH 溶液以及 Li_2S 和 P_2S_5（摩尔比为 1∶1）的 EP 溶液中，经过溶剂蒸发和热处理后生成 90NMC-10Li_3PS_4。所制备的全固态电池 (90NMC-10Li_3PS_4/Li_3PS_4/In) 表现出了良好的可循环性，这可以归因于循环过程中 NMC111 与电解质的紧密接触。

Yao 等[50]报道了通过原位液相合成制备 $Li_7P_3S_{11}$ 电解质颗粒的包覆层。为了合成硫化钴 (Co_9S_8)/$Li_7P_3S_{11}$ 纳米复合材料，将预合成的 Co_9S_8 与 Li_2S 和 P_2S_5(摩尔比为 7∶3) 在 ACN 中混合，并在 50℃下搅拌 24h，随后真空蒸馏，并在 80℃下干燥 12h 后收集固体粉末。最后，在 260℃下热处理 1h，得到目标纳米复合材料。如图 6-7（b）所示，SEM 图像表明 $Li_7P_3S_{11}$ 电解质层均匀地锚定在 Co_9S_8 纳米片的两侧，其平均尺寸约为 10nm，如 TEM 图像所示。因此，正极活性材料 - 固态电解质界面紧密接触，制备出了高性能全固态锂电池。利用实验室规模的全固态锂电池 (采用 Co_9S_8-$Li_7P_3S_{11}$ 纳米复合材料，结合纯 $Li_7P_3S_{11}$ 电解质和 Super P 作为正极，金属锂作为负极) 研究了该复合电极的电化学性能，表现出优异的倍率性能和循环稳定性，在 1.27mA/cm^2 的电流密度下循环 1000 次，可保持 421mA · h/g 的可逆放电容量。该课题组继续进行原位液相合成的研究，以制备界面紧密接触的 Fe_3S_4@$Li_7P_3S_{11}$ 纳米复合材料[51]。Fe_3S_4@$Li_7P_3S_{11}$ 纳米复合电极材料比原始的 Fe_3S_4 纳米片表现出更强的放电能力和更好的倍率性能，在电流密度为 0.1A/g 时循环 200 次，放电容量为 1001mA · h/g。此外，Xu 等[52]通过原位液相合成，制备出了 MoS_2 颗粒包覆 $Li_7P_3S_{11}$ 固态电解质。Cao 等[55]在 2018 年报道了在 $Li_4Ti_5O_{12}$ 材料上原位包覆 70Li_2S-30P_2S_5 的方法，由于固态电解质与活性材料之间接触紧密，电化学性能更好。

2018 年，Wan 等[68]通过原位液相包覆的方法合成了核壳结构的 $Fe_{1-x}S$@$Na_{2.9}PS_{3.95}Se_{0.05}$ 纳米棒，应用于室温全固态钠电池中时具有较高的能量密度。制备出 $Fe_{1-x}S$ 后，将 $Fe_{1-x}S$ 和 $Na_{2.9}PS_{3.95}Se_{0.05}$ 前驱体 (Na_2S、P_2S_5 和 Se) 以及在 ACN 溶剂中的混合物在 50℃下搅拌 24h，从而得到完全进行了湿化学反应的 $Fe_{1-x}S$@$Na_{2.9}PS_{3.95}Se_{0.05}$ 前驱体悬浮液，进一步真空蒸馏并在 270℃下退火，生成了核壳结构的 $Fe_{1-x}S$@$Na_{2.9}PS_{3.95}Se_{0.05}$ 纳米棒，其具有离子导电性电解质（1.21×10^{-4}S/cm）且界面接触紧密，从而制备出了高性能全固态钠电池。$Fe_{1-x}S$@

$Na_{2.9}PS_{3.95}Se_{0.05}/Na_{2.9}PS_{3.95}Se_{0.05}/Na$ 全固态钠电池在室温下表现出优异的倍率性能，在电流密度为 20mA/g、50mA/g、100mA/g、150mA/g 和 200mA/g 时，分别显示出 899.2mA · h/g、795.5mA · h/g、655.1mA · h/g、437.9mA · h/g 和 300.4mA · h/g 的可逆放电容量。

综上所述，液相合成法可应用于硫化物固态电解质在活性材料颗粒上的原位包覆，对复合电极的制备具有很大的优势。首先，原位合成和包覆有效地提供了活性材料和固态电解质之间的亲密界面接触，从而降低了循环过程中的界面阻抗和应力、应变。其次，原位合成的固态电解质颗粒细小，促进了固态电解质与活性材料之间接触面积的增加，从而降低了提供充足离子传输路径的电解质的比例，制备出具有较高能量密度的全固态电池。最后，通过固态电解质前驱体而不是固态电解质的参与，可以简化复合电极的制造工艺。

然而，目前对硫化物电解质原位包覆活性材料的评估主要是使用粉饼电极组装的粉饼电池，而非贴近实际应用的带有聚合物黏结剂和碳添加剂的电极。其在复合电极片中的应用总结于表 6-3 中。2017 年，Oh 等 [70] 报道了液相合成硫化物电解质在复合电极浆料中的应用，以一步到位地生产电极片。如图 6-7（c）所示，通过将活性材料 [$LiNi_{0.6}Co_{0.2}Mn_{0.2}$(NCM622) 或石墨]、固态电解质前驱体 (Li_2S 和 P_2S_5)、聚合物黏结剂（NBR 或聚氯乙烯）和碳添加剂 (Super C65) 的混合物在 THF 溶剂中室温下搅拌过夜，制备出浆料，随后通过常规刮刀将其刮涂在集流体上。在 140℃下进一步加热，除去 THF，并促进 Li_3PS_4 的结晶，得到复合电极片，同时合成 Li_3PS_4，从而简化了片状复合电极的制造工艺。此外，该文章还研究了固态电解质前驱体粒径和聚合物黏结剂种类对复合电极电化学性能的影响，结论是球磨前驱体（粒径约为 1μm）和 NBR 黏结剂的电极表现出了更好的性能。在 30℃下，单步制备的 NCM622 极片 [NCM622∶固态电解质（Li_3PS_4）∶Super C65∶黏结剂 = 70.0∶27.5∶1.0∶1.5（质量比）] 在 0.1 *C* 倍率下的容量为 140mA·h/g，制备的石墨极片 [石墨∶固态电解质（Li_3PS_4）∶Super C65∶黏结剂 = 50.0∶47.5∶0.0∶2.5（质量比）] 在 0.2 *C* 的全固态半电池（电极 /Li_6PS_5Cl 固态电解质 /$Li_{0.5}In$) 中的容量为 320mA · h/g。NCM622/ 石墨全固态电池在 30℃和 100℃下表现出优异的循环稳定性和速率性能。

6.3.1.3 溶液工艺在复合电极制备中的应用

包含电解质溶解 - 沉淀过程的溶液工艺可用于电解质包覆活性材料和电解质渗透极片，使电极与电解质之间紧密接触，并增加复合电极中活性材料的含量。

（1）使用硫化物电解质溶液实现电解质包覆活性材料

2013 年，Teragawa 等 [76] 首次通过 $80Li_2S$-$20P_2S_5$ 玻璃态电解质的 NMF 溶液在 LCO 颗粒上包覆了 Li_2S-P_2S_5 固态电解质。将 NMF 溶液［10%（质量分数）$80Li_2S \cdot 20P_2S_5$］与 $LiNbO_3$ 包覆的 LCO 颗粒混合，然后在 150℃下真空干燥 3h。将制备好的固态电解质包覆的 LCO 颗粒［LCO∶固态电解质涂层 =92.5∶7.5（质量比）］与玻璃陶瓷 $80Li_2S$-$20P_2S_5$ 混合以制备复合正极［LCO∶总固态电解质（固态电解质包覆层+玻璃陶瓷 $80Li_2S$-$20P_2S_5$)=70∶30（质量比）］。带有固态电解质包覆层的 LCO 的全固态半电池（In/$80Li_2S$-$20P_2S_5$ 玻璃陶瓷 /LCO 复合电极）比使用未包覆的 LCO 的电池具有更好的电化学性能。2014 年，他们直接用 Li_2S 和 P_2S_5 在 NMF 和正己烷中液相合成 Li_3PS_4 固态电解质并溶解形成溶液，随后将 LCO 颗粒加入溶液中，在 180℃下干燥[39]。该方法制备的复合电极材料与采用预先合成的 $80Li_2S$-$20P_2S_5$(摩尔分数) 的 NMF 溶液所包覆的 LCO 表现出几乎相同的放电容量 (约 30mA · h/g)，说明了该方法的可行性和简便性。

此外，该课题组还制备了硫银锗矿型 Li_6PS_5X(X=Cl,Br,I) 无机固态电解质的 EtOH 溶液，并将其包覆在活性材料颗粒上[81,83]。2015 年，将 $LiNbO_3$ 包覆的 LCO 以 92.5∶7.5 的质量比分散在预合成的 Li_6PS_5Cl 的 EtOH 溶液中，随后在 80℃下真空干燥 3h 以去除 EtOH[81]。在全固态半电池 [In/$80Li_2S$-$20P_2S_5$（摩尔分数）玻璃陶瓷 / 固态电解质包覆的 LCO] 中评估了原来制备的固态电解质涂覆的 LCO（复合电极中没有其他固态电解质、碳添加剂和黏结剂），提供了 45mA · h/g 的初始放电容量。2018 年，还采用溶液工艺制备了 Li_6PS_5Br 包覆的 LCO［图 6-7（d）］[83]，将 Li_6PS_5Br 的 EtOH 溶液和 LCO 粉末的混合物在 150℃或 200℃真空下干燥 3h，以获得包覆 Li_6PS_5Br 的 LCO 颗粒（两个干燥温度得到的 Li_6PS_5Br 的离子电导率分别为 1.9×10^{-4}S/cm 和 2.5×10^{-4}S/cm）。采用 Li_6PS_5Br 包覆 LCO 颗粒 (在 150℃下干燥) 所制备的电池表现出 70mA · h/g 的容量，高于用传统手工混合的复合电极的电池 (27mA · h/g) 和该课题组先前报道的采用 Li_6PS_5Cl 电解质 (离子电导率为 1.4×10^{-5}S/cm) 的电池[81]。这一结果说明，活性材料颗粒和电解质颗粒之间的紧密接触和高离子电导率是维持电池电化学性能的必要条件。然而，200℃干燥的高电导率 Li_6PS_5Br 包覆 LCO 颗粒的电池容量较低，这可能归因于高温下电极和电解质不良的副反应形成高阻抗界面层。因此，优化干燥 / 热处理温度对于通过溶液工艺制备出的由固态电解质包覆的活性材料颗粒非常重要。此后，该课题组通过液相合成和后续溶液工艺制备了 Li_6PS_5Br 的 EtOH 溶液，用于制备 Li_6PS_5Br 包覆的 NCM111（$LiNi_{1/3}Co_{1/3}Mn_{1/3}O_2$）粉末[63]。将 NCM111 粉末与 Li_6PS_5Br 的分散液在 150℃下真空干燥 3h, 制备出包覆有 Li_6PS_5Br 固态电解质的 NCM111 颗粒 [NCM111∶Li_6PS_5Br=90∶10(质量比)]。采用 Li_6PS_5Br 包覆的 NCM 电极的电池在第 4 次放电过程中产生了 119mA · h/g 的容量，而采用传统混合 NCM111 电极的电池在第 4 次放电过程中产生了 65mA · h/g 的容量。

Choi 等[88]报道了一类新的可溶性超离子导体——玻璃 0.4LiI-$0.6Li_4SnS_4$ 和 Li_4SnS_4，它们可以通过溶液工艺直接包覆在活性材料颗粒上。在 200℃下制备的玻璃 0.4LiI-0.6 Li_4SnS_4 表现出最高的离子电导率 (30℃时为 4.1×10^{-4}S/cm)，具有很强的可变形性[60]。因此，选用低沸点的 MeOH 溶剂来制备 0.4LiI-$0.6Li_4SnS_4$ 包覆的 LCO［LCO∶固态电解质 = 85∶15（质量比）]，在 LCO 上具有较高的表面包覆率（81%）。如图 6-7（e）所示，在常规混合电极的场发射扫描电子显微镜（FE-SEM）图像中观察到的空隙反映了固态电解质的空间分布不均以及与 LCO 颗粒的有限接触，而被固态电解质包覆的 LCO 电极显示出光滑而平坦的表面，其中无机固态电解质均匀分布并填充 LCO 颗粒间的空隙。在 LCO 粉末存在的情况下，通过水溶液以及后续 320℃的热处理，制备了 Li_4SnS_4 包覆的 LCO 粉末 [LCO∶固态电解质 =85∶15（质量比）][88]，与传统混合的复合电极相比，其电化学性能更好。值得注意的是，应将 LCO 粉末加入溶解有 Li_4SnS_4 的水溶液中，而不是将 LCO 和 Li_4SnS_4 粉末一起加入去离子水中，这对于制备 Li_4SnS_4 包覆的 LCO 来说是必要的，以避免将 LCO 直接暴露在水中。

Banerjee 等[89]也研究了钠离子固态电解质的溶液工艺在活性材料颗粒包覆中的应用。

从 MeOH 或水溶液中可以沉淀出一种新型的钠超离子导体 Na_3SbS_4，表现出高离子电导率(0.1 ～ 0.3mS/cm)。通过溶液工艺，采用 Na_3SbS_4 的 MeOH 溶液和 200℃热处理，制备了包覆有 Na_3SbS_4 的 $NaCrO_2$ 颗粒。所制备的具有紧密离子接触的 Na_3SbS_4 包覆 $NaCrO_2$[13%（质量分数）Na_3SbS_4] 复合电极在全固态 $NaCrO_2$/Na-Sn 电池中展现出高于传统混合电极 $NaCrO_2$ 的利用率，其数值几乎与液态电解质电池相当。Kim 等[91]还介绍了一种可扩展的水溶液合成 Na_3SbS_4 的方法并应用于复合电极的制备，将电解质的反应物 Na_2S、Sb_2S_3 和元素硫用溶液工艺直接制成用于包覆的溶液，而非溶解预先合成 Na_3SbS_4。该水溶液路径可应用于 FeS_2 电极材料高表面覆盖率的 Na_3SbS_4 包覆，制备的复合电极在 FeS_2/Na-Sn 半电池中表现出良好的电化学性能。2018 年，Yue 等[115]采用溶液法制备了 Na_3SbS_4 包覆的 Mo_6S_8，以实现 Mo_6S_8 与固态电解质之间的紧密接触。为了制备包覆有 Na_3SbS_4 的 Mo_6S_8，将 Mo_6S_8 粉末搅拌分散在 Na_3PS_4 的 NMF 溶液中，随后在 150℃下干燥并在 270℃下进行热处理。将所制备的 Na_3SbS_4 包覆的 Mo_6S_8 与额外的 Na_3PS_4 固态电解质和碳添加剂混合 [Mo_6S_8∶总 Na_3SbS_4∶AB（乙炔黑）=38∶57∶5（质量比）]，以制备复合正极，并在以 Na_3PS_4 为电解质，Na-Sn-C 复合材料为负极的全固态半电池中进行评估。制备的电池在 60℃下循环 500 次后仍能保持稳定，远优于采用 Mo_6S_8 正极的液态钠电池。

（2）在电解质溶液中制备复合电极浆料

2016 年，Han 等[116]通过将 Li_2S、Li_6PS_5Cl 和 PVP（聚乙烯吡咯烷酮）分散在 EtOH 中，然后采用共沉淀和高温碳化工艺，制造了一种由纳米级活性材料、固态电解质和碳均匀分布的硫纳米复合电极，同时提高了全固态电池中硫正极的离子和电子导电性能。2017 年，Rosero-Navarro 等[82]将溶液工艺应用至湿法混合工艺中。在 Li_6PS_5Cl 电解质的 EtOH 溶液中，可以加入乙基纤维素作为黏结剂，从而延长 ASSB（全固态电池）的循环寿命。同时研究了黏结剂含量对复合正极电化学性能的影响。结果发现，89%（质量分数）的 NCM111 和 0.5%（质量分数）的乙基纤维素组成的复合正极在 10 次循环后容量保持率为 91.7%。Chida 等[62]还通过液相合成和溶液工艺相结合的方法，在 EP 和 EtOH 溶剂中合成并溶解了 Li_6PS_5Br 电解质。将 Li_6PS_5Br 的反应物 (Li_2S、P_2S_5 和 LiBr)、NCM111 和气相生长碳纤维（VGCF）在 EP 和 EtOH 溶剂中的混合物进行超声处理并在 80℃下加热。用所制备的复合正极 [NCM111∶Li_6PS_5Br∶VGCF=84∶14∶2（质量比）] 组装实验室规模的电池进行测试，首周放电容量为 109mA · h/g，远高于球磨法制备的复合正极所发挥的容量。还采用溶液工艺将 NCM111、Li_6PS_5Cl 和 VGCF 分散在 ACN 和 EtOH 中[84]，以及 EtOH 和 EA 中（摩尔比为 4∶6）[85]，制备了复合正极。通过添加分散剂 (如 Triton X-100)，可以改变硫化物固态电解质的粒径和形状，从而改善由活性物质含量高达 89%（质量分数）的电极组装的全固态电池的总放电容量、库伦效率和循环保持率[84]。

（3）固态电解质溶液渗透电极层

前文中介绍了通过溶液工艺从硫化物固态电解质的溶液中制备固态电解质包覆的活性材料和复合电极，固态电解质颗粒与电极颗粒之间形成了紧密的接触，同时活性材料的含量也较高。但多数报道仍停留在制备实验室规模的粉饼型电池，通过人工压制粉饼电极，难以形成大规模生产。

采用浆料工艺制造全固态电池电极需要四种成分（活性材料、固态电解质、导电添加剂和黏结剂）均匀分布，但溶剂和聚合物黏结剂的选择有限，因此相当困难。基于此，Kim 等[117]在 2017 年报道了通过溶液工艺制造复合电极的另一种方法，即用均匀的固态电解质溶液浸润传统多孔锂离子电池电极。如图 6-7（f）所示，将 Li_6PS_5Cl/EtOH 溶液浸入传统的复合锂离子电池电极 (LCO 和石墨电极) 中，随后去除溶剂，考虑到聚偏二氟乙烯 (PVDF) 的热稳定性，在 180℃下进行热处理。在随后的全固态电池制造过程中，通过在 770MPa 下冷压使溶液渗透的极片致密化，从而确保以 6% ～ 8% 的低孔隙率实现更紧密的离子接触。值得注意的是，黏结剂的用量对电极的倍率性能具有决定性作用，会影响固态电解质与活性材料之间的离子接触。

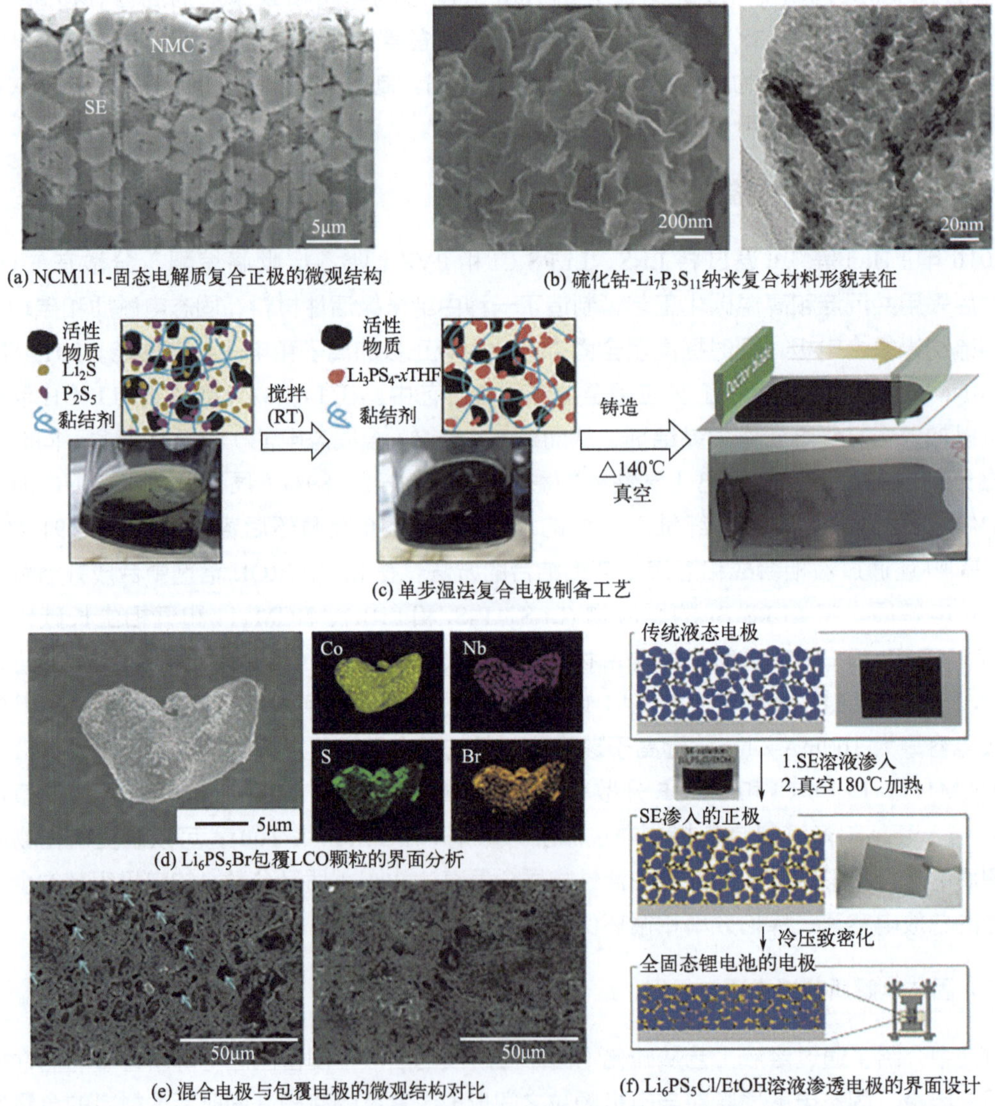

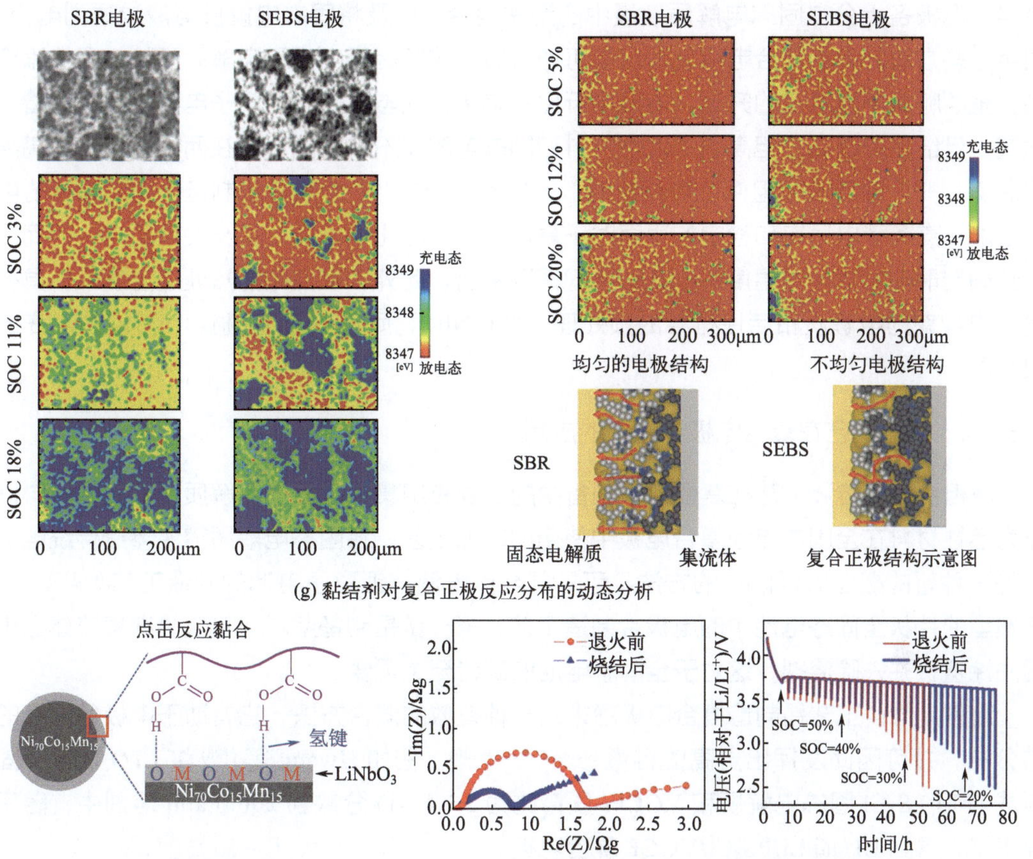

(g) 黏结剂对复合正极反应分布的动态分析

(h) 氢键作用增强电极界面稳定性

(i) 退火处理对电极电化学行为的影响

图 6-7　硫化物固态电解质在湿法正极中的结构设计、界面调控与电化学性能

[（a）显示的是含 90% NCM111 与 10% 玻璃陶瓷 $75Li_2S-25P_2S_5$ 的液相振动制备的复合正极横截面 SEM 图像；（b）中，左边为原位液相合成的 SEM 图像，右边为 TEM 图像；（c）显示的是固态电解质前驱体浆料加工示意图及电极片形成过程照片；（d）中，左边为 FE-SEM 图像，右边为 Co、Nb、S、Br 元素的 EDS 能谱图；（e）中，左边为 $0.4LiI-0.6Li_4SnS_4/LCO$ 混合电极，右边为包覆电极的 FE-SEM 图像，箭头标记空隙区域；（f）显示的是传统锂离子电池电极均匀渗透固态电解质溶液的示意图；（g）中，左边为 SBR 与 SEBS 电极的 2D-XAS 平面 / 截面透射图像及反应面积图谱，右下为黏结剂结构示意图；（h）显示的是 $LiNi_{0.7}Co_{0.15}Mn_{0.15}O_2$ 活性材料与改性黏结剂的氢键作用机制；（i）中，左边为退火前后电极的 EIS 图谱（SOC=100%）；右边为 SOC=50% 时的 GITT 瞬态放电曲线；SBR 为苯乙烯 - 丁二烯共聚物；SEBS 为苯乙烯 - 乙烯 - 丁烯 - 苯乙烯共聚物；EIS 为电化学阻抗谱；GITT 为恒电流间歇滴定技术；SOC 为充电状态；Re（Z）为阻抗实部，Im（Z）为阻抗虚部]

2019 年，Yubuchi 等 [63] 通过将电极浸入前驱体溶液中的方式将 Li_6PS_5Br 的 THF-EtOH 溶液渗透到传统的 NCM111 极片中。将获得的复合电极在 150℃真空下干燥以制备复合电极，并通过在 360MPa 下加压致密化以形成有利的电极 - 电解质界面。所制备的电极 [NMC111∶Li_6PS_5Br∶AB∶PVDF=82.2∶15.3∶1.7∶0.8(质量比)] 表现出 154mA·h/g 的高可逆容量。然而，使用离子电导率较高的电解质的传统混合电极电池比渗透的 NCM111 电极电池呈现出更好的倍率性能，这表明除了形成有利的界面外，复合电极层的有效离子电导率也很重要。此外，还有报道用 Li_6PS_5Br 的 THF 和 EtOH 溶液浸润 $Li_4Ti_5O_{12}$ 和碳纳米管（LTO@CNT）多孔电极 [118]，以及用 Li_6PS_5Cl-EtOH 溶液渗透 Si 复合电极 [119]。

（4）结论

通过溶液工艺，为制备复合电极提供了新方法，包括通过硫化物电解质的溶液包覆活性材料，电极各组分在固态电解质溶液中的湿法混合，以及将固态电解质溶液渗透到电极层。利用这些方法制造的复合电极表现出高可逆容量，这归因于电极和电解质颗粒之间的紧密接触。虽然随着干燥温度的升高，溶液中析出的硫化物固态电解质的离子电导率得以改善，杂质减少且结晶度提高，但高温下活性材料和固态电解质不良的副反应在两者间形成了高阻抗界面层[63,83]，并且电极组件（如黏结剂）的热不稳定性[117]会破坏所制备全固态电池的电化学性能。高离子电导率和稳定的界面对于复合电极的电化学性能都是至关重要的，因而需要仔细确定最佳的热处理温度，以在两者间得以平衡。此外，在温和的热处理温度下，具有高离子电导率的电解质和活性材料的预处理（如 $LiNbO_3$ 预先包覆活性材料）可能是潜在的解决方案。

6.3.1.4 浆料工艺在复合电极制造中的应用

液相合成和溶液工艺在复合电极制备中的主要应用集中在固态电解质包覆活性材料以及作为活性材料在全固态电池复合电极中使用的附加工艺。将固态电解质溶液渗透传统电极片则是一种新的概念验证阶段的方法，可扩展至传统液态锂离子电池的制造工艺[63,117]。而对于典型的片状全固态电池中的电极片制造工艺，第一步是制备浆料，其次是在集流体上进行湿法涂覆，并去除溶剂，这对于全固态电池的制造至关重要。

首先，浆料工艺是制造复合电极粉末的一种有效的混合方法，它有助于电极各组分的均匀分布，并可因此发挥出更高的容量[62,82,84-85,116,120]。例如 Hwang 等[120]将 LTO 颗粒、固相合成的 Li_6PS_5Cl 固态电解质和 VGCF(质量比为 5∶4∶1) 分散到 200#Paint 溶剂中，随后搅拌干燥，得到 LTO@Li_6PS_5Cl/VGCF 复合电极。

其次，浆料工艺是电极片的典型制造工艺，随后便是在集流体上的湿法涂覆（表 6-6）。Cao 等[55]将质量比为 5∶4∶1∶0.5 的 LTO@$70Li_2S$-$30P_2S_5$ 材料、Li_3PS_4 固态电解质、VGCF 和聚丁二烯 (PB) 在矿物油中搅拌，涂覆在 Cu 箔上，并在 60℃下干燥，制成复合电极片。Choi 等[65]通过浆料工艺制备了加入 Li_6PS_5Cl 固态电解质的复合电极，将 $LiNbO_3$ 包覆的 NCM622、Li_6PS_5Cl 固态电解质、Super P 碳和 NBR 以 68∶29∶1.5∶1.5 的质量比在二甲苯中混合，制备了复合正极浆料，该电极组装的电池在 0.1 *C* 下第一次放电时发挥出 145mA · h/g 的容量。

（1）浆料工艺的影响因素

与传统液态锂离子电池中的电解液溶胀电极中聚合物黏结剂以提供 Li^+ 导电通路不同，全固态电池极片的浆料中需要固态电解质的参与以提供离子传输通道。因此，互相兼容且比例适中的硫化物固态电解质、溶剂、黏结剂和碳添加剂的组合已被广泛研究，以获得具有充足电子和离子电导率以及良好界面的电极片。

首先是溶剂和黏结剂的组合。Yamamoto 等[121]系统地研究了用具有高 NCM111 含量的电极片制造全固态电池的方法。由于正癸烷对 $75Li_2S$-$25P_2S_5$ 的电导率影响不大且蒸气压适中，所以选择正癸烷作为浆料工艺的溶剂。在 37MPa 下对电极片进行预压后，采用 111MPa 的低压强装配电池，以避免高装配压强引起的 NCM111 颗粒的粉化和裂解，表现出较高的初始放电强度。

Lee 等 [97] 对浆料工艺中黏结剂和溶剂的选择进行了系统研究。NBR 黏结剂和对二甲苯溶剂与 $75Li_2S-25P_2S_5$ 玻璃陶瓷固态电解质相容，有利于固态电解质的均匀分散，并提供合适的锂离子电导率。在铝箔上制备的正极片 [含 NCM811（$LiNi_{0.8}Co_{0.1}Mn_{0.1}O_2$）] 与干混电极相比，由于电极组分分布均匀，表现出较高的倍率性能和可循环性。Sakuda 等 [98] 比较了溶剂和黏结剂的不同组合（庚烷中的苯乙烯 - 乙烯 - 丁烯 - 苯乙烯共聚物（SEBS）与苯甲醚中的 SBS）。用 SBS 在苯甲醚中制备的正极片在全固态半电池中显示出较高的可逆容量 158mA · h/g，且电阻比另一种低，是较好的选择。Chen 等 [122] 通过 2D-XAS 表征进一步分析了使用不同黏结剂材料，即 SBR 和 SEBS 在平面和截面方向的反应分布，如图 6-7（g）所示。分析结果表明，正极活性材料和固态电解质在复合电极中的分散状态通过影响反应分布极大地影响了电池性能，电池性能有赖于黏结剂和溶剂之间的合适组合。Lee 等 [101] 采用硫醇 - 烯“点击”反应功能化 SBS，使其具有羧酸基团（—COOH），从而与金属氧化物活性材料和集流体形成氢键以提供较强附着力 [图 6-7（h）]。同时，功能化后的 SBS 在浆料中与 Li_6PS_5Cl 硫化物电解质和对二甲苯溶剂化学相容，从而保持了电极内的离子电导率。具有最佳改性比例的黏结剂 (10% 接枝) 所制备极片的半电池表现出明显改善的容量保持率：45 个循环后，容量保持率为 78.7%，高于基于丁苯橡胶 (BR) 的对照组极片 57.8% 的容量保持率。

此外，还有研究者系统研究了复合正极黏结剂的含量对电化学性能的影响。Zhang 等 [123] 在 EtOH 中加入 NCM811、Li_6PS_5Cl、乙基纤维素和炭黑的混合物制备浆料，其中适量的黏结剂含量对保证活性材料与固态电解质之间离子的快速迁移和界面稳定起到了重要作用。尤其是包含 1%（质量分数）乙基纤维素的复合电极表现出最佳的电化学性能，包括可逆容量、循环稳定性和倍率性能。

考虑到高分子黏结剂会阻碍活性材料与固态电解质之间的有利接触，从而阻碍离子传导，一些研究者采用热处理的方法，在构建片状电极后去除黏结剂 [99,124]。Yamamoto 等 [99] 首次制备了无黏结剂的极片，选用挥发性的 PPC 作为黏结剂，在制备浆料型电极后，通过热处理很容易地去除了黏结剂，从而提高了电化学性能（包括倍率性能、循环稳定性），并且与以前报道的片状电池相比能量密度提高了 2.6 倍。研究者还在半电池的制造过程中，将双层片材 (压制后的 Si 复合极片和玻璃化 $75Li_2S-25P_2S_5$ 粉末) 在 225℃真空下加热 15min 以去除 PPC 黏结剂，降低内阻 [124]。此外，还研究了在全固态电池中制备硅复合电极的影响因素，包括不同类型的固态电解质、导电添加剂的比例、不同尺寸的硅粉以及不同的湿法混合方法。结果表明，使用振动器的湿法混合技术能有效增加 Si 与 Li_3PS_4 的接触面积。

研究者提出了将用浆料刮涂制备的复合电极在硫化物无机固态电解质低温结晶后烧结，以克服黏结剂引起的界面接触不良 [100,125]。Choi 等 [125] 将 $LiNbO_3$ 包覆的 NCM622、无定形 $Li_7P_2S_8I$、导电剂 (Super P) 和聚合物黏结剂 (PEP-MNB) 以 70∶25∶2.5∶2.5（质量分数）的比例混合在庚烷浆料中，涂覆在集流体上，随后在 160℃下退火，形成玻璃陶瓷 $Li_7P_2S_8I$ 固态电解质，这种对无定形硫化物电解质在极片制备过程中进行结晶温度下退火的方法被称为后烧结法，所制备极片具有优异的电化学性能。Choi 等 [125] 对该方法进一步研究，证明该方法在制备浆料刮涂的复合电极过程中能有效缓解黏结剂对界面的不利影响。如图 6-7（i）所示，通过 EIS 和恒电流间歇滴定技术（GITT）表征了该方法对界面电阻和稳定性的影响。

由于用浆料刮涂的复合电极需在 160℃下烧结，因此具有低玻璃化转变和结晶温度的 LiI 掺杂 Li_3PS_4 固态电解质以及具有高热稳定性的 PEP-MNB 黏结剂适用于此方法。与预退火电极（将烧结后的硫化物电解质用于浆料制备，而在极片制备后无须退火）相比，后烧结的电极具有更好的电化学性能。此外，该方法中固态电解质颗粒的尺寸减小，相应地分散更均匀，也提高了活性材料的利用率。

研究者还研究了碳添加剂对电极片的影响[124,126]。Ann 等[126]研究了双碳添加剂 (VGCF/Super P) 对全固态电池 NCM622 复合正极片的影响。结果显示，70%（质量分数）的 NCM622 复合正极中，VGCF 的引入会带来优越的倍率性能，这归因于 VGCF 可将远距离的 NCM622 颗粒有效地连接；而对于 80%（质量分数）的 NCM622 复合正极，VGCF/Super P[1∶2（质量比）] 是更适合的导电添加剂，纳米级的 Super P 可有效填充 NCM622 颗粒之间较近的间隔。

（2）活性材料的质量分数和质量负载

Nam 等[103]对传统干混电极和浆料混合电极的电化学性能进行了系统的比较，同时对不同质量分数的活性材料和质量负载进行了比较。浆料混合电极表现出比干混电极更差的电化学性能，原因是浆料中存在离子绝缘性高分子黏结剂，部分阻断了活性材料与固态电解质之间的接触。此外，在浆料湿混之前，尝试通过球磨将活性材料（NCM622）与固态电解质进行预混合，以确保在低比例固态电解质和聚合物黏结剂参与的情况下保证良好的离子传输，从而提高可逆容量。然而，其高倍率性能并未显著改善，凸显了高导电性固态电解质的重要性。

此外，Oh 等[70]将无机固态电解质前驱体 (Li_2S 和 P_2S_5) 引入浆料工艺，代替预先合成的固态电解质，在浆料工艺中原位液相合成 Li_3PS_4，简化了复合电极的制备工艺，同时拓宽了溶剂和黏结剂的选择范围。

（3）结论

综上所述，与干混工艺相比，溶剂和黏结剂适当组合的浆料工艺能很大程度上减少活性材料颗粒和固态电解质颗粒在复合电极中的团聚[97]，接近于传统液态锂离子电池电极的制造工艺。在不注入电解液的情况下，全固态电池电极的浆料工艺要求四种成分（活性材料、固态电解质、导电添加剂和黏结剂）均匀分布，其中硫化物固态电解质的引入在构建 Li^+ 传导途径的同时带来了新的挑战。

① 溶剂和黏结剂应与活性硫化物固态电解质相容，因此限制使用非极性或极性较低的溶剂黏结剂组合，如二甲苯中的 NBR、PB 和 BR 黏结剂[65,97,101,103,126]，苯甲醚中的 SBS、PPC 和 SEBS 黏结剂[98-99,122,124]，EtOH 中的乙基纤维素黏结剂[82,123]，正癸烷中的 SEBS 黏结剂[121]，庚烷中的 PEP-MNB 黏结剂[100,125]，矿物油中的 PB 黏结剂[55]。与硫化物固态电解质的化学相容性、蒸气压和溶剂的毒性均为溶剂选择时需要考虑的因素。

② 活性材料 / 固态电解质的比例直接决定了 Li^+ 传导路径的构建，极片中活性材料的比例应大于 80%（质量分数），以保证电池的高能量密度。因此，需要减小固态电解质颗粒的尺寸（大约 1μm）并保证其更均匀地分散，以确保高比例活性物质下极片的离子传输，从而

保证活性物质的利用率[121]。

③ 在复合电极中添加聚合物黏结剂和碳添加剂会影响 Li^+ 的传导[图 6-6(a)]。绝缘性聚合物黏结剂提供了机械黏附性，但同时部分阻断了活性材料颗粒与固态电解质颗粒之间的接触。因此，有黏结剂参与的电极的离子传导性也是除与固态电解质的化学相容性、在溶剂中的溶解度、电极的黏附性外，判断黏结剂效果的关键参数，有赖于黏结剂合适的类型[97-98,122]、合适的含量[123]，甚至是黏结剂的改性[101]。此外，一些研究人员采用无黏结剂电极[99,124]和低温后烧结的制作工艺[100,125]，以减轻黏结剂对活性材料和固态电解质界面的不利影响。而在复合电极中加入碳添加剂是为了形成有效的电子导电网络，但与离子导电网络构建存在竞争关系。因此，在复合电极的构建中还应考虑碳添加剂的形貌和含量[124,126]。

④ 复合电极中四种成分无团聚地均匀分布对于形成具有高活性材料占比、充足电子/离子导电网络和良好力学性能的极片非常重要，例如在浆料工艺中使用加入 ZrO_2 球的振动器[124]。

⑤ 在浆料工艺中可引入液相合成，将硫化物固态电解质的前驱体直接加入浆料工艺中，在浆料制备过程中形成硫化物固态电解质，以拓宽溶剂黏结剂组合的选择范围[70]。此外，尽管目前报道的硫化物固态电解质 - 溶剂的溶液组合有限，但在浆料制备的过程中引入溶解的固态电解质可以降低四种成分均匀混合的难度。

综上所述，在浆料工艺中需要采用比例适当且兼容的四种组分（活性材料、固态电解质、导电添加剂和黏结剂），同时采用工程方法保证其均匀分布，以实现具有高活性材料比例的复合电极制备以及活性物质容量有效发挥。

6.3.2 固态电解质层

固态电解质层是全固态电池最重要的组成部分，它能分隔电极并提供锂离子传输路径。因此，固态电解质层决定了全固态电池的能量密度、倍率性能和长循环性。其基本要求总结如下。

① 固态电解质应该是安全的，具有非流动性、非易燃性和高温稳定性。

② 快速的离子传导对全固态电池的电化学性能有极大影响，这就需要高离子电导率、单离子导电性、厚度薄（几十微米）的电解质层[37-38,71]。

③ 固态电解质层的力学性能决定了全固态电池的装配及其长期可靠性。硫化固态电解质应该是“软”的，具有可变形的颗粒，玻璃态硫化物具有在玻璃态氧化物和硫化物玻璃之间的杨氏模量[127]。

④ 应该用可量产的方法来制备固态电解质层。

根据目前的报道，已经采用了许多策略来制造硫化物固态电解质层，包括浆料工艺的应用、带支架的固态电解质层、固态电解质薄膜以及硫化物 - 聚合物复合电解质的制备和不同应用。具体的制备方法和应用将在下面的内容中讨论。

6.3.2.1 浆料工艺的应用

硫化物固态电解质的浆料工艺可以有效地应用于硫化物固态电解质层的制备，其中硫化物固态电解质、溶剂和黏结剂的“极性匹配组合”已在前文中进行了总结。用这种方式制备硫化物固态电解质层首先将硫化物固态电解质浆料涂覆在基底上，随后干燥并在某些应用场景下从基底剥离以获得独立的硫化物固态电解质层。

（1）将固态电解质浆料直接涂覆在电极层上

在制备的电极层上直接涂覆硫化物固态电解质浆料是制备电解质层最常规的工艺，利用此方法可改善两层之间的界面性质。

2009 年，Inada 等 [94] 通过简单的涂覆方法制备了电解质层。将 $Li_{3.25}Ge_{0.25}P_{0.75}S_4$ 与 5%（体积分数）的硅橡胶黏结剂制备的浆料涂覆在铝箔上作为电解质 / 铝负极片，随后将其置于正极片上。Ito 等 [95] 在石墨负极表面涂覆固态电解质浆料 [98%（质量分数）的 $80Li_2S$-$20P_2S_5$（摩尔分数）和 2%（质量分数）的碳氢化合物黏结剂溶于二甲苯中]。值得注意的是，他们认为负极和电解质层中如果使用相同的溶解于二甲苯的黏结剂，则不适用于电解质层的湿法涂覆过程，因而选择传统的 PVDF 作为负极黏结剂。Lee 等 [97] 采用溶剂和黏结剂（对二甲苯和 NBR）的适当组合来制备玻璃陶瓷 $75Li_2S$-$25P_2S_5$ 固态电解质层，其离子电导率为 4.2×10^{-4}S/cm，接近压片未处理的 $75Li_2S$-$25P_2S_5$（4.5×10^{-4}S/cm）。

电解质层是通过在正极层表面直接涂覆硫化物浆料 [对二甲苯中 97%（质量分数）的 $75Li_2S$-$25P_2S_5$ 和 3%（质量分数）的 NBR] 来制备的。尽管涂覆过程中正极层被电解质层的溶剂（对二甲苯）润湿，但是由于使用了相同的溶剂和黏结剂，因此干燥后其力学和化学性能没有发生改变。Nam 等 [103] 还在与 NCM622 电极结合前，用刮涂法将二甲苯-NBR 基 Li_6PS_5Cl 浆料直接涂覆在石墨电极上。如图 6-8 所示，Yamamoto 等 [99] 将固态电解质浆料 [在

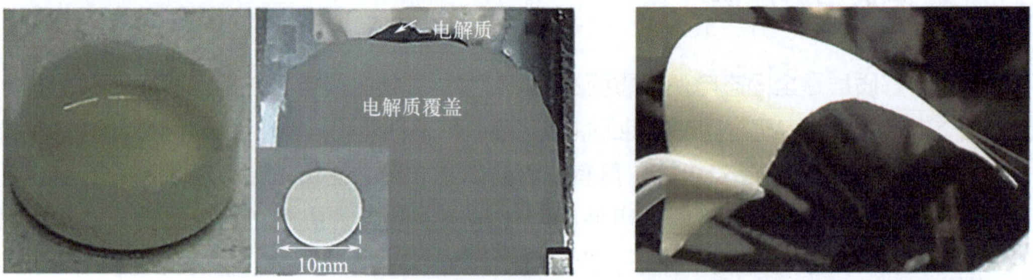

(a) Li_3PS_4-PPC复合浆料与双电层电极片制备

(b) 柔性独立固态电解质层的结构特征

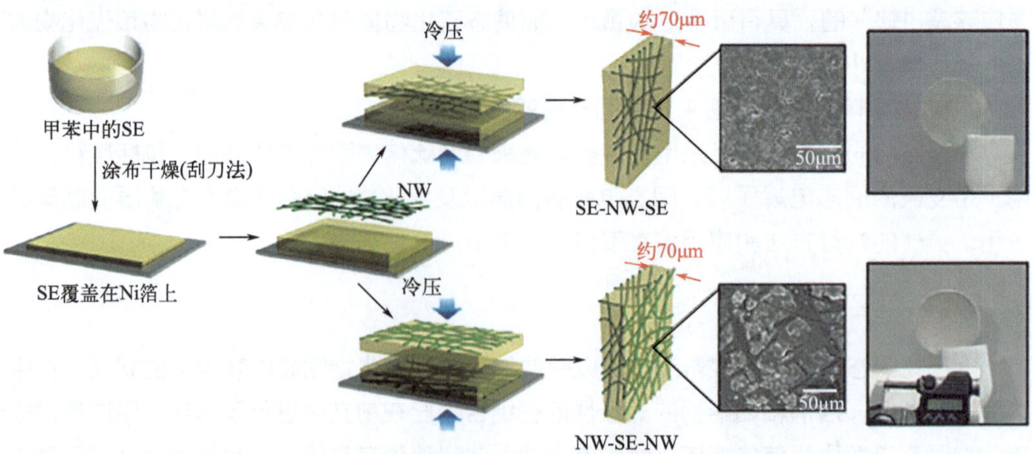

(c) 无纺布-硫化物复合电解质膜的可控结构设计

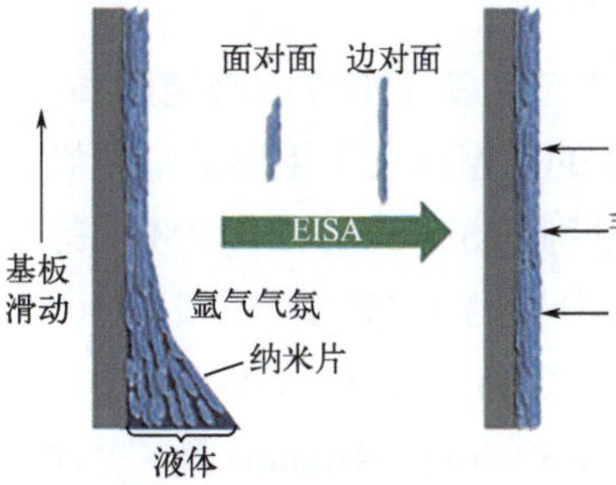

(d) EISA法制备β-Li_3PS_4纳米薄膜的工艺路线

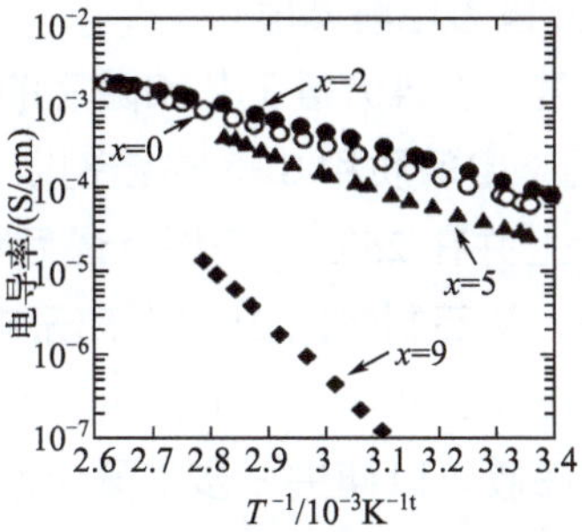

(e) 复合电解质的离子电导率温度响应

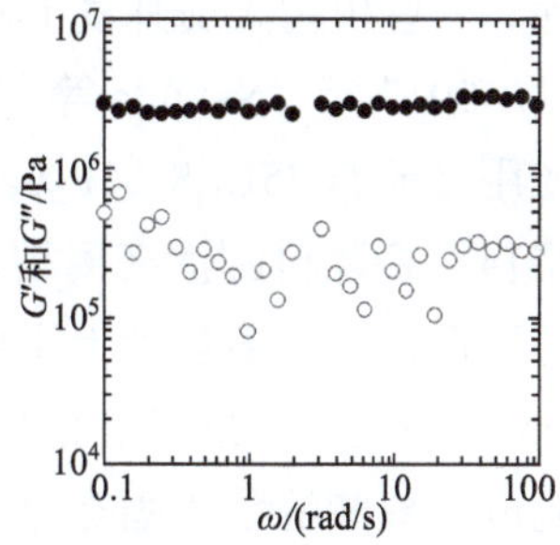

(f) 复合固态电解质的流变性能表征

(g) PEO/ Li_3PS_4复合电解质的原位制备策略

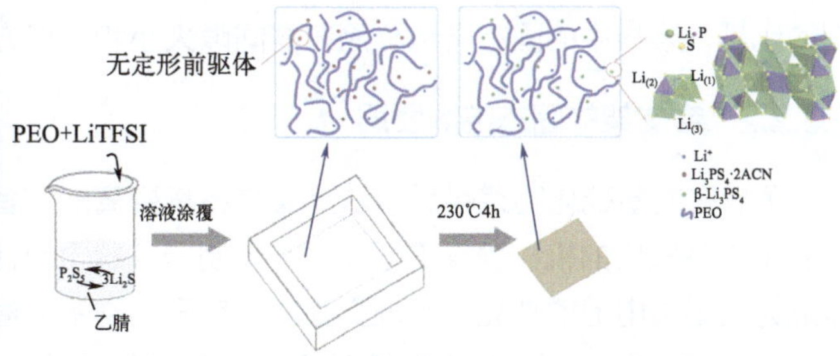

(h) PEO/Li_3PS_4复合电解质的原位制备策略

图 6-8 硫化物固态电解质的多尺度结构设计、制备工艺与性能调控综合研究

[(a)中，左边为 100 Li_3PS_4:3 PPC 的苯甲醚浆料，右边为固态电解质浆料涂覆电极片形成的双层结构；(b)为含 PPC 的固态电解质层宏观形貌与机械柔性展示；(c)显示的是两种结构示意图，分别为固态电解质 - 无纺布 - 固态电解质和无纺布 - 固态电解质 - 无纺布；(d)显示的是氩气环境下的蒸发诱导自组装(EISA)技术流程示意图；(e)显示的是 (100−x)(70Li_2S-30P_2S_5 玻璃)-x(1,4-丁二醇)体系的离子电导率随温度变化的关系；(f)显示的是 77(75Li_2S-25P_2S_5)-23PFPE 的线性流变测试，即 30℃下存储模量(G')与损耗模量(G'')的频率依赖性；(g)显示的是 PEO-LiTFSI-$Li_{10}GeP_2S_{12}$ 复合电解质膜实物照片；(h)显示的是聚合物 - 硫化物电解质膜的一步原位合成过程示意图；FESEM 为场发射扫描电子显微镜；PPC 为聚碳酸丙烯酯；NW 为无纺布；PFPE 为全氟聚醚]

苯甲醚中，Li_3PS_4∶PPC=100∶3（质量比）] 直接刮涂在电极层上，然后在 225℃真空下热处理 30min，去除 PPC，以抑制离子传导的阻碍。Choi 等 [100] 在 $LiNbO_3$ 包覆的 NCM622、非晶 $Li_7P_2S_8I$、导电剂 (Super P) 和 PEP-MNB 黏结剂的复合正极层上涂覆非晶 $Li_7P_2S_8I$ 和聚合物黏结剂 PEP-MNB(质量比为 97∶3) 的庚烷浆料，制备正极 / 电解质双层，随后在 160℃下退火，形成 $Li_7P_2S_8I$ 的玻璃陶瓷相。Lee 等 [101] 在干燥过程之后将电解质浆料（Li_6PS_5Cl∶黏结剂 = 98∶2）直接刮涂在复合电极层上。此外，该电解质层使用羧酸基团（—COOH）改性的 SBS 作为黏结剂，其具有与原始 Li_6PS_5Cl 相同数量级的离子电导率（约 10^{-3}S/cm）。

总之，该方法是将固态电解质浆料湿法涂覆在电极层上，伴随溶剂的去除以及后处理技术以进一步改善离子导电性。值得注意的是，相应的电极层通常使用与电解质层相同的溶剂和黏结剂，以在湿法涂覆过程和干燥过程中保持极片的力学和化学性能。

（2）从剥离片剥离的独立电解质层

尽管将固态电解质层直接涂覆在干燥的电极层上很方便，但是它仍然受到几个技术问题的困扰：a. 大面积电极上难以精确控制固态电解质层的厚度；b. 固态电解质层的力学性能差；c. 在固态电解质浆料的涂覆过程中，电极层和固态电解质层之间存在层间混合 [86]。因此，一些研究人员开发了独立固态电解质层。

2017 年，Sakuda 等 [98] 通过浆料涂覆工艺和随后的剥离工艺制备了独立固态电解质层。使用玻璃态 $75Li_2S-25P_2S_5$ 固态电解质和 SBS 黏结剂以 97∶3 的质量比在苯甲醚溶剂中制备浆料，将浆料刮涂在离型片上并在 25℃下干燥。最后将其分别在 330MPa 和 410MPa 的压力下压制，从离型片上剥离，从而制备出 25℃下离子电导率分别为 1×10^{-4}S/cm 和 2×10^{-4}S/cm 的独立电解质膜。根据 Yamamoto 等 [99] 的研究，也可以将含有 PPC 的固态电解质浆料制成可弯曲的独立固态电解质膜，以便进一步堆叠装配［图 6-8（b）］。Riphaus 等 [102] 通过浆料工艺制备了独立 LSnPS 电解质层，并系统地评估了黏结剂对固态电解质薄层的可加工性、柔韧性、密度和电阻率的影响，还研究了独立固态电解质层制备过程中 LSnPS 与黏结剂的比例、浆料中的固态含量、涂布器间隙大小和压缩方法等可控参数。

6.3.2.2 带支架的固态电解质层

虽然在制备硫化物浆料后湿法涂覆并将其剥离的制备过程易于实现规模化实际应用，但所制备电解质层的机械强度不足以进一步制备片状全电池。因此，在电解质层中加入支架可能成为全固态电池的独立、可堆叠固态电解质层制备的潜在方法。

2009 年，Inada 等 [94] 首次设计了一种独立的硫化物固态电解质层，该电解质层结合了固态电解质和黏附性聚合物网（厚度小于 20μm，开孔面积超过 70%），该黏附性聚合物网的制备方法是将厚度为 3 ～ 5μm 的改性聚对苯二甲酸乙二醇酯 (PET) 包覆在网线表面。不含聚合物的硫化物颗粒占据了聚合物网的开孔，经过高于黏结剂熔点 (T_m) 的热处理后与其紧密结合，从而制备出 100μm 的独立固态电解质层，该电解质层具有足够的机械强度，以支撑进一步的制备过程。此外，这种新方法可以使用两种不同的溶剂，分别用于用黏结剂包覆网线和制备硫化物固态电解质浆料，因此允许使用极性溶剂（对硫化物不稳定）和黏结剂组合，相应地提供了更多的黏结剂候选材料。

2015 年，Nam 等 [96] 通过转印法制备了一种可弯曲的薄型硫化物固态电解质膜，并用机械相容的聚对苯二甲酰对苯二胺（PPTA）无纺布（NW）支架对其进行加固 [96]。制造过程如图 6-8（c）所示，首先将硫化物固态电解质的甲苯浆料涂覆在镍箔上并干燥，随后将该负载固态电解质涂层的镍箔冷压至厚度为 16μm、高孔隙率（70%）和具有较大开孔尺寸（约 40μm）的 NW 基片上，从而将固态电解质层从镍箔上转移到 NW 基片上。所制备的独立固态电解质 -NW- 固态电解质和 NW- 固态电解质 -NW 膜厚度约为 70μm，离子电导率略有下降（Li_3PS_4-NW-Li_3PS_4 为 0.20mS/cm，NW-Li_3PS_4-NW 为 0.16mS/cm）。此外，通过该方法还可以制造出独立的 $Li_{10}GeP_2S_{12}$-Li_3PS_4 双层固态电解质膜（Li_3PS_4-NW-$Li_{10}GeP_2S_{12}$ 或 NW-$Li_{10}GeP_2S_{12}$-Li_3PS_4-NW），以克服 $Li_{10}GeP_2S_{12}$ 与 Li 接触时稳定性差的问题。此外，电极 /(NW-固态电解质 -NW) 界面的离子接触不良可能会降低活性材料的利用率，因此在 NW 支架上涂覆 PEO-LiTFSI，从而得到 PEO-LiTFSI 涂覆的 NW 支架 (pNW)，可提高以 pNW- 固态电解质 -pNW 作为电解质层的 LCO/LTO 电池的容量。2019 年，Xu 等 [128] 将 Li_3PS_4 的甲苯悬浮液滴入 Kevlar 无纺布支架中，然后在真空下干燥过夜，制备出厚度约 100μm 的 Li_3PS_4 薄层。

综上所述，厚度薄、高孔隙率和良好附着力是制备独立、高离子电导率和可弯曲固态电解质层所使用支架的关键因素。此外，还应该考虑其热稳定性、化学稳定性和电化学稳定性，以作为机械兼容的支架为电解质层提供柔韧性。所制备的独立且可弯曲的固态电解质层使得全固态电池的大规模组装成为可能。

6.3.2.3 固态电解质薄膜的制备

为了实现全固态电池的高能量密度，对固态电解质薄膜的需求量很大，但其制造面临着多种困难，缺乏高效、低成本的加工方法。传统的薄膜技术，例如 PLD、原子层沉积和射频磁控溅射等，要求高成本和费时的超高真空条件。此外，这些工艺所制备的硫化物电解质薄膜还面临化学计量比偏差的问题，特别是 Li、P 和 S 等挥发性元素[38]。因此，在溶剂的参与下采用了可扩展的策略，下面将对此进行讨论。

2016 年，Wang 等[37]通过液相合成在 ACN 中合成了 β-Li_3PS_4 纳米片，随后采用 EISA 技术首次制备出超薄 β-Li_3PS_4 膜。采用湿化学反应法合成的 β-Li_3PS_4 纳米片呈现出横向尺寸为 1 ～ 2μm、厚度约为 80nm 的形貌，由于长宽比大，在溶剂蒸发后容易形成薄而致密的膜，如图 6-8（d）所示。所制备的膜厚度在 8 ～ 50μm 之间，可以通过调整悬浮液浓度来控制。此后，Azuma 等[71]进一步应用 EP 作为介质的液相振动法制备了 Li_3PS_4 电解质膜，通过液相振动合成了 Li_3PS_4 悬浮液，并采用胶体工艺，利用电泳沉积（EPD）技术，而后进行热压而制备膜。可控地制备了厚度为 10 ～ 100μm 的均匀薄膜，表现出较高的电导率（室温下为 1.98×10^{-4}S/cm）。2018 年，Hood 等[38]在前人工作的基础上，报道了一种新的、简便的方法来制备具有理想离子电导率的超薄、致密的固态电解质薄膜。将与硫化物共结晶的 THF 与 ACN 进行溶剂交换，是合成形貌可控、厚度约 80nm 的片状 Li_3PS_4-2ACN 的关键，也是制备超薄薄膜的基础。利用 Li_3PS_4-2ACN 制备了（β-Li_3PS_4）-2ACN 的亚微米厚膜，随后在 80℃的真空下进行热处理，并在 200℃的温度下以 200MPa 的压力进行热压，所制备电解质薄膜在 20℃时具有 7.2×10^{-5}S/cm 的离子电导率。

除了液相合成工艺以外，溶液工艺也被广泛用于制备固态电解质薄膜。2013 年，Wang 等[75]报道了一种通过溶液工艺在低温下沉积 $Li_{3.25}Ge_{0.25}P_{0.75}S_4$ 薄膜的新方法。在基底上旋涂 $Li_{3.25}Ge_{0.25}P_{0.75}S_4$ 的无水肼溶液后，在 240℃下退火 30 分钟，以沉积 $Li_{3.25}Ge_{0.25}P_{0.75}S_4$ 薄膜。所制备的薄膜在 30℃下的离子电导率为 1.82×10^{-4}S/cm，锂离子转移数大于 0.999。溶液工艺法可能是在多孔电极上形成薄膜，从而在电极和电解质之间建立良好接触的一种适用方法。Heo 等[90]于 2018 年应用 DEGDME 溶剂通过液相合成，成功制备了 Li_3PS_4 薄膜。通过将可溶性多硫化物与 P_2S_5 之间的化学反应制得的固态电解质的 DEGDME 溶液涂覆在直径 15mm 的锂片上并进行热处理（在真空中 2h，在 140℃真空炉中 12h），以形成固态电解质层（厚度约为 50μm），该电解质膜离子电导率约为 10^{-7}S/cm，并证明其与锂金属具有良好的界面接触性。

基于硫化物的固态电解质薄膜的制备，可以通过液相合成法（制备具有所需形貌的硫化物以形成薄而致密的膜）以及溶液工艺来实现。这些新方法方便、成本低且高效，可进一步应用于硫化物基电解质薄膜的大规模生产。

6.3.2.4 硫化物-聚合物复合电解质

由聚合物电解质和无机填料（如无机固态电解质）组成的复合固态电解质引起了人们巨

大的兴趣，其中以氧化物固态电解质为活性填料的复合固态电解质已被广泛报道，它具有较高的室温离子电导率 (10^{-4}S/cm)、高机械稳定性、高化学稳定性和优异的加工性能[129]。接下来将讨论含有硫化物固态电解质的复合固态电解质，可分为以硫化物为主体和以聚合物为主体两类。

（1）以硫化物为主体的复合固态电解质

硫化物固态电解质是单离子导体，具有高离子电导率（超过 10^{-4}S/cm）[5-7]，是很有前途的全固态电池电解质。然而，硫化固态电解质与活性材料之间的低附着力阻碍了它的进一步应用，这可能会导致充放电过程中的接触损失。因此，研究了硫化物固态电解质与黏性聚合物固态电解质的结合。

Hayashi 等[130-131] 首先利用 $70Li_2S$-$30P_2S_5$ 玻璃和低聚物 [例如二甘醇、聚乙二醇、聚乙二醇二甲醚和链长不同的链烷二醇 $HO(CH_2)_nOH$ 等]，通过机械化学方法合成了硫化物 - 聚合物复合电解质。根据傅里叶变换红外光谱（FT-IR）和拉曼光谱分析，说明了 P—O—C 键的形成，证实了硫化物与聚合物之间的反应。如图 6-8（e）所示，烷二醇的比例对复合电解质的电导率有影响，因为高比例的绝缘性烷二醇会降低 Li^+ 的浓度并阻止连续的 Li^+ 传导路径。烷二醇的链长也影响复合电解质电导率的提高，链长较短的烷二醇导电效果较好。2%（摩尔分数）1,4- 丁二醇的复合电解质表现出 9.7×10^{-5}S/cm 的室温离子电导率[130]，使用乙二醇的复合电解质 ($n = 2$) 在室温下表现出 1.1×10^{-4}S/cm 的最高电导率[131]，远高于原始玻璃相的离子电导率 (室温下 6.3×10^{-5}S/cm)。复合电解质电导率的提高可能是由于 T_g 的降低。

Blanga 等[132] 通过低成本的 EPD 方法从基于丙酮的悬浮液中制备了含 25% ～ 50%（质量分数）聚合物的复合 LSnPS/PEO-LiI 薄膜。在所制备的膜中，PEO-LiI 电解质填充在陶瓷颗粒之间的空隙中，可以抑制多硫化物的穿梭和锂枝晶形成，因此被认为是 Li/S 电池中多硫化物阻挡层的可能候选材料。

Villaluenga 等[133] 总结了复合电解质中聚合物的类型，认为单离子导电聚合物电解质既不会阻断 Li^+ 导电路径，也不会降低复合后硫化物固态电解质的单离子传导性能。通过硫化物玻璃 ($75Li_2S$-$25P_2S_5$)、羟基端化全氟聚醚 (PFPE)- 二醇和 LiTFSI 之间的机械化学反应，用球磨法合成了单离子导电的复合固态电解质。最终制备的复合固态电解质 $77(75Li_2S$-$25P_2S_5)$-23PFPE 可以用手工压制成 150μm 甚至更薄的膜，具有如图 6-8（f）所示的弹性固体特征，表现出更好的黏结性能 (低剪切模量 2.6MPa)，接近于玻璃态硫化物的高离子电导率（室温下约为 10^{-4}S/cm），接近于 1 的锂离子转移数，以及较宽的电化学稳定窗口（高达 5V）。

2018 年，Xu 等[134] 通过原位液相合成法，合成了具有优良界面相容性的用于全固态电池的 $Li_7P_3S_{11}$/PEO 复合固态电解质。将不同比例的 Li_2S、P_2S_5、PEO 和 $LiClO_4$ 在 ACN 中搅拌 72h，随后干燥以制备 PEO-$LiClO_4$ 层包裹的 $Li_7P_3S_{11}$ 复合电解质。所合成最佳比例为 3%（质量分数）PEO-$LiClO_4$ 的复合电解质表现出最高的电导率（室温下为 2.1mS/cm），其中 PEO-$LiClO_4$ 用作 $Li_7P_3S_{11}$ 颗粒之间的导电桥。此外，PEO-$LiClO_4$ 抑制了固态电解质与锂之间的反应，从而提高了与锂的界面稳定性。

Pang 等[135]通过两步法制备了一种结构合理的复合电解质膜，用于金属锂的界面保护。首先，由致密的 β-Li_3PS_4 框架提供 Li^+ 导电路径，通过液相合成、刮涂、干燥和压制合成。其次，通过旋涂让稀释的聚二甲基硅氧烷溶液与固化剂渗入 β-Li_3PS_4 框架，并经热交联反应，填补了其空隙防止了电解液的直接渗透，并提供了结构的灵活性。该合理设计的复合电解质膜具有快速的单离子传导通道，可抑制电解质膜下的锂枝晶生长。

2019 年，Zhang 等[136]提升了 PEO 复合的 Li_6PS_5Cl 固态电解质的电化学性能、力学性能和界面稳定性。将预先合成的 Li_6PS_5Cl 和 PEO(不同质量比) 在无水 ACN 中充分复合，并在 60℃下干燥。原始的 Li_6PS_5Cl 具有最高的离子电导率（在 25℃下为 1.30×10^{-3}S/cm），当 PEO 含量为 5% ～ 20%（质量分数）时，离子电导率降低 1 ～ 3 个数量级。在 Li_6PS_5Cl 中添加 PEO 提供了更强的力学性能和与锂的稳定界面，最佳复合比例是 5%（质量分数）的 PEO。

基于上述报道，聚合物的添加旨在改善硫化物固态电解质的力学性能，从而获得紧密的电极 - 电解质界面，并增加黏附力，但应考虑添加聚合物的类型。在添加不含盐的聚合物时，离子电导率会急剧下降，因为绝缘聚合物会阻碍 Li^+ 导电路径。加入低比例聚合物的复合电解质，离子电导率不会有明显下降，而力学性能的改善则相当有限[130,136]。复合电解质的总离子电导率可能会随着盐的加入而提高，如 PEO-LiTFSI，但无机电解质的单离子传导性能会因此降低，同时常规双离子导体聚合物电解质与单离子导体之间存在较大的界面阻抗[137]。因此，含盐的单离子导电聚合物是与硫化物固态电解质结合的合适聚合物，通过该聚合物，复合电解质可以表现出高离子电导率，以及接近于 1 的锂离子转移数和改善的机械柔韧性[133]。

（2）以聚合物为主体的复合固态电解质

除上文所述的在硫化物中加入聚合物外，还有研究者将硫化物固态电解质分散到聚合物固态电解质中，以制备具有更高离子电导率和更优电化学稳定性的复合固态电解质。

2015 年，Zhao 等[138]首次将 $Li_{10}GeP_2S_{12}$ 硫化物固态电解质加入 PEO 基质中，以制造复合聚合物电解质膜。将 PEO 和 LiTFSI 复合并溶解在 ACN 中，分别加入预合成的具有不同质量分数（1%、5% 或 10%）的 $Li_{10}GeP_2S_{12}$ 粉末，然后采用常规的溶液浇铸技术，干燥后制备复合电解质膜 (150 ～ 200μm 厚度)［图 6-8（g）］。所制备的具有最佳 1%$Li_{10}GeP_2S_{12}$ 含量的电解质表现出最大的离子电导率（25℃时为 1.18×10^{-5}S/cm），这可能与抑制结晶和降低锂离子与 PEO 链之间的相互作用有关。该课题组也通过同样的方法成功制备了 PEO-LiTFSI-1%$Li_{10}GeP_2S_{12}$-10%SN（SN 为丁二腈），25℃时离子电导率为 9.1×10^{-5}S/cm[139]。随后，无机电解质 [$Li_{10}GeP_2S_{12}$ 和 75Li_2S-24P_2S_5-1P_2O_5（LPOS）] 也作为活性填料掺入 PEO 基质中[140]。室温下，最佳比例的复合电解质 PEO-1%$Li_{10}GeP_2S_{12}$ 和 PEO-1%LPOS 的电导率分别为 1.60×10^{-5}S/cm 和 1.18×10^{-5}S/cm。离子电导率的提高应归因于活性填料的掺入，其抑制了聚合物的结晶，从而扩大了聚合物的无定形范围。

纳米尺寸的填料具有较大的比表面积，因此改善离子电导率，但是纳米尺寸的颗粒往往会聚集在一起。因此，Chen 等[141]提出了一种新的方法，即通过原位液相合成在 PEO 基体中

均匀分布的纳米 Li_3PS_4 填料，制备复合固态电解质[141]。如图 6-8（h）所示，将 Li_3PS_4 的前驱体 (Li_2S 和 P_2S_5) 分散在 ACN 中，与 PEO 和 LiTFSI 复合，随后在 230℃下进行浇铸和退火。原位制备的含 2%（体积分数）Li_3PS_4 的复合电解质比直接复合预合成 Li_3PS_4 的 PEO 具有更高的离子电导率 (60℃时为 8.01×10^{-4}S/cm)。

Zhang 等[136] 通过原位聚合成功合成出了聚碳酸乙烯酯和 LSnPS 固态电解质的复合材料。将 3%（质量分数）的 LSnPS 分散在二氟（草酸酯）硼酸酯和偶氮二异丁腈引发剂的碳酸亚乙烯酯溶液中，将其注入纤维素分离器中，随后在 60℃下热处理 120h 以确保完全聚合。所制备的复合材料固态电解质在室温下离子电导率约为 2×10^{-4}S/cm，在电极 - 电解质界面处紧密接触。

总之，将少量硫化物固态电解质均匀分布到聚合物基质中，制备出了上述复合固态电解质。由于硫化物活性填料抑制了聚合物的结晶，从而有效提高了离子电导率。

6.3.3 液相参与的基于硫化物全固态电池的加工

图 6-9 比较了传统的锂离子电池和全固态电池在原电池、电池组和电池包层面提高能量密度的潜力，可以看出两者之间存在巨大差异[142]。在传统的锂离子电池中，液体电解质浸没电池的所有组件，从而在堆叠的电池组内部形成并联连接。相比之下，在全固态电池中，固态电解质可实现双极结构，形成各个单电池互相串联的堆叠方式，从而大大提高电池电

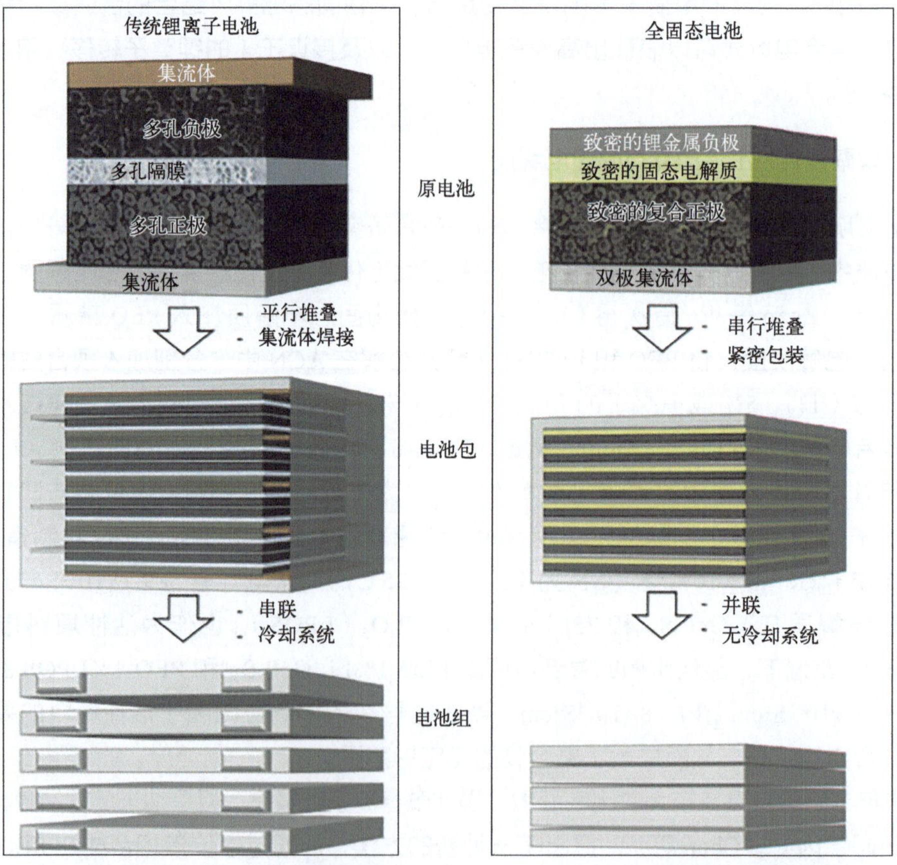

图 6-9 传统的锂离子电池和全固态电池在原电池、电池组和电池包层面提高能量密度的潜力比较[142]

压，并通过减少集流体的数量来优化电池的封装设计。另外，由于没有易燃的有机电解质，全固态电池无须冷却系统。然而，基于硫化物固态电解质的全固态电池从实验室研究到工业化量产仍面临巨大的挑战，真正尝试利用可规模化生产的工艺所制备的全固态电池寥寥无几，总结如下。

2009 年，Inada 等[94]首次构建了使用 $Li_{3.25}Ge_{0.25}P_{0.75}S_4$ 固态电解质的全固态电池[94]。在 $Li\text{-}Al/Li_{3.25}Ge_{0.25}P_{0.75}S_4/Mo_6S_8$ 体系的基础上，通过以下四个步骤制造尺寸为 30mm×30mm 的片状电池。

① 在集流体上进行正极制备，将用 Mo_6S_8、Thio-LISICON 型 $Li_{3.25}Ge_{0.25}P_{0.75}S_4$ 电解质和碳添加剂 (AB) 按 70∶30∶3.5 的质量比球磨得到的正极混合物涂覆在铝箔或网状集流体上；

② 正极 - 电解质堆积，其中将用 $Li_{3.25}Ge_{0.25}P_{0.75}S_4$ 和 5%（体积分数）的硅橡胶黏结剂制备的庚烷浆料直接涂覆在铝箔上以形成电解质 / 负极 - 铝片，然后堆积在正极上；

③ 在 100MPa 下，于 100℃下烧结电池，使其接触更紧密，锂离子传导性更高；

④ 封装。

另外，可使用黏附性强的聚合物网作为支架制备 100μm 的独立电解质膜，用于制备全固态电池。Ito 等[95]在 2014 年采用电极作为基材构建了 88mm×53mm 电极有效面积的具有实用尺寸的全固态电池。如图 6-10（a）所示，制备的 $Li_2O\text{-}ZrO_2$ 包覆的 $LiNi_{0.8}Co_{0.15}Al_{0.05}O_2/80Li_2S\text{-}20P_2S_5$（摩尔分数）/ 人造石墨单电池在 25℃和 60℃下循环 100 次后的容量保持率分别为初始容量的 82% 和 85%，这有力地证明了基于硫化物全固态电池的高温稳定性，因此其适用于电动汽车和储能系统。同时，该研究者还通过堆叠的电池（三个单电池并联堆叠）构建了一个 1A · h 级的电池。Lee 等[97]将由 97%（质量分数）的 $75Li_2S\text{-}25P_2S_5$ 和 3%（质量分数）的 NBR 黏结剂分散在对二甲苯溶剂中组成的固态电解质浆料，通过湿法涂布直接涂布在制备好的复合正极 - 集流层上，然后放置铟和锂箔。如图 6-10（b）所示，基于浆料的全固态电池的制造工艺与基于干混的全固态电池的制造工艺不同，与基于干混的全固态电池相比，基于浆料的电池组分在电极 / 电解质膜中的分散更为均匀，这有赖于黏结剂和溶剂的适当组合。

Sakuda 等[98]将正极、负极和独立的固态电解质膜这三个独立的层组合在一起，制成了全固态电池。在作为离型片的铜箔上进行湿式涂布，后经干燥、压制剥落而制备成独立的固态电解质片，将其夹在正极和负极复合电极之间，并在 25℃、330MPa 下压制，以用于电池构建。在 10 次循环之后，该片状全固态全电池的横截面 SEM 图像相对致密 [图 6-10（c）]。Oh 等人[70]利用单步湿化学合成法制备的电极和固态电解质 -NW 复合膜 (约 70μm)[96]组装出了 NCM622/ 石墨全固态电池，如图 6-10（d）所示。由于所制备的电极和电解质层具有可弯曲性，该制备方法为实际生产全固态电池的卷对卷工艺提供了启示。Yamamoto 等[99]将正 / 负电极和固态电解质膜堆叠放置，所使用的黏结剂 / 溶剂体系为 PPC/ 苯甲醚，而后通过热处理将黏结剂从三层板中去除，以保证良好的离子传输。

Nam 等[103]将固态电解质浆料湿法涂覆在石墨电极上，后与 NCM622 电极结合。制成的 80mm×60mm 软包电池可提供 112mA · h/g 的首周放电容量，并在 0.025*C* 时具有稳定的循环性能。用剪刀切割并在 111℃的加热板上加热 1h 以上，评估软包 NCM622/ 石墨全固态电池的安全性能，其表现出了机械稳固性和热稳定性 [图 6-10（e）]。

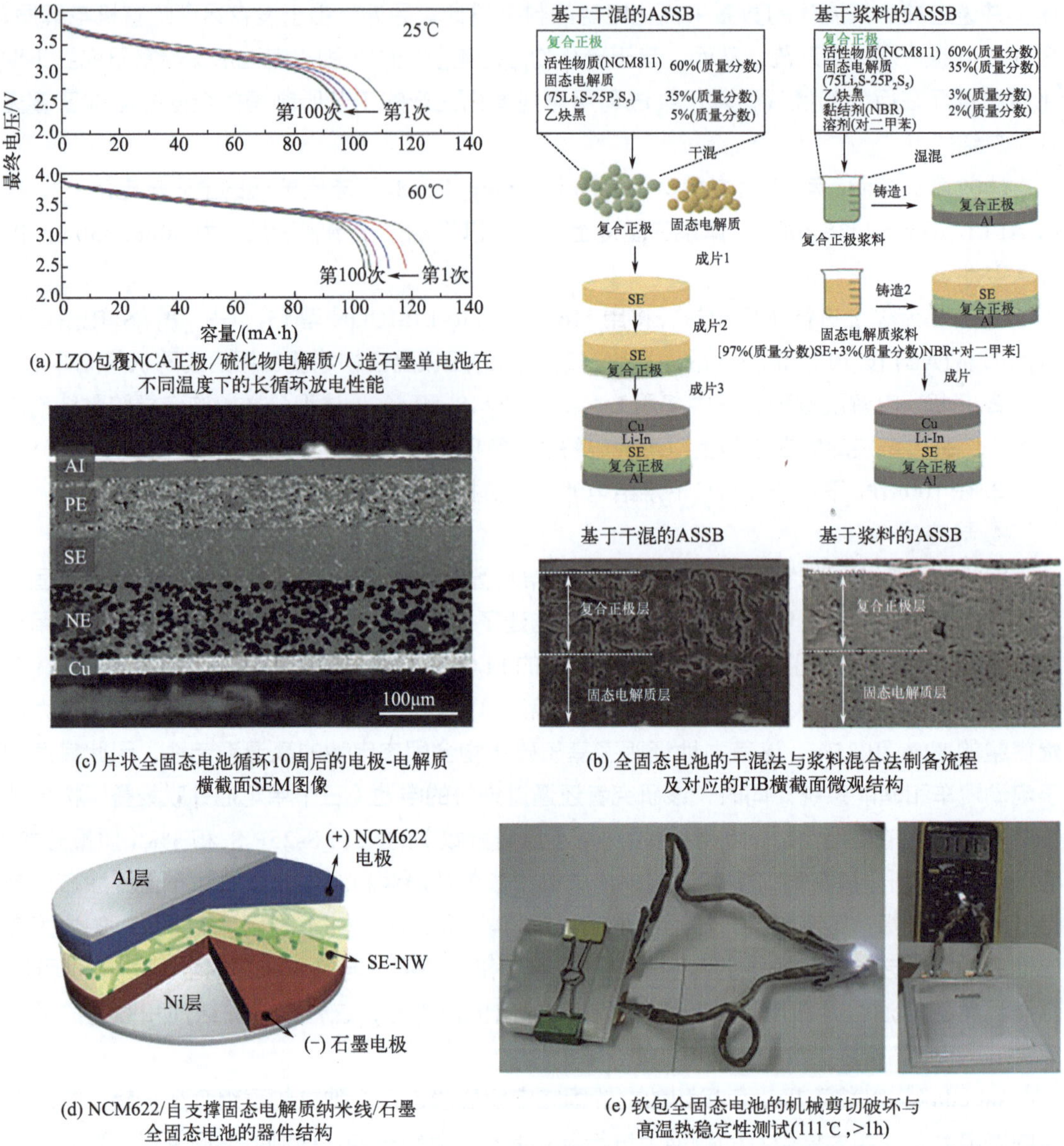

(a) LZO包覆NCA正极/硫化物电解质/人造石墨单电池在不同温度下的长循环放电性能

(b) 全固态电池的干混法与浆料混合法制备流程及对应的FIB横截面微观结构

(c) 片状全固态电池循环10周后的电极-电解质横截面SEM图像

(d) NCM622/自支撑固态电解质纳米线/石墨全固态电池的器件结构

(e) 软包全固态电池的机械剪切破坏与高温热稳定性测试(111℃,>1h)

图 6-10 全固态电池的电极 - 电解质界面设计、循环性能及安全性研究

（PE 为正极；NE 为负极）

基于上述报道，通过液相参与制备基于硫化物电解质全固态电池的工艺包括固态电解质层制备、负极制备、复合正极制备和电池组装，其制备参数详见表 6-9。

负极分为复合电极和锂基负极。后者可以通过箔片加工、熔融加工、基于蒸气的加工和电镀等方法 [142] 制备，在此不做详细介绍，而复合负极可以通过浆料工艺和随后的湿法涂覆来制备，与复合正极的制备相同。通过湿法工艺制备复合电极包括 Schnell 等 [142] 总结的三个步骤 [图 6-11（a）]:

① 各组分混合；

② 层形成，这是一种湿法涂覆工艺，将硫化物浆料直接涂覆到集流体上，而后去除溶剂；

③ 层压实，对于复合有柔软硫化物固态电解质的复合电极，建议采用压延法。

固态电解质分隔层的制备包括复合混合、层形成和层压实，可以直接涂覆在电极上[94-95,97,103]，也可以制备成可弯曲的、独立的固态电解质层[70,94,98-99]，具体取决于电池的设计，如图 6-11（b）所示。

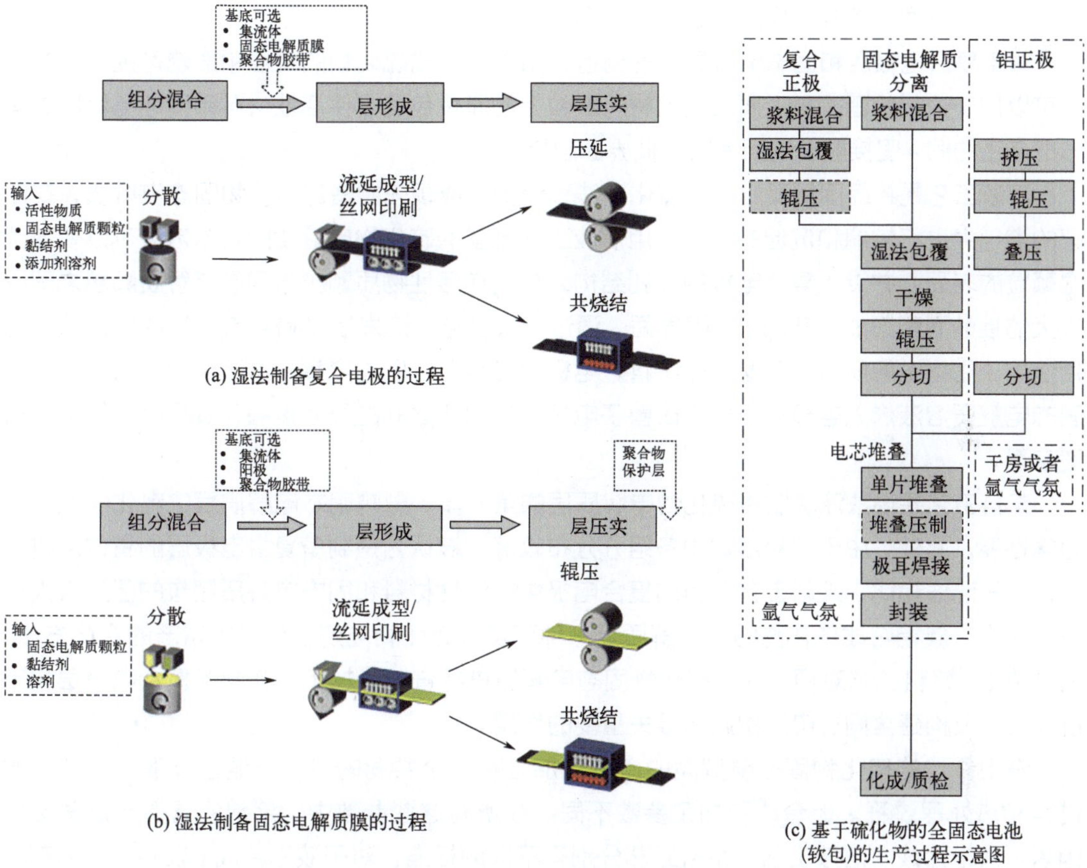

图 6-11　复合电极、固态电解质膜及全固态电池的生产过程示意图[142]

在全固态电池的各个部件制备完成后，进行电池组装，组装过程包括层切割、电池堆叠、堆叠压制、电池各层紧密接触和电池包装等，Schnell 等[142]大致概述了这些过程。

图 6-11（c）展示了接近于传统锂离子软包电池工艺路线的制备硫化物全固态电池的可行方法，而 Kim 等[97]将硫化物电解质溶液渗入传统锂离子电池极片[117]，与独立且可弯曲的固态电解质 -NW 膜 (约 70μm) 相结合，制备基于硫化物的全固态电池。与硫化物 -NW 独立电解质装配出的 Li_6PS_5Cl 渗透的 LCO/Li_6PS_5Cl/ 石墨全固态电池，在 30℃、2.0 ～ 4.2V 测试电压之间、0.1 *C* 倍率（0.14mA/cm^2）下表现出 94mA · h/g 的首周放电容量。尽管与传统的液态锂离子电池相比，所制备的全固态电池的电化学性能并不优异，但这种将固态电解质溶液渗透电极与可弯曲的超薄固态电解质 -NW 独立膜的概念验证，为全固态电池的大规模制备带来了新的启发。以此方式，传统液态锂离子电池的制备工艺可以完全适用于全固态电池的生产，将硫化物固态电解质溶液注入预组装的电极 - 隔膜组件中，随后除去溶剂将其

固化，并通过压实进行致密化。

综上所述，液相参与的方法有望实现基于硫化物的固态电解质和全固态电池的大规模生产。本章全面总结了目前液相参与的基于硫化物固态电解质的材料合成以及复合电极层 / 电解质层和全固态电池的加工方法，分为液相合成、溶液工艺和浆料工艺。液相合成法可在温和条件下通过溶剂型湿化学反应实现硫化物固态电解质的低成本量产。固态电解质颗粒的大小和形貌可以通过控制程序的参数来进行调控。

对于复合电极层和固态电解质层的制备，由于所合成硫化物的粒径和形貌可控，液相合成可以用于硫化物固态电解质在活性材料颗粒上的原位包覆，使活性材料和固态电解质之间形成亲密的固 - 固接触，从而有效降低界面阻抗。

溶液工艺是将经固相反应、机械化学法和液相合成预先制备的硫化物固态电解质，在匹配的溶剂中进行溶解和沉淀的过程。用溶液工艺制备的硫化物电解质的均匀溶液可以有效润湿颗粒的表面，并渗入复合电极的多孔结构，从而在活性物质颗粒与固态电解质颗粒之间以较大的接触面积形成有利的固 - 固界面。通过溶液工艺，启发了制备复合电极的新方法，包括使用硫化物电解质溶液包覆活性材料，电极中各组分在固态电解质溶液中的湿法混合以及固态电解质溶液渗入电极层，由于改善了电极与电解质之间的界面接触，其具有了较高的可逆容量。

浆料工艺是湿法涂覆制备硫化物电解质层的第一步，影响固态电解质层的电化学性能和力学性能。此外，由于浆料湿混中各组分分布较好，被认为是制备复合电极层的有效混料方法。与干混法相比，浆料工艺制备的复合电极中，活性材料和固态电解质颗粒的团聚大大减少。总之，液相合成硫化物固态电解质是一种可实现硫化物电解质低成本量产的合成方法，通过溶液 / 浆料工艺对预合成的硫化物固态电解质进行进一步加工，在制备复合电极层和电解质层以及构建全固态电池中起着至关重要的作用。

液相参与的硫化物固态电解质的合成和加工有三个共同的过程：混合过程、溶剂蒸发过程和热处理过程。但合成和加工参数不同。在所有这些参数中，溶剂的选择是最关键的因素，液相合成、溶液工艺、浆料工艺分别有不同的标准。对于液相合成 (表 6-1)，溶剂应是非质子的，以避免硫化物与溶剂分子之间的水解反应，并应有适当的极性以调控湿化学反应程度。此外，为了降低溶剂蒸发过程中的能源成本，需要使用低沸点的溶剂，用于液相合成的大多数溶剂的沸点都低于 100℃。对于硫化物固态电解质的溶液工艺，目前仅报道了少数硫化物电解质 - 溶剂的组合，包括 $Li_{3.25}Ge_{0.25}P_{0.75}S_4$- 无水肼 [75]、$Li_3PS_4$-NMF[39,76-77]、$Li_6PS_5X$(X=Cl,Br,I)-EtOH(结合 EP/ACN/EA/THF)[62-64,81-85]、无磷硫化物 - 水 /MeOH[88]。对于硫化物固态电解质的浆料工艺（表 6-2），溶剂要求为无极性或低极性溶剂，通常选择甲苯、正庚烷、二甲苯和苯甲醚等。溶剂的蒸气压会影响硫化物固态电解质的成膜和表面粗糙度，目前使用的溶剂沸点集中于 98.5 ～ 155℃。

然而，现有技术中液相参与的合成和加工方法仍有许多不足之处有待改进。硫化物固态电解质在液相参与加工后电导率降低是最严重的缺点，这可能是由于残留物（如不完全反应物和残留的溶剂）和副产物的存在，以及硫化物固态电解质在热处理温度降低时结晶度低所造成的。考虑到液相参与加工方法在硫化物复合电极层、电解质层和全固态电池制备中的进一步应用，需要进一步探索在温和热处理温度下可实现相对较高离子电导率的硫化物固态电解质。这对于避免活性材料和硫化物电解质间在高温下发生不良的副反应而形成高阻抗界面层[63,83]，以及电极元件（如黏结剂）的热不稳定性问题[117]具有重要意义。同时，从实际应用的角度来看，溶剂的毒性和成本可能会阻碍液相参与硫化物固态电解质合成和加工的进一步应用，因此，与硫化物兼容的更具环境友好性的溶剂亟待探索和开发。

另一方面，基于硫化物全固态电池的实际应用，还存在许多内在问题需要解决，包括硫化物电解质在空气中的化学稳定性、电化学稳定性、与电极活性材料的兼容性等。在湿空气中化学稳定性差是硫化物固态电解质最显著的缺点，即硫化物会与空气中的水分发生水解生成有害的 H_2S 气体，这会加速硫化物的分解，引起安全问题并增加加工成本[8]。较低的电化学稳定性是硫化物固态电解质的另一个挑战，这直接限制了其在采用高压正极和锂金属负极的高能量密度全固态电池体系中的应用[12]。此外，全固态电池能否成功应用还取决于固态电解质与电极［例如锂金属负极和高压过渡金属氧化物正极（Li_xMO_2）］之间是否具有兼容性。对于锂金属与硫化物固态电解质，最紧迫的问题是锂枝晶沿硫化物晶界[143]甚至是体相内[144]的生长，以及硫化物 / 金属锂界面的化学不稳定性[12]。对于正极部分，由于不理想的固 - 固接触和界面层的形成，未经处理的 Li_xMO_2 正极在硫化物全固态电池中表现出较低的容量和较高的界面阻抗，这可归因于硫化物固态电解质较低的电化学稳定性[9]以及电极材料和硫化物电解质界面的电化学反应[13]、空间电荷层[107]、原子间扩散[108]、晶格失配[107]等问题。

参考文献

[1] Placke T，Kloepsch R，Dühnen S，et al. Lithium ion，lithium metal，and alternative rechargeable battery technologies：The odyssey for high energy density [J]. Journal of Solid State Electrochemistry，2017，21（7）：1939-1964.

[2] Wang Q，Jiang L，Yu Y，et al. Progress of enhancing the safety of lithium ion battery from the electrolyte aspect [J]. Nano Energy，2019，55：93-114.

[3] Wu T H，Zhang Y，Althouse Z D，et al. Nanoscale design of zinc anodes for high-energy aqueous rechargeable batteries [J]. Materials Today Nano，2019，6：100032.

[4] Janek J，Zeier W G. A solid future for battery development [J]. Nature Energy，2016，1（9）：1-4.

[5] Kanno R，Murayama M. Lithium ionic conductor thio-LISICON：The Li_2S-GeS_2-P_2S_5 system [J]. Journal of The Electrochemical Society，2001，148（42）：742.

[6] Kamaya N，Homma K，Yamakawa Y，et al. A lithium superionic conductor [J]. Nature Materials，2011，10（9）：682-686.

[7] Kato Y，Hori S，Saito T，et al. High-power all-solid-state batteries using sulfide superionic conductors [J]. Nature Energy，2016，1（4）：1-7.

[8] Muramatsu H，Hayashi A，Ohtomo T，et al. Structural change of Li_2S-P_2S_5 sulfide solid electrolytes in the atmosphere [J]. Solid State Ionics，2011，182（1）：116-119.

[9] Han F，Zhu Y，He X，et al. Electrochemical stability of $Li_{10}GeP_2S_{12}$ and $Li_7La_3Zr_2O_{12}$ solid electrolytes [J]. Advanced Energy Materials，2016，6（8）：1501590.

[10] Richards W D, Miara L J, Wang Y, et al. Interface stability in solid-state batteries [J]. Chemistry of Materials, 2016, 28 (1) : 266-273.

[11] Nagao M, Hayashi A, Tatsumisago M, et al. In situ SEM study of a lithium deposition and dissolution mechanism in a bulk-type solid-state cell with a Li_2S-P_2S_5 solid electrolyte [J]. Physical Chemistry Chemical Physics, 2013, 15 (42) : 18600-18606.

[12] Zhu Y, He X, Mo Y. Origin of outstanding stability in the lithium solid electrolyte materials: Insights from thermodynamic analyses based on first-principles calculations [J]. ACS Applied Materials & Interfaces, 2015, 7 (42) : 23685-23693.

[13] Tian Y, Shi T, Richards W D, et al. Compatibility issues between electrodes and electrolytes in solid-state batteries [J]. Energy & Environmental Science, 2017, 10 (5) : 1150-1166.

[14] Sakuda A, Hayashi A, Tatsumisago M. Interfacial observation between $LiCoO_2$ electrode and Li_2S-P_2S_5 solid electrolytes of all-solid-state lithium secondary batteries using transmission electron microscopy [J]. Chemistry of Materials, 2010, 22 (3) : 949-956.

[15] Yao X, Huang B, Yin J, et al. All-solid-state lithium batteries with inorganic solid electrolytes: Review of fundamental science [J]. Chinese Physics B, 2016, 25 (1) : 18802.

[16] Saienga J, Martin S W. The comparative structure, properties, and ionic conductivity of LiI + Li_2S + GeS_2 glasses doped with Ga_2S_3 and La_2S_3 [J]. Journal of Non-Crystalline Solids, 2008, 354 (14) : 1475-1486.

[17] Wu F, Fitzhugh W, Ye L, et al. Advanced sulfide solid electrolyte by core-shell structural design [J]. Nature Communications, 2018, 9 (1) : 4037.

[18] Fitzhugh W, Wu F, Ye L, et al. A high - throughput search for functionally stable interfaces in sulfide solid - state lithium ion conductors [J]. Advanced Energy Materials, 2019, 9 (21) : 1900807.

[19] Chen R J, Huang M, Huang W Z, et al. Sol-gel derived Li-La-Zr-O thin films as solid electrolytes for lithium-ion batteries [J]. Journal of Materials Chemistry A, 2014, 2 (33) : 13277-13282.

[20] Tadanaga K, Egawa H, Hayashi A, et al. Preparation of lithium ion conductive Al-doped $Li_7La_3Zr_2O_{12}$ thin films by a sol-gel process [J]. Journal of Power Sources, 2015, 273: 844-847.

[21] Bitzer M, Van Gestel T, Uhlenbruck S, et al. Sol-gel synthesis of thin solid $Li_7La_3Zr_2O_{12}$ electrolyte films for Li-ion batteries [J]. Thin Solid Films, 2016, 615: 128-134.

[22] Chen R J, Zhang Y B, Liu T, et al. Improvement of the conductivity of sol-gel derived Li-La-Zr-O thin films by the addition of surfactant [J]. Ceramics International, 2017, 43: S603-S608.

[23] Huang X, Lu Y, Jin J, et al. Method using water-based solvent to prepare $Li_7La_3Zr_2O_{12}$ solid electrolytes [J]. ACS Applied Materials & Interfaces, 2018, 10 (20) : 17147-17155.

[24] Liu X, Fu J, Zhang C. Preparation of NASICON-type nanosized solid electrolyte $Li_{1.4}Al_{0.4}Ti_{1.6}(PO_4)_3$ by evaporation-induced self-assembly for lithium-ion battery [J]. Nanoscale Research Letters, 2016, 11 (1) : 551.

[25] Bonizzoni S, Ferrara C, Berbenni V, et al. NASICON-type polymer-in-ceramic composite electrolytes for lithium batteries [J]. Physical Chemistry Chemical Physics, 2019, 21 (11) : 6142-6149.

[26] Zhang M, Takahashi K, Imanishi N, et al. Preparation and electrochemical properties of $Li_{1+x}Al_xGe_{2-x}(PO_4)_3$ synthesized by a sol-gel method [J]. Journal of the Electrochemical Society, 2012, 159 (7) : 1114.

[27] Duan H, Fan M, Chen W P, et al. Extended electrochemical window of solid electrolytes via heterogeneous

multilayered structure for high-voltage lithium metal batteries [J]. Advanced Materials, 2019, 31 (12) : 1807789.

[28] Yan X, Li Z, Wen Z, et al. Li/$Li_7La_3Zr_2O_{12}$/$LiFePO_4$ all-solid-state battery with ultrathin nanoscale solid electrolyte [J]. Journal of Physical Chemistry C, 2017, 121 (3) : 1431-1435.

[29] Minami K, Mizuno F, Hayashi A, et al. Lithium ion conductivity of the Li_2S-P_2S_5 glass-based electrolytes prepared by the melt quenching method [J]. Solid State Ionics, 2007, 178 (11) : 837-841.

[30] Hayashi A, Yamashita H, Tatsumisago M, et al. Characterization of Li_2S-SiS_2-Li_xMO_y (M=Si, P, Ge) amorphous solid electrolytes prepared by melt-quenching and mechanical milling [J]. Solid State Ionics, 2002, 148 (3) : 381-389.

[31] Kim Y, Martin S W. Ionic conductivities of various GeS_2-based oxy-sulfide amorphous materials prepared by melt-quenching and mechanical milling methods [J]. Solid State Ionics, 2006, 177 (33) : 2881-2887.

[32] Hayashi A, Hama S, Minami T, et al. Formation of superionic crystals from mechanically milled Li_2S-P_2S_5 glasses [J]. Electrochemistry Communications, 2003, 5 (2) : 111-114.

[33] Seino Y, Nakagawa M, Senga M, et al. Analysis of the structure and degree of crystallisation of $70Li_2S$-$30P_2S_5$ glass ceramic [J]. Journal of Materials Chemistry A, 2015, 3 (6) : 2756-2761.

[34] Ohara K, Mitsui A, Mori M, et al. Structural and electronic features of binary Li_2S-P_2S_5 glasses [J]. Scientific Reports, 2016, 6 (1) : 21302.

[35] Liu Z, Fu W, Payzant E A, et al. Anomalous high ionic conductivity of nanoporous β-Li_3PS_4 [J]. Journal of the American Chemical Society, 2013, 135 (3) : 975-978.

[36] Homma K, Yonemura M, Kobayashi T, et al. Crystal structure and phase transitions of the lithium ionic conductor Li_3PS_4 [J]. Solid State Ionics, 2011, 182 (1) : 53-58.

[37] Wang H, Hood Z D, Xia Y, et al. Fabrication of ultrathin solid electrolyte membranes of β-Li_3PS_4 nanoflakes by evaporation-induced self-assembly for all-solid-state batteries [J]. Journal of Materials Chemistry A, 2016, 4 (21) : 8091-8096.

[38] Hood Z D, Wang H, Pandian A S, et al. Fabrication of sub-micrometer-thick solid electrolyte membranes of β-Li_3PS_4 via tiled assembly of nanoscale, plate-like building blocks [J]. Advanced Energy Materials, 2018, 8 (21) : 1800014.

[39] Teragawa S, Aso K, Tadanaga K, et al. Liquid-phase synthesis of a Li_3PS_4 solid electrolyte using *N*-methylformamide for all-solid-state lithium batteries [J]. Journal of Materials Chemistry A, 2014, 2 (14) : 5095-5099.

[40] Phuc N H H, Morikawa K, Totani M, et al. Chemical synthesis of Li_3PS_4 precursor suspension by liquid-phase shaking [J]. Solid State Ionics, 2016, 285: 2-5.

[41] Phuc N H H, Totani M, Morikawa K, et al. Preparation of Li_3PS_4 solid electrolyte using ethyl acetate as synthetic medium [J]. Solid State Ionics, 2016, 288: 240-243.

[42] Tsukasaki H, Mori S, Shiotani S, et al. Ionic conductivity and crystallization process in the Li_2S-P_2S_5 glass electrolyte [J]. Solid State Ionics, 2018, 317: 122-126.

[43] Matsuda A, Muto H, H.H. Phuc N. Preparation of Li_3PS_4 solid electrolyte by liquid-phase shaking using organic solvents with carbonyl group as complex forming medium [J]. Journal of the Japan Society of Powder and Powder Metallurgy, 2016, 63 (11) : 976-980.

[44] Phuc N H H, Morikawa K, Mitsuhiro T, et al. Synthesis of plate-like Li_3PS_4 solid electrolyte via liquid-phase shaking for all-solid-state lithium batteries [J]. Ionics, 2017, 23 (8) : 2061-2067.

[45] Lim H D, Lim H K, Xing X, et al. Solid electrolyte layers by solution deposition [J]. Advanced Materials Interfaces, 2018, 5 (8) : 1701328.

[46] Lim H D, Yue X, Xing X, et al. Designing solution chemistries for the low-temperature synthesis of sulfide-based solid electrolytes [J]. Journal of Materials Chemistry A, 2018, 6 (17) : 7370-7374.

[47] Choi S, Lee S, Park J, et al. Facile synthesis of Li_2S-P_2S_5 glass-ceramics electrolyte with micron range particles for all-solid-state batteries via a low-temperature solution technique (LTST) [J]. Applied Surface Science, 2018, 444: 10-14.

[48] Ito S, Nakakita M, Aihara Y, et al. A synthesis of crystalline $Li_7P_3S_{11}$ solid electrolyte from 1,2-dimethoxyethane solvent [J]. Journal of Power Sources, 2014, 271: 342-345.

[49] Xu R C, Xia X H, Yao Z J, et al. Preparation of $Li_7P_3S_{11}$ glass-ceramic electrolyte by dissolution-evaporation method for all-solid-state lithium ion batteries [J]. Electrochimica Acta, 2016, 219: 235-240.

[50] Yao X, Liu D, Wang C, et al. High-energy all-solid-state lithium batteries with ultralong cycle life [J]. Nano Letters, 2016, 16 (11) : 7148-7154.

[51] Zhang Q, Mwizerwa J P, Wan H, et al. Fe_3S_4@$Li_7P_3S_{11}$ nanocomposites as cathode materials for all-solid-state lithium batteries with improved energy density and low cost [J]. Journal of Materials Chemistry A, 2017, 5 (45) : 23919-23925.

[52] Xu R C, Wang X L, Zhang S Z, et al. Rational coating of $Li_7P_3S_{11}$ solid electrolyte on MoS_2 electrode for all-solid-state lithium ion batteries [J]. Journal of Power Sources, 2018, 374: 107-112.

[53] Calpa M, Rosero-Navarro N C, Miura A, et al. Instantaneous preparation of high lithium-ion conducting sulfide solid electrolyte $Li_7P_3S_{11}$ by a liquid phase process [J]. RSC Advances, 2017, 7 (73) : 46499-46504.

[54] Wang Y, Lu D, Bowden M, et al. Mechanism of formation of $Li_7P_3S_{11}$ solid electrolytes through liquid phase synthesis [J]. Chemistry of Materials, 2018, 30 (3) : 990-997.

[55] Cao Y, Li Q, Lou S, et al. Enhanced electrochemical performance of $Li_4Ti_5O_{12}$ through in-situ coating $70Li_2S$-$30P_2S_5$ solid electrolyte for all-solid-state lithium batteries [J]. Journal of Alloys and Compounds, 2018, 752: 8-13.

[56] Calpa M, Rosero-Navarro N C, Miura A, et al. Preparation of sulfide solid electrolytes in the Li_2S-P_2S_5 system by a liquid phase process [J]. Inorganic Chemistry Frontiers, 2018, 5 (2) : 501-508.

[57] Ziolkowska D A, Arnold W, Druffel T, et al. Rapid and economic synthesis of a Li_7PS_6 solid electrolyte from a liquid approach [J]. ACS Applied Materials & Interfaces, 2019, 11 (6) : 6015-6021.

[58] Sedlmaier S J, Indris S, Dietrich C, et al. Li_4PS_4I: A Li^+ superionic conductor synthesized by a solvent-based soft chemistry approach [J]. Chemistry of Materials, 2017, 29 (4) : 1830-1835.

[59] Rangasamy E, Liu Z, Gobet M, et al. An Iodide-Based $Li_7P_2S_8I$ Superionic Conductor [J]. Journal of the American Chemical Society, 2015, 137 (4) : 1384-1387.

[60] Park K H, Oh D Y, Choi Y E, et al. Solution-processable glass LiI-Li_4SnS_4 superionic conductors for all-solid-state Li-ion batteries [J]. Advanced Materials, 2016, 28 (9) : 1874-1883.

[61] Phuc N H H, Hirahara E, Morikawa K, et al. One-pot liquid phase synthesis of ($100-x$) Li_3PS_4-xLiI solid electrolytes [J]. Journal of Power Sources, 2017, 365: 7-11.

[62] Chida S, Miura A, Rosero-Navarro N C, et al. Liquid-phase synthesis of Li_6PS_5Br using ultrasonication and application to cathode composite electrodes in all-solid-state batteries [J]. Ceramics International, 2018, 44 (1) :

742-746.

[63] Yubuchi S, Uematsu M, Hotehama C, et al. An argyrodite sulfide-based superionic conductor synthesized by a liquid-phase technique with tetrahydrofuran and ethanol [J]. Journal of Materials Chemistry A, 2019, 7 (2) : 558-566.

[64] Zhou L, Park K H, Sun X, et al. Solvent-engineered design of argyrodite Li_6PS_5X (X = Cl, Br, I) solid electrolytes with high ionic conductivity [J]. ACS Energy Letters, 2019, 4 (1) : 265-270.

[65] Choi S, Ann J, Do J, et al. Application of rod-like Li_6PS_5Cl directly synthesized by a liquid phase process to sheet-type electrodes for all-solid-state lithium batteries [J]. Journal of the Electrochemical Society, 2018, 166 (3) : 5193.

[66] Yubuchi S, Hayashi A, Tatsumisago M. Sodium-ion conducting Na_3PS_4 electrolyte synthesized via a liquid-phase process using *N*-methylformamide [J]. Chemistry Letters, 2015, 44 (7) : 884-886.

[67] Uematsu M, Yubuchi S, Noi K, et al. Preparation of Na_3PS_4 electrolyte by liquid-phase process using ether [J]. Solid State Ionics, 2018, 320: 33-37.

[68] Wan H, Mwizerwa J P, Qi X, et al. Core-shell $Fe_{1-x}S@Na_{2.9}PS_{3.95}Se_{0.05}$ nanorods for room temperature all-solid-state sodium batteries with high energy density [J]. ACS Nano, 2018, 12 (3) : 2809-2817.

[69] Matsuda R, Hirahara E, Phuc N H H, et al. Preparation of $LiNi_{1/3}Mn_{1/3}Co_{1/3}O_2/Li_3PS_4$ cathode composite particles using a new liquid-phase process and application to all-solid-state lithium batteries [J]. Journal of the Ceramic Society of Japan, 2018, 126 (10) : 826-831.

[70] Oh D Y, Kim D H, Jung S H, et al. Single-step wet-chemical fabrication of sheet-type electrodes from solid-electrolyte precursors for all-solid-state lithium-ion batteries [J]. Journal of Materials Chemistry A, 2017, 5 (39) : 20771-20779.

[71] Azuma S, Aiyama K, Kawamura G, et al. Colloidal processing of $Li_2S-P_2S_5$ films fabricated via electrophoretic deposition methods and their characterization as a solid electrolyte for all solid state lithium ion batteries [J]. Journal of the Ceramic Society of Japan, 2017, 125 (4) : 287-292.

[72] Sakuda A, Hayashi A, Ohtomo T, et al. $LiCoO_2$ electrode particles coated with $Li_2S-P_2S_5$ solid electrolyte for all-solid-state batteries [J]. Electrochemical and Solid-State Letters, 2010, 13 (6) : 73.

[73] Sakuda A, Hayashi A, Ohtomo T, et al. All-solid-state lithium secondary batteries using $LiCoO_2$ particles with pulsed laser deposition coatings of $Li_2S-P_2S_5$ solid electrolytes [J]. Journal of Power Sources, 2011, 196 (16) : 6735-6741.

[74] Ito Y, Otoyama M, Hayashi A, et al. Electrochemical and structural evaluation for bulk-type all-solid-state batteries using $Li_4GeS_4-Li_3PS_4$ electrolyte coating on $LiCoO_2$ particles [J]. Journal of Power Sources, 2017, 360: 328-335.

[75] Wang Y, Liu Z, Zhu X, et al. Highly lithium-ion conductive thio-LISICON thin film processed by low-temperature solution method [J]. Journal of Power Sources, 2013, 224: 225-229.

[76] Teragawa S, Aso K, Tadanaga K, et al. Formation of $Li_2S-P_2S_5$ solid electrolyte from *N*-methylformamide solution [J]. Chemistry Letters, 2013, 42 (11) : 1435-1437.

[77] Teragawa S, Aso K, Tadanaga K, et al. Preparation of $Li_2S-P_2S_5$ solid electrolyte from *N*-methylformamide solution and application for all-solid-state lithium battery [J]. Journal of Power Sources, 2014, 248: 939-942.

[78] Deiseroth H J, Kong S T, Eckert H, et al. Li_6PS_5X: A class of crystalline Li-rich solids with an unusually high Li^+ mobility [J]. Angewandte Chemie International Edition, 2008, 47 (4) : 755-758.

[79] Rao R P, Adams S. Studies of lithium argyrodite solid electrolytes for all-solid-state batteries [J]. Physica Status Solidi (a) , 2011, 208 (8) : 1804-1807.

[80] Boulineau S, Courty M, Tarascon J M, et al. Mechanochemical synthesis of Li-argyrodite Li_6PS_5X (X = Cl, Br, I) as sulfur-based solid electrolytes for all solid state batteries application [J]. Solid State Ionics, 2012, 221: 1-5.

[81] Yubuchi S, Teragawa S, Aso K, et al. Preparation of high lithium-ion conducting Li_6PS_5Cl solid electrolyte from ethanol solution for all-solid-state lithium batteries [J]. Journal of Power Sources, 2015, 293: 941-945.

[82] Rosero-Navarro N C, Kinoshita T, Miura A, et al. Effect of the binder content on the electrochemical performance of composite cathode using Li_6PS_5Cl precursor solution in an all-solid-state lithium battery [J]. Ionics, 2017, 23 (6) : 1619-1624.

[83] Yubuchi S, Uematsu M, Deguchi M, et al. Lithium-ion-conducting argyrodite-type Li_6PS_5X (X = Cl, Br, I) solid electrolytes prepared by a liquid-phase technique using ethanol as a solvent [J]. ACS Applied Energy Materials, 2018, 1 (8) : 3622-3629.

[84] Rosero-Navarro N C, Miura A, Tadanaga K. Composite cathode prepared by argyrodite precursor solution assisted by dispersant agents for bulk-type all-solid-state batteries [J]. Journal of Power Sources, 2018, 396: 33-40.

[85] Rosero-Navarro N C, Miura A, Tadanaga K. Preparation of lithium ion conductive Li_6PS_5Cl solid electrolyte from solution for the fabrication of composite cathode of all-solid-state lithium battery [J]. Journal of Sol-Gel Science and Technology, 2019, 89 (1) : 303-309.

[86] Park K H, Bai Q, Kim D H, et al. Design strategies, practical considerations, and new solution processes of sulfide solid electrolytes for all-solid-state batteries [J]. Advanced Energy Materials, 2018, 8 (18) : 1800035.

[87] Sahu G, Lin Z, Li J, et al. Air-stable, high-conduction solid electrolytes of arsenic-substituted Li_4SnS_4 [J]. Energy & Environmental Science, 2014, 7 (3) : 1053-1058.

[88] Choi Y E, Park K H, Kim D H, et al. Coatable Li_4SnS_4 solid electrolytes prepared from aqueous solutions for all-solid-state lithium-ion batteries [J]. ChemSusChem, 2017, 10 (12) : 2605-2611.

[89] Banerjee A, Park K H, Heo J W, et al. Na_3SbS_4: A solution processable sodium superionic conductor for all-solid-state sodium-ion batteries [J]. Angewandte Chemie International Edition, 2016, 55 (33) : 9634-9638.

[90] Heo J W, Banerjee A, Park K H, et al. New Na-ion solid electrolytes $Na_{4-x}Sn_{1-x}Sb_xS_4$ ($0.02 \leqslant x \leqslant 0.33$) for all-solid-state Na-ion batteries [J]. Advanced Energy Materials, 2018, 8 (11) : 1702716.

[91] Kim T W, Park K H, Choi Y E, et al. Aqueous-solution synthesis of Na_3SbS_4 solid electrolytes for all-solid-state Na-ion batteries [J]. Journal of Materials Chemistry A, 2018, 6 (3) : 840-844.

[92] Inada T, Takada K, Kajiyama A, et al. Fabrications and properties of composite solid-state electrolytes [J]. Solid State Ionics, 2003, 158 (3) : 275-280.

[93] Inada T, Takada K, Kajiyama A, et al. Silicone as a binder in composite electrolytes [J]. Journal of Power Sources, 2003, 119-121: 948-950.

[94] Inada T, Kobayashi T, Sonoyama N, et al. All solid-state sheet battery using lithium inorganic solid electrolyte, thio-LISICON [J]. Journal of Power Sources, 2009, 194 (2) : 1085-1088.

[95] Ito S, Fujiki S, Yamada T, et al. A rocking chair type all-solid-state lithium ion battery adopting Li_2O-ZrO_2 coated $LiNi_{0.8}Co_{0.15}Al_{0.05}O_2$ and a sulfide based electrolyte [J]. Journal of Power Sources, 2014, 248: 943-950.

[96] Nam Y J, Cho S J, Oh D Y, et al. Bendable and thin sulfide solid electrolyte film: A new electrolyte opportunity for free-standing and stackable high-energy all-solid-state lithium-ion batteries [J]. Nano Letters, 2015, 15 (5) : 3317-3323.

[97] Lee K, Kim S, Park J, et al. Selection of binder and solvent for solution-processed all-solid-state battery [J]. Journal of the Electrochemical Society, 2017, 164 (9) : 2075.

[98] Sakuda A, Kuratani K, Yamamoto M, et al. All-solid-state battery electrode sheets prepared by a slurry coating process [J]. Journal of the Electrochemical Society, 2017, 164 (12) : 2474.

[99] Yamamoto M, Terauchi Y, Sakuda A, et al. Binder-free sheet-type all-solid-state batteries with enhanced rate capabilities and high energy densities [J]. Scientific Reports, 2018, 8 (1) : 1212.

[100] Choi S J, Lee S H, Ha Y C, et al. Synthesis and electrochemical characterization of a glass-ceramic $Li_7P_2S_8I$ solid electrolyte for all-solid-state Li-ion batteries [J]. Journal of the Electrochemical Society, 2018, 165 (5) : 957.

[101] Lee K, Lee J, Choi S, et al. Thiol-ene click reaction for fine polarity tuning of polymeric binders in solution-processed all-solid-state batteries [J]. ACS Energy Letters, 2019, 4 (1) : 94-101.

[102] Riphaus N, Strobl P, Stiaszny B, et al. Slurry-based processing of solid electrolytes: A comparative binder study [J]. Journal of the Electrochemical Society, 2018, 165 (16) : 3993-3999.

[103] Nam Y J, Oh D Y, Jung S H, et al. Toward practical all-solid-state lithium-ion batteries with high energy density and safety: comparative study for electrodes fabricated by dry- and slurry-mixing processes [J]. Journal of Power Sources, 2018, 375: 93-101.

[104] Yin J, Yao X, Peng G, et al. Influence of the Li-Ge-P-S based solid electrolytes on NCA electrochemical performances in all-solid-state lithium batteries [J]. Solid State Ionics, 2015, 274: 8-11.

[105] Peng G, Yao X, Wan H, et al. Insights on the fundamental lithium storage behavior of all-solid-state lithium batteries containing the $LiNi_{0.8}Co_{0.15}Al_{0.05}O_2$ cathode and sulfide electrolyte [J]. Journal of Power Sources, 2016, 307: 724-730.

[106] Visbal H, Aihara Y, Ito S, et al. The effect of diamond-like carbon coating on $LiNi_{0.8}Co_{0.15}Al_{0.05}O_2$ particles for all solid-state lithium-ion batteries based on $Li_2S-P_2S_5$ glass-ceramics [J]. Journal of Power Sources, 2016, 314: 85-92.

[107] Haruyama J, Sodeyama K, Han L, et al. Space-charge layer effect at interface between oxide cathode and sulfide electrolyte in all-solid-state lithium-ion battery [J]. Chemistry of Materials, 2014, 26 (14) : 4248-4255.

[108] Haruyama J, Sodeyama K, Tateyama Y. Cation mixing properties toward Co diffusion at the $LiCoO_2$ cathode/sulfide electrolyte interface in a solid-state battery [J]. ACS Applied Materials & Interfaces, 2017, 9 (1) : 286-292.

[109] Koerver R, Aygün I, Leichtweiß T, et al. Capacity fade in solid-state batteries: Interphase formation and chemomechanical processes in nickel-rich layered oxide cathodes and lithium thiophosphate solid electrolytes [J]. Chemistry of Materials, 2017, 29 (13) : 5574-5582.

[110] Long P, Xu Q, Peng G, et al. NiS nanorods as cathode materials for all - solid - state lithium batteries with excellent rate capability and cycling stability [J]. ChemElectroChem, 2016, 3 (5) : 764-769.

[111] Oh D Y, Choi Y E, Kim D H, et al. All-solid-state lithium-ion batteries with TiS_2 nanosheets and sulphide solid electrolytes [J]. Journal of Materials Chemistry A, 2016, 4 (26) : 10329-10335.

[112] Zhang W, Schröder D, Arlt T, et al. (Electro) chemical expansion during cycling: Monitoring the pressure changes in operating solid-state lithium batteries [J]. Journal of Materials Chemistry A, 2017, 5 (20) : 9929-9936.

[113] Koerver R, Zhang W, Biasi L de, et al. Chemo-mechanical expansion of lithium electrode materials—on the route to mechanically optimized all-solid-state batteries [J]. Energy & Environmental Science, 2018, 11 (8) : 2142-2158.

[114] Xu R C, Xia X H, Zhang S Z, et al. Interfacial challenges and progress for inorganic all-solid-state lithium batteries [J]. Electrochimica Acta, 2018, 284: 177-187.

[115] Yue J，Zhu X，Han F，et al. Long cycle life all-solid-state sodium ion battery [J]. ACS Applied Materials & Interfaces，2018，10（46）：39645-39650.

[116] Han F，Yue J，Fan X，et al. High-performance all-solid-state lithium–sulfur battery enabled by a mixed-conductive Li_2S nanocomposite [J]. Nano Letters，2016，16（7）：4521-4527.

[117] Kim D H，Oh D Y，Park K H，et al. Infiltration of solution-processable solid electrolytes into conventional Li-ion-battery electrodes for all-solid-state Li-ion batteries [J]. Nano Letters，2017，17（5）：3013-3020.

[118] Yubuchi S，Nakamura W，Bibienne T，et al. All-solid-state cells with $Li_4Ti_5O_{12}$/carbon nanotube composite electrodes prepared by infiltration with argyrodite sulfide-based solid electrolytes *via* liquid-phase processing [J]. Journal of Power Sources，2019，417：125-131.

[119] Kim D H，Lee H A，Song Y B，et al. Sheet-type Li_6PS_5Cl-infiltrated Si anodes fabricated by solution process for all-solid-state lithium-ion batteries [J]. Journal of Power Sources，2019，426：143-150.

[120] Hwang A，Ma Y，Cao Y，et al. Fabrication and electrochemical properties of $Li_4Ti_5O_{12}$@Li_6PS_5Cl for all-solid-state lithium batteries using simple mechanical method [J]. International Journal of Electrochemical Science，2017，12（8）：7795-7806.

[121] Yamamoto M，Takahashi M，Terauchi Y，et al. Fabrication of composite positive electrode sheet with high active material content and effect of fabrication pressure for all-solid-state battery [J]. Journal of the Ceramic Society of Japan，2017，125（5）：391-395.

[122] Chen K，Shinjo S，Sakuda A，et al. Morphological effect on reaction distribution influenced by binder materials in composite electrodes for sheet-type all-solid-state lithium-ion batteries with the sulfide-based solid electrolyte [J]. Journal of Physical Chemistry C，2019，123（6）：3292-3298.

[123] Zhang J，Zhong H，Zheng C，et al. All-solid-state batteries with slurry coated $LiNi_{0.8}Co_{0.1}Mn_{0.1}O_2$ composite cathode and Li_6PS_5Cl electrolyte：Effect of binder content [J]. Journal of Power Sources，2018，391：73-79.

[124] Yamamoto M，Terauchi Y，Sakuda A，et al. Slurry mixing for fabricating silicon-composite electrodes in all-solid-state batteries with high areal capacity and cycling stability [J]. Journal of Power Sources，2018，402：506-512.

[125] Choi S J，Choi S H，Bui A D，et al. LiI-doped sulfide solid electrolyte：Enabling a high-capacity slurry-cast electrode by low-temperature post-sintering for practical all-solid-state lithium batteries [J]. ACS Applied Materials & Interfaces，2018，10（37）：31404-31412.

[126] Ann J，Choi S，Do J，et al. Effects of binary conductive additives on electrochemical performance of a sheet-type composite cathode with different weight ratios of $LiNi_{0.6}Co_{0.2}Mn_{0.2}O_2$ in all-solid-state lithium batteries [J]. Journal of Ceramic Processing Research，2018，19（5）：413-418.

[127] Kato A，Nose M，Yamamoto M，et al. Mechanical properties of sulfide glasses in all-solid-state batteries [J]. Journal of the Ceramic Society of Japan，2018，126（9）：719-727.

[128] Xu R，Yue J，Liu S，et al. Cathode-supported all-solid-state lithium-sulfur batteries with high cell-level energy density [J]. ACS Energy Letters，2019，4（5）：1073-1079.

[129] Wan J，Xie J，Mackanic D G，et al. Status，promises，and challenges of nanocomposite solid-state electrolytes for safe and high performance lithium batteries [J]. Materials Today Nano，2018，4：1-16.

[130] Hayashi A，Harayama T，Mizuno F，et al. Mechanochemical synthesis of hybrid electrolytes from the Li_2S-P_2S_5 glasses and polyethers [J]. Journal of Power Sources，2006，163（1）：289-293.

[131] Hayashi A, Harayama T, Mizuno F, et al. Characterization of hybrid electrolytes prepared from the Li_2S-P_2S_5 glasses and alkanediols [J]. Solid State Ionics, 2011, 192 (1) : 130-133.

[132] Blanga R, Goor M, Burstein L, et al. The search for a solid electrolyte, as a polysulfide barrier, for lithium/sulfur batteries [J]. Journal of Solid State Electrochemistry, 2016, 20 (12) : 3393-3404.

[133] Villaluenga I, Wujcik K H, Tong W, et al. Compliant glass-polymer hybrid single ion-conducting electrolytes for lithium batteries [J]. Proceedings of the National Academy of Sciences, 2016, 113 (1) : 52-57.

[134] Xu X, Hou G, Nie X, et al. $Li_7P_3S_{11}$/poly (ethylene oxide) hybrid solid electrolytes with excellent interfacial compatibility for all-solid-state batteries [J]. Journal of Power Sources, 2018, 400: 212-217.

[135] Pang Q, Zhou L, Nazar L F. Elastic and Li-ion—percolating hybrid membrane stabilizes Li metal plating [J]. Proceedings of the National Academy of Sciences, 2018, 115 (49) : 12389-12394.

[136] Zhang J, Zheng C, Lou J, et al. Poly (ethylene oxide) reinforced Li_6PS_5Cl composite solid electrolyte for all-solid-state lithium battery: Enhanced electrochemical performance, mechanical property and interfacial stability [J]. Journal of Power Sources, 2019, 412: 78-85.

[137] Mehrotra A, Ross P N, Srinivasan V. Quantifying polarization losses in an organic liquid electrolyte/single ion conductor interface [J]. Journal of the Electrochemical Society, 2014, 161 (10) : 1681.

[138] Zhao Y, Wu C, Peng G, et al. A new solid polymer electrolyte incorporating $Li_{10}GeP_2S_{12}$ into a polyethylene oxide matrix for all-solid-state lithium batteries [J]. Journal of Power Sources, 2016, 301: 47-53.

[139] Chen B, Huang Z, Chen X, et al. A new composite solid electrolyte PEO/$Li_{10}GeP_2S_{12}$/SN for all-solid-state lithium battery [J]. Electrochimica Acta, 2016, 210: 905-914.

[140] Chen S, Zhao Y, Yang J, et al. Hybrid solid electrolytes with excellent electrochemical properties and their applications in all-solid-state cells [J]. Ionics, 2017, 23 (10) : 2603-2611.

[141] Chen S, Wang J, Zhang Z, et al. In-situ preparation of poly (ethylene oxide) /Li_3PS_4 hybrid polymer electrolyte with good nanofiller distribution for rechargeable solid-state lithium batteries [J]. Journal of Power Sources, 2018, 387: 72-80.

[142] Schnell J, Günther T, Knoche T, et al. All-solid-state lithium-ion and lithium metal batteries—paving the way to large-scale production [J]. Journal of Power Sources, 2018, 382: 160-175.

[143] Porz L, Swamy T, Sheldon B W, et al. Mechanism of lithium metal penetration through inorganic solid electrolytes [J]. Advanced Energy Materials, 2017, 7 (20) : 1701003.

[144] Han F, Westover A S, Yue J, et al. High electronic conductivity as the origin of lithium dendrite formation within solid electrolytes [J]. Nature Energy, 2019, 4 (3) : 187-196.

第7章 硫化物固态电解质与正极材料的界面问题

近年来，固态电池得到了快速的发展。硫元素具有较低的电负性、较大的原子半径，锂离子具有较低的结合能，这使得硫化物固态电解质具有较高的锂离子电导率，因此，硫化物固态电解质被逐渐认为是未来有希望作为全固态电池电解质的材料之一。目前，已有部分硫化物固态电解质的锂离子电导率接近甚至超过了液体电解质。但是，硫化物固态电解质与正负极界面的化学、电化学稳定性不佳严重阻碍了硫化物固态电解质的应用。

7.1 正极活性材料/硫化物固态电解质界面问题

在影响固态锂电池电化学性能的因素中，提升界面稳定性是一个十分关键的环节，目前常见的正极界面问题包括空间电荷层、界面元素互扩散、界面反应、正极活性材料体积变化等。

7.1.1 空间电荷层

7.1.1.1 概述

基于硫化物全固态电池正极界面空间电荷层的研究进展如图 7-1 所示。

在全固态电池中，正极材料与固态电解质界面处较大的阻抗是造成全固态电池电化学性能不佳的一个重要因素，造成阻抗过大的一个原因就是界面处的化学稳定性不佳，界面处的化学稳定性是指在不存在电场和磁场力的状况下，正极界面保持原物理化学性质的能力。在硫化物全固态电池中，正极界面化学稳定性不佳的表现形式主要是空间电荷层的形成和界面元素互扩散。

7.1.1.2 理论分析

空间电荷层的概念最先由 Wagner[1] 在 1972 年提出，应用在半导体领域。空间电荷层在半导

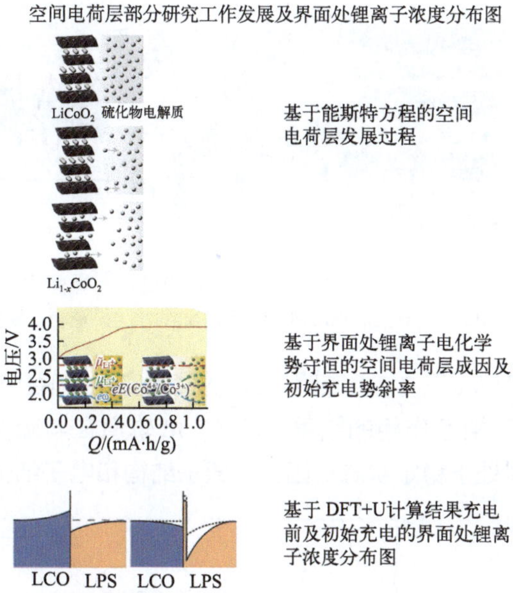

图 7-1　基于硫化物全固态电池正极界面空间电荷层的研究进展

体理论中也称 PN 结空间，即 P 型区带正电的空穴和 N 型区带负电的电子向对方区域扩散形成的缓冲区，这段缓冲区由于存在内电场，将阻挡两边多数载流子进一步向对方扩散。同时，因为在此区域缺少载流子，所以也被称作耗尽层。1979 年，Jow[2] 提出利用空间电荷层理论来解释离子导体体系中的界面现象。随后空间电荷层逐渐成为一个研究热点问题。德国马克斯・普朗克固态研究所的 Maier 对空间电荷层进行了一系列系统和开创性的研究，基于热力学对缺陷化学的量化分析，对空间电荷层效应的理解取得丰硕成果。他将离子导体界面或表面有别于体相离子传导的现象称为纳米离子学 [3]。比如在先前的研究中 [4]，两种不同的 F 离子导体 BaF_2 和 CaF_2 接触时，部分 F 离子会因为在两种材料中不同的化学势而从 BaF_2 一侧转移到 CaF_2 一侧，最终在 BaF_2 处形成空缺，而在 CaF_2 处形成间隙离子。相似的“纳米离子学”现象也会发生在电极和电解质的界面处，最终形成空间电荷层，而空间电荷层的形成将会增加界面处的电池阻抗。

2006 年，Ohta 等 [5] 首次针对硫化物全固态电池中正极界面空间电荷层的形成原因做出解释。他指出，在硫化物全固态电池中，通常采用具有较高放电电压的氧化物正极。当硫化物电解质与氧化物正极接触时，因为硫化物电解质与氧化物正极之间巨大的化学势差，导致锂离子从硫化物电解质一侧转移到氧化物正极一侧，在界面两侧形成空间电荷层。而许多氧化物正极是混合型导体，在作为离子型导体的同时也可传导电子，因此从硫化物固态电解质转移而来的锂离子会与电子结合被还原成锂原子，导致锂离子继续从硫化物电解质一侧向正极迁移，从而加厚硫化物固态电解质一侧的贫锂层，导致界面阻抗持续增大，进一步促进空间电荷层的形成。

2014 年，Haruyama 等 [6] 首次通过 DFT+U(Density Functional Theory，+U 为校正方案，定义为两个原子间转移一个 d 电子的能量）从理论上研究了 $LiCoO_2$（LCO）正极和 β-Li_3PS_4（LPS）硫化物电解质界面处空间电荷层的特征和空间电荷层对电池带来的影响。其选取 LCO[110]/LPS[010] 界面为研究对象，经过计算，在界面区域（图 7-2）一个硫原子被钴原子所吸引，[CoO_4S] 五面体逐渐形成，而 [PS_4] 四面体开始向界面处移动，电解质中的锂离子被 LCO 吸引并吸附在 CoO_6 层的顶部，从而导致硫化物结构被破坏。

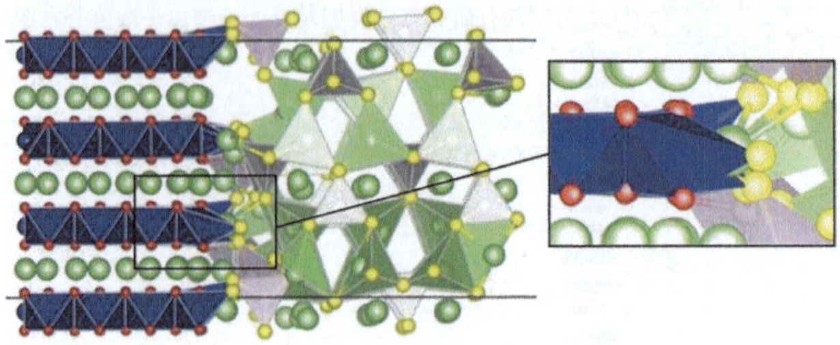

图 7-2　LCO[110]/LPS[010] 界面[6]

(Li、O、P、S、Co 分别表示为浅绿色、红色、紫色、黄色、蓝色)

界面处电子态密度（图 7-3）表明 LCO 的能量产生了轻微变化，文中分析是因为 Co 的 3d 轨道和 S、Li 离子相互作用的结果，Co 的 3d 轨道在与硫离子接触时会产生向上偏移，但是与锂离子接触时处于稳定状态。因此，原子结构和电子结构几乎没有发生改变。

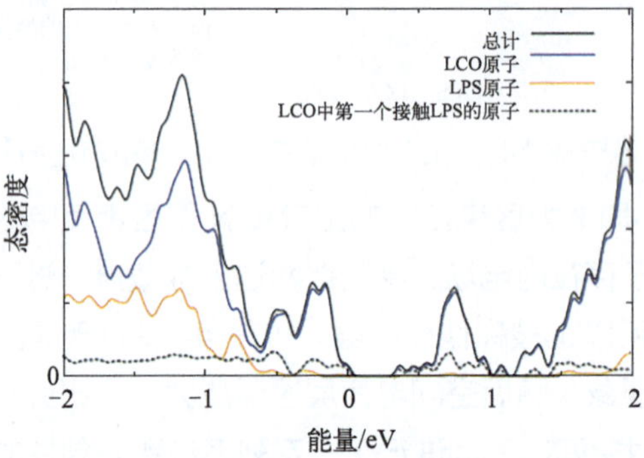

图 7-3　LCO[110]/LPS[010] 界面的电子态密度图[6]

该研究者还计算了所选界面处不同位置的锂空位形成能量 [$E_v(Li_i)$]，如表 7-1 所示。表 7-1 中的对应位置如图 7-4 所示，其中 LC*n* 对应于 LCO 上的锂空位，LP*n* 对应于 LPS 上的锂空位（*i*=LC*n*,LP*n*；*n*=1 ～ 6），*i* 处的锂空位形成能可通过下面公式计算。

$$E_v(Li_i)=[E_{tot}(Li_i)+\mu_{Li}]-E_{tot} \tag{7-1}$$

式中　$E_v(Li_i)$，$E_{tot}(Li_i)$——通过DFT+U计算出的松弛界面处有Li_i和无Li_i时的能量；

μ_{Li}——锂金属的化学势。

表7-1　锂空位形成能计算结果[6]

锂空位	LC1	LC2	LC3	LP1	LP2	LP3	LP4	LP5	LP6
形成能/eV	3.49	3.98	3.18	3.27	1.44	3.03	2.90	2.71	2.62

除此之外，该研究者还计算了 LCO 块状晶体和 LPS 块状晶体的锂空位结合能，其结果分别为 4.0eV 和 3.2eV。在 LCO[110]/LPS[010] 界面处，LC3 处的能量值低于 LC1 和 LC2。文中分析是由于 Li—O 键的缺失，即 LC3 位置是由 [LiO_4] 四面体组成的。在硫化物电解质侧，锂有两种分布形式：在 LP1 ～ 3 处，锂离子可以很容易地通行；而在 LP4 ～ 6 处，锂不可移动并组成了电解质的结构。在 LP2 处

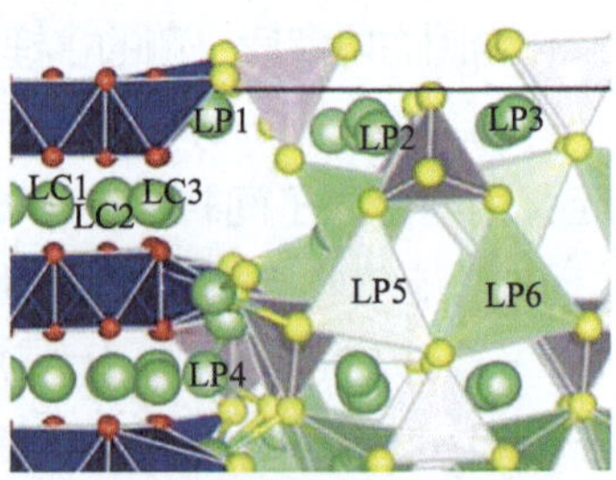

图 7-4　锂空位对应位置

的锂空位形成能非常低，原因是在此处的晶体结构发生了很大变化，同时与正极接触的 LP1 位置的空位形成能为 3.27eV，大于 LC3（3.18eV），而 LP1 和 LP4 处的空位形成能也大于 LPn（n=2, 5, 6）处。这些结果表明锂原子相比于在晶体（LCO、LPS）内部更容易吸附于 LCO 表面上。为了证明此观点，该研究者计算了 LP2 处的锂迁移至 LP1 附近吸附位点的能量，为 −1.6eV。除此之外，该研究者在 LC1、LC2、LC3 附近加入了一个额外的锂原子，结果发现，这个额外的锂原子会推动其周围的锂原子移动，并且发现 LC3 处的锂原子移动到 LCO 表面可吸附在锂原子的位置上，这些都表明了锂吸附位点比晶体内部的插入位置更稳定。

考虑到锂金属中锂原子的空位形成能可视为锂的化学势，该研究者还讨论了基于计算结果推测的锂离子浓度分布状态。图 7-5（a）中，以传统的不同离子导体（非电子导体）界面作为参考，因为 LCO 和 LPS 的锂空位形成能不同（分别为 4.0eV 和 3.2eV），锂离子将从 LPS 一侧向 LCO 一侧转移，所以在界面处 LPS 浓度降低，LCO 浓度增加。该研究者根据自己的计算结果 (表 7-1) 对图 7-5（a）进行了调整，因为计算结果表明当硫化物电解质与正极材料接触时，硫化物中的锂离子更容易吸附于正极表面而非进入正极内部，所以可以看到图 7-5（b）中锂离子在界面的靠电解质一侧浓度有所升高，而在界面正极侧的浓度则没有变化，这也与前文介绍的因为氧化物正极是混合型导体，其电子可以消除正极侧的空间电荷层的结果相同。同时该研究者基于自己的计算结果绘制了开始充电时的锂离子分布图 [图 7-5（c）]。开始充电时，实验电压为 1.5V，对应于可以使 LP2 处的锂转化为锂离子向电解质内部运动（或向负极运动），同时向正极释放电子，消耗正极侧的锂离子，导致界面两侧的锂离子浓度下降。随着充电进行，正极中的锂离子将会发生脱嵌，这也会导致正极侧锂离子浓度的下降。与此同时，该研究者根据计算数据提出，在电池开始充电时界面处的锂离子会先于正极内部的锂离子脱嵌。

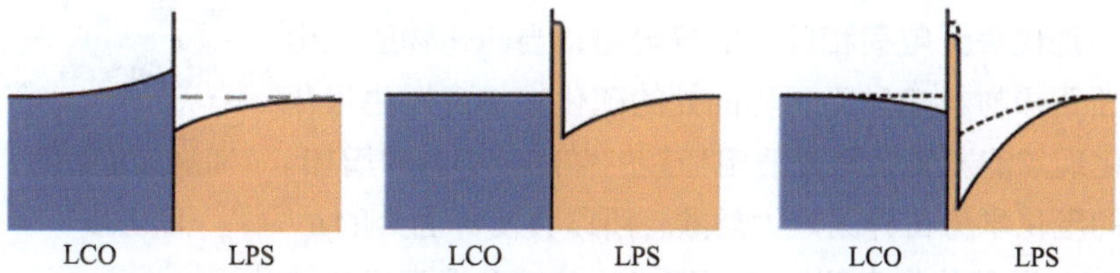

(a) 基于传统模型未充电时的分布　(b) 基于该研究者计算结果未充电时的分布　(c) 基于该研究者计算结果在电池开始充电时的分布

图 7-5　锂离子浓度分布示意图 [6]

2015 年，Takada 等 [7] 根据以电化学平衡为依据的能斯特（Nernst）方程解释了高电极电压对空间电荷层形成的影响，并以此给出了 $Li_{1-x}CoO_2$/ 硫化物固态电解质界面空间电荷层发展至锂耗尽层过程的近似示意图（图 7-6）其电位 E 可用下式计算：

$$E = E^{\ominus} + \frac{RT}{zF}\ln\frac{a_{ox}}{a_{red}} \tag{7-2}$$

式中　$E^{\ominus}$——标准电位；

R——气体常数；

T——绝对温度；

z——电子转移数；

F——法拉第常数；

a_{ox}，a_{red}——在原电池中（在正极与电解液接触的界面处发生氧化反应）分别代表电极反应中某一点对氧化产物和还原剂的化学活性，在全固态电池中（正极界面处发生的电极反应为锂离子从已占据锂位脱嵌形成未占据锂位）分别代表未占据锂位和已占据锂位的化学活性。

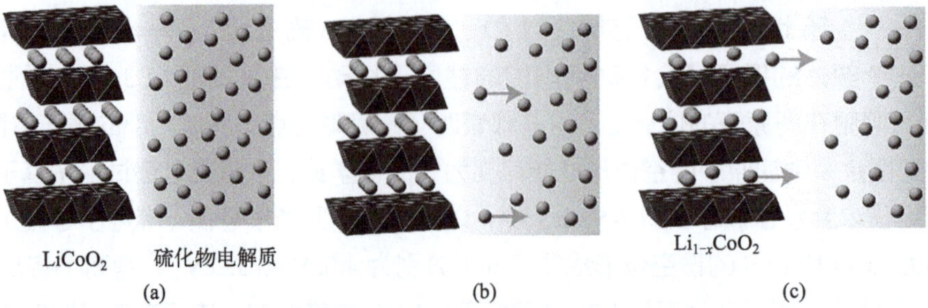

图 7-6 $Li_{1-x}CoO_2$/ 硫化物固态电解质界面由空间电荷层发展至锂耗尽层过程近似示意图 [7]

化学活性 a_i 与浓度 c_i 相关，$a_i=r_ic_i$，其中 r_i 为活度系数，因此 E 增加将会导致$\ln\frac{a_{ox}}{a_{red}}$数值增大，即锂空位增多，也即电解质与正极界面处锂离子浓度降低。同时在硫化物固态电解质与 $Li_{1-x}CoO_2$ 正极材料接触时，硫化物电解质对于锂离子的吸引力较 $Li_{1-x}CoO_2$ 正极更弱，导致锂离子向正极转移，因此硫化物电解质一侧的锂离子浓度降低，最终形成锂耗尽层。此区域锂离子的缺失将会导致整体电池的巨大阻抗。

2017 年，Takada 等 [8] 从界面处锂离子电化学势平衡角度解释了空间电荷层的形成原因。锂离子的电化学势公式为 $\tilde{\mu}_{Li^+}=\mu_{Li^+}+e\phi$，其中$\tilde{\mu}_{Li^+}$和$\mu_{Li^+}$分别代表锂离子的电化学势和化学势，$e$和$\phi$分别代表元电荷和局部的静电势。当硫化物固态电解质与高电压正极材料接触时，界面处的硫化物将会发生极化现象，而极化现象的发生会导致静电势能的增加，即$e\phi$的增加。由于锂离子的电化学势在界面处为常数，所以会使界面处的μ_{Li^+}降低（图 7-7），而硫化物电解质的阴离子框架结合锂离子的能力很弱，即认为在硫化物电解质内具有高于界面的μ_{Li^+}，所以锂离子将会从硫化物电解质一侧向正极迁移，形成空间电荷层。

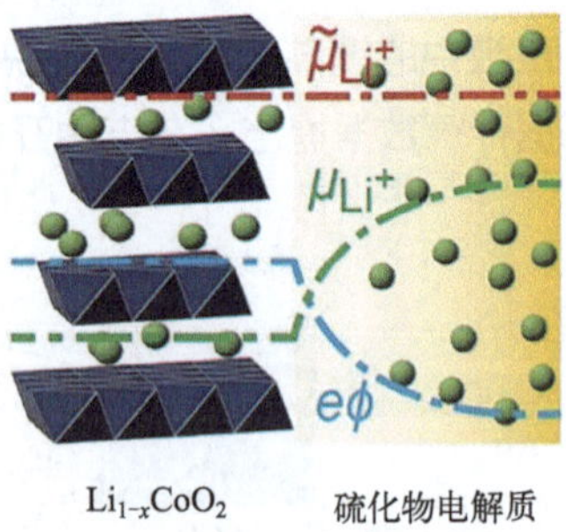

图 7-7 $Li_{1-x}CoO_2$/ 硫化物电解质界面示意图 [8]

7.1.1.3 实验证据

空间电荷层的形成可以通过实验中的初始充电曲线的势斜率来证明 [5,7-15]。如图 7-8（b）所示 [7]，在以 $LiCoO_2$ 为正极的硫化物全固态电池的初始充电曲线中，在充电初期有一段势斜率曲线。Takada 等 [7] 针对势斜率的出现做出如下解释：在电池开始充电之前，因为正极材料与硫化物电解质之间较大的化学势差，导致了硫化物电解质中的锂离子迁移至正极材料表面。开始充电时，初始电流中的电子将会不断地消耗界面处的锂离子，根据前文中提到的能斯特方程，$\ln\frac{a_{ox}}{a_{red}}$将会进一步增大，直至空间电荷层中的锂离子浓度降低到可以使 E 值达到约 4V（Co^{4+}/Co^{3+} 的氧化还原电位，即锂离子在 $LiCoO_2$ 正极中的脱嵌电位），开始发生

锂离子在 $LiCoO_2$ 中的脱嵌反应。所以空间电荷层的形成会使在 4V 平台之前出现一个势斜率的曲线。同时为了进一步证明势斜率是由界面处的空间电荷层所导致的，该研究者将 $LiCoO_2/Li_{3.25}Ge_{0.25}P_{0.75}S_4$ 和 $LiMn_2O_4/Li_{3.25}Ge_{0.25}P_{0.75}S_4$ 的初始充电曲线对比观察，如图 7-8（b）所示（横坐标采用表面积容量 Q 进行归一化处理），因为 $LiCoO_2$ 和 $LiMn_2O_4$ 的锂离子脱嵌电位几乎相同 [图 7-8（a）]，所以如果势斜率出现是由空间电荷层所导致的，则将两者充电曲线的横坐标进行归一化处理后，将会出现相似的势斜率曲线。可以发现，两者均出现势斜率，且势斜率曲线的形状与长度几乎相同。除此之外，该研究者还依据电解质的晶体学数据计算出电解质的锂离子浓度和势斜率对应的容量（2×10^{-4}mA·h/cm^2），从而计算出空间电荷层的厚度（大约为 9nm）。图 7-8（c）为该研究者从锂离子电化学势平衡的角度绘制的界面处能量变化与充电曲线的对应图 [8]。

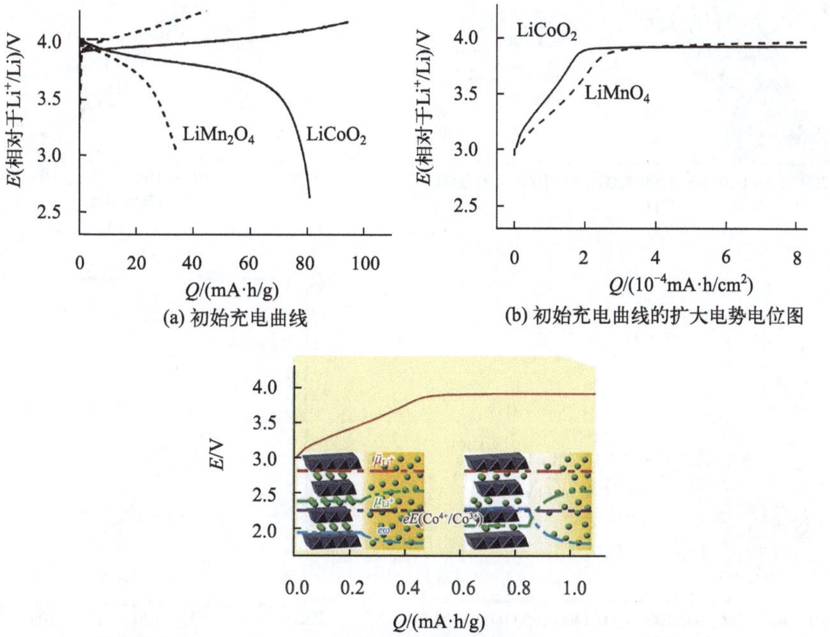

(a) 初始充电曲线

(b) 初始充电曲线的扩大电势电位图

(c) 界面处能量变化图

图 7-8　充放电曲线示意图

形成一个良好的界面是发展低阻抗和高电容固态电池的关键，深度揭示固 - 固界面的演化机制将为解决界面问题提供强有力的证据和支持。但是，目前动态以及原位观察手段依旧受到限制。

2020 年，Zhang 等 [16] 利用原位电化学阻抗谱研究了 $LiNi_{0.8}Co_{0.1}Mn_{0.1}O_2$ (NCM)/Li_6PS_5Cl/Li 电池的界面处变化，并且结合扫描电子显微镜和 X 射线光电子能谱揭示了 NCM/Li_6PS_5Cl 界面在早期充放电过程中空间电荷层的形成。该研究者在电池 0.2C 下前两圈的充放电过程中，设置了一个在间隔同等电量（2mA · h/g）测定电化学阻抗谱的程序，电化学阻抗谱如图 7-9 所示。

研究者对图 7-9 进行分析，在充放电过程中 EIS 的改变主要发生在低频区，充电初期低频区曲线呈现出类似半圆的趋势。充电过程达到 19.96%（此时开路电压 OCV 为 3.706V）时，低频区才出现了明显的半圆 [图 7-9（a）]，而随着开路电压的升高，阻抗曲线（包括 Nyquist

曲线和 Bode 曲线）均没有明显的改变，这表明 3.706V 的充电平台是电池阻抗改变的一个转折点。在第一次放电过程中，阻抗曲线呈现相反的变化趋势，当放电进程达到 68.71%（此时 OCV 为 3.671V）时，低频区的半圆形开始向初始状态的形状改变［图 7-9（c）］。类似的变化在第二次放电曲线中也可以看到，但是，相比于未进行充放电的电池状态（充放电进程为 0% 的曲线），并不能完全重合，所以研究者认为在后续拟合阻抗时可能会出现不同的拟合模型。

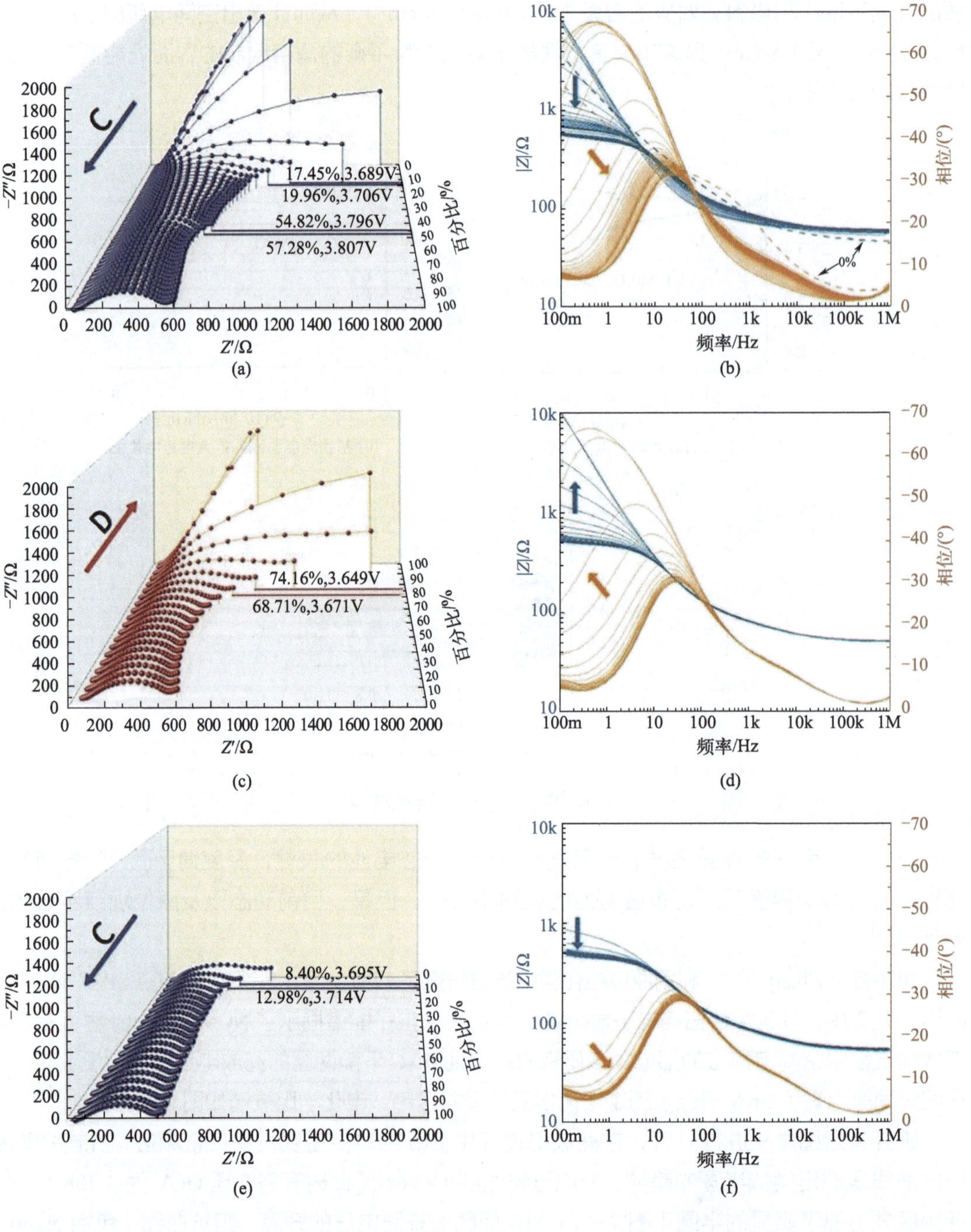

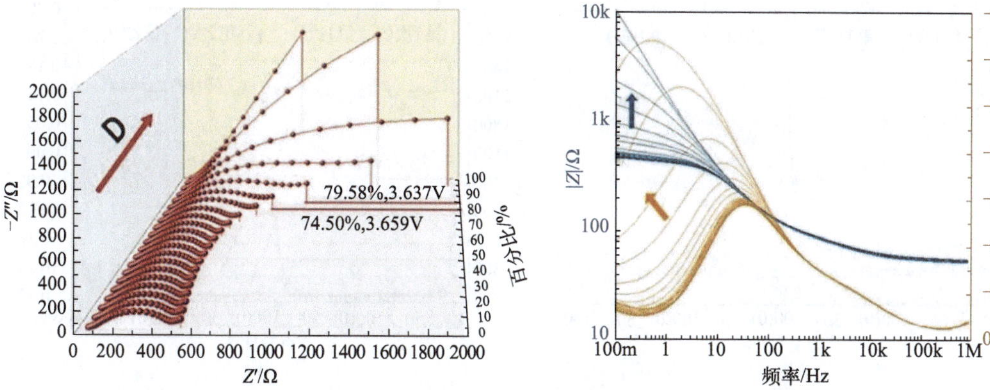

(g) (h)

图 7-9　NCM/Li$_6$PS$_5$Cl/Li 电池在 0.2*C* 下充放电前两圈的原位电化学阻抗谱演变及其界面动力学行为

[（a）、（c）、（e）、（g）为 Nyquist 图；（b）、（d）、（f）、（h）为 Bode 图；*Z*′ 为阻抗实部，*Z*″ 为阻抗虚部；C 为充电，D 为放电]

Zhang 等[16] 通过量化 NCM/Li$_6$PS$_5$Cl/Li 电池阻抗来评估界面阻抗的变化（图 7-10），图 7-10（a）中给出了与 Nyquist 曲线相匹配的两种等效电路，其中 FIT#2 等效电路对应于电池的初始状态，FIT#1 等效电路对应于电池开始进行充放电后的状态，两种等效电路的不同之处在于在 FIT#1 等效电路中采用 Nernst 扩散因数（N）代替 FIT#2 等效电路中的 Warburg 扩散因数（W），而 N 受 W（$\Omega/s^{1/2}$）和 Nernst 常数 k_N (s^{-1}) 的影响。如图 7-10（c）所示，通过等效电路的设置对循环内的阻抗谱进行拟合来区分电池中不同部分的阻抗，其中 R_{ct1} 和 R_{ct2} 代表界面处的阻抗。随后该研究者结合其他补充实验（对比静置状态下电池、Cu/Li$_6$PS$_5$Cl/Li 电池充放电和 NCM/Li$_6$PS$_5$Cl/In 电池充放电的阻抗变化）推测阻抗变化较大的 R_{ct2} 为正极界面阻抗。除此之外，该研究者还发现虽然两个界面阻抗（R_{ct1} 和 R_{ct2}）[图 7-10（c）] 与 Nernst 阻抗的两个系数（W 和 k_N）[图 7-10（d）] 都呈现出可逆变化的趋势，但是其值在首轮放电与次轮充电之间都存在突变。结合之前循环内与循环外的这种不连续变化，该研究者认为外加电场对锂离子的迁移产生了影响，从而产生这样瞬时的变化，猜测空间电荷层内锂离子重新分布与迁移导致了这种大尺度的阻抗变化。同样地，该研究者也在 0.5*C* 下对电池进行了原位阻抗谱测试，发现了相同的变化规律。除此之外，如图 7-10（f）所示，该

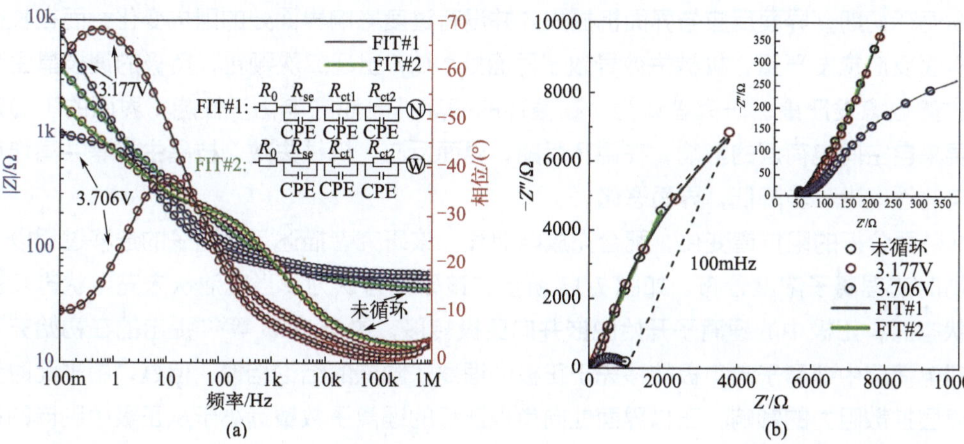

(a) (b)

图 7-10

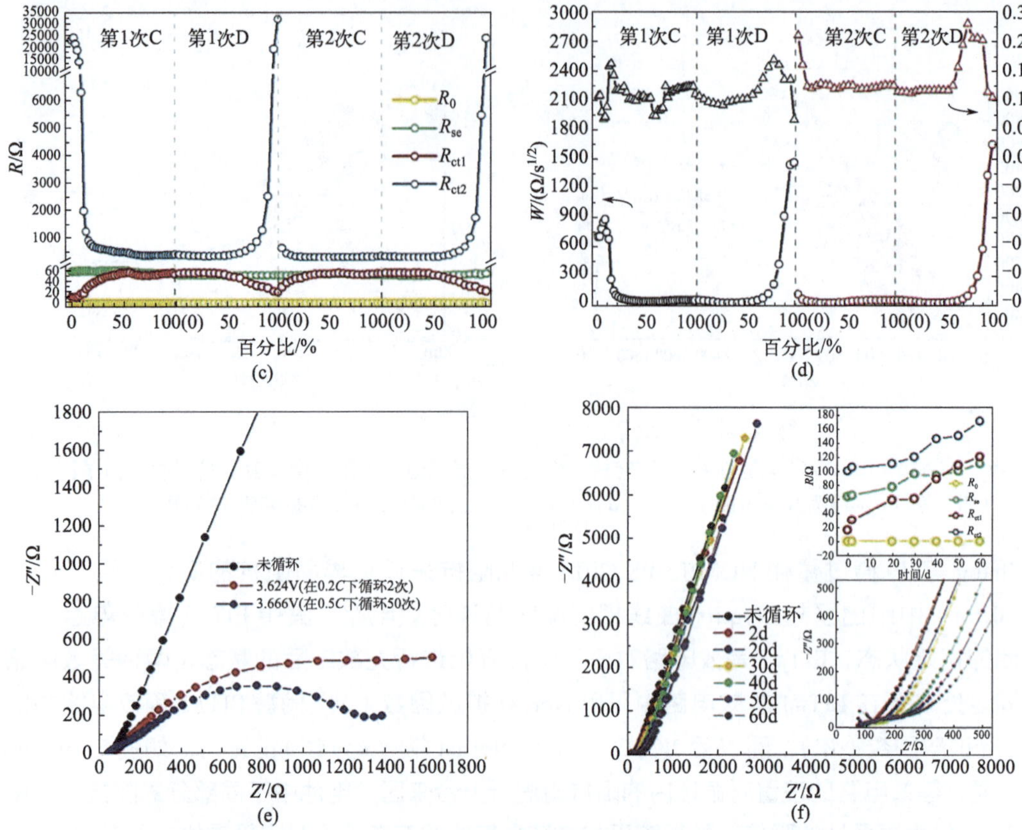

图 7-10　NCM/Li_6PS_5Cl/Li 电池界面阻抗机制解析与等效电路拟合验证

[（a）和（b）为关键电压下阻抗谱的 Bode 图及等效电路拟合；（c）和（d）为循环过程中界面阻抗与扩散参数动态演变；（e）和（f）为循环 / 存放对界面阻抗的影响及界面稳定性验证；CPE 为电容元件]

研究者对未充放电电池的阻抗进行了长时间的监控，结果发现并没有发生较大的阻抗变化，且在低频区也未发现额外的半圆形曲线，这就可以证明没有额外的对界面阻抗产生影响的因素。

该研究者通过非原位地表征电池正极界面处在循环前两圈与长循环中的变化，排除了其他因素对界面阻抗的影响。通过观察界面处 XPS（图 7-11）与 SEM（图 7-12）图像的变化发现，在循环初期，界面反应与界面机械失效并没有过度影响界面处的阻抗变化。而在长循环后，界面反应愈发严重，机械失效导致了界面处 NCM 出现二次颗粒，负极的锂枝晶生长与元素扩散也愈发严重。研究者认为，在循环的初期，电池的电化学性能（界面的不稳定性）主要来自空间电荷层的影响，在循环后期，界面反应、机械失效、枝晶生长等共同作用导致了电池性能进一步降低，界面恶化。

根据前面分析的阻抗谱变化，配合充放电曲线，该研究者描述了锂离子的迁移过程以及达到平衡时的锂离子浓度分布。如图 7-13 所示，该研究者认为，当电池从未充电状态转变到充电状态时，正极中的锂离子开始脱嵌并向负极转移，这与 Ohta 等 [5] 提出的在初始充电时，空间电荷层中锂离子向负极转移先于正极中锂离子脱嵌的结论相悖。但是，由于此时受空间电荷层扩散阻力的影响，正极界面处向负极迁移的锂离子数量远小于从正极中脱嵌的锂离子数量，所以界面处的锂离子浓度将会升高，对应于阻抗图中 R_{ct2} 值的迅速升高，随着充

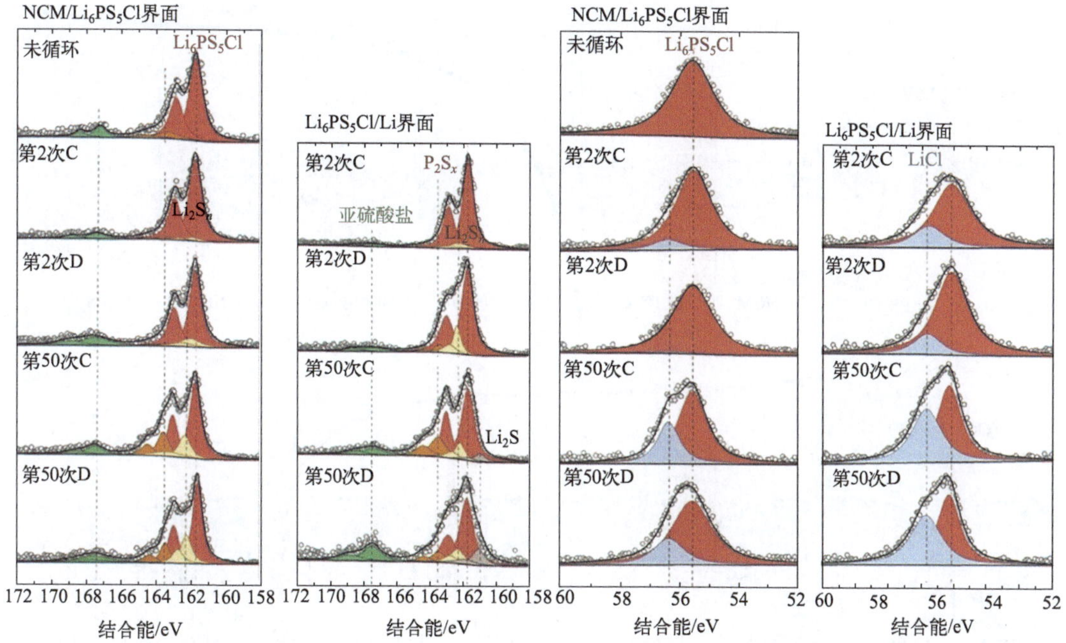

(a) S 2p　　(b) Li 1s

图 7-11　NCM/Li_6PS_5Cl/Li 电池的两个界面（NCM/Li_6PS_5Cl 界面和 Li_6PS_5Cl/Li 界面）的 S 2p 和 Li 1s 的 XPS 光谱 [16]

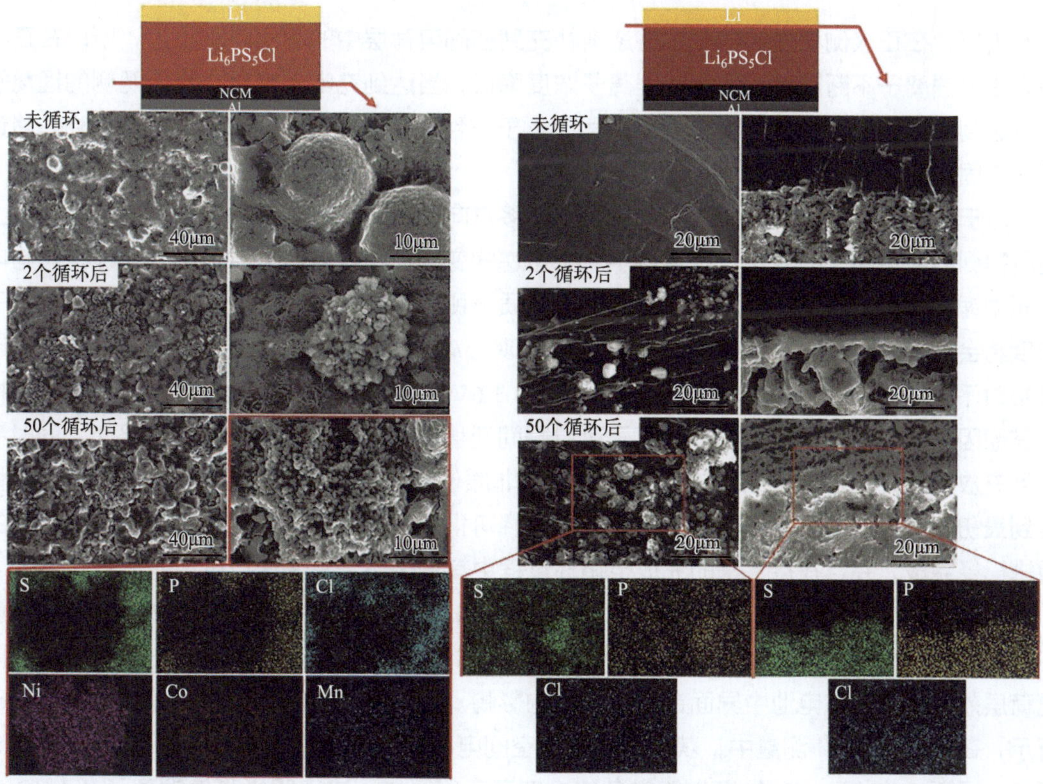

(a) NCM/Li_6PS_5Cl　　(b) Li_6PS_5Cl/Li

图 7-12　0.5*C* 下 NCM/Li_6PS_5Cl 界面和 Li_6PS_5Cl/Li 界面在循环之前、2 个循环之后和 50 个循环之后的 SEM 图像 [16]

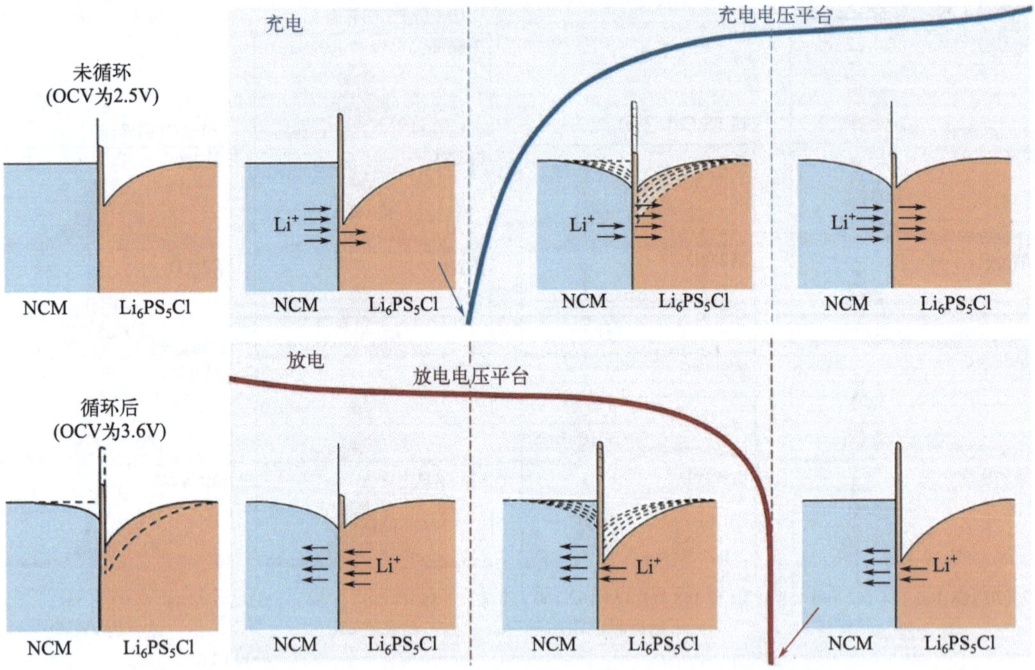

图 7-13 NCM/Li_6PS_5Cl 界面上 Li^+ 浓度和 Li^+ 迁移示意图 [16]

电的进行，在正极侧积攒的锂离子将逐渐补充到空间电荷层中的锂间隙空位上，所以在正极侧会因为锂离子不断脱嵌，而导致锂离子浓度降低，当达到充电平台后，界面两侧的锂离子浓度达到动态平衡，这意味着空间电荷层趋近于一种稳定的状态，对应的 R_{ct2} 值下降并趋近于一个固定的数值。

对于放电过程，该研究者认为，锂离子迁移方向发生改变，锂离子的浓度分布类似于上述所提到的电池阻抗的变化，也类似于一个可逆的变化。在放电结束时，因为正极材料与电解质中锂化学势的不同，锂离子将继续从电解质一侧向正极侧转移，所以在正极侧的锂离子浓度将会升高。但是，在之前的阻抗图谱中发现，R_{ct2} 的数值在首次放电结束时与下次充电开始时不同，并且再次充电时的开路电压约为 3.6V，充电平台较首次充电时更为平缓。推测其原因是外加电场的消失导致锂离子可以瞬间迁移至电解质一侧，从而达到平衡。同时考虑到充放电循环前后界面结构的改变（由上述非原位表征结果得出），空间电荷层将不会恢复到最初的状态。最后，结合上述实验结果解释可得，在首次充放电结束后，空间电荷层的重排已经完成，并且在接下来的充放电循环过程中其变化将会是快速且可逆的。

2020 年，Wang 等 [17] 以 $LiCoO_2$(LCO)/Li_6PS_5Cl (LPSCl) 为例，通过原位微分相位衬度扫描透射电子显微镜（DPC-STEM）观察 LCO/LPSCl 界面处的电荷密度分布，以研究空间电荷层效应对全固态电池中界面锂离子迁移的影响。原位固态电池的配置如图 7-14（a）~（c）所示，在 DPC-STEM 测量中，获得了最初由空间电荷层引起的电场图。如图 7-14（d）~（i）所示，界面 LCO 侧 1.0V 处存在略微负的净电荷密度区域，这表明当少量锂离子从 LCO 晶格中脱出并进入 LPSCl 电解质的间隙空隙中时，正电荷累积将会减少。由于空间电荷层处锂离子运输通道的缺乏，一些被提取的锂离子可以迁移到负极侧以产生电流，而其余的则被保留在界面的 LPSCl 侧，并通过滞留的锂离子产生的正电荷积累，导致在界面的低电位侧 1.0V 处形成略微正的净电荷密度区域。随着偏置电压的增加，更多的锂离子将从 LCO 晶格中被提取出来，导致界面的 LCO 侧出现更明显的负电荷积累 [图 7-14（e）～（i）]。另外，由于更多的锂离子被束缚，界面 LPSCl 侧上的正电荷积累也将更加明显。该原位可视化结果是首个直接证明全固态电池中空间电荷层的电阻效应影响锂离子界面输运的实验证据。

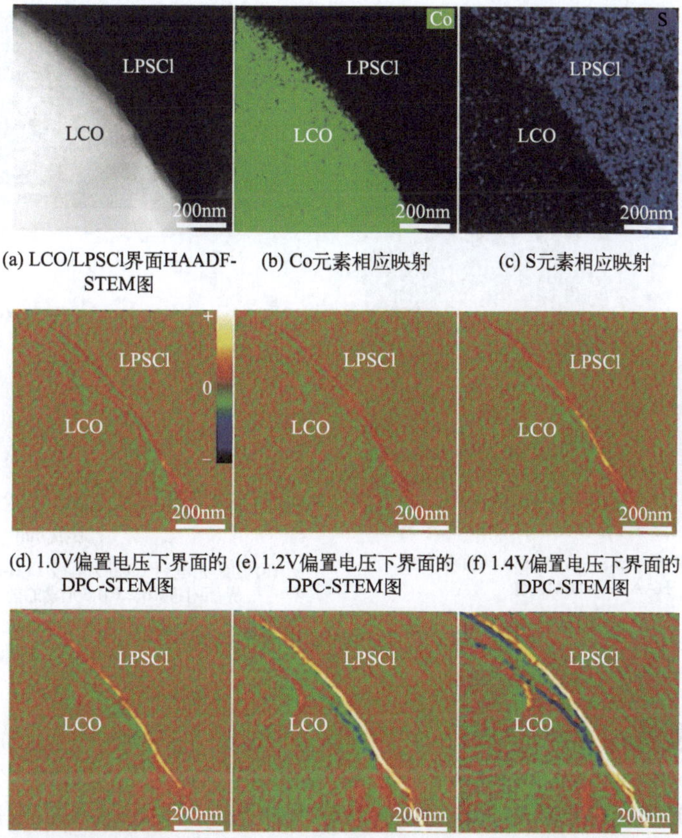

(a) LCO/LPSCl界面HAADF-STEM图 (b) Co元素相应映射 (c) S元素相应映射

(d) 1.0V偏置电压下界面的DPC-STEM图 (e) 1.2V偏置电压下界面的DPC-STEM图 (f) 1.4V偏置电压下界面的DPC-STEM图

(g) 1.6V偏置电压下界面的DPC-STEM图 (h) 2.0V偏置电压下界面的DPC-STEM图 (i) 2.2V偏置电压下界面的DPC-STEM图

图 7-14　LCO/LPSCl 界面的原位电荷密度分布特征图 [17]

（色带定义为正 / 负电荷密度的相对大小；HAADF-STEM 为高角度环形暗场扫描透射电子显微镜）

7.1.2　界面元素互扩散

除空间电荷层外，正极界面元素互扩散是硫化物全固态电池正极界面化学稳定性不佳的另一种表现形式。2010 年，Sakuda 等 [18] 采用透射电镜（TEM）经过实验发现在 $LiCoO_2$ 与 Li_2S-P_2S_5 界面处存在厚度为 10nm 的界面层，如图 7-15（a）所示。能谱（EDS）区域元素分布图 [图 7-15（b）] 也证明了正极材料与电解质之间发生了 Co、S、P 元素的扩散。

2012 年，Woo 等 [19] 采用了同样的方式在 LCO 正极和 $Li_{3.15}Ge_{0.15}P_{0.85}S_4$ 电解质界面发现

了 Co、S、P 元素的扩散。2016 年，Haruyama 等[20]以 $LiCoO_2/\beta\text{-}Li_3PS_4$ 界面为例，通过 DFT+U 理论计算界面处的阳离子扩散特性，结果表明磷元素和钴元素的交换能为负值，说明界面处的元素扩散是一个自发的过程，且在扩散之后会形成一个热力学稳定的界面层。2019 年，Kwak 等[21]在高 Ni 正极和 O 掺杂的二元硫化物电解质 $75Li_2S\text{-}22P_2S_5\text{-}3Li_2SO_4$ 之间也发现了类似的界面层，其中大量 S 元素和 P 元素渗透到氧化物正极中，导致电池倍率性能和容量保持率较差。

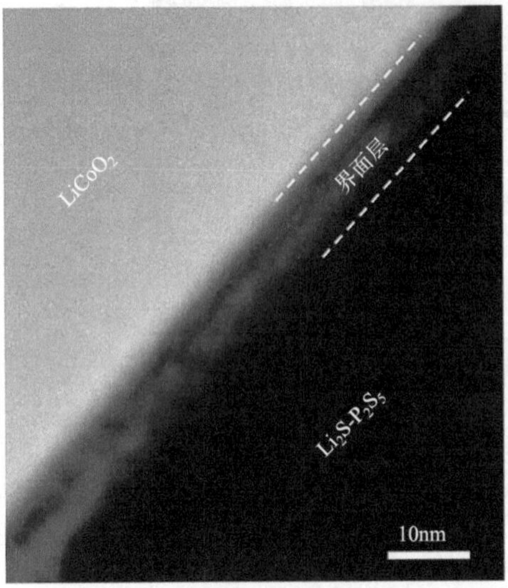

(a) $LiCoO_2$电极和$Li_2S\text{-}P_2S_5$固体电解质界面的 HAADF-STEM图像

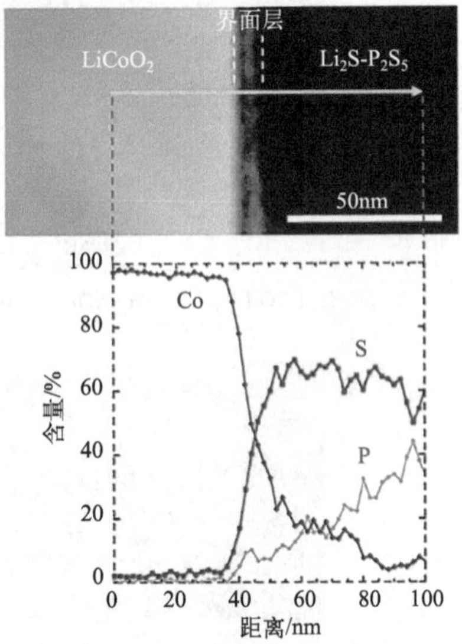

(b) 初始充电后 $LiCoO_2$电极/$Li_2S\text{-}P_2S_5$固体电解质界面附近Co、P和S元素的能量色散谱线

图 7-15　界面元素互扩散示意图[18]

7.1.3　界面反应

造成界面阻抗过大的原因除了界面处的化学性能不佳外，还有界面电化学性能较差。固态电池正极界面电化学稳定性是指在电场力的作用下，正极界面保持原有物理化学性质的能力。界面反应源于正极材料和固态电解质材料之间的化学势差异，且在电化学循环过程中，尤其是在充电状态下，该反应会进一步加剧[22]。

7.1.3.1　理论分析

硫化物电解质和氧化物正极材料之间的化学稳定性不佳，这一点可以通过理论计算证明[23-25]。理论计算分析通常采用建立具有不同成分混合物的伪二元相图（所有元素在界面处均处于平衡状态），其中相平衡的反应能可通过反应产物的形成能与正极材料和电解质分解能之间的能差来计算，计算结果与正极材料和硫化物电解质的组成密切相关。2015 年，Zhu 等[24]通过 DFT 计算了几种不同电解质 [$Li_{10}GeP_2S_{12}$（LGPS）、Li_3PS_4（LPS）、$Li_7La_3Zr_2O_{12}$ (LLZO)、$Li_{2.88}PO_{3.73}N_{0.14}$（$LiPON_{0.14}$）、$Li_{2.98}PO_{3.3}N_{0.46}$($LiPON_{0.46}$)、$Li_{0.33}La_{0.56}TiO_3$（LLTO）、$Li_{1.3}Al_{0.3}Ti_{1.7}(PO_4)_3$（LATP）] 和 LCO、$Li_{0.5}CoO_2$（$L_{0.5}CO$）正极之间的界面反应能（图 7-16）。

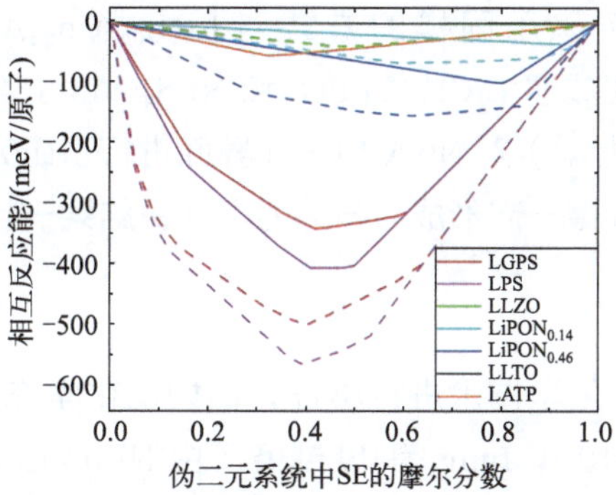

图 7-16 固态电解质和 LCO（实线）、$L_{0.5}CO$（虚线）界面的反应能[26]

LCO 和 LGPS、LPS 的反应能分别为 -340meV/ 原子和 -405meV/ 原子，表明 LPS 电解质相比于 LGPS 电解质更容易与 LCO 正极材料发生反应。同时比较脱锂后的 LCO（即充电状态下）与电解质的界面反应能（图 7-16 中虚线部分）发现，脱锂后的 LCO 与 LGPS、LPS 的反应能分别为 -499meV/ 原子和 -564meV/ 原子，均低于初始状态时的界面反应能，表明界面反应也和电池的充电状态有关。该研究者分析产生上述结果的原因是在充电过程中，Co 元素更多地处于高价氧化态（Co^{4+}），高价氧化态有利于界面反应的进行。最终在 LCO-LGPS 界面处生成 Co_9S_8、Li_2S、Li_2SO_4、Li_3PO_4、Li_4GeO_4；在 LCO-LPS 界面处生成 Co_9S_8、Li_2S、Li_2SO_4、Li_3PO_4。值得注意的是，该研究还提出氧化物电解质和氧化物正极界面的稳定性优于硫化物电解质和氧化物正极界面，通过表 7-2 可以看出氧化物电解质与氧化物正极的界面反应能均大于硫化物电解质与氧化物正极，且 LLTO-$L_{0.5}CO$、LATP-$L_{0.5}CO$ 无界面反应。文中解释为 $L_{0.5}CO$ 中的 Co 元素为 Co^{4+} 氧化态，而 S 元素相比于 O 元素具有更大的极性，所以 S 元素更容易将过渡金属还原至较低的氧化态，随着阴离子的电荷密度增加，此现象将会受到抑制。

表7-2 固态电解质和正极材料对应界面反应产物及界面反应能[26]

固态电解质	正极材料	界面反应产物	界面反应能/(meV/原子)
LGPS	LCO	Co_9S_8，Li_2S，Li_2SO_4，Li_3PO_4，Li_4GeO_4	-340
	$L_{0.5}CO$	Co_9S_8，Li_2S，Li_2SO_4，Li_3PO_4，Li_4GeO_4	-499
LPS	LCO	Co_9S_8，Li_2S，Li_2SO_4，Li_3PO_4	-405
	$L_{0.5}CO$	Co_9S_8，Li_2S，Li_2SO_4，Li_3PO_4	-564
$LiPON_{0.14}$	LCO	CoN，Li_3PO_4，Li_6CoO_4，N_2	-35
	$L_{0.5}CO$	Co_3O_4，LCO，$LiNO_3$，Li_3PO_4	-65
$LiPON_{0.46}$	LCO	CoN，Li_2O，Li_3PO_4	-99
	$L_{0.5}CO$	CoO，LCO，Li_3PO_4，N_2	-154
LLZO	LCO	La_2O_3，$Li_6Zr_2O_7$，Li_5CoO_4	-1
	$L_{0.5}CO$	La_2O_3，$La_2Zr_2O_7$，$Li_7Co_5O_{12}$，O_2	-39
LLTO	LCO	Co_3O_4，$La_2Ti_2O_7$，Li_2TiO_3，$L_{0.5}CO$	-0.5
	$L_{0.5}CO$	LLTO，$L_{0.5}CO$	0
LATP	LCO	$L_{0.5}CO$，Co_3O_4，Li_3PO_4，$LiAl_5O_8$，TiO_2	-53
	$L_{0.5}CO$	LATP，$L_{0.5}CO$	0

2019 年，Banerjee 等[27] 采用同样的方式对 $LiNi_{0.85}Co_{0.1}Al_{0.05}O_2$（NCA）/LPSCl 界面进行研究，发现在界面处生成了 LiCl、Li_3PO_4 和 Ni_3S_4/NiS_2。与此同时，该研究者还采用 AIMD（第一性原理分子动力学）对 NCA/LPSCl 界面进行了研究，结果表明在界面处 P—O 键与 S—S、Ni—S 和 Co—S 键一起形成，与热力学计算结果一致。

7.1.3.2 实验分析

界面反应可通过多种电化学技术进行验证，例如电化学充电 / 放电曲线、阻抗测量和 GITT 分析[28-30]。比如，2019 年 Jung 等[31] 制备了由 NMC 和 Li_6PS_5Cl（体积比 1∶1）组成的颗粒，并测试其在不添加偏压下的阻抗随时间的变化，结果显示，无论是单体的阻抗还是界面的阻抗，在 48h 内均升高了将近 400%。据分析，单体阻抗的升高可能是由于 NMC 和 LPSCl 发生了分解反应，界面阻抗的升高是由于 NMC 和 LPSCl 的分解产生了高阻抗界面。

多尺度表征手段已经开始应用于确定界面反应产物，以及反应产物的空间分布、电子和离子导电性等。2019 年，Banerjee 等[27] 在对 NCA/LPSCl 界面进行研究时，成功将界面原始状态下的反应产物以及带电状态下的反应产物进行了区分。他们首先将液态电池中的 NCA 正极充电至 4.3V［图 7-17（a）］（因为液态电解质在 4.3V 下不会与 NCA 正极材料反应），收集带电的 NCA 粉末，然后将其与 LPSCl 电解质混合［图 7-17（b）］。经过此步骤后，利用拉曼光谱和 XRD，在 NCA 和 LPSCl 界面处检测到大量结晶 NiS、Li_3PO_4 和 LiCl，而在原始状态下它们的信号要弱得多［图 7-17（c）和（d）］。

Li 等[32] 通过原位 X 射线近边吸收谱技术（XANES）动态分析正极材料 $LiNi_{0.8}Mn_{0.1}Co_{0.1}O_2$（NMC811) 与硫化物固态电解质 $Li_{10}GeP_2S_{12}$ (LGPS) 间的界面演化过程［图 7-18（a）]，发现 LGPS 与未包覆的 NMC811 处于不稳定状态［图 7-18（b）～（d）]，且硫化物固态电解质发生了分解，据图 7-18（b）S 元素的 K 近边吸收谱及相应的 mapping 图，得出 LGPS 与没有包覆的 NMC811 的界面在充放电过程中处于不稳定的状态。LGPS 在最初的充电过程中变成了亚稳定的中间态，其中部分 LGPS 在随后的充电过程中分解形成了硫化锂杂质相，最终

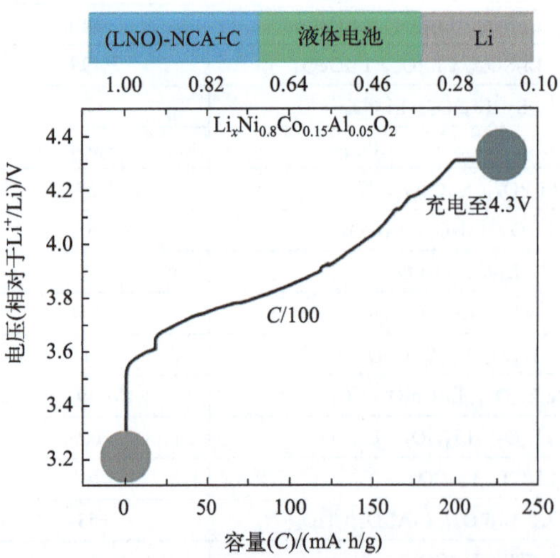

(a) NCA在液体电池中充电至4.3V的电位曲线

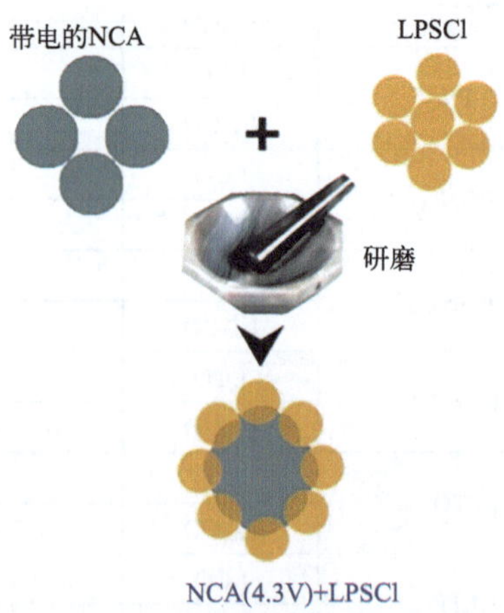

(b) 样品混合物制备示意图

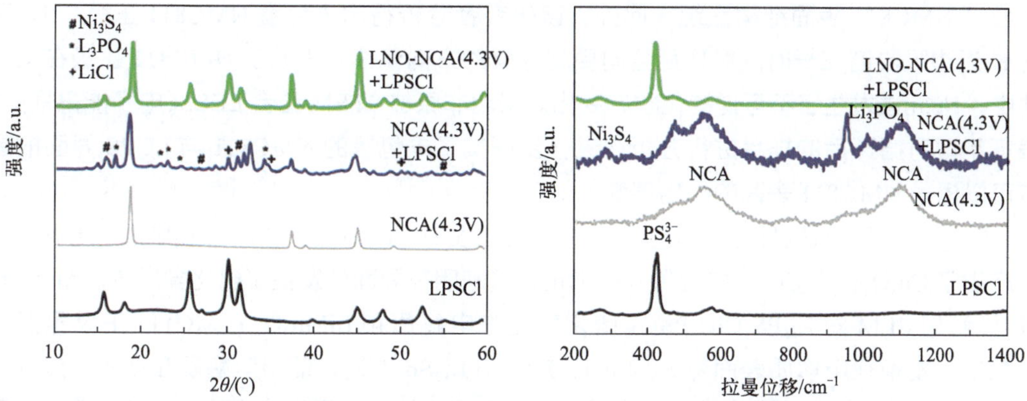

(c) 与原始LPSCl相比每种混合物在4.3V下的XRD　(d) 与原始LPSCl相比每种混合物在4.3V下的拉曼光谱

图 7-17　LPSCl 和 NCA 之间化学反应的表征 [27]

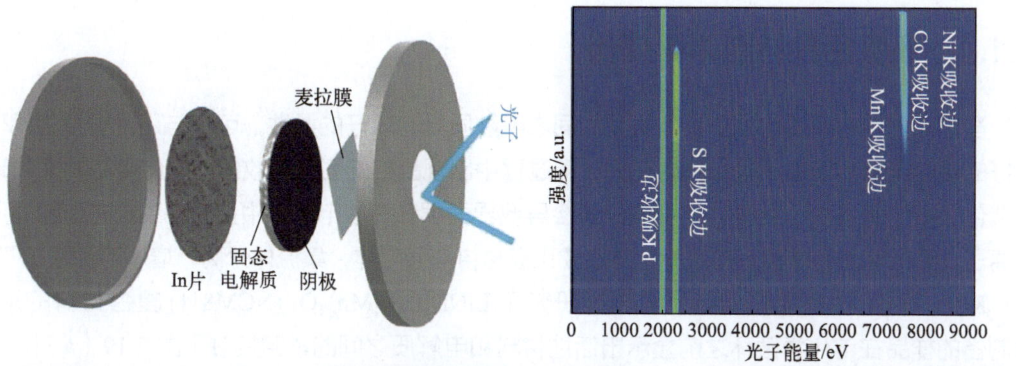

(a) 原位近边结构X射线吸收光谱法基于硫化物固态电解质的全电池实验装置图及在大光子能量区域获得的布拉格光谱图

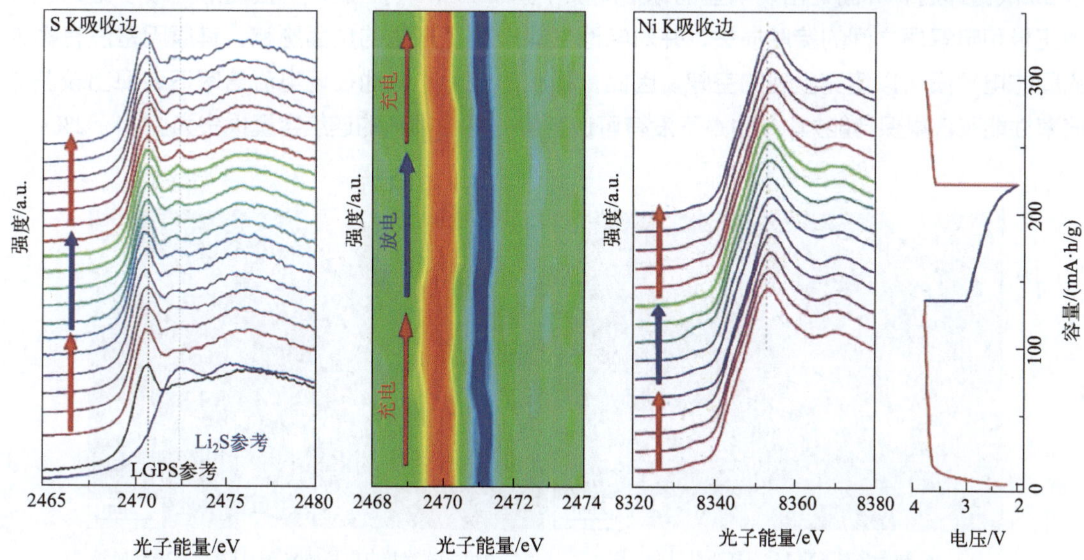

(b) 未包覆的NMC811的原位S元素的K近边吸收谱及相应的mapping图　(c) Ni元素的K近边吸收谱　(d) 充放电曲线

图 7-18　硫化物固态电解质 /NMC811 正极界面动态演化与原位 XANES 机制解析 [32]

导致了 NMC811 表面结构重组。此外，该研究者分析得出未包覆 NMC811 正极中 Ni 元素的 K 近边吸收谱在长时间循环后会向更高能量的方向偏移，表明了 NMC811 正极在固态电池中，Ni 元素发生了不可逆的化学态变化。采用非原位 STEM 结合 EELS(电子能量损失谱) 表征手段对循环后的样品进行分析，进一步证实了未包覆的 NMC811 与 LGPS 界面的副反应可以诱导 NMC811 表面的晶格演变。

Otoyama 等 [33] 通过拉曼光谱发现在充放电过程中，LCO 正极材料与 LPS 固态电解质界面上产生了 Co_3O_4，且 Co_3O_4 的位置并不确定，这表明在界面处发生了电化学反应。Auvergniot 等 [34] 利用 SEM 对 Li_6PS_5Cl(LPSC) 硫化物固态电解质和 $LiMn_2O_4$ (LMO) 的正极界面进行了表征，发现在电解质表面有 S、LiCl、P_2S_x 和 Li_2Sn 生成，证明电解质在充放电过程中被氧化。此外，研究发现在电池充放电过程中，在正极材料表面生成产物的电子电导率高于正极材料以及硫化物电解质的产物，这是发生界面反应的主要原因。此结论在后续研究中也得到了证实，比如 Chu 等 [35] 在研究 $Li_7P_3S_{11}$ 与 LCO 界面问题时发现在 LCO 表面生成了 CoS_2、P_2S_5 和 Li_3PO_4，而这些产物的电子电导率均比 $Li_7P_3S_{11}$ 和 LCO 的电子电导率高。此外，这些高电子电导率成分的产物还会导致离子绝缘层持续生长 [36]。

7.1.4 正极活性材料体积变化

虽然硫化物电解质相比于其他类型的固态电解质具有较好的柔性，可以与正极材料之间形成较好的接触界面，但是正极材料会在充放电过程中出现晶格的膨胀、收缩，导致电池界面物理接触恶化、极化增强 [37]。此外，这种现象还会导致界面层在充放电过程中持续地生成并破碎，消耗锂离子，降低电池容量和库伦效率，并造成正极材料与导电体、集流体分离，增加电池阻抗 [38]。

Koerver 等 [39] 使用扫描电子显微镜研究了 $LiNi_{0.8}Co_{0.1}Mn_{0.1}O_2$ (NCM811) 复合材料的形貌。所制备的样品在电化学循环之前显示出活性材料和电解质之间的紧密接触 [图 7-19 (a)]。但经过 50 次循环后，界面处出现明显的球形间隙 [图 7-19 (b)]。这种机械变形导致了循环过程中正极和电解质之间的接触损失，并对电池性能产生了严重的负面影响，其原因是没有额外的固态电解质可以填充出现的空隙。因此，相应的全固态电池在低电流倍率下表现出较差的倍率性能和容量保持能力，在 1*C* 下没有可逆容量，每个循环的连续容量损失为 1% ～ 2%。

(a) 初始状态下NCM811复合材料SEM图

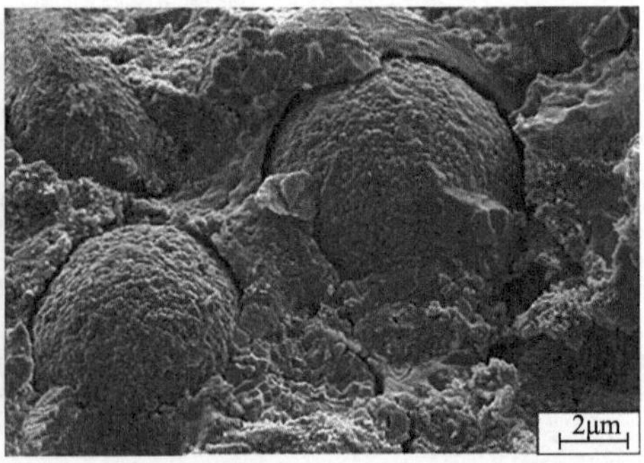

(b) 50次充放电循环后NCM811复合材料SEM图

图 7-19 NCM811 复合材料 SEM 图 [39]

Bucci 等 [40] 发现正极材料的体积变化还会导致正极侧产生裂纹，如图 7-20 所示，并且具有低断裂能以及高体积变化的正极材料产生的裂纹还会在正极侧蔓延传播。对于大多材料而言，其体积变化在锂化 / 脱锂过程中是不可避免的。传统液态锂离子电池可以通过液体电解质的自由流动来缓冲体积变化，但对于固态电池，由于固态电解质不可流动，就会产生巨大的应力和电池失效现象。

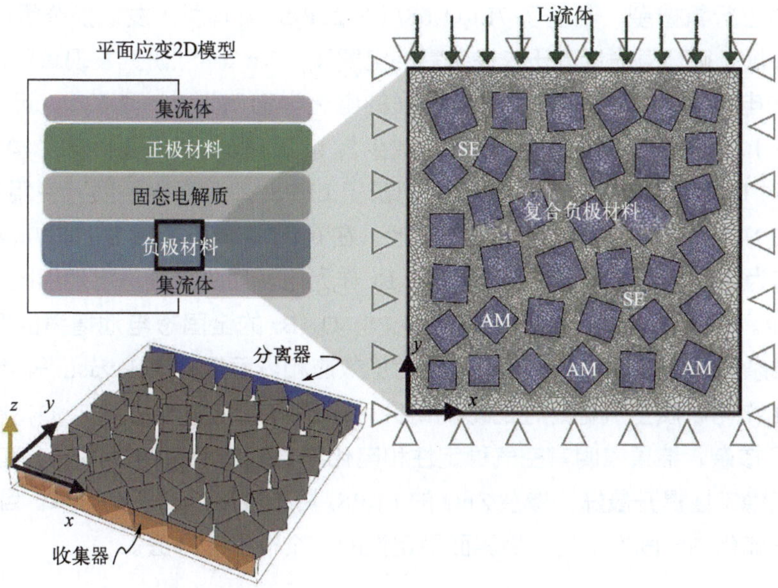

图 7-20　正极材料有限元模型的几何、离散化和边界条件示意图 [40]
（AM 为活性材料）

7.2　正极活性材料/硫化物固态电解质界面问题解决办法

提升硫化物全固态电池的界面化学稳定性、电化学稳定性和机械稳定性，防止正极材料在充放电过程中与硫化物电解质材料发生化学反应，抑制电池在充放电过程中正极材料的破碎现象，是提高硫化物全固态电池性能的关键。抑制正极材料与硫化物固态电解质发生元素扩散以及化学反应，可以减少界面层的生成，缩短分解过程，降低此过程中锂离子的消耗量，从而提升电池的库伦效率以及循环寿命。避免正极材料在电池充放电过程中的破碎可以避免正极材料与电解质之间的不良接触以及正极界面破坏，从而提升电池容量和循环寿命 [41]。针对以上问题，目前比较有效的解决硫化物全固态电池正极界面问题的方法有：硫化物固态电解质改性、正极包覆、正极层与电解质层界面优化、制备碳基纳米复合正极等。

7.2.1 硫化物固态电解质改性

硫化物固态电解质与正极材料是直接接触的，通过硫化物固态电解质改性可以调节界面的稳定性，减少空间电荷层的生成以及界面反应。固态电解质首先应满足高离子电导率、低电子电导率、与正极材料化学势相近以及高适配度等条件。氧化物固态电解质与正极氧化物材料的晶格适配度高，且电化学稳定性好，因此界面相容性好。采用氧代替部分硫可以抑制硫化物固态电解质与正极界面处的空间电荷层形成以及界面反应。Ohtomo 等[42]对 $75Li_2S$-$25P_2S_5$ 电解质进行氧掺杂，制备了 $7Li_2O$-$68Li_2S$-$25P_2S_5$ 电解质，发现掺杂氧后全固态电池的界面电阻降低，循环寿命远高于未掺杂氧的电解质。Xu 等[43]研究发现氧取代部分硫可以提升电解质的电化学窗口，Li_6PO_4SCl 电解质的电化学窗口为 0 ～ 2.62V，远大于 Li_6PS_5Cl（1.7 ～ 2.19V）的电化学窗口，因此可以减少其和正极材料之间的电化学反应。此外，Zhang 等[44]对 Li_6PS_5Br 电解质进行氧掺杂制备了 $Li_6PS_{4.7}O_{0.3}Br$ 电解质，使用 $Li_6PS_{4.7}O_{0.3}Br$ 作为电解质和 NCM811 作为正极的全固态电池，在 0.1C 下放电容量为 108.7mA·h/g，在 0.8 C 下放电容量为 47.4mA · h/g，与使用 Li_6PS_5Br 作为电解质的全固态电池相比，表现出更高的电化学性能。此外，该研究指出，基于 $Li_6PS_{4.7}O_{0.3}Br$ 的全固态电池增强的循环和倍率性能可归因于掺杂氧后的电解质抑制了空间电荷层效应和界面反应。Hayashi 等[45]最先开展了氧掺杂对硫化物电解质空气稳定性的影响研究，用不同氧化物 M_xO_y（Fe_2O_3、ZnO、Bi_2O_3）对 Li_3PS_4 进行掺杂，结果表明其空气稳定性和电化学稳定性都有明显提升，其中掺杂 Bi_2O_3 的电解质空气稳定性提升最好，掺杂 ZnO 的 Li_3PS_4 具有较高的离子电导率。目前研究证明，氧掺杂是提升硫化物全固态电池正极界面稳定性的一个很好的办法。

7.2.2 正极包覆

正极包覆也是解决硫化物正极界面问题的一个方法。此方法可以隔离正极材料和硫化物电解质，避免两者在充放电过程中接触而发生电化学反应，还可以有效减少正极材料的破碎现象。所以包覆材料应该具备以下特点：

① 包覆材料应该是电绝缘的，并具有与氧化物正极材料相似的锂化学势，从而可有效地保护硫化物固态电解质免受高电极电势的影响，并减少空间电荷层效应；

② 理想的包覆材料应该具有比硫化物固态电解质更宽的电化学窗口，以防止在正极界面处发生分解反应[25]；

③ 理想的包覆材料需要具有优异的锂离子传导性，因为在电池循环过程中，锂离子必须通过涂层向负极移动，同时包覆材料也要对其他离子扩散具有选择性，以抑制界面处的元素互扩散；

④ 由于电池循环过程中正极材料不断发生体积变化（即膨胀和收缩），包覆材料应与正极活性材料晶格匹配，并在响应活性材料变形时具有机械塑性，以保持界面之间的紧密接触[18]。

表 7-3[9-11,13,19,21,27-29,46-56]总结了不同的包覆材料以及对应的正极材料。根据上述包覆材料的先决条件，人们研究了各种包覆方法来提高电池性能，主要包括液相法、脉冲激光沉积法、化学气相沉积法、原子层沉积法等。

表7-3　正极材料包覆汇总

正极材料	硫化物固态电解质	正极包覆材料	参考文献
$LiCoO_2$	$80Li_2S$-$20P_2S_5$	SiO_2	[47]
		Li_2SiO_3	[47]
		Li_2O-SiO_2	[46]
		$Li_2Ti_2O_5$	[48]
		Li_4SiO_4-Li_3PO_4	[49]
	$78Li_2S$-$22P_2S_5$	Li_2CO_3	[54]
	$Li_{3.15}Ge_{0.15}P_{0.85}O_4$	Al_2O_3	[19]
	$Li_{3.25}Ge_{0.25}P_{0.75}S_4$	$LiTaO_3$	[10]
		$Li_4Ti_5O_{12}$	[28]
		$LiNbO_3$	[9]
	Li_6PS_5Cl	Li_2Bo_3-Li_2CO_3	[29]
$LiNi_{0.8}Co_{0.15}Al_{0.05}O_2$	$Li_{10}GeP_2S_{12}$	$LiNbO_3$	[56]
	$70Li_2S$-$30P_2S_5$	$Li_4Ti_5O_{12}$	[50]
	$75Li_2S$-$22P_2S_5$-$3Li_2SO_4$	$LiInO_2$-LiI	[21]
	$80Li_2S$-$20P_2S_5$	Li_2O-ZrO_2	[53]
	Li_6PS_5Cl	$LiNbO_3$	[27]
$LiNi_{1/3}Mn_{1/3}Co_{1/3}O_2$	Li_3PS_4	ZrO_2	[51]
		$LiAlO_2$	[52]
	$80Li_2S$-$19P_2S_5$-$1P_2O_5$	$Li_4Ti_5O_{12}$	[11]
$LiNi_{0.5}Mn_{1.5}O_4$	$80Li_2S$-$20P_2S_5$	Li_3PO_4	[55]
$LiMn_2O_4$		$Li_4Ti_5O_{13}$	[13]

7.2.2.1　液相法

液相法（liquid phase method）包覆通常有两种工艺：a. 将正极材料加入包覆层前驱体溶液中，然后通过共沉淀或溶液蒸发法进行包覆；b. 将包覆层前驱体溶液通过流化床或喷雾干燥对正极材料进行包覆。

Wang 等[17]以 $LiCoO_2$(LCO)/Li_6PS_5Cl (LPSCl) 为例，通过液相法制备了不连续的由 $BaTiO_3$ (BTO) 纳米粒子包覆的 LCO(BTO-LCO) 正极材料。SEM 图像显示 LCO 和 BTO-LCO 粉末均由 5 ～ 15μm 的颗粒组成［图 7-21（a）和（b）］，单个 BTO-LCO 颗粒的 Co 和 Ba 的 EDS 映射表明，涂覆后 Ba 元素均匀地分散在 LCO 的表面上［图 7-21（c）］。

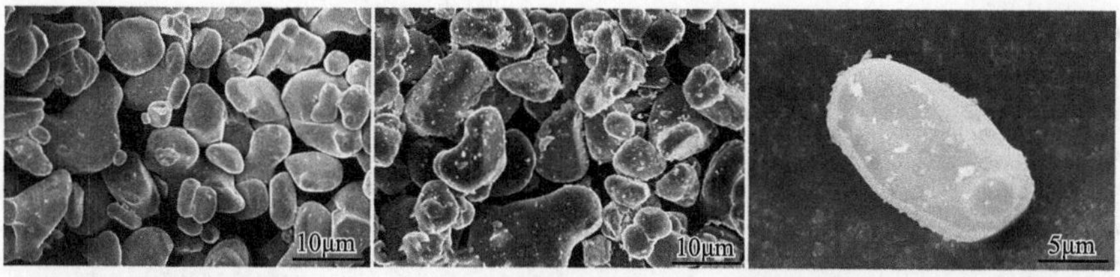

(a) LCO粉末的SEM图　(b) BTO-LCO粉末的SEM图　(c) 单个BTO-LCO颗粒中典型的SEM图像及其Co和Ba元素的EDS映射

图 7-21　LCO 和 5%（原子含量）BTO-LCO 的表面结构和组成[17]

为了研究 BTO 纳米粒子对锂离子界面输运的影响，测试了 LCO/In-Li 和 BTO-LCO/

In-Li 全固态电池的电化学性能。如图 7-22（a）所示，在初始循环中，即使在 0.05C 的低电流密度下，LCO 也仅表现出 119.6mA · h/g 的放电容量。相比之下，在相同的电流密度下，BTO-LCO 显示出相对较高的初始放电容量 (162.3mA · h/g)。据图 7-22（a）的初始电荷状态的放大曲线 [图 7-22（b）]，BTO-LCO 与 LCO 相比显示出较小的电势斜率。该研究推断，包覆的 BTO 纳米粒子有效地抑制了空间电荷层的形成并降低了界面电阻。LCO/In-Li 和 BTO-LCO/In-Li 全固态电池在第一次循环后的电化学阻抗谱 [图 7-22（c）和（d）] 显示，它们的电解质电阻 (R_e) 和晶界电阻 (R_g) 是一致的 ($R_e≈26Ω$；$R_g≈12Ω$)。相比之下，BTO-LCO/In-Li 的界面电阻 ($R_i≈1339Ω$) 远低于 LCO/In-Li($R_i≈2993Ω$) 的界面电阻，表明 BTO 纳米颗粒有效地抑制了空间电荷层的形成。

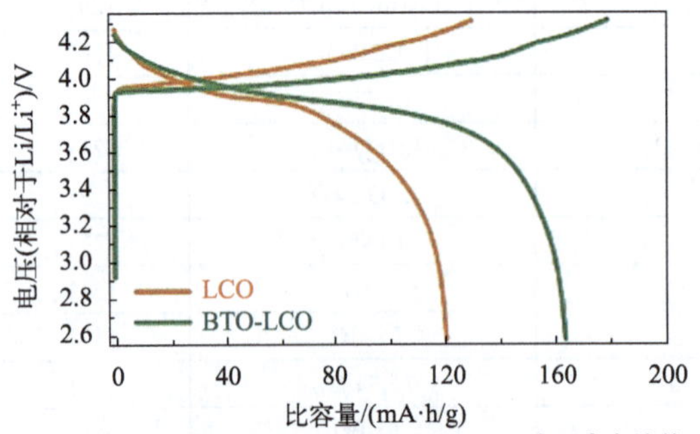

(a) 0.05C下LCO/In-Li与BTO-LCO/In-Li全固态电池的首次恒电流充放电曲线

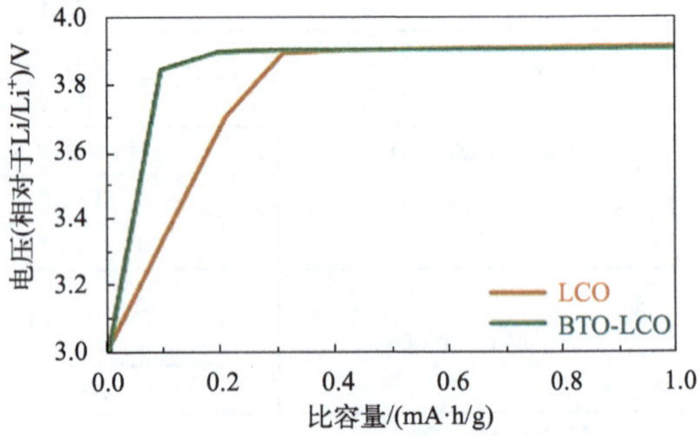

(b) 初始充电阶段的电压平台对比[(a)图局部放大]

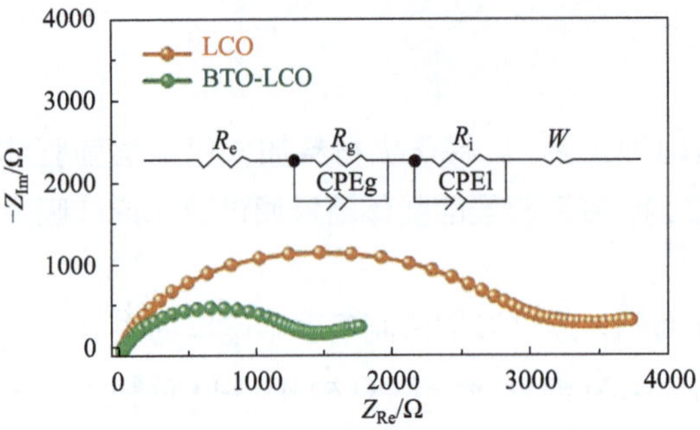

(c) LCO/In-Li全固态电池首圈循环后的电化学阻抗谱(EIS)及等效电路拟合

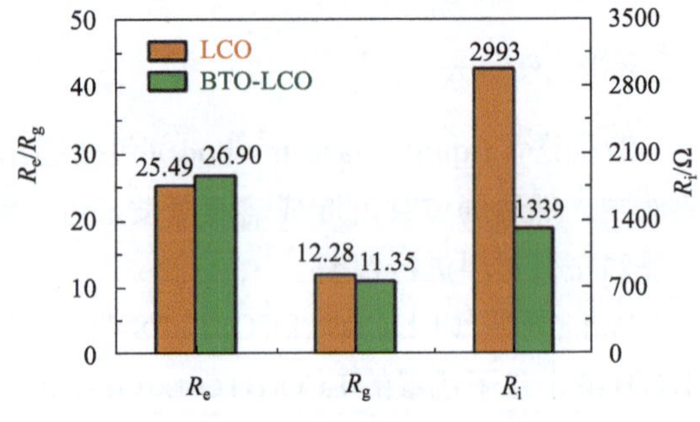

(d) BTO-LCO/In-Li全固态电池首圈循环后的电化学阻抗谱(EIS)及等效电路拟合

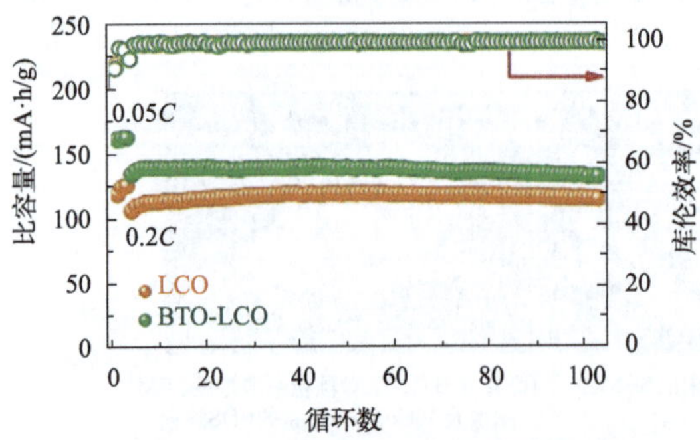

(e) 0.05C与0.2C下预循环后的长循环性能对比

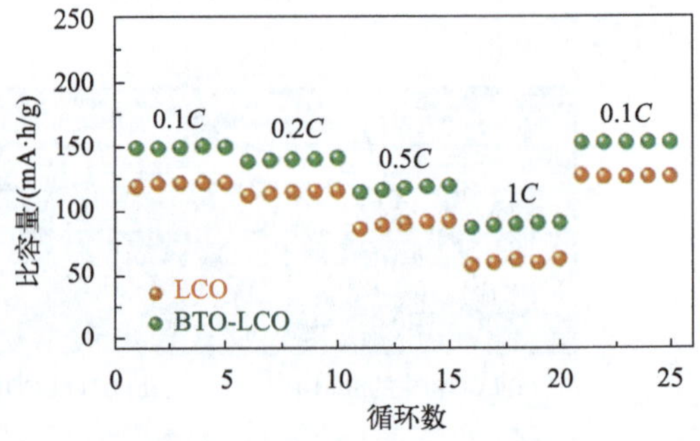

(f) LCO/In-Li与BTO-LCO/In-Li全固态电池的倍率性能

图 7-22　LCO 和 BTO-LCO 的电化学性能对比

此外，BTO-LCO 稳定的循环性能和更高的容量表明 BTO-LCO 和硫化物固态电解质之间存在稳定的化学 / 电化学界面 [图 7-22（e）]。另外，由于空间电荷层效应受到抑制，BTO-LCO 也表现出比 LCO 更好的倍率性能。如图 7-22（f）所示，即使在 1C 倍率下，BTO-LCO 的比容量仍可高达 92mA·h/g，而在 1C 时 LCO 的放电容量仅为 60mA·h/g。因此，BTO 纳米粒子包覆显著提高了电池的性能。

2019 年，Li 等 [57] 使用液相法设计了一种新型双包覆层 [图 7-23（a）]，其中 $LiNi_{0.8}Co_{0.15}Al_{0.05}O_2$（NCA）和 Li_2CO_3 首先通过烧结成为核壳结构，然后以金属锂和 $Nb(C_2H_5O)_5$ 为前驱体，乙醇为溶剂，通过溶液蒸发法将薄的 $LiNbO_3$ 层涂覆在核壳 NCA（CS-NCA）上。需要指出的是，文中称与原始 NCA 正极相比，较薄的非活性 $LiNbO_3$ 材料 [约 15nm，图 7-23（b）] 更容易完整地包覆在 CS-NCA 上，并且在包覆薄的非活性 $LiNbO_3$ 缓冲层后，界面电阻显著降低 [图 7-23（c）]。

(a) CS-NCA@$LiNbO_3$的制备过程示意图

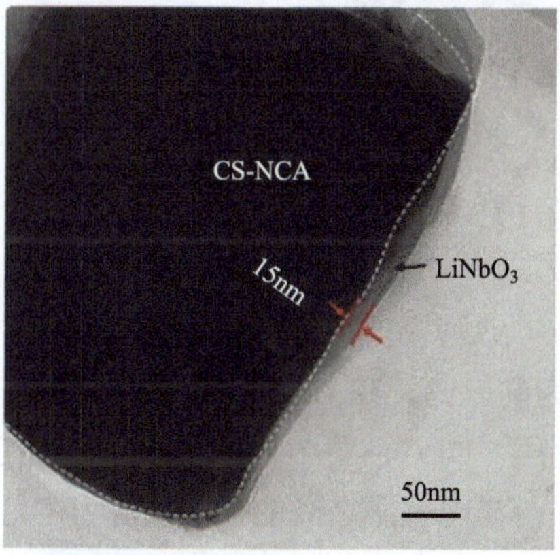

(b) CS-NCA@$LiNbO_3$材料的HRTEM图像

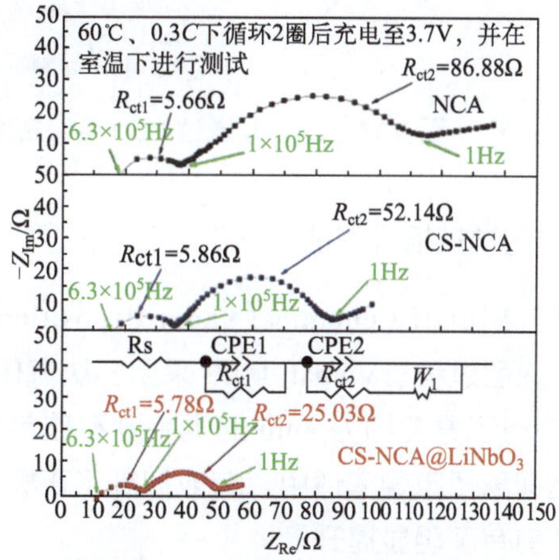

(c) 使用NCA、CS-NCA和CS-NCA@$LiNbO_3$阴极在60℃下循环2次后的Nyquist图

图 7-23　CS-NCA@$LiNbO_3$ 的制备及表征图 [57]

2012 年，Takada 等 [14] 采用喷雾干燥法研究了 $LiNbO_3$ 涂层对 $LiMn_2O_4$ 和 $LiCoO_2$ 正极性能的影响。他们通过改变前驱体溶液量，将涂层的厚度控制在 0 ～ 20nm 范围内。结果显示，$LiNbO_3$ 涂层可以将电极电阻降低两个数量级。2019 年，Kwak 等 [21] 采用液相法将 $LiInO_2$-LiI 包覆在 $LiNi_{0.8}Co_{0.15}Al_{0.05}O_2$（NCA）正极上，其中添加 LiI 用于提高涂层的离子电导率，文中发现 $LiInO_2$-LiI 最佳涂层量为 0.5%（质量分数），涂层量的增加导致容量降低，这意味着如果中间层太厚，涂层就会引入额外的电阻。2009 年，Sakuda 等 [47] 还研究了包覆 Li_2SiO_3 和 SiO_2 的 $LiCoO_2$ 正极的电化学性能，该研究得出，与未包覆的电池相比，包覆 Li_2SiO_3 和 SiO_2 的电池显示出更高的放电容量。此外，具有锂离子导电性的 Li_2SiO_3 涂层

在改善电池性能方面比惰性 SiO_2 更有效，表明良好的离子导电性对于包覆材料的选择很重要。该研究者在后续研究中还使用透射电子显微镜进一步研究了界面行为，结果表明包覆 Li_2SiO_3 可以有效抑制 Co 元素从正极向 $Li_2S-P_2S_5$ 电解质扩散 [18]。

7.2.2.2 脉冲激光沉积法

脉冲激光沉积（pulsed laser deposition，PLD）是通过在真空室中聚焦高能脉冲激光束而后轰击靶向材料，在目标基底上沉积形成薄膜。2016 年，Yubuchi 等 [55] 在室温下将 Li_3PO_4 通过 PLD 沉积在 $LiNi_{0.5}Mn_{1.5}O_4$ 正极上（图 7-24），薄膜厚度为 100nm，并以 $80Li_2S-20P_2S_5$ 为电解质组装成固态电池进行测试，结果显示，未包覆的 $LiNi_{0.5}Mn_{1.5}O_4$ 无法实现可逆循环，而包覆后的 $LiNi_{0.5}Mn_{1.5}O_4$ 循环良好，表明 Li_3PO_4 涂层可以显著降低正极和硫化物固态电解质之间的界面阻抗。

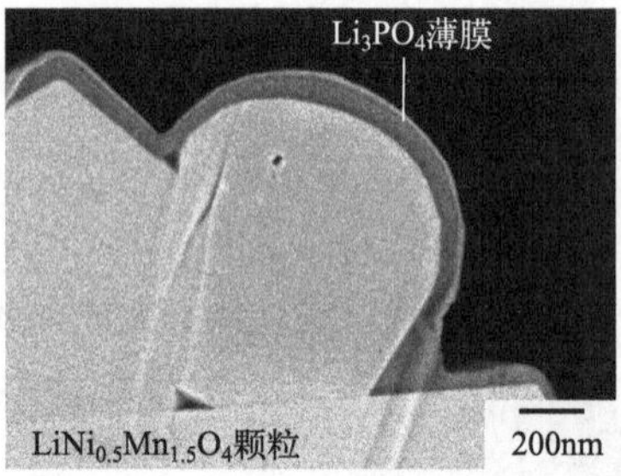

图 7-24 Li_3PO_4 通过 PLD 沉积在 $LiNi_{0.5}Mn_{1.5}O_4$ 正极上的 SEM 图 [55]

7.2.2.3 化学气相沉积法

化学气相沉积（chemical vapor deposition，CVD）是通过化学过程在加热衬底表面进行诱导的涂层过程。Visbal 等 [58] 采用乙炔气体为前驱体，在 $LiNi_{0.8}Co_{0.15}Al_{0.05}O_2$ 正极上通过 CVD 法制备了厚度约为 4nm 的类金刚石碳包覆层（DLC，图 7-25），实验证明其电子电导率较低且锂离子电导率适中，有效抑制了正极材料与电解质之间的化学反应，电池电化学性能较包覆前有了明显提升。

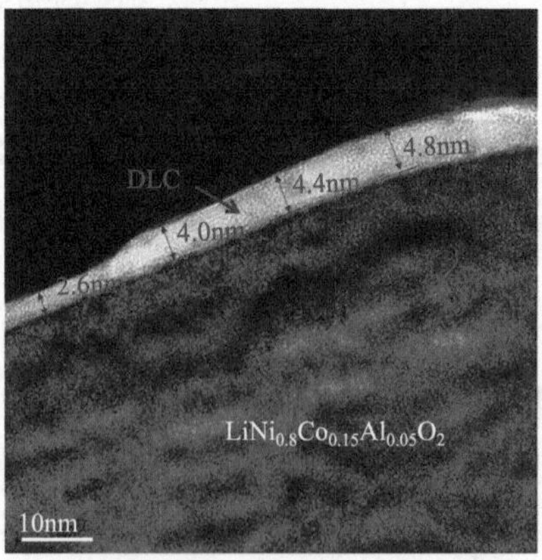

图 7-25 DLC 通过 CVD 包覆于 $LiNi_{0.8}Co_{0.15}Al_{0.05}O_2$ 上的 SEM 图 [58]

7.2.2.4 原子层沉积法

原子层沉积（atomic layer deposition，ALD）是通过将气体前驱体脉冲交替地通入反应器，吸附在沉积基体上，并反应形成沉积膜。与传统 CVD 法不同的是，ALD 是自限性化学反应，每一层厚度可控制在 0.1 ～ 0.2nm 之间，是一种更高效的制膜方法，其优秀的镀层控制度可以使包覆性能更加优良。Woo 等[19]在 180℃的沉积温度下，以三甲基铝和水为前驱体，在 $LiCoO_2$ 颗粒表面通过 ALD 技术包覆了一层超薄的 Al_2O_3 包覆层。实验数据表明，包覆后的 $LiCoO_2$ 可以在循环 25 次后保持 90% 的容量，相比未包覆的 $LiCoO_2$ 容量保持率（70%）有所提升。元素和微观结构分析表明，相比于未包覆的 $LiCoO_2$，包覆后的界面厚度减小［图 7-26（a）和（b）］，正极和电解质界面处的反应也大大减少。Li 等[32]在 235℃的沉积温度下通过调控 Li 和 Nb 的比例，经过数次 ALD 获得了 $LiNbO_x$ 薄膜［图 7-26（c）］，并研究了 $LiNbO_x$ 涂层的厚度（2nm、5nm、10nm）对包覆效果的影响。结果表明 $LiNi_{0.8}Mn_{0.1}Co_{0.1}O_2$ 在 $LiNbO_x$ 涂层厚度为 5nm 时，在循环容量和稳定性方面表现出最佳的电化学性能［图 7-26（d）］。

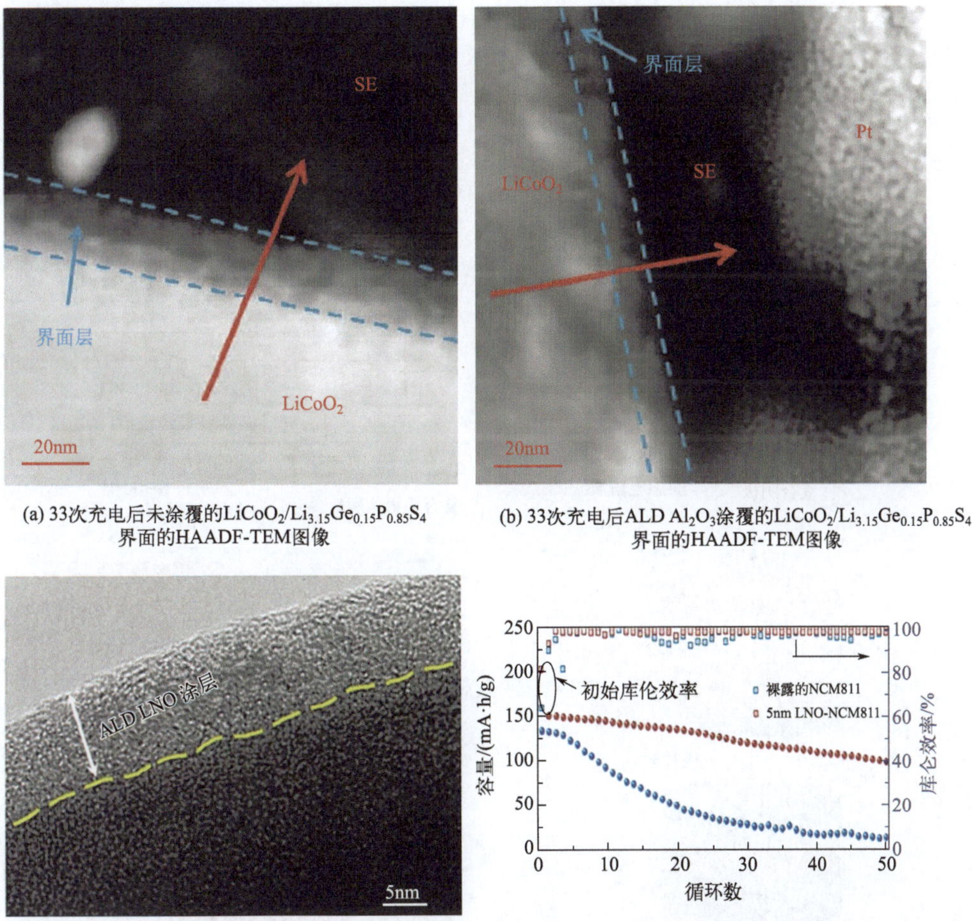

(a) 33次充电后未涂覆的 $LiCoO_2/Li_{3.15}Ge_{0.15}P_{0.85}S_4$ 界面的HAADF-TEM图像

(b) 33次充电后ALD Al_2O_3 涂覆的 $LiCoO_2/Li_{3.15}Ge_{0.15}P_{0.85}S_4$ 界面的HAADF-TEM图像

(c) ALD $LiNbO_x$ 涂层的 $LiNi_{0.8}Co_{0.1}Mn_{0.1}O_2$ 的HRTEM图像

(d) 裸露的 $LiNi_{0.8}Mn_{0.1}Co_{0.1}O_2$ 和 $LiNbO_x$-$LiNi_{0.8}Co_{0.1}Mn_{0.1}O_2$ 在固态电池中的循环性能

图 7-26 采用 ALD 制备材料的表征

随着 ALD 技术的发展，许多含锂的包覆材料也已成功实现对正极的包覆，如 $Li_4Ti_5O_{12}$[59]、$LiSiO_x$[60]、$LiPO_x$[61]、$LiTaO_x$[62]、LiPON[63] 和 Li_3BO_3-Li_2CO_3[64]，这些材料都显示出了作为阴极和硫化物电解质之间的界面涂层的前景，因为它们具有相对较高的离子电导率和优异的电化学稳定性。

7.2.3 正极层与电解质层界面优化

因为硫化物电解质较差的润湿性，导致其与正极接触界面处存在结构缺陷，且容易出现空隙和裂纹，从而导致界面处形成较高的接触电阻，导致电池性能的降低，因此使界面结合得更加紧密是提升硫化物全固态电池性能的关键方法之一。

选择适合的溶剂和黏结剂可以使正极层与电解质层界面光滑，从而减少空隙和裂纹的出现。Lee 等 [65] 利用 NBR 制备出了黏结剂，NBR 的腈基与硫化物电解质的紧密结合减少了界面处空隙和裂纹的形成。此外，该研究中发现相比于干法工艺，湿法工艺能够更好地提升正极致密度，如图 7-27 所示。但湿法工艺限制于硫化物的原因，只能采用非极性溶剂，否则会与硫化物电解质发生反应。

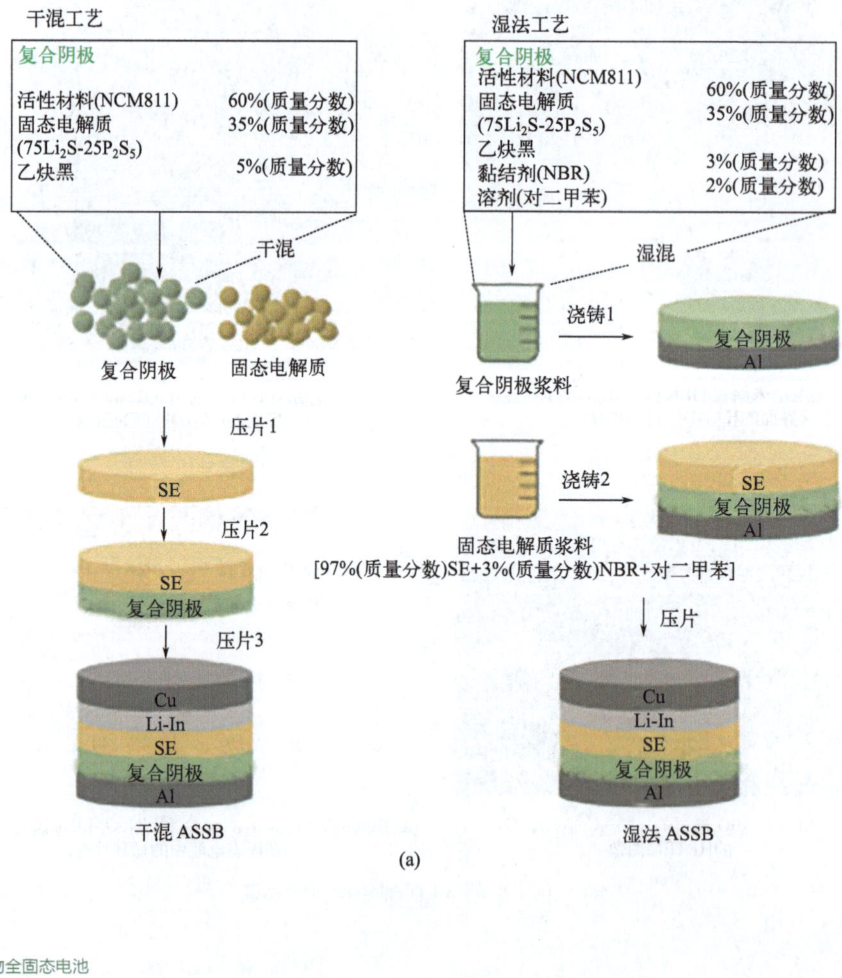

(a)

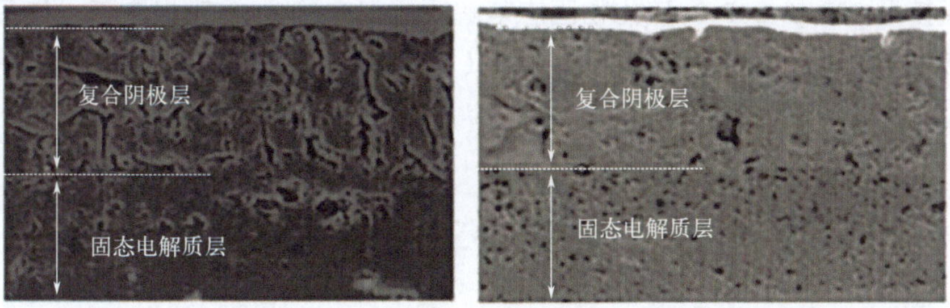

(b)

图 7-27　干法和湿法制备硫化物全固态电池 [66]

球磨法可以使材料发生混合、粉化、非晶化和固相反应，并促使硫化物电解质和正极材料表面发生有限固相反应，形成中间缓冲层，增强界面接触并降低界面阻抗 [67]。此外，球磨过程中会形成无定形硫，有利于电池容量的提升。Shin 等 [68] 以球磨法制备了 TiS_2 正极和 $Li_2S-P_2S_5$ 纳米复合正极，如图 7-28（a）所示，对比手工混料，球磨法有效降低了正极材料和电解质材料的颗粒粒径，使正极与电解质之间密切接触，降低界面阻抗。此外，该研究者通过非原位 X- 射线衍射和高分辨透射电镜测试发现，球磨使正极表面形成了 Li-Ti-P-S 非晶相，如图 7-28（b）所示，正极界面处形成了电子和离子的传输通道，所以电池循环性能和容量有所提升，且球磨法制备的复合正极在 1.5 ～ 3.0V 电压范围内首次充电容量达到了 416mA · h/g，在 1.0 ～ 3.0V 范围内首次充电容量达到了 837mA · h/g，并且电池在循环 60 周后容量保持率仍在 95% 以上。

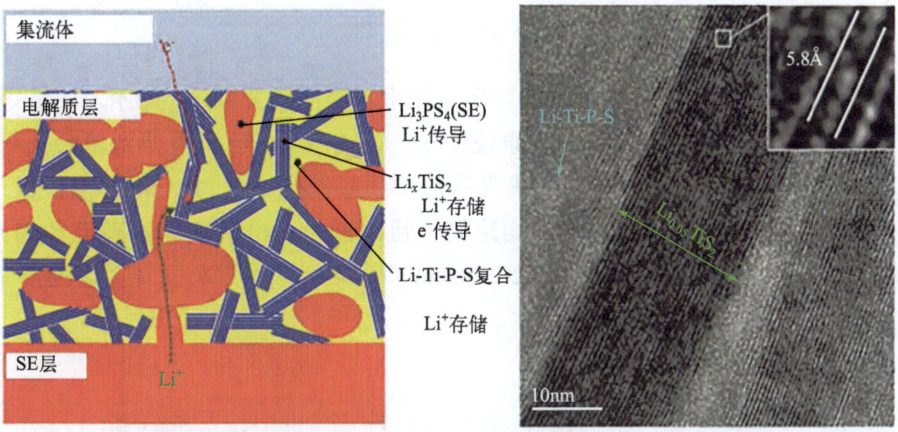

(a) 球磨制备TiS_2和$Li_2S-P_2S_5$复合正极微结构示意图　　(b) TiS_2和$Li_2S-P_2S_5$复合正极HRTEM图谱

图 7-28　TiS_2 和 $Li_2S-P_2S_5$ 复合正极微结构示意图及 HRTEM 图谱

Nagao 等 [69] 将单质硫、乙炔黑和 $80Li_2S-20P_2S_5$ 硫化物固态电解质通过多步球磨制备了 S/ 乙炔 /$80Li_2S-20P_2S_5$ 三元复合正极，相应的电池循环性能表现良好。类似地，Xu 等 [70-71] 将硫、炭黑以及不同的硫化物电解质通过多步球磨，获得了复合正极材料，其相应电池性能均有所提升。

正极包覆中采用的 PLD 法也可应用在正极材料与电解质界面的优化中，比如 [72] 通过

PLD 方法直接把 $80Li_2S\text{-}20P_2S_5$ 硫化物固态电解质沉积在 $LiCoO_2$ 正极表面，如图 7-29（a）所示。包覆后样品横断面 TEM 图谱 [图 7-29（b）] 显示，正极与硫化物固态电解质的界面接触紧密，大大降低了全固态电池的界面阻抗。

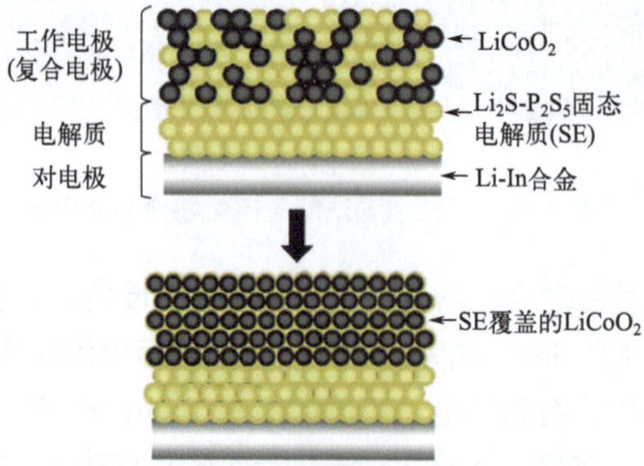

(a) 典型的基于 $LiCoO_2$ 正极以及硫化物固态电解质包覆 $LiCoO_2$ 复合正极全固态锂电池示意图

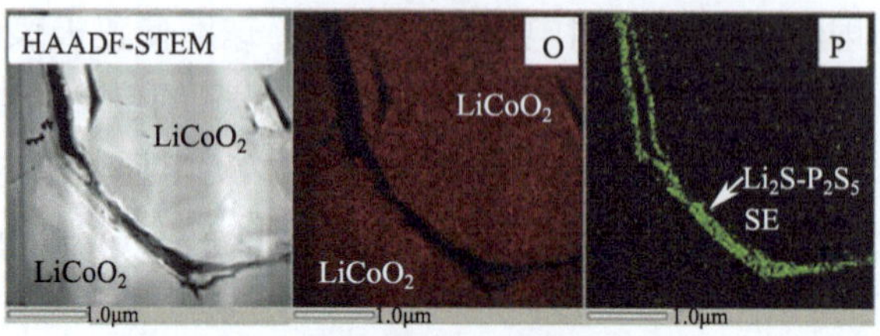

(b) 硫化物固态电解质包覆 $LiCoO_2$ 正极HAADF-STEM图以及O、S元素EDS面扫图

图 7-29　样品示意图及 TEM 图[72]

除此之外，正极包覆中的液相法也可用于正极与电解质界面层的优化。Yao 等[73]通过液相法（图 7-30）在硫化钴正极表面原位生长一层 $Li_7P_3S_{11}$ 电解质得到复合正极 $Co_9S_8@Li_7P_3S_{11}$，通过形貌表征得出正极材料表面的电解质颗粒尺寸仅为 10nm，且正极材料与电解质之间的接触更为紧密，降低了界面阻抗，且以其为正极组装的固态电池的循环性能和倍率性能表现良好，在电流密度 $1.27mA/cm^2$ 下，经过 1000 次循环，可逆容量仍高达 421mA·h/g。

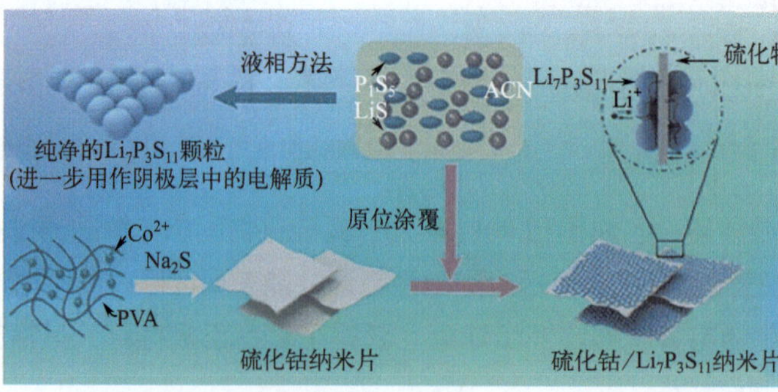

图 7-30　Co_9S_8、$Co_9S_8@Li_7P_3S_{11}$ 纳米复合材料和纯 $Li_7P_3S_{11}$ 电解质的制备过程示意图[73]

此外，Zhang 等[74]用同样的方法制备出 $Fe_3S_4@Li_7P_3S_{11}$ 复合正极，Tu 等[75]制备出 $MoS_2@Li_7P_3S_{11}$ 复合正极，其对应电池的电化学性能均有所提升。

7.2.4 制备碳基纳米复合正极

通过将正极材料以及硫化物电解质颗粒尺寸纳米化，可以明显提升材料的结构稳定性，增加材料之间的接触面积，缩短锂离子在电池中的扩散距离，缩短扩散时间，提升电池的倍率性能[67]。前文中的球磨法即可制备纳米复合材料。而碳材料除了作为基体防止纳米颗粒发生团聚现象外，还可以作为缓冲材料来消除正极材料在充放电过程中的体积变化。比如Qiang 等[76]采用一步水热硫化法制备了硫化镍 - 碳纳米管碳基纳米复合正极，制备过程如图7-31 所示，使硫化镍保持了较小的颗粒尺寸以及良好的分散性，与此同时，碳纳米管还增加了正极的电导率，缓解了正极材料的体积变化。此外，该研究者还通过酸辅助沉淀法制备了四硫化矾 - 还原氧化石墨烯材料，并在该材料表面采用液相法沉积 $Li_7P_3S_{11}$ 固态电解质颗粒，以此作为正极，$Li_{10}GeP_2S_{12}$/75%Li_2S-24%P_2S_5-1%P_2O_5 双层电解质作为固态电解质，金属锂作为负极组装全固态电池进行测试，结果表明，其在 25℃、0.1A/g 下循环 100 圈后，放电比容量可保持在 611mA · h/g，对应于硫含量的容量贡献为 853mA · h/g，当电流密度增加至 0.5A/g，电压范围在 1.5 ～ 3.0V 时，电池在循环 500 圈后仍可以放出 333mA · h/g 的可逆比容量，表现出较好的倍率性能和循环性能[77]。

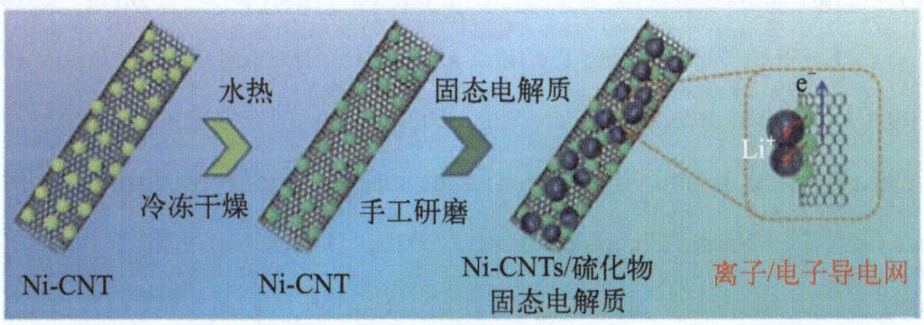

图 7-31　NiS-CNT 纳米复合材料的制备过程及离子 / 电子导电网络示意图[67]

（CNT 为碳纳米管）

参考文献

[1] Wagner C. The electrical conductivity of semi-conductors involving inclusions of another phase [J]. Journal of Physics & Chemistry of Solids，1972，33 (5) : 1051-1059.

[2] Jow T. The effect of alumina particles on the electrical conductivity of cuprous chloride [J]. Journal of the Electrochemical Society，1979，126 (11) : 1963.

[3] Maier J. Ionic conduction in space charge regions [J]. Progress in Solid State Chemistry，1995，23 (3) : 171-263.

[4] Sata N，Eberman K，Eberl K，et al. Mesoscopic fast ion conduction in nanometre-scale planar heterostructures [J]. Nature，2000，408 (6815) : 946.

[5] Ohta N，Takada K，Zhang L，et al. Enhancement of the high-rate capability of solid-state lithium batteries by nanoscale interfacial modification [J]. Advanced Materials，2006.

[6] Haruyama J，Sodeyama K，Han L，et al. Space-charge layer effect at interface between oxide cathode and sulfide

electrolyte in all-solid-state lithium-ion battery [J]. Chemistry of Materials，2014，26 (14) : 4248-4255.

[7] Takada K，Ohta N，Tateyama Y. Recent progress in interfacial nanoarchitectonics in solid-state batteries [J]. Journal of Inorganic & Organometallic Polymers & Materials，2015，25 (2) : 205-213.

[8] Takada K，Ohno T，Ohta N，et al. Positive and negative aspects of interfaces in solid-state batteries [J]. ACS Energy Letters，2017: 1105.

[9] Ohta N. $LiNbO_3$-coated $LiCoO_2$ as cathode material for all solid-state lithium secondary batteries [J]. Electrochemistry Communications，2007，9 (7) : 1486-1490.

[10] Takada K，Ohta N，Zhang L，et al. Interfacial modification for high-power solid-state lithium batteries [J]. Solid State Ionics，2008，179 (27-32) : 1333-1337.

[11] Kitaura H，Hayashi A，Tadanaga K，et al. Electrochemical performance of all-solid-state lithium secondary batteries with Li-Ni-Co-Mn oxide positive electrodes [J]. Electrochimica Acta，2010，55 (28) : 8821-8828.

[12] Sakuda A，Hayashi A，Ohtomo T，et al. All-solid-state lithium secondary batteries using $LiCoO_2$ particles with PLD coatings of Li_2S-P_2S_5 solid electrolytes [J]. Journal of Power Sources，2010，196 (16) : 6735-6741.

[13] Kitaura H，Hayashi A，Tadanaga K，et al. Improvement of electrochemical performance of all-solid-state lithium secondary batteries by surface modification of $LiMn_2O_4$ positive electrode [J]. Solid State Ionics，2011，192 (1) : 304-307.

[14] Takada K，Ohta N，Zhang L，et al. Interfacial phenomena in solid-state lithium battery with sulfide solid electrolyte [J]. Solid State Ionics，2012，225: 594-597.

[15] Takada K. Interfacial nanoarchitectonics for solid-state lithium batteries [J]. Langmuir，2013，29 (24) : 7538-7541.

[16] Zhang J，Zheng C，Li L，et al. Unraveling the intra and intercycle interfacial evolution of Li_6PS_5Cl-based all-solid-state lithium batteries [J]. Advanced energy materials，2020，10 (4) : 1903311.

[17] Wang L，Xie R，Chen B，et al. In-situ visualization of the space-charge-layer effect on interfacial lithium-ion transport in all-solid-state batteries [J]. Nature Communications，2020，11 (1) : 1-9.

[18] Sakuda A，Hayashi A，Tatsumisago M. Interfacial observation between $LiCoO_2$ electrode and Li_2 SP_2S_5 solid electrolytes of all-solid-state lithium secondary batteries using transmission electron microscopy [J]. Chemistry of Materials，2010，22 (3) : 949-956.

[19] Woo J H，Trevey J E，Cavanagh A S，et al. Nanoscale interface modification of $LiCoO_2$ by Al_2O_3 atomic layer deposition for solid-state Li batteries [J]. Journal of the Electrochemical Society，2012，159 (7) : 1120-1124.

[20] Haruyama J，Sodeyama K，Tateyama Y. Cation mixing properties toward Co diffusion at the $LiCoO_2$ cathode/sulfide electrolyte interface in a solid-state battery [J]. ACS Appl Mater Interfaces，2016，9 (1) : 286-292.

[21] Kwak H W，Park Y J. Cathode coating using $LiInO_2$-LiI composite for stable sulfide-based all-solid-state batteries [J]. Scientific Reports，2019，9.

[22] Banerjee A，Wang X，Fang C，et al. Interfaces and interphases in all-solid-state batteries with inorganic solid electrolytes [J]. Chemical Reviews，2020，120 (14) : 101.

[23] Sun Y，Suzuki K，Hori S，et al. Superionic conductors: $Li_{10+\delta}[Sn_ySi_{1-y}]_{1+\delta}P_{2\delta}S_{12}$ with a $Li_{10}GeP_2S_{12}$-type structure in the Li_3PS_4-Li_4SnS_4-Li_4SiS_4 quasi-ternary system [J]. Chemistry of Materials，2017: 886.

[24] Zhu Y He X，Mo Y，et al. First principles study on electrochemical and chemical stability of solid electrolyte-electrode interfaces in all-solid-state Li-ion batteries [J]. Journal of Materials Chemistry A Materials for Energy &

Sustainability，2015，4（9）：3253-3266.

[25] Richards W D，Miara L J，Wang Y，et al. Interface stability in solid-state batteries [J]. Chemistry of Materials，2015，28（1）.

[26] Zhu Y Z，He X F，Mo Y F. First principles study on electrochemical and chemical stability of solid electrolyte-electrode interfaces in all-solid-state Li-ion batteries [J]. Journal of Materials Chemistry A，2016，4（9）：3253-3266.

[27] Banerjee A，Tang H，Wang X，et al. Revealing nanoscale solid-solid interfacial phenomena for long-life and high-energy all-solid-state batteries [J]. ACS Applied Materials & Interfaces，2019，11（46）：43138-43145.

[28] Ohta N，Takada K，Zhang L，et al. Enhancement of the high-rate capability of solid-state lithium batteries by nanoscale interfacial modification [J]. Advanced Materials，2006.

[29] Jung S H，Oh K，Nam Y，et al. Li_3BO_3-Li_2CO_3：Rationally designed buffering phase for sulfide all-solid-state Li-ion batteries [J]. Chemistry of Materials，2018，30（22）：8190-8200.

[30] Cao D，Zhang Y，Nolan A M，et al. Stable thiophosphate-based all-solid-state lithium batteries through conformally interfacial nano coating [J]. Nano Letters，2020，20（3）：2678.

[31] Jung S K，Gwon H，Lee S S，et al. Understanding the effects of chemical reactions at the cathode-electrolyte interface in sulfide based all-solid-state batteries [J]. Journal of Materials Chemistry A，2019，7（40）：22967-22976.

[32] Li X，Ren Z，Banis M N，et al. Unravelling the chemistry and microstructure evolution of cathodic interface in sulfide-based all-solid-state Li-ion batteries [J]. ACS Energy Letters，2019，4（10）：2480-2488.

[33] Otoyama M，Ito Y，Hayashi A，et al. Raman mapping for $LiCoO_2$ composite positive electrodes in all-solid-state lithium batteries using Li_2S-P_2S_5 solid electrolytes [J]. Journal of Power Sources，2016，302（7）：419-425.

[34] Auvergniot J，Cassel A，Ledeuil J B，et al. Interface stability of argyrodite Li_6PS_5Cl toward $LiCoO_2$，$LiNi_{1/3}Co_{1/3}Mn_{1/3}O_2$，and $LiMn_2O_4$ in bulk all-solid-state Ba [J]. Chemistry of Materials，2017：4990.

[35] Chu I H，Nguyen H，Hy S，et al. Insights into the performance limits of the $Li_7P_3S_{11}$ superionic conductor：A combined first-principles and experimental study [J]. ACS Applied Materials & Interfaces，2016，8（12）：7843-7853.

[36] Chu I H，Nguyen H，Hy S，et al. Insights into the performance limits of the $Li_7P_3S_{11}$ superionic conductor：A combined first-principles and experimental study [J]. ACS Applied Materials & Interfaces，2018，10（12）：10598.

[37] 王晗，安汉文，单红梅，等. 全固态电池界面的研究进展 [J]. 物理化学学报，2021，37（11）：48-61.

[38] Seki S，Kobayashi Y，Miyashiro H，et al. Improvement in high-voltage performance of all-solid-state lithium polymer secondary batteries by mixing inorganic electrolyte with cathode materials [J]. Journal of the Electrochemical Society，2006，153（6）：1073-1076.

[39] Koerver R，Dursun I，Leichtwei T，et al. Capacity fade in solid-state batteries：interphase formation and chemomechanical processes in nickel-rich layered oxide cathodes and lithium thiophosphate solid electrolytes [J]. Chemistry of Materials，2017，29（13）：5574-5582.

[40] Bucci G，Swamy T，Chiang Y M，et al. Modeling of internal mechanical failure of all-solid-state batteries during electrochemical cycling，and implications for battery design [J]. Journal of Materials Chemistry A，2017，5（36），19422-19430.

[41] Zhu Y，He X，Mo Y. First principles study of electrochemical and chemical stability of the solid electrolyte-electrode interfaces in all-solid-state Li-ion batteries [J]. Journal of Materials Chemistry A，2016，4（9）：3253-3266.

[42] Ohtomo T，Hayashi A，Tatsumisago M，et al. All-solid-state batteries with Li_2O-Li_2S-P_2S_5 glass electrolytes

synthesized by two-step mechanical milling [J]. Journal of Solid State Electrochemistry, 2013, 17 (10) : 2551-2557.

[43] Xu H, Yu Y, Wang Z, et al. A theoretical approach to address interfacial problems in all-solid-state lithium ion batteries: Tuning materials chemistry for electrolyte and buffer coatings based on Li_6PA_5Cl hali-chalcogenides [J]. Journal of Materials Chemistry A, 2019, 7.

[44] Zhang Z, Zhang L, Yan X, et al. All-in-one improvement toward Li_6PS_5Br-based solid electrolytes triggered by compositional tune [J]. Journal of Power Sources, 2019 (410-411) : 162-170.

[45] Hayashi A, Muramatsu H, Ohtomo T, et al. Improvement of chemical stability of Li_3PS_4 glass electrolytes by adding M_xO_y (M = Fe, Zn, and Bi) nanoparticles [J]. Journal of Materials Chemistry A, 2013, 1 (21) : 6320.

[46] Sakuda A, Kitaura H, Hayashi A, et al. Improvement of high-rate performance of all-solid-state lithium secondary batteries using $LiCoO_2$ coated with Li_2O-SiO_2 glasses [J]. Electrochemical and Solid-State Letters, 2008, 11 (1) : 1.

[47] Sakuda A, Kitaura H, Hayashi A, et al. All-solid-state lithium secondary batteries with oxide-coated $LiCoO_2$ electrode and Li_2S-P_2S_5 electrolyte [J]. Journal of Power Sources, 2009, 189 (1) : 527-530.

[48] Sakuda A, Hayashi A, Tatsumisago M. Electrochemical performance of all-solid-state lithium secondary batteries improved by the coating of Li_2O-TiO_2 films on $LiCoO_2$ electrode [J]. Journal of Power Sources, 2009, 195 (2) : 599-603.

[49] Sakurai Y, Sakuda A, Hayashi A, et al. Preparation of amorphous Li_4SiO_4-Li_3PO_4 thin films by pulsed laser deposition for all-solid-state lithium secondary batteries [J]. Solid State Ionics, 2011, 182 (1) : 59-63.

[50] Seino Y, Ota T, Takada K. High rate capabilities of all-solid-state lithium secondary batteries using $Li_4Ti_5O_{12}$-coated $LiNi_{0.8}Co_{0.15}Al_{0.05}O_2$ and a sulfide-based solid electrolyte [J]. Journal of Power Sources, 2011, 196 (15) : 6488-6492.

[51] Machida N, Kashiwagi J, Naito M, et al. Electrochemical properties of all-solid-state batteries with ZrO_2-coated $LiNi_{1/3}Mn_{1/3}Co_{1/3}O_2$ as cathode materials [J]. Solid State Ionics, 2012, 225 (1) : 354-358.

[52] Kazuya O, Nobuya M, Muneyuki N et al. Preparation and electrochemical properties of $LiAlO_2$ -coated Li ($Ni_{1/3}Mn_{1/3}Co_{1/3}$) O_2 for all-solid-state batteries [J]. Solid State Ionics, 2014, 255 (2) : 120-127.

[53] Ito S, Fujiki S, Yamada T, et al. A rocking chair type all-solid-state lithium ion battery adopting Li_2O–ZrO_2 coated $LiNi_{0.8}Co_{0.15}Al_{0.05}O_2$ and a sulfide based electrolyte [J]. Journal of Power Sources, 2014, 248 (15) : 943-950.

[54] Kim J, Kim M, Noh S, et al. Enhanced electrochemical performance of surface modified $LiCoO_2$ for all-solid-state lithium batteries [J]. Ceramics International, 2016, 42 (2) : 2140-2146.

[55] Yubuchi S, Ito Y, Matsuyama T, et al. 5V class $LiNi_{0.5}Mn_{1.5}O_4$ positive electrode coated with Li_3PO_4 thin film for all-solid-state batteries using sulfide solid electrolyte [J]. Solid State Ionics, 2016, 285.

[56] Li X, Ming L A, Jian S C, et al. Constructing double buffer layers to boost electrochemical performances of NCA cathode for ASSLB [J]. Energy Storage Materials, 2019, 18: 100-103.

[57] Li X, Ming L, Jian S, et al. Constructing double buffer layers to boost electrochemical performances of NCA cathode for ASSLB [J]. Energy Storage Materials, 2019, 18: 104-106.

[58] Visbal H, Aihara Y, Ito S, et al. The effect of diamond-like carbon coating on $LiNi_{0.8}Co_{0.15}Al_{0.05}O_2$ particles for all solid-state lithium-ion batteries based on Li_2S-P_2S_5 glass-ceramics [J]. Journal of Power Sources, 2016, 314 (15) : 85-92.

[59] Meng X, Liu J, Li X, et al. Atomic layer deposited $Li_4Ti_5O_{12}$ on nitrogen-doped carbon nanotubes [J]. Rsc Advances, 2013, 3 (20) : 7285-7288.

[60] Wang B, Liu J, Banis M N, et al. Atomic layer deposited lithium silicates as solid-state electrolytes for all solid-state

batteries [J]. ACS Applied Materials & Interfaces，2017：31786.

[61] Wang B，Liu J，Sun Q，et al. Atomic layer deposition of lithium phosphates as solid-state electrolytes for all-solid-state microbatteries [J]. Nanotechnology，2014，25 (50)：504007.

[62] Liu J，Mohammad N B，Li X，et al. Atomic layer deposition of lithium tantalate solid-state electrolytes [J]. The Journal of Physical Chemistry C，2013，117 (39)：20260-20267.

[63] Kozen A C，Pearse A J，Lin C F，et al. Atomic layer deposition of the solid electrolyte LiPON [J]. Chemistry of Materials，2015，27 (15)：5324-5331.

[64] Kazyak E，Chen K H，Davis A L，et al. Atomic layer deposition and first principles modeling of glassy Li_3BO_3-Li_2CO_3 electrolytes for solid-state Li metal batteries [J]. Journal of Materials Chemistry A，2018，6 (40)：19425-19437.

[65] Lee K，Kim S，Park J，et al. Selection of binder and solvent for solution-processed all-solid-state battery [J]. Journal of the Electrochemical Society，2017，164 (9)：2075-2079.

[66] Lee K，Kim S，Park J，et al. Selection of binder and solvent for solution-processed all-solid-state battery [J]. Journal of th Electrochemical Society，2017，164 (9)：2080-2081.

[67] 吴敬华，姚霞银. 基于硫化物固体电解质全固态锂电池界面特性研究进展 [J]. 储能科学与技术，2020，9 (02)：501-514.

[68] Shin B R，Nam Y J，Kim J W，et al. Interfacial architecture for extra Li^+ storage in all-solid-state lithium batteries [J]. Scientific Reports，2014，4 (1)：5572.

[69] Nagao M，Hayashi A，Tatsumisago M. Sulfur-carbon composite electrode for all-solid-state Li/S battery with Li_2S-P_2S_5 solid electrolyte [J]. Electrochimica Acta，2011，56 (17)：6055-6059.

[70] Xu R C，Xia X H，Wang X L，et al. Tailored Li_2S-P_2S_5 glass-ceramic electrolyte by MoS_2 doping，possessing high ionic conductivity for all-solid-state lithium-sulfur batteries [J]. Journal of Materials Chemistry A，2017，5 (6).

[71] Xu R C，Xia X H，Li S H，et al. All-solid-state lithium-sulfur batteries based on a newly designed $Li_7P_{2.9}Mn_{0.1}S_{10.7}I_{0.3}$ superionic conductor [J]. Journal of Materials Chemistry A，2017，5 (13).

[72] Sakuda A，Hayashi A，Ohtomo T，et al. All-solid-state lithium secondary batteries using $LiCoO_2$ particles with pulsed laser deposition coatings of Li_2S-P_2S_5 solid electrolytes [J]. Journal of Power Sources，2012，196 (16)：6735-6741.

[73] Yao X，Liu D，Wang C，et al. High-energy all-solid-state lithium batteries with ultralong cycle life [J]. Nano Letters，2016：7148.

[74] Zhang Q，Mwizerwa J P，Wan H，et al. Fe_3S_4@$Li_7P_3S_{11}$ nanocomposites as cathode materials for all-solid-state lithium batteries with improved energy density and low cost [J]. Journal of Materials Chemistry A，2017.

[75] Anon. Electrolytes; new electrolytes study findings have been reported by researchers at Zhejiang University (rational coating of $Li_7P_3S_{11}$ solid electrolyte on MoS_2 electrode for all-solid-state lithium ion batteries) [J]. Energy Weekly News，2018.

[76] Qiang Z，Gang P，Pierre M J，et al. Nickel sulfide anchored carbon nanotubes for all-solid-state lithium batteries with enhanced rate capability and cycling stability [J]. Journal of Materials Chemistry A，2018，6.

[77] Zhang Q，Wan H，Liu G，et al. Rational design of multi-channel continuous electronic/ionic conductive networks for room temperature vanadium tetrasulfide-based all-solid-state lithium-sulfur batteries [J]. Nano Energy，2019，57.

第8章 硫化物固态电解质与负极材料的界面问题

8.1 锂金属负极/硫化物固态电解质界面问题及解决方法

8.1.1 界面问题

锂金属具有高理论比容量（3860mA·h/g）和低氧化还原电位（−3.040V，相对于标准氢电极），在电池负极的应用中被认为是提升固态电池容量的关键[1]。目前，针对硫化物全固态电池负极的界面问题主要包括负极界面反应以及锂枝晶的生长。

8.1.1.1 界面反应

锂金属具有较强的还原性，非常容易与硫化物电解质发生反应，从而使锂金属负极与硫化物电解质之间的界面稳定性变差。锂金属与硫化物固态电解质之间的界面行为和界面类型影响着硫化物全固态电池的整体性能。Wenzel 等[2]从热力学角度将电极与电解质界面分为三类（图 8-1）:

① 不反应和热力学稳定界面［图 8-1（a）］。这是三类界面中最为完美的界面，在此种界面下，锂金属不会与硫化物固态电解质发生化学反应，但是目前这种完整界面还未曾报道。

② 反应和热力学不稳定生成混合导体型界面［图 8-1（b）］。在这种界面中，金属锂一旦与硫化物电解质接触，就会发生化学反应，最终形成高离子电导率和高电子电导率的混合导体型界面，此外，这个界面会继续和锂金属发生反应，最终使电池失效。目前报道会生成此类界面的硫化物电解质包括 $Li_{10}GeP_2S_{12}$ 和 $Li_{10}SnP_2S_{12}$ 等。

③ 反应和生成亚稳态型界面［图 8-1（c）］。在此类界面情况下，锂金属与硫化物电解质之间在热力学上是不稳定的，但在动力学方面是稳定的，当界面产物的电子电导率较低时，会形成一个高阻抗的亚稳态界面，类似于传统电池中生成 SEI 膜的过程，目前报道会生

成此类界面的硫化物电解质包括 $Li_7P_3S_{11}$ 和 Li_6PS_5Cl 等。

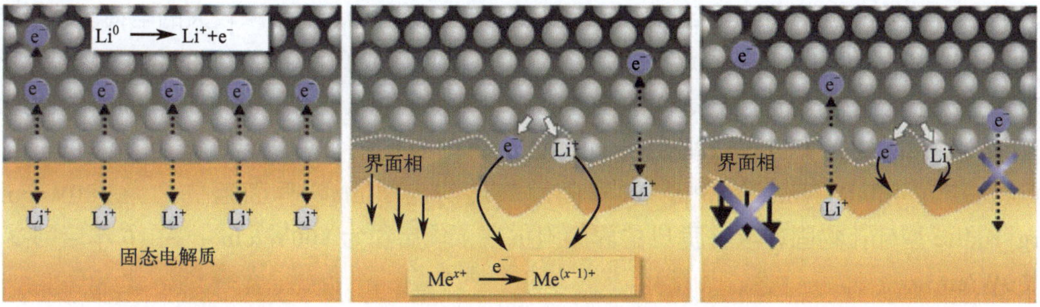

(a) 不反应和热力学稳定界面 (b) 反应和热力学不稳定生成混合导体型界面 (c) 反应和生成亚稳态界面

图 8-1 锂金属与硫化物固态电解质的界面类型

比如，Luis 等[3]据 DFT 计算发现 $Li_{10}GeP_2S_{12}$ 固态电解质在锂化和脱硫作用下会在界面处生成 Li_2S、Li_3P 和 $Li_{17}Ge_4$ 等产物（图 8-2）。而这些产物主要来自电解质的分解。

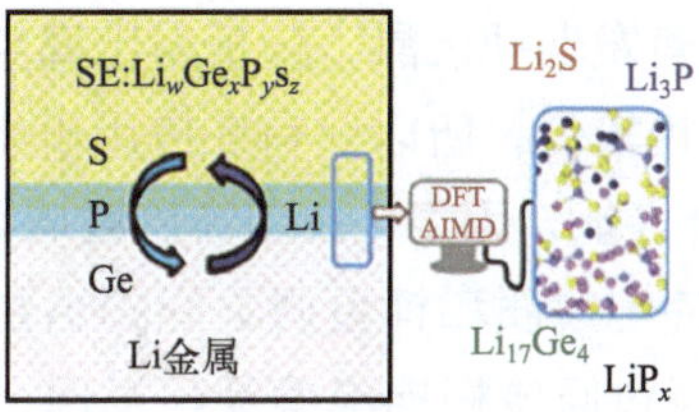

图 8-2 $Li_wGe_xP_yS_z$ 与锂金属接触产生的分解产物示意图

Wenzel 等[4]通过原位 X- 射线光电子能谱研究发现，$Li/Li_{10}GeP_2S_{12}/Li$ 电池随着锂沉积时间的增加，界面产物量逐渐增多，且电池的整体电阻和界面电阻都有所增加。Bron 等[5]测试了 $Li_{10}GeP_2S_{12}$（LGPS）、$Li_{10}SiP_2S_{12}$（LSiPS）、$Li_{10}SnP_2S_{12}$（LSnPS）、Li_6PS_5Cl（LPSCl）的离子电阻及其电子电阻，发现这些电解质的离子电阻和电子电阻（R_{100}）都随硫化物电解质与锂金属接触时间的延长而增大（图 8-3）。

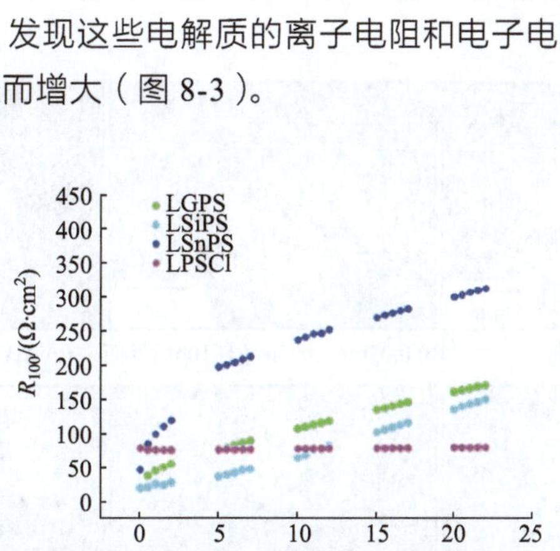

图 8-3 硫化物固态电解质与锂金属负极界面层离子电阻和电子电阻随时间的变化规律[5]

其中 Li_6PS_5Cl 在与锂金属的接触过程中表现得较为稳定，其界面电阻增长速度较为缓慢。该研究认为锂金属与电解质界面阻抗和原硫化物电解质相比有所升高是因为界面产物的锂离子电导率较低，比如 Li_2S 的离子电导率仅为 10^{-8}S/cm，远低于 LGPS（约为 10^{-2}S/cm），这种锂离子电导率差异将会导致界面上的锂离子流不均匀，从而带来较大的电荷转移阻抗，降低电池的倍率性能及循环稳定性，另外，这些反应产物即使拥有较低的电子电导率，也依旧不能减少电解质与锂金属之间的反应，所以界面层将会持续地增长，界面阻抗持续增加。比如 Wenzel 等[6]通过模拟发现：LGPS 的界面层在运行一年后厚度约为 370nm，界面阻抗约为 4600W/cm^2，$Li_7P_3S_{11}$ 的界面层厚度约为 23nm，界面阻抗约为 280W/cm^2。Argyrodite 型硫化物固态电解质[7]的界面阻抗在 1 年后约为 300W/cm^2，在 10 年后则高达 1000W/cm^2。

8.1.1.2 锂枝晶

早期理论研究认为，固态电解质的高机械强度能够抑制锂枝晶的生长，但是在后续研究中发现，不论哪种类型的固态电解质都不能很好地抑制锂枝晶的生长。Nagao 等[8]通过原位 SEM 发现锂枝晶可以沿硫化物电解质的裂纹和晶界生长，最终导致电池内部短路。还有研究者在研究金属锂在固态电解质中沉积的过程时发现，相比于 $Li_7La_3Zr_2O_{12}$ 和 Li_3PS_4 固态电解质，在 LiPON 电解质中没有发现锂枝晶，分析得出高电子导电性是锂枝晶生成的一个因素。但 LiPON 的离子电导率也较低，所以只有在应用于小电流密度、低负载的薄膜电池中时，才能实现比较优秀的循环性能，因为一旦电流密度增大，电极材料就会产生的体积变化，从而直接导致薄膜开裂，使电解质和锂金属之间的结合力逐渐降低，最终导致电池失效[9]。除此之外，Nagao 等[8]通过原位扫描电镜观察发现，当施加的电流密度和面积容量较小时，锂可以在界面上均匀地沉积熔解，但随着电流密度和面积容量的提升，沉积锂开始形成锂枝晶，并在硫化物电解质的空隙和晶界处开始生长，最终导致电池内部短路失效（图 8-4），所以说电流密度也会影响锂枝晶的形成。除此之外，硫化物电解质和锂金属的不流动性也会导致界面接触不良，将会造成锂金属的不均匀沉积，从而生成锂枝晶。

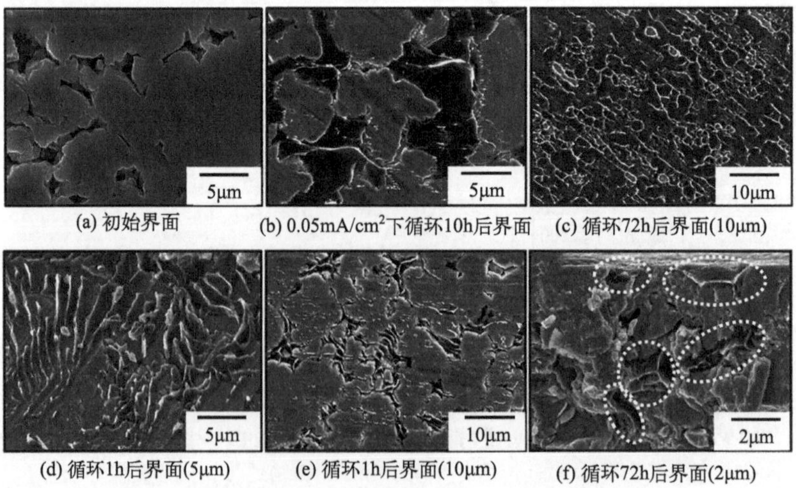

图 8-4　$80Li_2S$-$20P_2S_5$ 电解质表面和电解质剪切面 SEM 图

8.1.2 界面问题解决方法

通过上述讨论，优化锂金属负极和硫化物电解质之间的界面，是解决硫化物电解质与锂金属不相容问题的关键，通常可利用固态电解质优化、人造 SEI 膜、合金化锂负极、控制电解质界面缺陷等方法来进行界面优化。

8.1.2.1 固态电解质优化

类似于优化正极界面问题，对于负极界面的优化也可采用调节硫化物电解质组分的方法。Tao 等[10]通过在硫化物中掺杂 P_2O_5 后发现电解质对锂金属负极的相容性有所提升，并且锂离子的电导率也有较为明显的改善，在 25℃下循环 30 次后容量保持率可达 85.2%。同时，目前研究发现 Li_3PS_4 电解质在对锂离子稳定性方面优于其他硫化物电解质，但是 Li_3PS_4 电解质的界面反应依旧存在，所以依旧存在较大的界面阻抗。为此，经过大量研究后发现，氧掺杂可以降低界面反应，减少形成高阻抗的缓冲层，优化界面的稳定性。除此之外，研究发现采用大半径的离子（如 Sb^{5+}、Ba^{2+} 等）取代 P^{5+} 可以提升电解质的离子电导率，同时提高化学稳定性。比如，在 Li_3PS_4 电解质中引入 Sb^{5+} 和 O^{2-} 获得的 $Li_3P_{0.98}Sb_{0.02}S_{3.95}O_{0.05}$ 电解质材料，在稳定性方面有明显提升。Sun 等[11]对 $Li_{10}GeP_2S_{12}$ 进行 Ba^{2+} 掺杂，掺杂后得到的 $Li_{9.4}Ba_{0.3}GeP_2S_{12}$ 热力学稳定性明显提高，锂稳定性也得到了改善。还有研究者对于硫银锗矿相电解质 Li_6PS_5Br 采用氧原子部分取代硫原子（氧原子更倾向于取代游离 S^{2-} 而不是 PS_4 结构中的硫原子），与未掺杂的电池对比发现，使用氧掺杂后的 Li_6PS_5Br，电池容量和循环性能都得到了提升，同时以锂金属为负极，$LiNi_{0.8}Co_{0.1}Mn_{0.1}O_2$ 为正极的固态电池稳定循环次数为 92 次，而使用未掺杂电解质的固态电池，稳定循环次数仅为 2 次。

8.1.2.2 人造SEI膜

除了优化固态电解质，制备人工 SEI 膜也可以避免硫化物固态电解质和锂金属负极的直接接触，从而有效地避免负极界面反应，抑制锂枝晶的生长。人造 SEI 膜应该具备良好的空气稳定性，具有离子电导率高等优点。目前报道的人造电解质膜主要是含锂复合材料，比如 Liang 等[12]采用原位合成法制备了 Li_xSiS_y 保护层，来改善 Li_3PS_4/Li 界面，改性后的 $LiCoO_2/Li_3PS_4/Li_xSiS_y$/Li 全固态电池的稳定循环次数达到了 100 次。Zhang 等[13]利用原位合成法在锂金属表面生成了一层 LiH_2PO_4，经过 Li/Li 对称电池循环测试，$Li_{10}GeP_2S_{12}$ 对锂稳定性显著提高，在 0.1mA/cm^2 电流密度下，极化电压在 950h 内可以保持在 0.05V 以内。类似地，Gao 等[14]采用多种含有有机锂盐 [LiO—$(CH_2O)_n$—Li] 或无机锂盐（LiF、—NSO_2—Li、Li_2O）的液态电解质作为前驱体，通过电化学沉积，在锂金属表面制备了复合电解质膜，如图 8-5 所示，其循环时长可超过 3000h，且 Li|$Li_{10}GeP_2S_{12}$|TiS_2 电容量在循环 200 次后保持率可达 91.7%。

再如卤化锂保护层也可以抑制锂枝晶的生长，Yang 等[15]在锂金属表面包覆了一层包含 LiCl 的无机 - 有机复合层（图 8-6），有助于锂的均匀沉积，从而可有效地抑制锂枝晶的生长，且该复合层具有良好的力学性能和离子电导率。

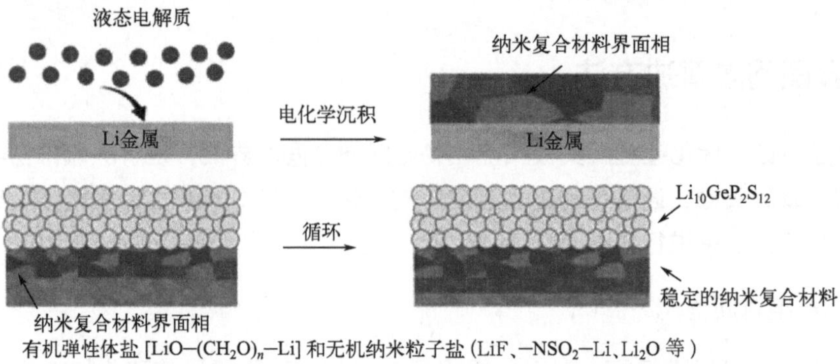

图 8-5 锂金属与固态电解质之间的原位复合固态电解质膜 [14]

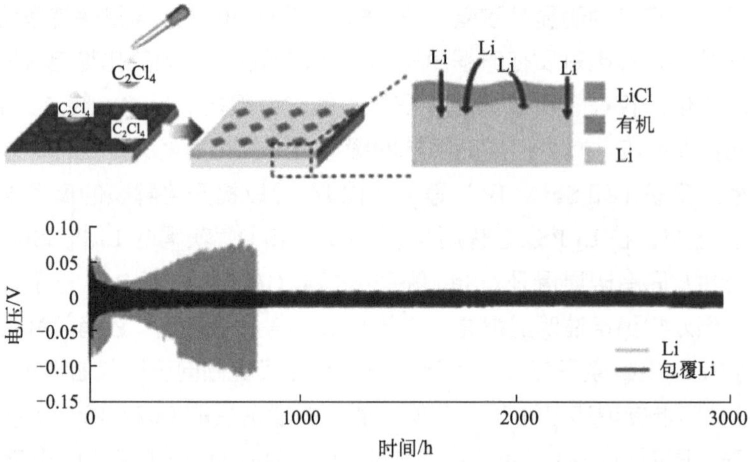

图 8-6 LiCl 复合层的结构示意图以及 1.0mA/cm² 下长时间循环曲线 [15]

除了含锂电解质膜，Su 等 [16] 在硫化物电解质和锂金属之间插入石墨层并加压制备了 Li/C 复合负极，如图 8-7 所示，在电池循环过程中其会在锂金属和电解质之间转换成一层锂化石墨，从而避免了锂金属与硫化物电解质之间的直接接触，有效减弱了界面的不稳定性，抑制了锂枝晶的生长。而机械压制可以使电解质颗粒之间、电解质和 Li/C 复合负极之间结合得更紧密，改善界面电化学稳定性，从而提高临界电流密度，抑制锂枝晶的形成。实验证明采用此负极的对称电池，正常工作时电流密度在 10mA/cm² 下依旧无锂枝晶的生成。

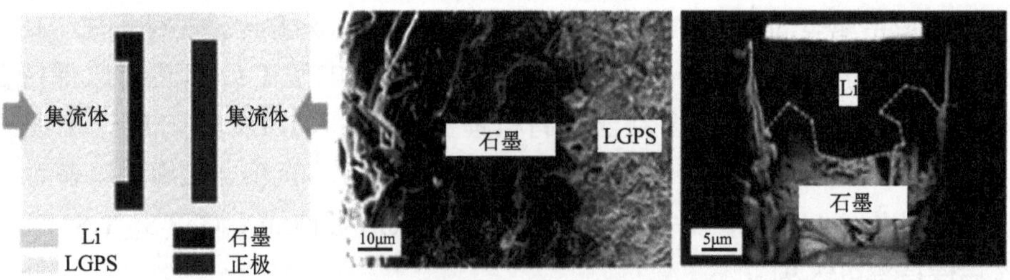

图 8-7 Li/C 复合负极全固态电池结构示意图和 SEM 图像 [16]

此外，Wang 等 [17] 在硫化物电解质和锂金属之间涂了一层固态塑料晶体电解质（PCE）作为电解质膜，如图 8-8 所示，其成功抑制了硫化物电解质和锂金属之间的化学反应，此外，塑料晶体电解质还具有不可燃性，大大提升了电池的安全性。并且，结合磷酸铁锂正极所制备的全固态锂金属电池在 0.1C 下初始容量达到了 148mA · h/g，循环性能也有所提升。

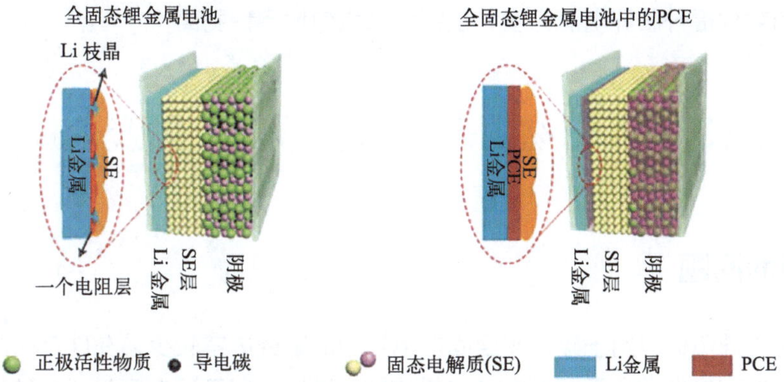

图 8-8　固态电解质和锂金属之间添加 PCE 膜示意图 [17]

8.1.2.3　合金化锂负极

因为硫化物电解质和锂金属的不相容性，采用合金化锂负极可以提升硫化物全固态电池的整体性能。比如 Li-In[18]、Li-Al[19]、Li-Si[20]、Li-Sn[20]、Li-Mg[21]。目前最常用的是 Li-In 合金，此合金对 Li/Li^+ 的电位约为 0.62V，可以有效缓解硫化物电解质在低电位下的还原分解，从而对锂枝晶的生长起到很大的抑制作用 [22]。但是 In 的氧化还原电位高，分子量大，采用 Li-In 合金将会降低固态电池相对于传统液态电池的能量密度优势，此外同步 X 射线断层扫描观察到，Li-In 合金与硫化物固态电解质 $Li_{10}SnP_2S_{12}$ 在循环过程中依旧会出现空洞、缺失等界面缺陷，从而造成固态电池性能衰变 [23]。Sakuma 等 [20] 研究了 Li-Si、Li-Sn 合金界面，发现界面处的阻抗变化与电解质的组成和负极材料的氧化还原电势有关，固态电解质中的 Ge 含量较低时，使用具有较高氧化还原电势的锂合金，可以形成电化学稳定的 SEI 膜，阻抗较低；反之，使用具有较高 Ge 含量的固态电解质和较低氧化还原电势的锂合金，会导致 SEI 层的厚度及阻抗快速增大。Krauskopf 等 [21] 通过制备锂镁合金，抑制了锂枝晶的生长，但是，锂镁合金的锂离子电导率较低，锂镁合金负极的倍率性能较差。且研究发现，如果将负极全部合金化，将会导致在充放电过程中电极产生较大的体积变化，从而导致循环性能变差 [24]。

除采用合金化锂负极外，也可以采用在负极界面引入合金化锂薄膜，例如 Al、Si 或 Ge 等 [25-27]。比如，Nagao 等 [28] 发现对比 Li-In 负极，将 In 蒸镀在电解质表面可以使电池容量更高，过电势更低。

8.1.2.4　控制电解质界面缺陷

目前研究表明，固态电解质的晶界和内部缺陷有利于锂枝晶的生长，最终会导致电池短路失效。Porz 等 [29] 通过扫描电子显微镜和光学显微镜研究了锂枝晶在不同电解质内部的生长机制，结果发现，锂枝晶的生长与固态电解质表面粗糙度，尤其是晶界和内部缺陷的密度息息相关。所以在制备和组装电池的过程中，应想办法降低表面的粗糙度，抑制锂金属在负极界面的不均匀沉积。此外，当施加的电流密度超过临界电流密度时，锂离子首先会在表面缺陷处沉积，并且锂枝晶会加速生长，所以提升锂金属剥离过程中的临界电流密度也很关键。目前一般是通过施加较高的外部压力来改善界面接触问题。Liang 等 [30] 在 300MPa 压力下将 Li_3PS_4 固态电解质粉末直接压实在锂箔上实现低界面阻抗（100 ～ 200W/cm^2）。同时，此方法可以有效地提升临界电流密度，使锂金属均匀地沉积剥离 [22]。

8.2 硅负极/硫化物固态电解质界面问题及解决方法

8.2.1 界面问题

目前，关于硅负极应用于硫化物全固态电池中的研究内容较少，在硅负极应用于硫化物全固态电池中时，主要的界面问题是硅材料的体积膨胀，以及没有同时适合硅材料和硫化物电解质的黏结剂。

8.2.1.1 硅膨胀

含硅负极有一个较大的劣势，就是其在脱嵌锂的过程中会产生巨大的体积变化（$Li_{44}Si_5$ 360%，$Li_{15}Si_4$ 280%），导致充放电循环过程中 S 颗粒容易发生破裂，进而从集流体上脱落 [31]。如图 8-9 所示，Si 巨大的体积膨胀撑破界面层，暴露出新的表面，导致电解质进一步分解，而 Si 在前几周的循环中体积变化程度最大，因此含 Si 负极的硫化物全固态电池，前

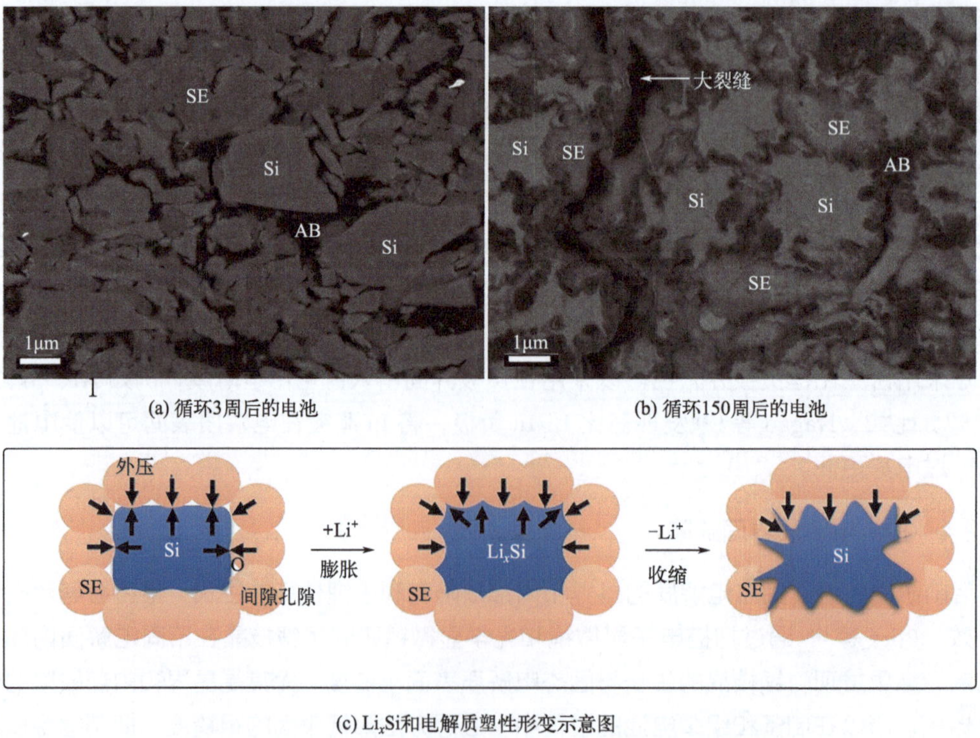

(a) 循环3周后的电池　　(b) 循环150周后的电池

(c) Li_xSi和电解质塑性形变示意图

图 8-9　Si(1 ～ 5μm)|NMC 电池的横截面背散射电子图像 [31]

几周循环的库伦效率并不高，电池容量持续衰减。全电池容量衰减一般比半电池快，因为半电池有足够的 Li^+ 来源，不存在 Li^+ 损失的情况，而全电池的 Li^+ 有限，表现为全电池的容量快速且持续衰减。目前含硅负极的硫化物全固态电池（全电池）的最长寿命仅为 45 周 [32]。

同时 Si 颗粒尺寸也会对 Si 应用于硫化物全固态电池时产生影响，2010 年，Trevey 等 [33] 研究了不同 Si 颗粒尺寸对电池性能的影响，该研究对比了 n-Si（50 ～ 100nm）和 B-Si（1 ～ 5μm）的电化学性能，结果显示，B-Si 的首周放电容量高于 n-Si，但容量迅速衰减。2018 年，Dunlap 等 [34] 研究发现，大尺寸 Si 颗粒嵌锂体积膨胀会产生裂纹，同时周围的固态电解质将会对 Si 颗粒施加反作用力，加剧 Si 颗粒的粉化。

8.2.1.2 黏结剂

在大规模批量生产固态电池时，需要利用湿法涂覆手段和高效黏结剂，目前还没有文章系统地研究适用于含 Si 负极的硫化物全固态电池批量制备的强效黏结剂。研究表明，带有—COOH、—OH 等极性基团的黏结剂与 Si 颗粒之间可以通过氢键、强离子 - 偶极相互作用，甚至是以化学键的形式结合 [35,36]，能够更加有效地维持电极结构的完整性，且在 Si 颗粒破裂时表现出一定的自愈合效应 [37]，但是这些黏结剂需溶于极性较大的有机溶剂中，而后者又会和硫化物固态电解质剧烈反应，给硫化物全固态电池的实际批量制备带来了限制 [38-40]。

8.2.2 界面问题解决方法

8.2.2.1 硅膨胀问题解决

通过外加应力抑制 Si 颗粒的膨胀，Piper 等 [41] 发现通过施加外加应力，可以将应力通过电解质传导至 Si 颗粒，进而限制 Si 颗粒的膨胀，使 Si 颗粒不能完全嵌锂形成 $Li_{15}Si_4$，该研究者系统地研究了外加应力对电池性能的影响，如图 8-10 所示，压力从 3MPa 升至 230MPa，结果发现充电平台消失，嵌锂电位降低，电池的循环稳定性得到增强，但是电池的容量有所衰减。

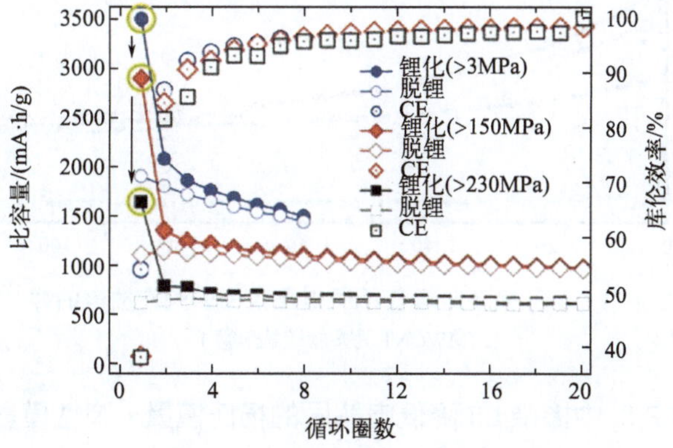

(a) n-Si在不同压力下以C/20的倍率循环

图 8-10

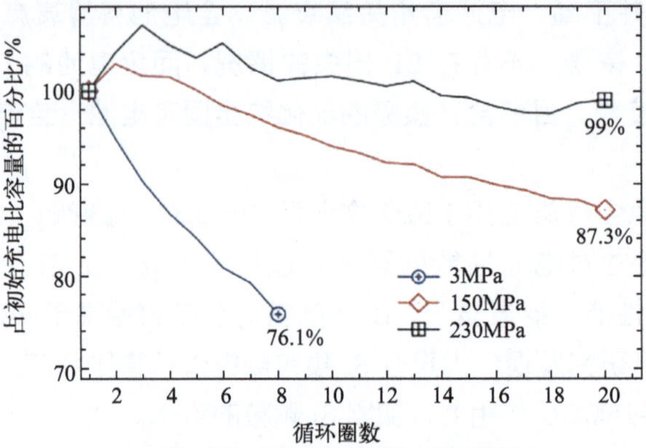

(b) 充电(脱锂)容量相对首周比容量的保持率

图 8-10　外加应力对电池性能的影响 [41]

Yersak 等 [42] 制备了 Si-Ti-Ni 合金负极，电子电导率为 10S/cm，首周嵌锂过程中生成的 $Li_xTi_4Ni_4Si_7$ 是良好的混合导体，离子电导率为 2.0×10^{-5}S/cm，匹配 FeS+S 正极制备的全电池，可以稳定循环 100 周，比能量保持在 225W · h/kg（正极 + 负极）。Whiteley 等 [43] 制备了 Si-Sn 负极，Si 分散于 Sn 框架中，Sn 先于 Si 嵌锂体积膨胀，产生应力作用于 Si 颗粒，可以有效限制 Si 的体积膨胀，从而实现稳定的可逆循环，Si-Sn 全固态电池可逆循环 50 周，容量几乎没有衰减。他们通过将截止电压控制在高于 50mV，牺牲部分容量，可以防止晶态 $Li_{15}Si_4$ 生成，从而防止电极发生巨大的体积变化，实现电极的稳定循环，如图 8-11 所示。当控制截止电压高于 50mV 时，电池的首周可逆容量从 1744mA · h/g 降低至 1278mA · h/g，但是循环稳定性显著提升。Dunlap 等 [32] 在湿法涂覆制备的电池中也验证了这一观点。

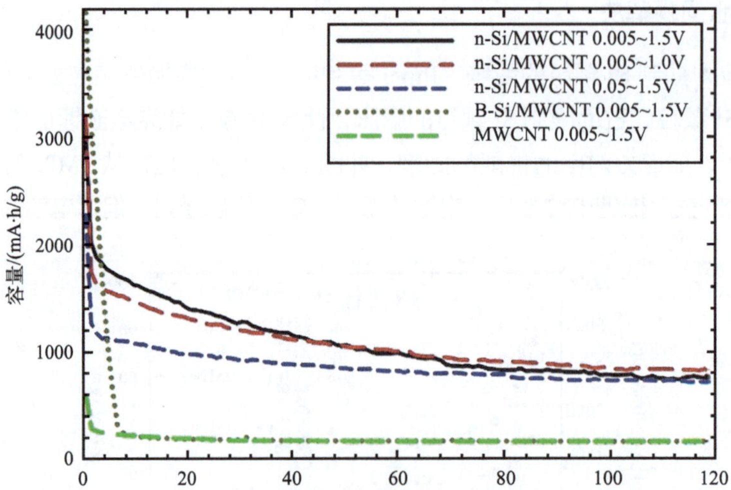

图 8-11　n-Si 复合电极在不同电压范围内的充放电曲线 [43]

(MWCNT 为多壁碳纳米管)

Kato 等 [44] 在 $Li_2S-P_2S_5$ 中掺杂 LiI 降低电解质的杨氏模量（弹性模量），提升了 Li-In/LPS/Si 电池的循环稳定性，使用 $Li_2S-P_2S_5$ 的电池循环 20 周后容量保持率为 40%，使用 $Li_2S-P_2S_5$-LiI 的电池循环 20 周后容量保持率为 50%（图 8-12）。该研究分析，杨氏模量低，电解质容易变形，从而和活性物质产生较好的接触，同时 Si 体积膨胀过程中，低杨氏模量的电解质可以缓冲更大的应力，给 Si 更小的反作用力，降低 Si 颗粒的粉化程度，提升电池性能，然而当电解质的杨氏模量过低时，也可能会导致电解质发生塑性形变，在电极循环过程中产生裂纹[45]。因此杨氏模量的选择需要在 Si 颗粒粉化和固态电解质裂纹之间权衡，以实现最优的电极性能。

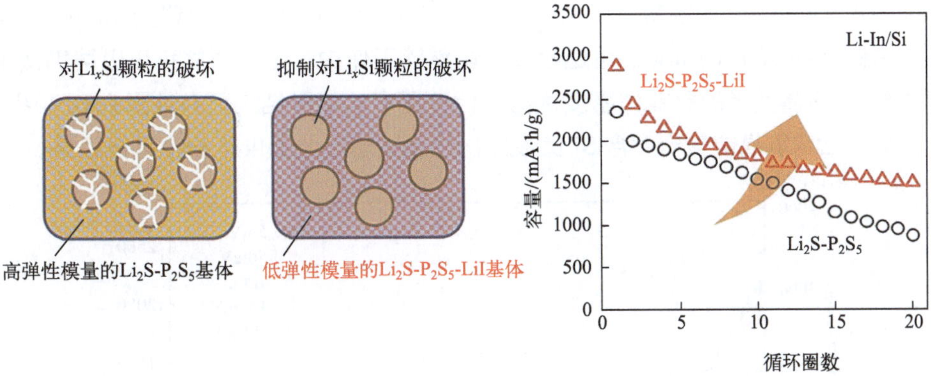

图 8-12　电解质杨氏模量对 Si 负极的影响[44]

8.2.2.2　黏结剂问题解决

Kim 等[46]用 PVDF 和 PAA（聚丙烯酸）/CMC（羧甲基纤维素钠）黏结剂预先涂覆制备 Si 负极，再通过 Li_6PS_5Cl- 乙醇溶液浸润电极，烘干后，原位沉积电解质，使得电极活性物质和电解质的接触更加紧密，如图 8-13 所示，硫化物固态电解质能很好地分散在 Si 负极中。而用电解质溶液浸润法制备的电极首周充放电容量和循环性能均优于干混法制备的电极：前者首周可逆容量超过 3000mA · h/g，而干混电池首周可逆容量不到 1500mA · h/g。该研究者还用同样的方法制备了 LCO 正极，并制成全电池，实现了 338W · h/kg 的高比能量，高于之前报道的石墨负极电池（279W · h/kg）。由于文献中报道的适用于 Si 负极的高效黏结剂大多含有极性官能团，不易溶于极性较小的有机溶剂中，因此直接制备极片不可避免地会使硫化物固态电解质和极性有机溶剂发生反应。通过预先制备 Si 负极片再注入硫化物固态电解质溶液，可以不考虑黏结剂溶剂和硫化物电解质的兼容性，使强效黏结剂用于制备含 Si 负极硫化物全固态电池成为可能。因此，电解质溶液浸润法制备 Si 负极的手段为含 Si 负极硫化物全固态电池的制备提供了新思路和可能性。美中不足的是，将硫化物固态电解质制

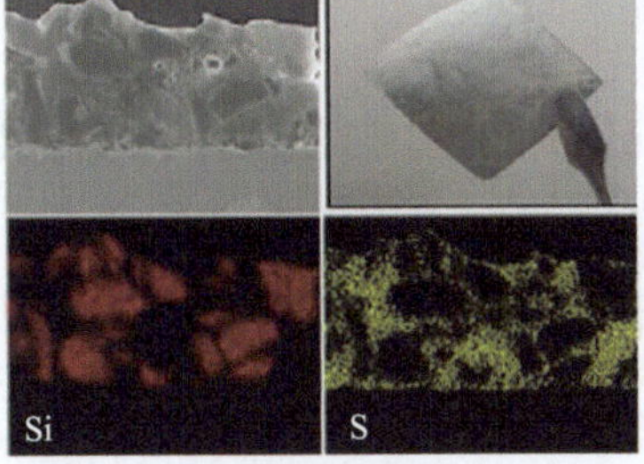

图 8-13　电解质溶液灌注制备的 Si 负极[46]

成溶液后再析出，电解质的离子电导率会降低一个数量级，从而影响极片内部的离子传输，限制高负载电极的制备。

Dunlap 等[32] 对 PAN 进行热处理，使 PAN 分子内环化，形成离域的共轭 π 键，获得电子导电性，PAN 分子间交联，与 Si 颗粒保形（conformal）结合，同时 PAN 本身具有离子导电性，电极中的 Si 含量可提升至 70%。结果显示（图 8-14），半电池循环 200 周后还能保持 1600mA · h/g 的可逆容量，Si-PAN|NMC811 全电池首周可逆容量为 140mA · h/g，循环 100 周后保持约 90mA · h/g 的可逆容量。虽然该工作中的电解质层和正极层仍使用粉饼，未能发挥高 Si 含量负极的高能量密度优势，但使用多功能黏结剂可有效提升 Si 负极中活性物质的含量，给构筑高能量密度含 Si 负极硫化物全固态电池提供了一个可行思路。

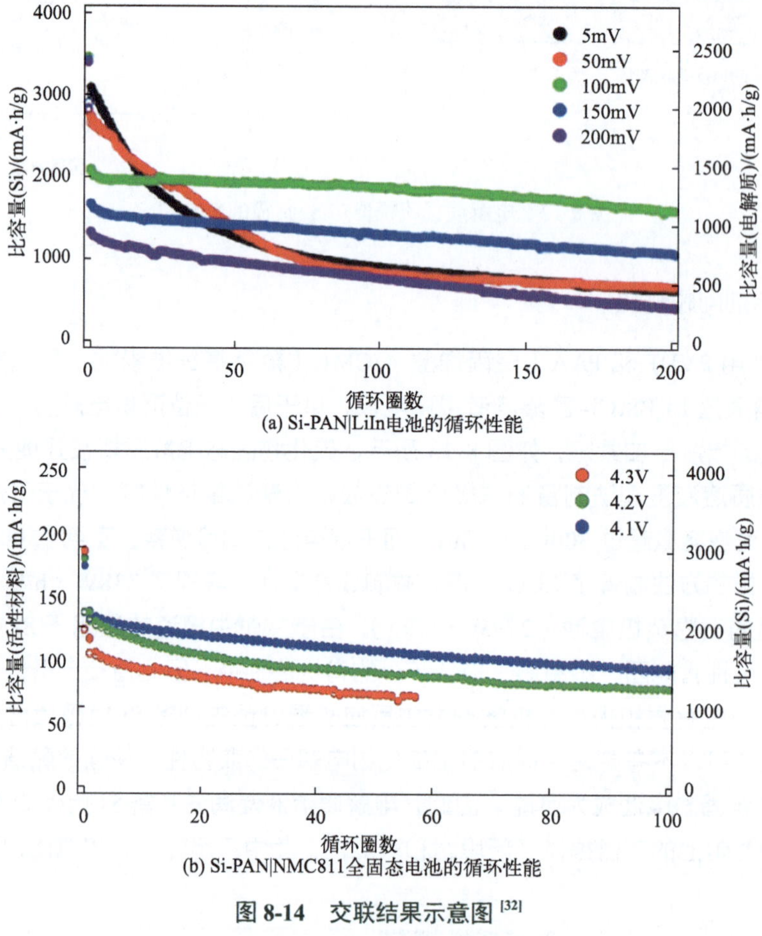

(a) Si-PAN|LiIn电池的循环性能

(b) Si-PAN|NMC811全固态电池的循环性能

图 8-14　交联结果示意图[32]

8.3 石墨负极/硫化物固态电解质界面问题及解决方法

8.3.1 界面问题

石墨负极目前已经广泛应用于液态锂离子电池中，但是对基于硫化物固态电解质的固态电池研究内容还较少，硫化物全固态电池石墨负极通常由石墨、硫化物固态电解质以及添加剂构成。Misae 等[47]以 $75Li_2S$-$25P_2S_5$ 为电解质，制备了三种不同的复合材料，石墨与 $75Li_2S$-$25P_2S_5$ 之间的质量比为 $x:(100-x)$（x 分别为 50、60 和 70），用以研究不同比例对于电池性能的影响，并通过原位光学显微镜来观察材料在锂化过程中发生的变化，如图 8-15 所示。

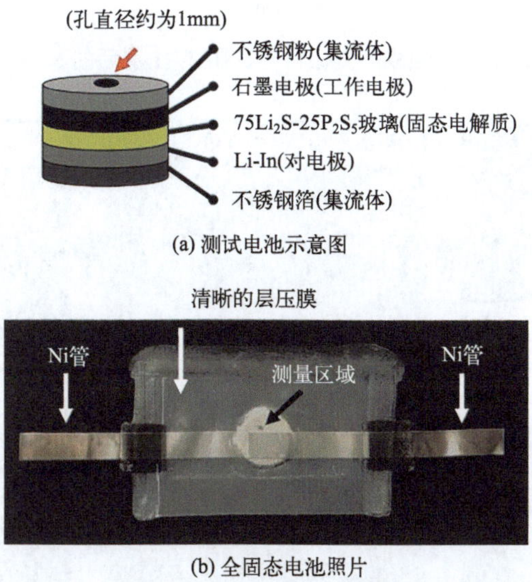

图 8-15　测试电池示意图及全固态电池照片[47]

结果显示，x=50 时，电极具有最高的容量（> 250mA · h/g）（图 8-16），而当 x=70 时，显示出石墨与硫化物电解质之间的接触不足。

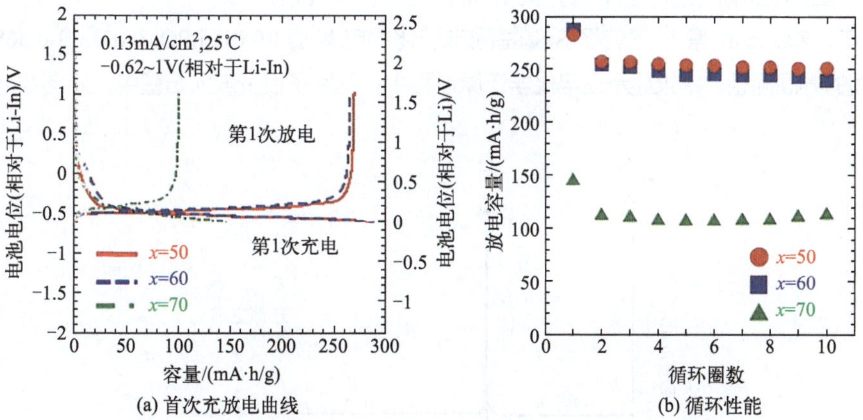

图 8-16　不同组成石墨负极层的首次充放电曲线和循环性能[47]

此外，在循环 11 次后，负极材料部分出现了裂缝，如图 8-17 所示。

同时该研究者对 x = 50 时的石墨电极进行了原位光学显微镜观察。光学显微图表明，当电极的厚度不均匀时，电化学反应会沿横截面方向均匀地进行，如图 8-18 所示。

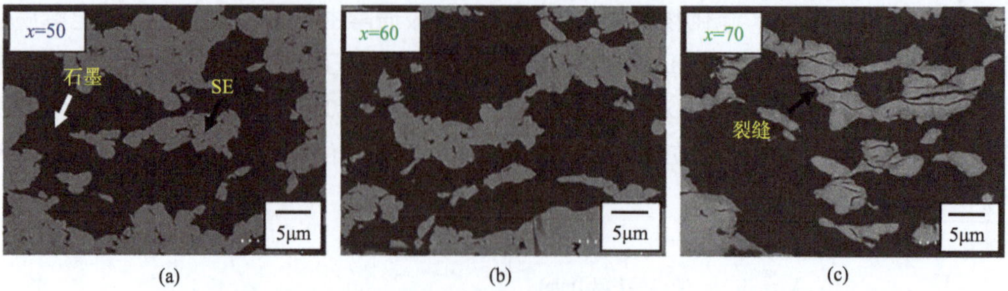

图 8-17　不同组成的负极材料在循环 11 次后的 SEM 图 [47]

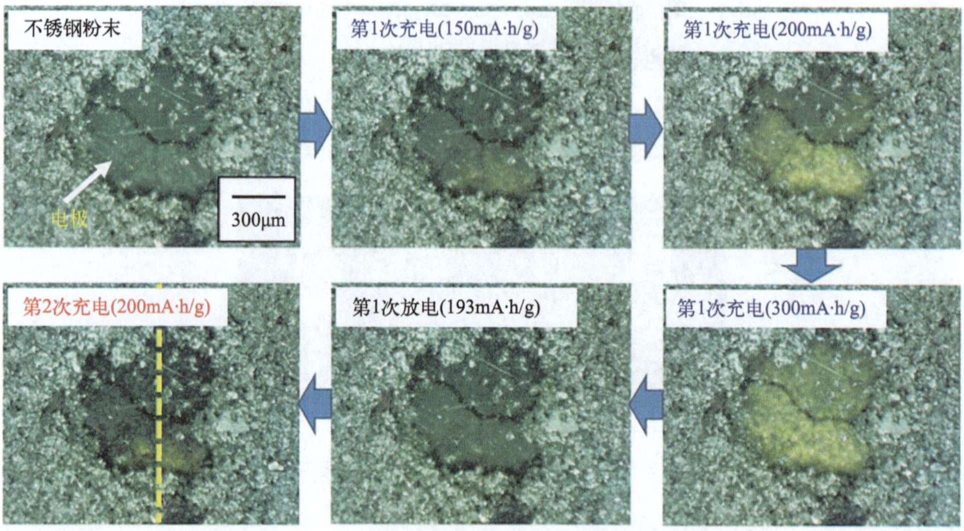

图 8-18　*x*=50 时负极材料的原位光学显微图 [47]

为了制造具有高电池性能的全固态电池，在将石墨应用于全固态电池前应考虑负极中石墨与硫化物固态电解质的混合比例，同时需要均匀的电池结构。

2003 年，Kazunori 等 [48] 研究了 SiS_2 基固态硫化物电解质（$0.01Li_3PO_4$-$0.63Li_2S$-$0.36SiS_2$）与石墨负极之间的界面问题，结果显示在电化学还原过程中，锂离子很少嵌入石墨中，如图 8-19 所示。

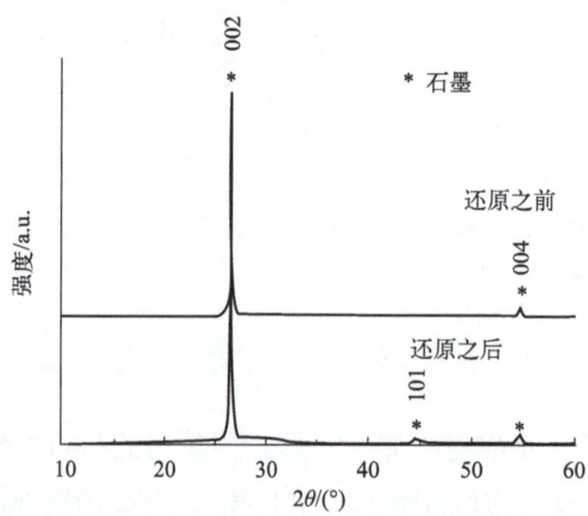

图 8-19　300mA/g 还原之前和之后的石墨和 SiS_2 玻璃混合物粉末的 XRD 图谱 [48]

该研究者推测在界面处发生了如下反应：

$$x\mathrm{Li_2S}\text{-}y\mathrm{SiS_2}+(4+z)\delta\mathrm{Li^+}+(4+z)\delta\mathrm{e^-}\longrightarrow(x+2\delta)\mathrm{Li_2S}\text{-}(y-\delta)\mathrm{SiS_2}+\delta\mathrm{Li_zSi}$$

$$x\mathrm{Li_2S}\text{-}y\mathrm{SiS_2}+(4+z)y\mathrm{Li^+}+(4+z)y\mathrm{e^-}\longrightarrow(x+2y)\mathrm{Li_2S}+y\mathrm{Li_zSi}$$

因此该研究者认为 SiS_2 基硫化物电解质的电化学还原导致了石墨电极的可逆性较差。同时他们在后续的研究中也发现，GeS_2 基硫化物电解质也有类似的情况[49]。

2020 年，Otoyama 等[50]研究了负极合成压力对于电池性能的影响。他们在 70kPa 下制备了石墨 $75Li_2S$-$25P_2S_5$ 复合电极，并以不锈钢作为集流体，锂铟合金作为对电极，对石墨复合电极进行了研究。结果表明，在首轮充电时，大多数石墨都能够被锂化，但是随着循环次数的增加，只有电解质一侧的石墨才可以被锂化，而集流体一侧的石墨则无法被锂化，造成这一现象的原因可能是合成压力太小，从而导致负极出现了空隙和裂纹（图 8-20），这些空隙和裂纹将会减少锂离子的运输通道，从而导致负极离子电导率的降低和容量的衰减，同时还会导致电池体积膨胀。

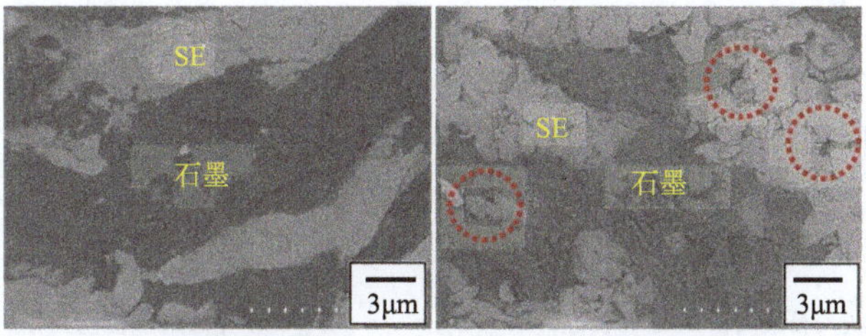

(a) 循环测试前　　(b) 循环测试后

图 8-20　循环测试前后石墨电极的 SEM 图像[50]

（裂缝和空隙用红色圆圈突出显示）

8.3.2　界面问题解决方法

2003 年，Kazunori 等[48]研究了 P_2S_5 基硫化物电解质（$0.44LiI$-$0.38Li_2S$-$0.18P_2S_5$）与石墨负极之间的界面问题，研究发现在锂嵌入 - 脱嵌的过程中，没有任何明显的副反应。在第二个循环中库伦效率高达 96%。锂成功地嵌入石墨中，并且拉曼光谱没有发生变化。由拉曼光谱可知界面处主要的电极反应是锂的嵌入。所以文中称石墨可以用作以 P_2S_5 基硫化物为电解质的固态锂电池中的负极材料（图 8-21）。此结果表明，可以采用 P_2S_5 基硫化物电解质解决碳材料和 SiS_2 基硫化物固态电解质不匹配的问题。

2003 年，Takada 等[49]构建了（石墨 + LiI-Li_2S-P_2S_5)/(LiI-Li_2S-P_2S_5/Li_2S-GeS_2-P_2S_5)/($LiCoO_2$ + Li_2S-GeS_2-P_2S_5) 固态电池，图 8-22 展示了该电池在 25℃下的放电曲线，经计算，负极层的能量密度为 390W・h/L。

2005 年，Seino 等[51]用 P_2S_5 和 Li_2S 在 900℃下加热 2h 后，在冰水中快速淬火制备了 $30P_2S_5$-$70Li_2S$ 硫化物电解质，亦取得了与石墨负极较好的结合性。2020 年，Lee 等[52]对石墨电极掺杂 Ag 制备了 Ag-C 负极（图 8-23），厚度仅为 5μm，并以 Li_6PS_5Cl 作为电解质，LZO 包覆的 NCA 作为正极制备了 0.6A・h 的软包电池，其能量密度高达 900W・h/L，库伦效率达 99.8%，可循环 1000 次以上。

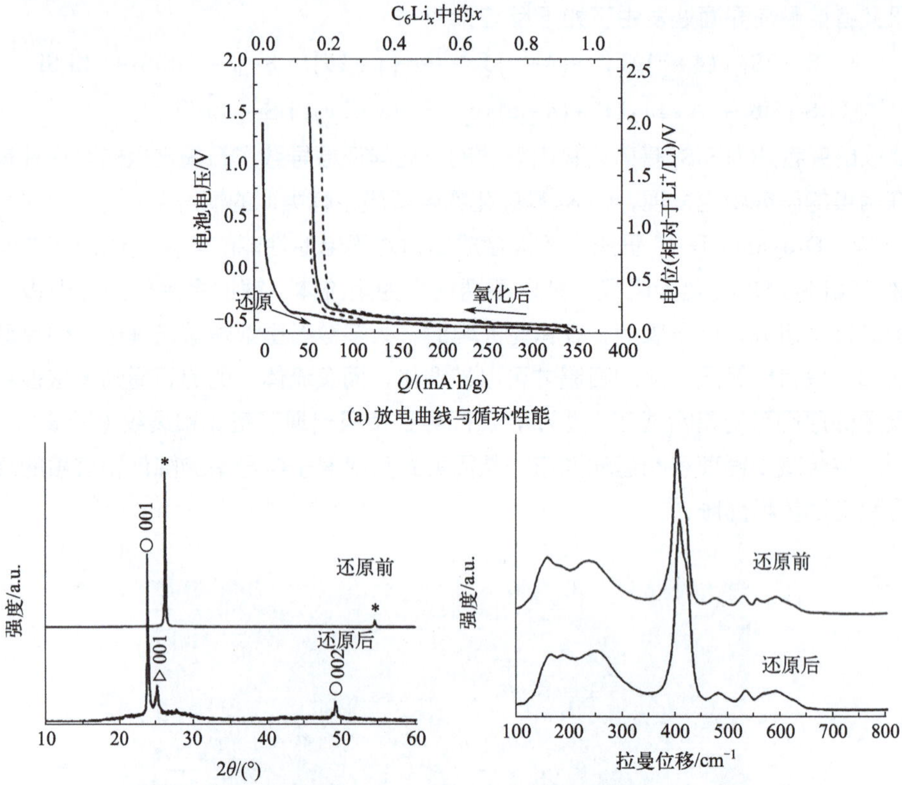

(a) 放电曲线与循环性能

(b) 锂嵌入石墨的XRD结构表征

(c) 界面反应拉曼光谱分析

图 8-21 P_2S_5 基硫化物电解质 / 石墨负极界面稳定性与锂嵌入反应机制验证

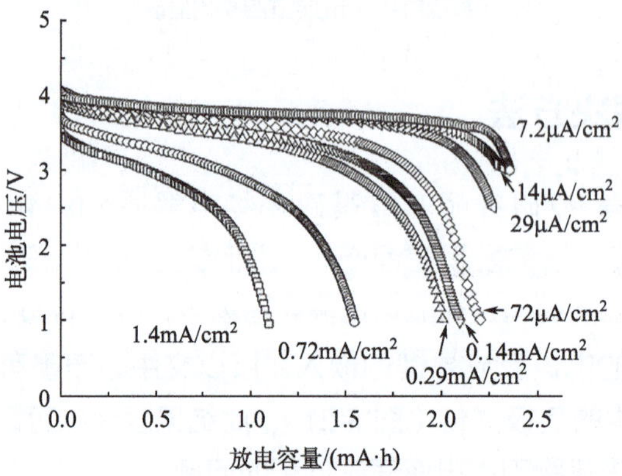

图 8-22 25℃下的放电曲线 [49]

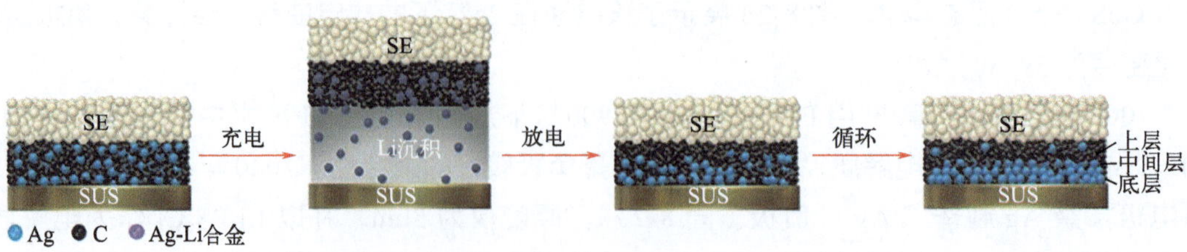

图 8-23 充放电过程中负极处的动态变化 [52]

(SUS 为不锈钢)

参考文献

[1] Cheng X B, Zhang R, Zhao C Z, et al. Toward safe lithium metal anode in rechargeable batteries: A review [J]. Chemical Reviews, 2017, 117(15): 10403.

[2] Wenzel S, Leichtweiss T, Krüger D, et al. Interphase formation on lithium solid electrolytes—An in situ approach to study interfacial reactions by photoelectron spectroscopy [J]. Solid State Ionics, 2015, 278: 98-105.

[3] Luis E C, Perla B B. Exploring interfacial stability of solid-state electrolytes at the lithium-metal anode surface [J]. Journal of Power Sources, 2018, 396: 782-790.

[4] Wenzel S, Randau S, Leichtwei T, et al. Direct observation of the interfacial instability of the fast ionic conductor $Li_{10}GeP_2S_{12}$ at the lithium metal anode [J]. Chemistry of Materials, 2016, 28(7): 2400-2403.

[5] Bron P, Roling B, Dehnen S. Impedance characterization reveals mixed conducting interphases between sulfidic superionic conductors and lithium metal electrodes [J]. Journal of Power Sources, 2017, 352(1): 127-134.

[6] Wenzel S, Randau S, Leichtwei T, et al. Direct observation of the interfacial instability of the fast ionic conductor $Li_{10}GeP_2S_{12}$ at the lithium metal anode [J]. Chemistry of Materials, 2016, 28(7): 2404-2407.

[7] Wenzel S, Sedlmaier S J, Dietrich C, et al. Interfacial reactivity and interphase growth of argyrodite solid electrolytes at lithium metal electrodes [J]. Solid State Ionics, 2017, 318: 102-112.

[8] Nagao M, Hayashi A, Tatsumisago M, et al. In situ SEM study of a lithium deposition and dissolution mechanism in a bulk-type solid-state cell with a Li_2S-P_2S_5 solid electrolyte [J]. Physical Chemistry Chemical Physics, 2013, 15(42): 18600-18606.

[9] 陈雨晴，杨晓飞，于滢，等. 锂硫电池关键材料与技术的研究进展 [J]. 储能科学与技术，2017，6(2): 169-189.

[10] Tao Y, Chen S, Liu D, et al. Lithium superionic conducting oxysulfide solid electrolyte with excellent stability against lithium metal for all-solid-state cells [J]. Journal of the Electrochemical Society, 2016: 96-101.

[11] Sun Y, Yan W, An L, et al. A facile strategy to improve the electrochemical stability of a lithium ion conducting $Li_{10}GeP_2S_{12}$ solid electrolyte [J]. Solid State Ionics, 2017, 301: 59-63.

[12] Liang J, Li X, Zhao Y, et al. An air - stable and dendrite - free Li anode for highly stable all - solid - state sulfide - based Li batteries [J]. Advanced Energy Materials, 2019, 9(38).

[13] Zhang Z, Chen S, Yang J, et al. Interface re-engineering of $Li_{10}GeP_2S_{12}$ electrolyte and lithium anode for all-solid-state lithium batteries with ultralong cycle life [J]. ACS Applied Materials & Interfaces, 2017, 10(3): 2556-2565.

[14] Gao Y, Wang D, Li Y C, et al. Salt - based organic-inorganic nanocomposites: Towards a stable lithium metal/ $Li_{10}GeP_2S_{12}$ Solid Electrolyte Interface [J]. Angewandte Chemie, 2018, 130(41): 13796-13800.

[15] Yang J, Hu C, Jia Y, et al. Surface restraint synthesis of an organic-inorganic hybrid layer for dendrite free lithium metal anode [J]. ACS Applied Materials & Interfaces, 2019, 11(9): 8717-8724.

[16] Su Y, Ye L, Fitzhugh W, et al. A more stable lithium anode by mechanical constriction for solid state batteries [J]. Energy & Environmental Science, 2020, 13(3): 908-916.

[17] Wang C, Adair K R, Liang J, et al. Solid-state plastic crystal electrolytes: Effective protection interlayers for sulfide-based all-solid-state lithium metal batteries [J]. Advanced Functional Materials, 2019, 29(26): 1900392.

[18] Nagata H, Chikusa Y. All-solid-state lithium-sulfur battery with high energy and power densities at the cell level [J]. Energy Technology Generation Conversion Storage Distribution, 2016, 4(4): 484-489.

[19] Nagao M, Imade Y, Narisawa H, et al. All-solid-state Li-sulfur batteries with mesoporous electrode and thio-LISICON solid electrolyte [J]. Journal of Power Sources, 2013, 222 (15) : 237-242.

[20] Sakuma M, Suzuki K, Hirayama M, et al. Reactions at the electrode/electrolyte interface of all-solid-state lithium batteries incorporating Li-M (M=Sn, Si) alloy electrodes and sulfide-based solid electrolytes [J]. Solid State Ionics, 2016: 101-105.

[21] Krauskopf T, Mogwitz B, Rosenbach C, et al. Diffusion limitation of lithium metal and Li-Mg alloy anodes on LLZO type solid electrolytes as a function of temperature and pressure [J]. Advanced Energy Materials, 2019, 9 (44) .

[22] Takada K, Aotani N, Iwamoto K, et al. Solid state lithium battery with oxysulfide glass [J]. Solid State Ionics, 1996, 86 (2) : 877-882.

[23] Wang B, Zhao Y, Banis M N, et al. Atomic layer deposition of lithium niobium oxides as potential solid-state electrolytes for lithium-ion batteries [J]. ACS Applied Materials & Interfaces, 2018, 10 (2) : 1654.

[24] Ogawa M, Kanda R, Yoshida K, et al. High-capacity thin film lithium batteries with sulfide solid electrolytes [J]. Journal of Power Sources, 2012, 205 (1) : 487-490.

[25] Fu K, Gong Y, Liu B, et al. Toward garnet electrolyte-based Li metal batteries: An ultrathin, highly effective, artificial solid-state electrolyte/metallic Li interface [J]. Science Advances, 2017, 3 (4) : 1601659.

[26] Luo W, Gong Y, Zhu Y, et al. Transition from superlithiophobicity to superlithiophilicity of garnet solid-state electrolyte [J]. Journal of the American Chemical Society, 2016.

[27] Luo W, Gong Y, Zhu Y, et al. Reducing interfacial resistance between garnet-structured solid-state electrolyte and Li - metal anode by a germanium layer [J]. Advanced Materials, 2017, 29 (22) : 1606042.

[28] Nagao M, Hayashi A, Tatsumisago M. High-capacity Li_2S-nanocarbon composite electrode for all-solid-state rechargeable lithium batteries [J]. Journal of Materials Chemistry, 2012, 22 (19) : 10015-10020.

[29] Porz L, Swamy T, Sheldon B W, et al. Mechanism of lithium metal penetration through inorganic solid electrolytes [J]. Advanced Energy Materials, 2017, 7 (20) : 1701003.

[30] Liang C, Rangasamy E, Dudney N J, et al. High conducting oxide-sulfide composite lithium superionic conductor [J] . Journal of Materials Chemistry A, 2025.

[31] Yamamoto M, Terauchi Y, Sakuda A, et al. Effects of volume variations under different compressive pressures on the performance and microstructure of all-solid-state batteries [J]. Journal of Power Sources, 2020, 473: 228595.

[32] Dunlap N A, Kim J, Guthery H, et al. Towards the commercialization of the all-solid-state Li-ion battery: Local bonding structure and the reversibility of sheet-style Si-PAN anodes [J]. Journal of the Electrochemical Society, 2020, 167 (6) : 060522.

[33] Trevey J E, Rason K W, Stoldt C R, et al. Improved performance of all-solid-state lithium-ion batteries using nanosilicon active material with multiwalled-carbon-nanotubes as a conductive additive [J]. Electrochemical and Solid-State Letters, 2010, 13 (11) : 154.

[34] Dunlap N A, Kim S, Jeong J J, et al. Simple and inexpensive coal-tar-pitch derived Si-C anode composite for all-solid-state Li-ion batteries [J]. Solid State Ionics, 2018, 324: 207-217.

[35] Hao C, Min L, Luke H, et al. Exploring chemical, mechanical, and electrical functionalities of binders for advanced energy-storage devices [J]. Chemical Reviews, 2018, 118: 241.

[36] Lopez J, Mackanic D G, Cui Y, et al. Designing polymers for advanced battery chemistries [J]. Nature Reviews

Materials, 2019, 4 (5): 312-330.

[37] Wang X, Zhang Y, Ma L, et al. Recent development on binders for silicon-based anodes in lithium-ion batteries [J]. Acta Chimica Sinica, 2019, 77 (1): 24.

[38] Riphaus N, Strobl P, Stiaszny B, et al. Slurry-based processing of solid electrolytes: A comparative binder study [J]. Journal of The Electrochemical Society, 2018, 165 (16): 3993-3999.

[39] Sakuda A, Kuratani K, Yamamoto M, et al. All-solid-state battery electrode sheets prepared by a slurry coating process [J]. Journal of The Electrochemical Society, 2017, 164 (12): 2474-2478.

[40] Tan D, Banerjee A, Deng Z, et al. Enabling thin and flexible solid-state composite electrolytes by scalable solution process [J]. ACS Applied Energy Materials, 2019, 2 (9): 1111.

[41] Piper D M, Yersak T A, Lee S H. Effect of compressive stress on electrochemical performance of silicon anodes [J]. Journal of the Electrochemical Society, 2012, 160 (1): 77-81.

[42] Yersak T A, Son S B, Cho J S, et al. An all-solid-state Li-ion battery with a pre-lithiated Si-Ti-Ni alloy anode [J]. Journal of the Electrochemical Society, 2013, 160 (9): 1497-1501.

[43] Whiteley J M, Ji W K, Piper D M, et al. High-capacity and highly reversible silicon-tin hybrid anode for solid-state lithium-ion batteries [J]. Journal of the Electrochemical Society, 2016, 163 (2): 251-254.

[44] Kato A, Yamamoto M, Sakuda A, et al. Mechanical properties of Li_2S-P_2S_5 glasses with lithium halides and application in all-solid-state batteries [J]. ACS Applied Energy Materials, 2018, 1 (3): 1002-1007.

[45] Yamamoto M, Terauchi Y, Sakuda A, et al. Slurry mixing for fabricating silicon-composite electrodes in all-solid-state batteries with high areal capacity and cycling stability [J]. Journal of Power Sources, 2018, 402 (31): 506-512.

[46] Kim D H, Lee H A, Song Y B, et al. Sheet-type Li_6PS_5Cl-infiltrated Si anodes fabricated by solution process for all-solid-state lithium-ion batteries [J]. Journal of Power Sources, 2019, 426 (30): 143-150.

[47] Misae O, Atsushi S, Akitoshi H, et al. Optical microscopic observation of graphite composite negative electrodes in all-solid-state lithium batteries [J]. Solid State Ionics, 2018, 323: 123-129.

[48] Kazunori, Takada, Satoshi, et al. Compatibility of lithium ion conductive sulfide glass with carbon-lithium electrode [J]. Journal of the Electrochemical Society, 2003, 150 (3): 274-277.

[49] Takada K, Inada T, Kajiyama A, et al. Solid-state lithium battery with graphite anode [J]. Solid State Ionics, 2003, 158 (3-4): 269-274.

[50] Otoyama M, Kowada H, Sakuda A, et al. Operando confocal microscopy for dynamic changes of Li^+ ion conduction path in graphite electrode layers of all-solid-state batteries [J]. Journal of Physical Chemistry Letters, 2020, 11 (3): 900-904.

[51] Seino Y, Takada K, Kim B C, et al. Synthesis of phosphorous sulfide solid electrolyte and all-solid-state lithium batteries with graphite electrode [J]. Solid State Ionics, 2005, 176 (31-34): 2389-2393.

[52] Lee Y G, Fujiki S, Jung C, et al. High-energy long-cycling all-solid-state lithium metal batteries enabled by silver–carbon composite anodes [J]. Nature Energy, 2020, 5 (4): 299-308.

第 9 章 硫化物全固态电池的发展趋势与展望

9.1 硫化物全固态电池应用场景和市场预测

发展高比能、本质安全、快充放、宽温域的硫化物全固态电池具有重要意义。“中国锂电之父”陈立泉院士很早就策划了电动中国的战略，其核心在于交通领域的电动化，自行车、汽车、火车、轮船、飞机，一切皆可电动（图 9-1）。在这些领域中，飞机对于电池质量的要求最高，高能量密度和高安全性有助于提高有效载荷和整体性能。通用航空装备创新应用实施方案提出了对数百瓦时每公斤能量密度电池产品的需求，推动全固态电池技术向着 400W · h/kg 航空级产品的量产目标前进。美国能源部早在 2016 年就推出了 Battery500 计划，近年来更是提出了要求更高的“Battery 1K”计划。该计划也是针对交通电动化而提出的构想，以电动航空而言，1000W · h/kg 的电池可以满足 100 人的支线飞机 700 海里（超 1200 公里）的需求。考虑到全固态电池目前的高成本，在民用领域，其可能会优先应用于小型化电子设备上，例如 3*C* 产品：手机、电脑、可穿戴设备以及无人机等设备。比如，日本公司麦克赛尔致力于研发可用于工厂机器人的小型硫化物圆柱形全固态电池。此外，近年日立造船宣布，该公司制造的全固态锂电池获芯片制造设备商采用。在家用汽车中，全固态电池可能会先应用于混合动力汽车车型上。例如，最早发展全固态电池的日本丰田公司计划在 2025 年前后将全固态电池用于其混合动力汽车。这是因为混合动力汽车所需的全固态电池较小，成本更低，并可为新技术提供更好的测试平台。另外，混合动力车功率高、电池温度高，传统液态电池在高功率下性能下降，而全固态电池在高温下表现出更好的倍率性能。目前日本企业已经在全固态电池示范性应用上迈开了步伐。

全固态电池仍然在研发过程中，但半固态电池已经产业化。EVTank 在《中国固态电池行业发展白皮书（2024 年）》中指出，2022 年以来，固态电池的研发和产业化取得了明显的进展，尤其是伴随着以卫蓝新能源和赣锋锂电等为代表的中国企业半固态电池的量产装车，标志着半固态电池在 2023 年实现了经济学意义上的产业化。但是半固态电池目前在业内几乎没有形成规模化生产。2023 年全年，国内固态、半固态电池的装车量约为 0.4GW · h，主要由北京卫蓝新能源科技股份公司的产品实现，与液态锂离子电池相比规模较小。

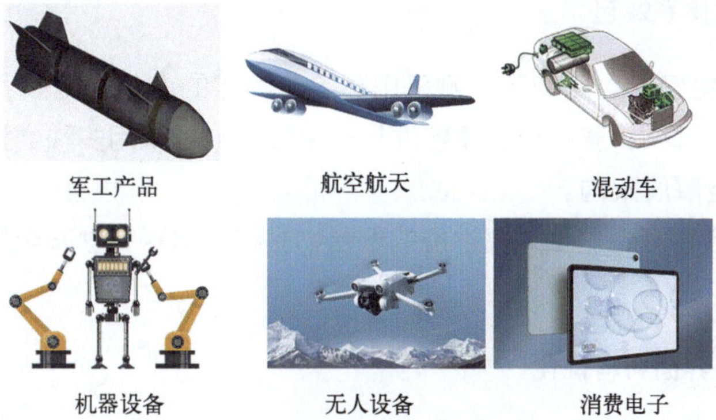

图 9-1　全固态电池优先应用场景

中商产业研究院预测，2030 年国内半固态 + 全固态电池出货量为 251.1GW · h，对应 2022 ～ 2030 年将增长近 86 倍，预计 2030 年中国固态电池市场空间将达 200 亿元。中研普华产业研究院报告则预测，2030 年全球半固态 + 全固态电池出货量将超 500GW · h。据全球调查机构 SNE research 预测，全球固态电池在 2030 年将形成 400 亿美元的市场规模，从出货量来看全固态电池的供应量则会从 2025 年开始的 0.2GW · h，增加到 2030 年的 131GW · h，市场渗透率将达到 4% 左右。EVTank 预计到 2030 年全球固态电池的出货量将达到 614.1GW · h，在整体锂电池中的渗透率预计在 10% 左右，其市场规模将超过 2500 亿元，主要为半固态电池。据欧洲 Fraunhofer ISI 机构发布的《固态电池路线图 2035+》，预计到 2035 年，聚合物固态电池的年生产能力为 10 ～ 50GW · h，硫化物全固态电池的年生产能力为 20 ～ 50GW · h，氧化物固态电池的年生产能力为 10 ～ 20GW · h。液态锂离子电池仍将长期占据市场主导地位，而固态电池可在某些领域作为补充应用出现。例如，聚合物固态电池未来将适用于电动公交车、自动导引车、乘用车和卡车等，硫化物和氧化物固态电池将首先用于乘用车，然后用于卡车或电动客运航空。

9.2　硫化物全固态电池发展趋势

9.2.1　材料体系创新

（1）硫化物电解质的高性能化

① 高离子导体体系突破。电解质元素高熵化，通过多种元素部分取代或者掺入当前的硫化物固态电解质材料，同时提升电导率（> 20mS/cm）及氧化电位（> 4.3V）。

② 纳米化与粒径控制。利用气流粉碎 + 湿法球磨技术将电解质粒径细化至 200nm 以下，充分降低电解质膜孔隙率，增强对正负极材料的固 - 固接触。

③ 空气稳定性改进。通过元素掺杂或者表面工程设计，将 H_2S 释放量充分降低，使其能够在干燥房内操作，充分降低硫化物全固态电池的制造成本。

（2）复合电解质体系崛起

① 多层异质结构设计。例如正极侧采用高电压稳定的卤化物电解质，负极侧使用高离子电导率的硫化物电解质，兼顾界面兼容性与安全性。或者采用多种类型的硫化物复合，形成功能互补的多层电解质架构。

② 硫化物 - 聚合物复合。引入高性能的聚合物黏结剂材料，提升电解质膜和复合正负极膜的机械韧性。

（3）新型正负极界面材料优化

① 引入弹性自修复的聚合物黏结剂，开发自适应涂层材料，同步适应正负极体积变化与固态电解质氧化还原电位。

② 开发新型复合负极材料，如结构化的硅碳材料可减少循环过程中的体积波动；开发复合锂金属负极，例如采用合金化策略制备 Li-Mg、Li-Ag 合金，降低锂化学势，抑制电解质还原，降低锂枝晶生长风险。

③ 开发新型集流体或类似 Ag-C 材料的负极人工 SEI 层，实现无负极硫化物全固态电池的应用。

9.2.2 制造工艺升级

（1）低成本硫化物电解质合成工艺

① 原料替代。开发 H_2S 废气（石化副产物）直接合成 Li_2S 工艺，减少硫化锂纯化步骤（如降低锂源杂质含量、优化硫化反应条件）。

② 回收技术。建立硫化物电解质的闭环回收（如化学溶解再沉淀法），预计回收材料成本可比新材料降低 50%。

③ 制备工艺优化。开发新型溶剂法或一步混料烧结法技术，替代传统高能耗的高温固相法，减少电解质中贵金属元素（如 Ge、In 等）的使用。

④ 惰性气体依赖降低。采用正压输送设备或原位封装技术，减少合成过程中对氩气等惰性气体的消耗。

（2）干法成膜技术成熟化

未来需要进一步开发新型干法黏结剂，如青岛能源所提出的热塑性聚酰胺（TPA）熔融黏结技术，通过低压力热压成型，构建聚合物逾渗网络，提升界面结合力与离子电导率。进一步推动设备创新，聚焦高精度辊压机、纤维化设备，优化硫化物复合材料的均匀性及纤维网络强化效果，提升电解质膜的致密性和力学性能，实现更快速度、更大规模的干法膜制备。

(3) 固态电芯批量制备

① 开发多级等静压技术。阶段施加压力（50MPa → 200MPa → 500MPa），充分消除电极 / 电解质层间微孔。

② 连续化产线设计。卷对卷（R2R）工艺与 Z 型堆叠技术结合，实现全固态电芯高速组装，兼容软包 / 双极结构。

(4) 固态电芯管理系统智能化

① 智能传感集成。采用嵌入式光纤传感器（精度 ±0.1MPa）实时监测界面压力分布，结合 AI 算法动态调整堆压。

② 梯度压力模组。采用形状记忆合金（例如 Ni-Ti）弹簧，工作压力可以根据固态电芯内部状态变化进行自适应梯度调节。

③ 热管理协同。通过内嵌焦耳加热层，或者将相变材料（PCM）与微通道液冷板集成，将电芯温差控制在 2℃以内，实现稳定的电池循环性能。

9.2.3 技术发展路线图

硫化物全固态电池技术发展路线图见图 9-2。

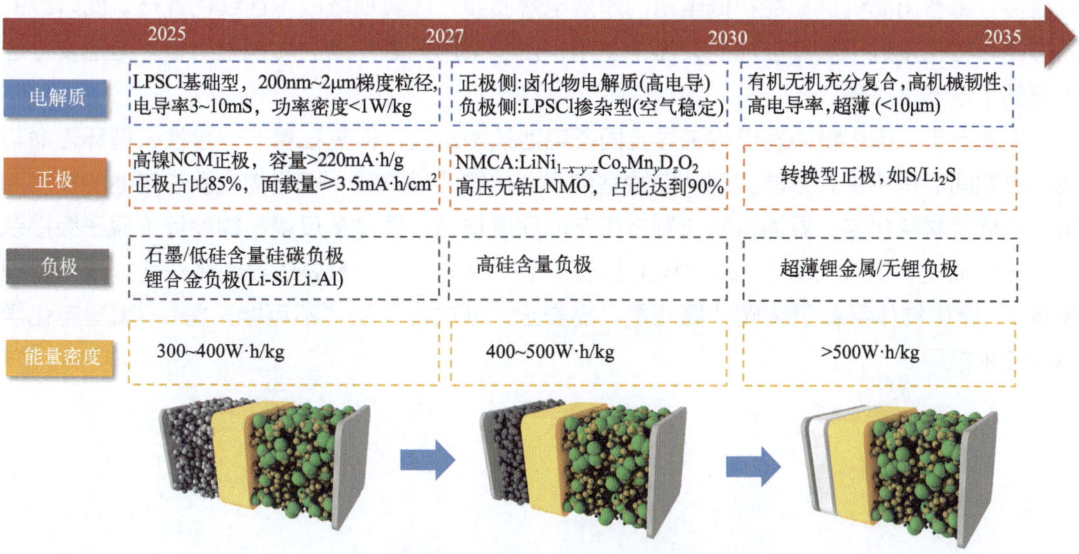

图 9-2　硫化物全固态电池技术发展路线图

（NMCA 为镍锰钴氧化物，LNMO 为锂镍锰氧化物）

(1) 2025 ～ 2027 年第一代全固态电池

以 300 ～ 400W·h/kg 的能量密度为目标，攻克高性能低成本硫化物固态电解质材料（以 LPSCl 硫银锗矿型电解质为主体电解质，细化至 200nm ～ 2μm 粒径，功率密度降低至 1W/

kg 以下），打通全固态电池技术链。正极采用高镍 NCM 正极（镍含量 90% 以上），正极活性物质占比达到 85%，面载量达到 $3.5mA \cdot h/cm^2$。负极采用石墨 / 低硅含量复合负极材料，或者采用高容量合金类负极。目标是制备出高倍率、高安全和长寿命的全固态电池，此阶段的固态电芯可能还需要＞ 10MPa 的循环压力，以保持充分的固 - 固接触。

（2）2027 ～ 2030 年第二代全固态电池

以 400 ～ 500W · h/kg 的能量密度为目标，重点攻克正负极材料。负极侧采用高硅含量复合负极，配合先进黏结剂实现低外压下的稳定长循环。正极侧开始使用高容量 NMCA 型正极材料或者高压无钴 LNMO 型正极材料，通过优化制备工艺和进行表面包覆、改性提高这类正极材料的长循环稳定性，同时进一步提高正极活性物质占比至 90%。利用改进型的 LPSCl 电解质和高电导率卤化物电解质设计多层复合结构，普遍提高固态电解质的空气稳定性，显著降低电解质的制备和处理成本。此阶段的固态电芯对于堆压的要求进一步降低，固态电芯模组能够实现示范性上车应用。

（3）2030 年后第三代全固态电池

以大于 500W·h/kg 的能量密度为目标，正极使用具有超高比容量的转换型正极材料（如 S/Li_2S），充分提高正极的活性物质占比和长循环稳定性。负极采用超薄锂金属负极，或者利用界面工程实现无锂负极。固态电解质不局限于硫化物电解质，而是将有机无机电解质充分复合，制备出高机械韧性和低电阻的超薄电解质膜，能实现低成本连续化量产。此阶段的固态电芯可在接近于液态电池的外压下使用，由于采用无氧元素的转换型阴极，电池安全性也得到了根本性改善。

未来十年，硫化物体系仍将主导全固态电池技术路线，但需在量产一致性、循环寿命与成本控制间取得平衡，方能实现从实验室到产业化的终极跨越。硫化物全固态电池的技术演进，本质是材料化学、界面科学与制造工艺的深度耦合。通过多尺度结构设计（原子级掺杂→微米级复合→宏观封装）、跨学科工艺创新（干湿法成膜→等静压致密化→智能压力管理系统），硫化物体系有望突破“高能量、高安全、低成本”的“不可能三角”，重塑电化学储能技术格局。